Horst Friebolin

Ein- und zweidimensionale
NMR-Spektroskopie

VCH

© VCH Verlagsgesellschaft mbH, D-6940 Weinheim (Bundesrepublik Deutschland), 1992

Vertrieb

VCH Verlagsgesellschaft, Postfach 101161, D-6940 Weinheim (Bundesrepublik Deutschland)

Schweiz: VCH Verlags-AG, Postfach, CH-4020 Basel (Schweiz)

Großbritannien und Irland: VCH Publishers (UK) Ltd., 8 Wellington Court, Wellington Street, Cambridge CB1 1HZ (Großbritannien)

USA und Canada: VCH Publishers, 220 East 23rd Street, New York, NY 10010-4606 (USA)

ISBN 3-527-28507-5

Horst Friebolin

Ein- und zweidimensionale NMR-Spektroskopie

Eine Einführung

Zweite Auflage

VCH

Prof. Dr. Horst Friebolin
Organisch-Chemisches Institut der Universität Heidelberg
Im Neuenheimer Feld 270
D-6900 Heidelberg

1. Auflage 1988
2. Auflage 1992

Lektorat: Dr. Eva E. Wille
Herstellerische Leitung: Dipl.-Wirt.-Ing. (FH) Myriam Nothacker

Die Deutsche Bibliothek – CIP-Einheitsaufnahme

Friebolin, Horst:
Ein- und zweidimensionale NMR-Spektroskopie : eine
Einführung / Horst Friebolin. – 2. Aufl. – Weinheim ; Basel
(Schweiz) ; Cambridge ; New York, NY : VCH, 1992
   Engl. Ausg. u.d.T.: Friebolin, Horst: Basic one and two dimensional
   NMR spectroscopy
   ISBN 3-527-28507-5

© VCH Verlagsgesellschaft mbH, D-6940 Weinheim (Federal Republic of Germany), 1992

Gedruckt auf säurefreiem und chlorarm gebleichtem Papier

Satz: Hagedornsatz, D-6806 Viernheim
Druck: betz-druck gmbh, D-6100 Darmstadt 12
Bindung: Verlagsbuchbinderei Kränkl, D-6148 Heppenheim
Printed in the Federal Republic of Germany

Vorwort zur 2. Auflage

Seit Erscheinen der 1. Auflage im Sommer 1988 ist die Entwicklung der NMR-Spektroskopie mit unverminderter Geschwindigkeit weitergegangen. So sind die inversen Techniken zur Routine geworden, und die drei- und mehrdimensionale NMR-Spektroskopie sowie die Festkörper-NMR-Spektroskopie gewinnen zusehends an Bedeutung. Auch bei der Aufnahmetechnik zeichnet sich durch Verwendung von Gradientenfeldern ein sprunghafter Fortschritt ab, der zu einer drastischen Verkürzung der Meßzeiten führen wird. Im Rahmen einer „Einführung" ist es weder möglich noch sinnvoll, all diesen Entwicklungen gleichwertig Rechnung zu tragen. Darum habe ich den Text dort überarbeitet und ergänzt, wo es mir aus fachlichen und didaktischen Gründen notwendig erschien. So habe ich im 1. Kapitel den Teil über die Grundlagen der Impulstechnik und der Fourier-Transformation erweitert und in die Kapitel 8 und 9 einige weitere grundlegende Experimente aufgenommen. Es sind dies Experimente, die wie das J-modulierte Spin-Echo-Experiment als „Attached Proton Test" praktische Bedeutung erlangten (Abschn. 8.3), oder das inverse INEPT-Experiment (Abschn. 8.4.3), an dem das Prinzip der inversen Aufnahmetechniken in der eindimensionalen NMR-Spektroskopie erklärt wird, damit man dann die Anwendungen in der zweidimensionalen NMR-Spektroskopie (Abschn. 9.4.5) verstehen kann.

Schließlich habe ich in den ersten drei Kapiteln einige grundsätzliche Bemerkungen zur NMR-Spektroskopie „Anderer Kerne" als ^1H und ^{13}C angefügt. Diese Ausführungen sollen dem Leser in aller Kürze vermitteln, was zu berücksichtigen ist, wenn der beobachtete Kern einen Kernspin $I \geqq 1$ hat, wenn die chemischen Verschiebungen mehrere tausend ppm betragen, oder wenn die Linienbreiten einige hundert Hz breit sind. Kurz, ich wollte zeigen, daß die NMR-Spektroskopie nicht auf die Organische Chemie beschränkt ist.

Abschließend möchte ich all denjenigen danken, die am Gelingen dieser Neuauflage beteiligt waren. Erwähnen möchte ich Dr. Wolfgang Bermel, Bruker, der die Experimente für das in Abschnitt 9.4.5 beschriebene zweidimensionale „inverse" Experiment machte und die Ergebnisse mit mir diskutierte, und Dr. Gerhard Schilling, Heidelberg, der die in den Abbildungen 8-9, 8-14 und 8-20 wiedergegebenen Spektren aufgenommen hat. Ganz besonders möchte ich Dr. Jack Becconsall, Gwynedd (Großbritannien), danken, der das für die 1. englische Auflage (1991) bereits erweiterte Manuskript mit kritischem Sachverstand übersetzte und dadurch an vielen Stellen auch die vorliegende 2. deutsche Auflage beeinflußte. Mein Dank gilt Dr. Erhard T. K. Haupt, Hamburg, der große Teile des neuen Textes gelesen hat und mir vor allem zum Thema „Andere Kerne" viele Anregungen gab. Kritischen Lesern, wie z. B. Professor Dr. Bernd Wrackmeyer, Bayreuth, danke ich sehr, denn durch sie wurde ich auf manche korrekturbedürftige Stelle aufmerksam gemacht. Nicht zuletzt danke ich Dr. Eva Wille von VCH, Weinheim, die wiederum den neuen Text fachlich mit mir diskutierte, Karin von der Saal, vom Lektorat des VCH, die stets eine wichtige Ansprechpartnerin beim Verlag war, sowie Myriam Nothacker, VCH, die aufmerksam darüber wachte, daß schließlich die innere und äußere Form des fertigen Buches den gewünschten Ansprüchen genügt.

Heidelberg, im Juli 1992 H. Friebolin

Die Nachtigall und die Lerche.

Was soll man zu den Dichtern sagen, die so gern ihren Flug weit über alle Fassung des größten Teiles ihrer Leser nehmen? Was sonst, als was die Nachtigall zu der Lerche sagte: Schwingst du dich, Freundin, nur darum so hoch, um nicht gehört zu werden?

Gotthold Ephraim Lessing

Vorwort zur 1. Auflage

Dieses Buch ist weder eine überarbeitete noch eine erweiterte Auflage des 1974 von mir herausgegebenen Taschenbuches „NMR-Spektroskopie – Eine Einführung mit Übungsbeispielen"; vielmehr zwangen mich die Entwicklungen bei den Impulsverfahren, der ^{13}C-NMR-Spektroskopie und besonders der zweidimensionalen NMR-Spektroskopie, ein neues Buch zu schreiben. Gleich blieb das Ziel, die physikalischen Grundlagen, die Meßverfahren, die Bedeutung der spektralen Parameter sowie die Analyse und Interpretation von NMR-Spektren möglichst einfach darzustellen. Daher sind die theoretischen Ableitungen auf ein Minimum beschränkt, von den exakten quantenmechanischen Berechnungen werden meistens nur die Ergebnisse angegeben und verwendet.

Für den Anfänger sind vor allem die ersten sechs Kapitel geschrieben. In den Kapiteln 8 und 9 werden die Grundlagen sowie Anwendungsmöglichkeiten der augenblicklich wichtigsten ein- und zweidimensionalen Experimente, die sich hinter Kürzeln wie DEPT, COSY, Relayed H,H- und C,H-COSY, INADEQUATE verbergen, vorgestellt, wobei Auswahl und Darstellung auf meinen in Vorlesungen, Seminaren und Übungen gewonnenen Erfahrungen beruhen. Für diesen Teil setze ich die Kenntnis des Inhalts der Kapitel 1 und 7 voraus, insbesondere muß das Prinzip des Impuls- und Spin-Echo-Experimentes verstanden sein.

Diese neuen Verfahren in nur zwei Kapiteln darzustellen, gelingt nicht ohne Weglassen und Vereinfachen, auch nicht ohne radikalen zeitlichen Schnitt. Um die ohnehin schon schwer verdauliche Kost für den Anfänger nicht noch unverdaulicher zu machen, habe ich mich bei den 2D-Verfahren auf die Amplitudenmodulation der Signale und bei der Darstellung auf die Absolutbeträge beschränkt. Dies ist vor allem im Hinblick auf die Verfahren eine wesentliche Vereinfachung, die gerade die unterschiedlichen Phasenbeziehungen ausnützen. Ich halte dieses Vorgehen jedoch in einer „Einführung" für vertretbar.

Die nächsten vier Kapitel befassen sich mit speziellen Methoden und Anwendungsmöglichkeiten. Die Auswahl – NOE, DNMR, Verschiebungsreagenzien, synthetische Polymere – ist subjektiv.

Das letzte Kapitel befaßt sich mit Anwendungen in der Biochemie und Medizin, mit der *in vivo*-NMR-Spektroskopie und der Magnetischen Resonanz(MR)-Tomographie. Den Lesern, die sich hauptsächlich für diesen Teil interessieren, beispielsweise Biologen und Mediziner, empfehle ich, zumindest die Grundlagen des Experiments (Kap. 1) und der Relaxation (Kap. 7) durchzuarbeiten.

Viele Probleme werden in dieser Einführung nur angedeutet, doch führen Literaturangaben am Ende der Kapitel die Leser weiter. Insgesamt sind diese Hinweise auf die wichtigsten beschränkt und im allgemeinen auf solche, die Studenten zugänglich sind.

Für viele Substanzen habe ich bewußt ihre Trivialnamen verwendet, beispielsweise Acetylen, Ethylen; die systematischen Namen sind jedoch im Substanzregister angegeben.

Mit wenigen Ausnahmen beschränkt sich das Buch auf die ^{1}H- und ^{13}C-NMR-Spektroskopie, weil die überwiegende Zahl der Leser nur mit Spektren dieser beiden Kerne in Berührung kommen wird. Zudem sollte das Einarbeiten in die NMR-Spektroskopie anderer Kerne nach der Lektüre der Grundlagen nicht schwerfallen.

Im Gegensatz zum alten Buch habe ich auf getrennte Übungen verzichtet, dafür werden zahlreiche Beispiele ausführlich im Text erläutert.

Dank

Bei meiner Arbeit für dieses Buch war ich auf die tatkräftige Hilfe vieler angewiesen. An erster Stelle will ich drei Namen nennen: meinen ehemaligen Mitarbeiter Dr. Wolfgang Baumann, Dr. Wolfgang Bermel (Bruker) und Doris Lang. Wolfgang Baumann hat u. a. alle abgebildeten 250- und 300 MHz-NMR-Spektren aufgenommen und in abbildungsgerechte Form gebracht; Wolfgang Bermel hat sein ganzes Können bei der Aufnahme der ein- und zweidimensionalen 400 MHz-NMR-Spektren (Kap. 8 und 9) eingebracht. Beiden danke ich außerdem für die kritische Durchsicht von Teilen des Manuskriptes. Doris Lang hat unermüdlich die vielen Abbildungen, Skizzen und Formeln gezeichnet, korrigiert, beschriftet und zusammengestellt – eine Arbeit, die nur ein Eingeweihter richtig schätzen kann.

Ich danke Dieter Ratzel (Bruker) für die Aufnahmen der MR-Tomogramme (Abbildungen 11, 13 und 14 in Kapitel 14) sowie für viele zusätzliche Informationen. Der Firma Bruker, vor allem Tony Keller, habe ich für vielfältige Unterstützung zu danken, die von umfangreichen und zeitaufwendigen Messungen, über Bildmaterial bis hin zur Textverarbeitung reichte.

Ich danke weiterhin: Dr. Wolfgang Bremser (BASF) für die Spektrenabschätzung der Modellverbindung und die kritische Durchsicht des Abschnitts über die rechnerunterstützte Spektrenzuordnung; Dr. Hans-J. Opferkuch (DKFZ HD) für die Aufnahme der 2D-NMR-Spektren von Glutaminsäure (Abbildung 9–19 und 24); Brigitte Faul und Wilfried Haseloff für die Aufnahme von 90 MHz-^{1}H-NMR-Tieftemperaturspektren; Dr. Peter Bischof für die graphische Darstellung der Modellverbindung auf dem Titelblatt; Prof. Reinhard Brossmer für die Überlassung des Neuraminsäurederivats als Testsubstanz; Prof. Klaus Weinges für die Korrektur von Abschnitt 2.4; Prof. Dieter Hellwinkel für die Klärung strittiger Nomenklaturfragen. Meinen Mitarbeitern bin ich für ihre aufbauende Kritik und ihre Anregungen sehr zu Dank verpflichtet. Dr. Gerhard Weißhaar und Doris Lang danke ich zudem für die kritische Durchsicht der Korrekturfahnen. Bei der Reinschrift des ersten Manuskriptes haben Brigitte Rüger und Irmgard Pichler dankenswerter Weise geholfen.

Bei der VCH Verlagsgesellschaft sei vor allem Dr. Eva E. Wille genannt, sie hat mein Manuskript nicht nur für den Druck vorbereitet, sie hat als fachkundige Lektorin den Text kritisch durchgearbeitet. Ihr und Myriam Nothacker, die aus dem Manuskript ein Buch machte, bin ich sehr zu Dank verpflichtet.

Ein spezielles Anliegen ist es mir, Pfarrer Franz Alferi von der katholischen Kirchengemeinde St. Nikolaus in Mannheim zu danken, der mir für meine Arbeit einen Raum in absoluter Abgeschiedenheit zur Verfügung stellte.

Ganz zum Schluß gilt mein Dank meiner Frau und der gesamten Familie, die alle in den vergangenen Jahren wegen dieses Buches vieles „erleiden" und auf so manches verzichten mußten.

Heidelberg, April 1988 H. Friebolin

Abkürzungen

ADP, ATP	Adenosindi- bzw. triphosphat
BB	Breitband-Entkopplung
CLA	Complete Lineshape Analysis (Vollständige Linienformanalyse)
COSY	Correlated Spectroscopy
CSA	Chiral Shift Agent (Verschiebungsreagenz) oder Chemical Shift Anisotropy
CW	Continuous Wave
2D	zweidimensional
DD	Dipol-Dipol
DEPT	Distortionless Enhancement by Polarization Transfer
[D6]-DMSO	(Hexadeutero-)Dimethylsulfoxid
DNMR	Dynamische NMR
DPM	Dipivaloylmethan, 2,2,6,6-Tetramethyl-heptandion
FID	Free Induction Decay
FOD	Heptafluor-7,7-dimethyl-4,6-octandion
FT	Fourier-Transformation
INADEQUATE	Incredible Natural Abundance Double Quantum Transfer
INEPT	Insensitive Nuclei Enhanced by Polarization Transfer
Lm	Lösungsmittel
LSR	Lanthanoiden-Shift-Reagenz
M	Multiplizität von Signalen
MO	Molekülorbital
MR	Magnetische Resonanz(-Tomographie)
NMR	Nuclear Magnetic Resonance
NOE	Nuclear Overhauser Effect (Kern-Overhauser-Effekt)
NOESY	Nuclear Overhauser Effect Spectroscopy
NS	Number of Scans (Zahl der Durchgänge)
PCr	Kreatinphosphat
P_i	anorganisches Phosphat
PMMA	Polymethylmethacrylat
ppm	parts per million
S	Substrat
S:N	Signal to Noise (Verhältnis von Signal- zu Rauschamplitude)
SPI	Selective Population Inversion
TMS	Tetramethylsilan

Symbole

$\boldsymbol{B}_0$	statisches Magnetfeld beim NMR-Experiment
$\boldsymbol{B}_1$, $\boldsymbol{B}_2$	Hochfrequenzfelder bei den Frequenzen ν_1 und ν_2
$\boldsymbol{B}_{\text{eff}}$	effektiv am Kernort wirkendes Feld
$b_{1/2}$	Halbwertsbreite, Linienbreite
C_2	zweizählige Symmetrieachse
χ	magnetische Suszeptibilität
$^{13}C\{^1H\}$	^{13}C-Resonanzen werden beobachtet, die Protonen entkoppelt
δ	chemische Verschiebung, bezogen auf einen Standard (z. B. TMS)
E	Energie
ΔE	Energieunterschied zwischen zwei Niveaus
δE	Unschärfe eines Energiezustandes
E_A	Arrhenius-Aktivierungsenergie
E_x	Elektronegativität des Substituenten X
η	Verstärkungsfaktor beim NOE-Experiment
ψ	Phasendifferenz zwischen zwei Vektoren
ϕ	Bindungswinkel, Torsionswinkel
F_1, F_2	Frequenzachsen im 2D-NMR-Spektrum
$\Delta G^{\ddagger}$	freie Aktivierungsenthalpie
γ	gyromagnetisches Verhältnis; $\overgamma = \gamma/2\pi$
h	Plancksches Wirkungsquantum; $\hbar = h/2\pi$
$\Delta H^{\ddagger}$	Aktivierungsenthalpie
I	Drehimpuls- oder Kernspin-Quantenzahl
$\boldsymbol{I}$	Kernspin-Operator
^nJ	Kopplungskonstante über n Bindungen
J_{red}	reduzierte Kopplungskonstante
K	Gleichgewichtskonstante
nK	Zahl der Datenpunkte, der Speicherplätze ($1K = 2^{10} = 1024$)
k	Geschwindigkeitskonstante
k_C	Geschwindigkeitskonstante bei der Koaleszenztemperatur T_C
k_B	Boltzmann-Konstante
k_0	Frequenzfaktor
$\boldsymbol{\mu}$	magnetisches Moment
μ_z	Komponente des magnetischen Momentes in Feldrichtung z
m	magnetische Quantenzahl
$\boldsymbol{M}_0$	makroskopische Magnetisierung im Magnetfeld $\boldsymbol{B}_0$
M_x, M_y	transversale Magnetisierung in x-, y-Richtung

M_z	longitudinale Magnetisierung in z- oder Feldrichtung
M_x	Magnetisierung für die Kerne X
$M_C^{H_\alpha}, M_C^{H_\beta}$	^{1}H-Magnetisierung in einem Zweispinsystem mit den ^{13}C-Kernen im α- bzw. β-Zustand
$M_C^{H_\alpha}, M_C^{H_\beta}$	^{13}C-Magnetisierungsvektoren in einem Zweispinsystem mit den Protonen im α- bzw. β-Zustand
N	Gesamtzahl der Kerne
N_α, N_β	Zahl der Kerne im α- bzw. β-Zustand
N_i	Zahl der Kerne im Niveau i
ν	Frequenz
ν_L	Larmor-Frequenz
ν_i	Resonanzfrequenz des Kernes i
ν_1	Generatorfrequenz
ν_2	Entkopplerfrequenz
P	Kern- oder Eigendrehimpuls
P_z	Komponenten von P in z-Richtung
eQ	elektrisches Quadrupolmoment
R	allgemeine Gaskonstante
r	Atomabstand
σ	Abschirmungskonstante
$S(t), S(F)$	Signal als Funktion der Zeit bzw. der Frequenz
S_i	Substituenteninkremente zur Abschätzung chemischer Verschiebungen
$\Delta S^{\ddagger}$	Aktivierungsentropie
τ	Zeit zwischen zwei Impulsen; Impulsintervall
τ_C	Korrelationszeit
τ_1	Lebensdauer eines Kernes in einem Spinzustand bzw. in einer bestimmten magnetischen Umgebung
τ_P	Impulslänge
τ_{null}	Zeit, bei der M_z nach einem 180°-Impuls gerade Null ist
t_1	Variable Zeit bei 2D-Experimenten; wird im allgemeinen inkrementiert
t_2	Zeit der Datenaufnahme, Detektionszeit
Δ	feste Zeitintervalle bei 2D-Impulsfolgen
T	Tesla
T	absolute Temperatur in K
T_1	Spin-Gitter- oder longitudinale Relaxationszeit
T_2	Spin-Spin- oder transversale Relaxationszeit
T_2^*	gemessene transversale Relaxationszeit
Θ	Impulswinkel
W_0, W_1, W_2	Übergangswahrscheinlichkeiten für Null-, Ein- und Zweiquantenübergänge durch Relaxation
x	Stoffmengenanteil (Molenbruch)

Inhaltsverzeichnis

XIV

1 Physikalische Grundlagen der NMR-Spektroskopie

1.1 Einführung

1946 gelang den beiden Arbeitsgruppen Bloch, Hansen und Packard sowie Purcell, Torrey und Pound unabhängig voneinander der erste Nachweis von Kernresonanz-Signalen. Für die Entdeckung wurden Bloch und Purcell 1952 gemeinsam mit dem Nobelpreis für Physik ausgezeichnet. Seither entwickelte sich die NMR-Spektroskopie (**N**uclear **M**agnetic **R**esonance) zu einem für Chemiker, Biochemiker, Biologen, Physiker und neuerdings auch für Mediziner unentbehrlichen Werkzeug. In den ersten drei Jahrzehnten waren alle Meßverfahren *eindimensional,* das heißt, die Spektren haben eine Frequenzachse, in der zweiten werden Signalintensitäten aufgetragen. In den 70er-Jahren begann dann mit der Entwicklung der *zweidimensionalen* NMR-Experimente eine neue Epoche in der NMR-Spektroskopie. Spektren, die nach diesen Verfahren aufgenommen werden, haben zwei Frequenzachsen; die Intensitäten sind in der dritten Dimension aufgetragen. Inzwischen sind drei- und mehrdimensionale Experimente möglich, doch gehören diese Techniken im Augenblick noch nicht zu den Routinemethoden. Welche Bedeutung der NMR-Spektroskopie in der Chemie beigemessen wird, zeigt die Tatsache, daß 1991 erneut ein NMR-Spektroskopiker, R. R. Ernst von der ETH Zürich, den Nobelpreis für Chemie für seine bahnbrechenden NMR-Arbeiten erhielt. Wie gerade die neuen Meßverfahren der letzten Jahre beweisen, ist die von Ernst ganz wesentlich beeinflußte Entwicklung noch längst nicht abgeschlossen.

Dieses Buch will eine Antwort darauf geben, weshalb die NMR-Spektroskopie speziell für den Chemiker zur (vielleicht) wichtigsten spektroskopischen Methode wurde.

Hauptanwendungsgebiet der NMR-Spektroskopie ist die Strukturaufklärung von Molekülen. Um die entsprechenden Informationen zu gewinnen, mißt, analysiert und interpretiert man hochaufgelöste NMR-Spektren, die von niederviskosen Flüssigkeiten aufgenommen wurden. Wir beschränken uns im folgenden auf diese sogenannte *hochauflösende* NMR-Spektroskopie. Untersuchungen an Festkörpern sind zwar ebenfalls möglich, doch erfordern sie völlig andere Aufnahmetechniken und zum Teil eine andere Interpretation.

Unser Hauptinteresse gilt vor allem Protonen (^{1}H) und Kohlenstoffkernen (^{13}C), da deren Resonanzen für die Strukturaufklärung organischer Moleküle am wichtigsten sind. Beispiele für ^{31}P-NMR-Spektren begegnen uns im Kapitel über *in vivo*-Untersuchungen. Aber auch die Aufnahme von NMR-Signalen anderer Kerne, die wir im Rahmen dieses Buches nicht behandeln werden, stellt heute kein Problem mehr dar.

Zum Verständnis der NMR-Spektroskopie müssen wir zunächst lernen, wie sich Kerne mit einem Kerndrehimpuls *P* und einem magnetischen Moment *μ* in einem statischen Magnetfeld verhalten. Im Anschluß werden wir das NMR-Experiment, die verschiedenen Meßmethoden und die spektralen Parameter diskutieren.

1.2 Kerndrehimpuls und magnetisches Moment

Die meisten Kerne haben einen Kern- oder Eigendrehimpuls *P*. In der klassischen Vorstellungsweise rotiert der kugelförmig angenommene Atomkern um eine Kernachse. Quantenmechanische Rechnungen zeigen, daß dieser Drehimpuls wie so viele atomare Größen gequantelt ist:

$$P = \sqrt{I(I + 1)}\,\hbar \qquad (1\text{-}1)$$

Hierbei ist h das Plancksche Wirkungsquantum ($= 6{,}6256 \cdot 10^{-34}$ Js; $\hbar = h/2\pi$) und I die Drehimpuls- oder Kernspinquantenzahl, vereinfacht als Kernspin bezeichnet. Der Kernspin kann die Werte $I = 0, 1/2, 1, 3/2, 2 \ldots$ bis 6 annehmen (siehe auch Tab. 1-1). Weder die Werte von I noch von P lassen sich bis jetzt theoretisch voraussagen.

Mit dem Drehimpuls *P* ist ein magnetisches Moment *μ* verknüpft. Beides sind vektorielle Größen, die einander proportional sind:

$$\boldsymbol{\mu} = \gamma\,\boldsymbol{P} \qquad (1\text{-}2)$$

γ, die Proportionalitätskonstante, ist für jedes Isotop der verschiedenen Elemente eine charakteristische Konstante und heißt gyromagnetisches oder auch magnetogyrisches Verhältnis. Von γ hängt die Nachweisempfindlichkeit eines Kernes im NMR-Experiment ab: Kerne mit großem γ werden als empfindlich, solche mit kleinem γ als unempfindlich bezeichnet.

Mit den Gleichungen (1-1) und (1-2) erhält man für das magnetische Moment μ:

$$\mu = \gamma\,\sqrt{I(I + 1)}\,\hbar \qquad (1\text{-}3)$$

Tabelle 1-1.
Eigenschaften von Kernen, die für die NMR-Spektroskopie wichtig sind.

Kern-Isotop	Spin I	Elektrisches Quadrupol-moment[a] $[eQ]$ $[10^{-28}\ m^2]$	natürliche Häufigkeit[a] [%]	relative Empfindlich-keit[b]	gyromagnetisches Verhältnis γ [a] $[10^7\ rad\ T^{-1}\ s^{-1}]$	MR-Frequenz [MHz][b] ($B_0 = 2{,}3488$ T)
^{1}H	1/2	–	99,985	1,00	26,7519	100,00
^{2}H	1	$2{,}87 \times 10^{-3}$	0,015	$9{,}65 \times 10^{-3}$	4,1066	15,351
^{3}H[c]	1/2	–	–	1,21	28,5350	106,664
^{6}Li	1	$-6{,}4 \times 10^{-4}$	7,42	$8{,}5 \times 10^{-3}$	3,9371	14,716
^{10}B	3	$8{,}5 \times 10^{-2}$	19,58	$1{,}99 \times 10^{-2}$	2,8747	10,746
^{11}B	3/2	$4{,}1 \times 10^{-2}$	80,42	0,17	8,5847	32,084
^{12}C	0	–	98,9	–	–	–
^{13}C	1/2	–	1,108	$1{,}59 \times 10^{-2}$	6,7283	25,144
^{14}N	1	$1{,}67 \times 10^{-2}$	99,63	$1{,}01 \times 10^{-3}$	1,9338	7,224
^{15}N	1/2	–	0,37	$1{,}04 \times 10^{-3}$	-2,7126	10,133
^{16}O	0	–	99,96	–	–	–
^{17}O	5/2	$-2{,}6 \times 10^{-2}$	0,037	$2{,}91 \times 10^{-2}$	-3,6280	13,557
^{19}F	1/2	–	100	0,83	25,1815	94,077
^{23}Na	3/2	0,1	100	$9{,}25 \times 10^{-2}$	7,0704	26,451
^{25}Mg	5/2	0,22	10,13	$2{,}67 \times 10^{-3}$	-1,6389	6,1195
^{29}Si	1/2	–	4,70	$7{,}84 \times 10^{-3}$	-5,3190	19,865
^{31}P	1/2	–	100	$6{,}63 \times 10^{-2}$	10,8394	40,481
^{39}K	3/2	$5{,}5 \times 10^{-2}$	93,1	$5{,}08 \times 10^{-4}$	1,2499	4,667
^{43}Ca	7/2	$-5{,}0 \times 10^{-2}$	0,145	$6{,}40 \times 10^{-3}$	-1,8028	6,728
^{57}Fe	1/2	–	2,19	$3{,}37 \times 10^{-5}$	0,8687	3,231
^{59}Co	7/2	0,42	100	0,28	6,3015	23,614
^{119}Sn	1/2	–	8,58	$5{,}18 \times 10^{-2}$	-10,0318	37,272
^{133}Cs	7/2	$-3{,}0 \times 10^{-3}$	100	$4{,}74 \times 10^{-2}$	3,5339	13,117
^{195}Pt	1/2	–	33,8	$9{,}94 \times 10^{-3}$	5,8383	21,499

[a] Werte aus [1, 2]
[b] Werte aus Bruker Almanac 1992; rel. Empfindlichkeit bezogen auf ^{1}H ($=1$), bei konstantem Feld und gleicher Kernzahl
[c] ^{3}H ist radioaktiv

Kerne mit dem Kernspin $I = 0$ haben folglich kein magnetisches Kernmoment. Für unsere Betrachtungen ist besonders wichtig, daß das Kohlenstoff-Isotop ^{12}C und das Sauerstoff-Isotop ^{16}O zu diesen Kernen gehören – das heißt, die Hauptbausteine organischer Verbindungen sind NMR-spektroskopisch nicht nachweisbar.

Für die meisten Kerne zeigen Kerndrehimpulsvektor P und magnetisches Moment μ in die gleiche Richtung, sie sind parallel. In einigen Fällen, beispielsweise bei ^{15}N und ^{29}Si (und auch beim Elektron!), stehen sie jedoch antiparallel. Auf die Folgen dieser Tatsache werden wir in Kapitel 10 eingehen.

1.3 Kerne im statischen Magnetfeld

1.3.1 Richtungsquantelung

Wird ein Kern mit dem Drehimpuls P und dem magnetischen Moment μ in ein statisches Magnetfeld B_0 gebracht, orientiert sich der Drehimpuls im Raum so, daß seine Komponente in Feldrichtung, P_z, ein ganz- oder halbzahliges Vielfaches von $\hbar$ ist:

$$P_z = m\,\hbar \qquad (1\text{-}4)$$

m ist die magnetische Quantenzahl oder Orientierungsquantenzahl und kann folgende Werte annehmen: $m = I, I-1, \ldots\ldots -I$.

Wie sich leicht abzählen läßt, gibt es $(2I + 1)$ verschiedene m-Werte und somit entsprechend viele Einstellmöglichkeiten von Drehimpuls und magnetischem Moment im Magnetfeld. Man bezeichnet dieses Verhalten der Kerne im Magnetfeld als *Richtungsquantelung*. Für Protonen und ^{13}C-Kerne mit $I = 1/2$ ergeben sich zwei m-Werte ($+1/2$ und $-1/2$); für Kerne mit $I = 1$, wie bei ^{2}H und ^{14}N, dagegen drei ($m = +1$, 0 und -1 (Abb. 1-1)).

Mit den Gleichungen (1-2) und (1-4) erhält man die Komponenten des magnetischen Momentes in Feldrichtung z:

$$\mu_z = m\,\gamma\,\hbar \qquad (1\text{-}5)$$

In der klassischen Betrachtungsweise präzedieren die Kerndipole um die z-Achse, die der Richtung des Magnetfeldes entspricht – sie benehmen sich wie Kreisel (Abb. 1-2). Die Präzessions- oder Larmor-Frequenz ν_L ist hierbei der magnetischen Flußdichte B_0 proportional:

$$\nu_L = \left|\frac{\gamma}{2\pi}\right| B_0 \qquad (1\text{-}6)$$

Im Unterschied zum klassischen Kreisel sind aber für einen präzedierenden Kerndipol wegen der Richtungsquantelung nur bestimmte Winkel erlaubt. Für das Proton mit $I = 1/2$ beträgt dieser Winkel beispielsweise $54°\,44'$.

1.3.2 Energie der Kerne im Magnetfeld

Die Energie eines magnetischen Dipols in einem Magnetfeld der magnetischen Flußdichte B_0 beträgt

$$E = -\mu_z\,B_0 \qquad (1\text{-}7)$$

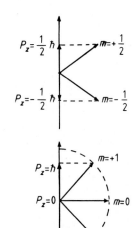

Abbildung 1-1.
Richtungsquantelung des Drehimpulses P im Magnetfeld für Kerne mit $I = 1/2$ und 1.

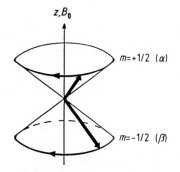

Abbildung 1-2.
Doppelpräzessionskegel für Kerne mit dem Kernspin $I = 1/2$; der halbe Öffnungswinkel des Kegels beträgt $54°\,44'$.

Damit ergeben sich für einen Kern mit $(2I + 1)$ Orientierungs-möglichkeiten auch $(2I + 1)$ Energiezustände, die sogenann-ten Kern-Zeeman-Niveaus. Aus Gleichung (1-5) folgt:

$$E = -m \gamma \hbar B_0 \qquad (1-8)$$

Für das Proton und den ^{13}C-Kern – für beide ist $I = 1/2$ – erhält man im Magnetfeld entsprechend der beiden m-Werte $+1/2$ und $-1/2$ zwei Energiewerte. Ist $m = +1/2$, steht μ_z parallel zur Feldrichtung, wobei dies der energetisch günstig-sten Anordnung entspricht; bei $m = -1/2$ steht μ_z dagegen antiparallel. In der Quantenmechanik wird der Zustand $m = +1/2$ durch die hier nicht näher spezifizierte Spinfunktion α beschrieben, der Zustand $m = -1/2$ durch die Spinfunktion β.

Für Kerne mit $I = 1$ wie ^{2}H und ^{14}N gibt es drei m-Werte $(+1, 0$ und $-1)$ und folglich drei Energieniveaus (Abb. 1-3).

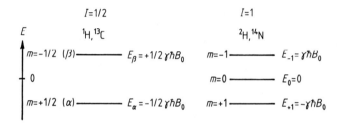

Abbildung 1-3.
Energieniveauschemata für Kerne mit $I = 1/2$ (links) und mit $I = 1$ (rechts).

Der Energieunterschied zweier benachbarter Energieni-veaus beträgt:

$$\Delta E = \gamma \hbar B_0 \qquad (1-9)$$

Abbildung 1-4 veranschaulicht am Beispiel von Kernen mit $I = 1/2$, daß ΔE und B_0 einander proportional sind.

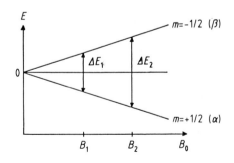

Abbildung 1-4.
Energieunterschiede (ΔE) zweier benachbarter Energieniveaus in Abhängigkeit von der magneti-schen Flußdichte B_0.

1.3.3 Besetzung der Energieniveaus

Wie verteilen sich die Kerne in einer makroskopischen Probe (dem NMR-Probenröhrchen) im thermischen Gleichgewicht auf die verschiedenen Energiezustände? Hierüber gibt die

Boltzmann-Statistik Auskunft. Für Kerne mit $I = 1/2$ sei N_β die Zahl der Kerne im energiereicheren Niveau, N_α die der Kerne im energieärmeren Niveau, dann ist:

$$\frac{N_\beta}{N_\alpha} = e^{-\Delta E/k_B T} \approx 1 - \frac{\Delta E}{k_B T} = 1 - \frac{\gamma \hbar B_0}{k_B T} \quad (1\text{-}10)$$

k_B = Boltzmann-Konstante = $1{,}3805 \cdot 10^{-23}$ J K^{-1}
T = absolute Temperatur in K

Da für Protonen – und auch für alle anderen Kerne – der Energieunterschied ΔE sehr klein ist im Vergleich zur mittleren Energie der Wärmebewegung ($k_B T$), sind die meisten Niveaus nahezu gleichbesetzt. Der Überschuß im energieärmeren Niveau liegt nur im Bereich von tausendstel Promille (ppm).

Zahlenbeispiel für Protonen:
○ Bei einer magnetischen Flußdichte von $B_0 = 1{,}41$ T (Meßfrequenz 60 MHz) beträgt der Energieunterschied ΔE nach Gleichung (1-9): $\Delta E \approx 2{,}4 \cdot 10^{-2}$ J mol^{-1} (oder $\approx 0{,}6 \cdot 10^{-2}$ cal mol^{-1}).
Den für die Berechnung erforderlichen γ-Wert entnehmen wir Tabelle 1-1, oder wir berechnen ihn im Vorgriff auf Abschnitt 1.4.1 nach Gleichung (1-12).
Damit ergibt sich für eine Temperatur von 300 K:
$N_\beta \approx 0{,}9999904\ N_\alpha$
Bei $B_0 = 7{,}05$ T (Meßfrequenz 300 MHz) ist der Unterschied größer:
$N_\beta \approx 0{,}99995\ N_\alpha$.

1.3.4 Makroskopische Magnetisierung

Im klassischen Bild präzedieren die Kerne mit $I = 1/2$ (^{1}H und ^{13}C) auf einem Doppelpräzessionskegel um die Feldrichtung z (Abb. 1-5). Summiert man die z-Komponenten aller magnetischen Kernmomente einer Probe, so ergibt sich eine makroskopische Magnetisierung M_0 in Feldrichtung, da N_α größer als N_β ist. M_0 spielt bei der Beschreibung aller Impuls-Experimente eine wichtige Rolle.

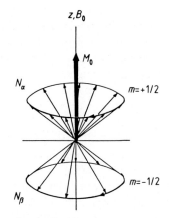

Abbildung 1-5.
Verteilung von N ($= N_\alpha + N_\beta$) Kernen auf dem Doppelpräzessionskegel. Da $N_\alpha > N_\beta$, resultiert eine makroskopische Magnetisierung M_0.

1.4 Grundlagen des Kernresonanz-Experimentes

1.4.1 Resonanzbedingung

Im Kernresonanz-Experiment werden Übergänge zwischen verschiedenen Energieniveaus induziert, indem die Kerne mit einem Zusatzfeld B_1 der richtigen Energie, das heißt, mit einer elektromagnetischen Welle der richtigen Freqenz v_1, bestrahlt werden. Dabei tritt die magnetische Komponente der Welle mit den Kerndipolen in Wechselwirkung.

Betrachten wir die Protonen einer Chloroformlösung ($CHCl_3$): Für diesen Fall gilt das linke Energieniveauschema in Abbildung 1-3, Übergänge zwischen den Niveaus sind möglich, wenn die Frequenz v_1 so gewählt ist, daß Gleichung (1-11) erfüllt ist

$$h\,v_1 = \Delta E \qquad (1\text{-}11)$$

Die Übergänge vom energieärmeren ins energiereichere Niveau entsprechen einer Energieabsorption, umgekehrte einer Energieemission. Beide sind möglich und auch gleich wahrscheinlich. Jeder Übergang ist mit einer Umkehr der Kernspin-Orientierung verbunden. Wegen des Besetzungs-überschusses im energieärmeren Niveau überwiegt die Energieabsorption aus dem eingestrahlten Zusatzfeld. Dies wird als Signal gemessen, wobei die Intensität dem Besetzungsunterschied N_α–N_β proportional ist und damit auch proportional der Gesamtzahl der Spins in der Probe, also der Konzentration. Bei Gleichbesetzung ($N_\alpha = N_\beta$) kompensieren sich Absorption und Emission, und ein Signal ist nicht zu beobachten. Dieser Fall wird als *Sättigung* bezeichnet.

Aus den Gleichungen (1-9) und (1-11) folgt die *Resonanzbedingung*:

$$v_L = v_1 = \left|\frac{\gamma}{2\pi}\right| B_0 \qquad (1\text{-}12)$$

Der Ausdruck Resonanz ist auf die klassische Deutung des Phänomens zurückzuführen, denn Übergänge erfolgen nur dann, wenn die Frequenz der eingestrahlten elektromagnetischen Welle v_1 und die Larmor-Frequenz v_L übereinstimmen.

Bis jetzt betrachteten wir Kerne mit $I = 1/2$, für die es nur zwei Energieniveaus gibt. Welche Übergänge sind aber erlaubt, wenn mehr als zwei solcher Niveaus vorhanden sind wie bei Kernen mit $I \geqslant 1$ (Abb. 1-3, rechtes Schema) und den noch zu besprechenden gekoppelten Spinsystemen mit mehreren Kernen? Die Antwort liefert die Quantenmechanik: Erlaubt sind nur Übergänge, bei denen sich die magnetische Quantenzahl m um 1 ändert; man spricht daher auch von Einquantenübergängen.

$$\Delta m = \pm 1 \qquad (1\text{-}13)$$

Übergänge finden demzufolge ausschließlich zwischen benachbarten Energieniveaus statt. Nach dieser Auswahlregel ist der Übergang eines ^{14}N-Kernes von $m = +1$ nach $m = -1$ verboten.

Obwohl wir gekoppelte Spinsysteme erst später behandeln werden, sei schon darauf hingewiesen, daß ein gleichzeitiges Umklappen zweier oder mehrerer Spins verboten ist. Zum Beispiel wären bei einem Zweispinsystem neben den Einquantenübergängen zwei weitere Übergangsmöglichkeiten denkbar: Die Kerne befinden sich beide im α-Zustand ($m = +1/2$) und gehen gleichzeitig in den β-Zustand ($m = -1/2$) über. Ein solcher Übergang wäre ein Doppelquantenübergang, da sich die Summe der magnetischen Quantenzahlen m um zwei ändert ($\Delta m = 2$). Oder aber ein Kern wechselt vom α- in den β-Zustand, während gleichzeitig der andere vom β- in den α-Zustand übergeht. Hier wäre $\Delta m = 0$, und der Übergang entspräche einem Nullquantenübergang. Nach Gleichung (1-13) sind derartige Doppel- und Nullquantenübergänge jedoch verboten.

1.4.2 CW-Spektrometer

Abbildung 1-6 zeigt den schematischen Aufbau eines einfachen NMR-Spektrometers, wie es bis etwa 1970 fast ausschließlich benutzt wurde; schon Bloch hatte ein solches Gerät verwendet. Es besteht aus einem Magneten (b), einem Sender (e) zur Erzeugung der Resonanzfrequenz und einem Empfänger (d) zum Nachweis der Resonanzsignale. Sender- und Empfängerspule sind senkrecht zueinander und senkrecht zur Magnetfeldrichtung z angeordnet. In der Substanzprobe (a) werden dann Übergänge induziert, wenn die Resonanzbedingung, Gleichung (1-12), erfüllt ist. Dies ist technisch auf zweierlei Weise zu erreichen. Entweder man verändert
- die magnetische Flußdichte B_0 über Sweep-Spulen (c) bei konstanter Senderfrequenz ν_1
- oder die Senderfrequenz ν_1 bei konstantem B_0.

Beide Verfahren, das *Feld-Sweep-* und das *Frequenz-Sweep-Verfahren,* sind in der Praxis verwirklicht.

Im Resonanzfall wird in der Empfängerspule (d) ein Signal induziert, das nach Verstärkung (f) auf einem Schreiber (h)

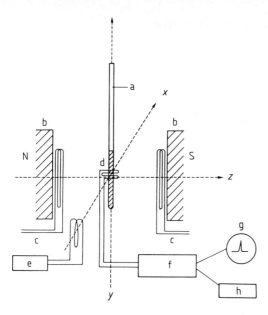

Abbildung 1-6.
Schematischer Aufbau eines
NMR-Spektrometers, das nach
dem Continuous Wave-(CW)-
Verfahren arbeitet
a Substanzprobe; b Magnet;
c Sweep-Spulen; d Empfänger;
e Sender; f Verstärker; g Oszilloskop; h Schreiber.
Im Prinzip entspricht dieses
Schema auch dem Aufbau eines
Impulsspektrometers, wobei (e) ein
Impulsgenerator ist, und (f) komplizierte elektronische Meßgeräte
einschließlich eines Computers zur
Detektion, Speicherung und
Fourier-Transformation des NMR-
Spektrums symbolisiert (daher
auch der Name „FT-Spektrosko-
pie", siehe dazu Abschnitte 1.5.2.3
und 1.5.3).

registriert oder auf einem Oszilloskop (g) sichtbar gemacht
wird. Bei beiden Verfahren wird das Spektrum Punkt für
Punkt aufgezeichnet, während B_0 oder ν_1 kontinuierlich verändert werden. Im Angelsächsischen heißt das Verfahren daher
Continuous Wave – kurz CW-Verfahren.

NMR-Spektrometer sind aufwendige Meßinstrumente,
denn sowohl an Homogenität und Stabilität des Magneten als
auch an die Elektronik werden hohe Anforderungen gestellt.

In der Praxis werden Magnete mit magnetischen Flußdichten von 1,41 bis 14,09 T verwendet. Dies entspricht nach
Gleichung (1-12) Meßfrequenzen von 60 bis 600 MHz für Protonen. In Tabelle 1-2 sind magnetische Flußdichten B_0 und
Meßfrequenzen für einige der in der ^1H- und ^{13}C-NMR-Spek-
troskopie gängigen Spektrometer angegeben.

Bis zu einer magnetischen Flußdichte von 2,1 T werden die
stationären Magnetfelder durch Dauer- oder Elektromagnete
erzeugt, 2,35 T nahezu ausschließlich durch Elektromagnete.
Höhere magnetische Flußdichten erreicht man nur noch mit
Kryomagneten, bei denen die Supraleitung ausgenutzt wird.
Das CW-Verfahren eignet(e) sich gut zum Messen der Spektren
von empfindlichen Kernen, wie ^1H, ^{19}F und ^{31}P, Kernen mit
$I = 1/2$, großem magnetischem Moment und zudem hoher
natürlicher Häufigkeit. Ein routinemäßiges Messen von unempfindlichen Kernen und von solchen mit geringer natürlicher Häufigkeit, beispielsweise ^{13}C, aber auch von sehr ver-
dünnten Lösungen war zunächst ausgeschlossen. Um dies zu
ermöglichen, mußten neue Geräte und Meßmethoden entwickelt werden.

Auf seiten der Geräte ist vor allem der Einsatz von Kryoma-

Tabelle 1-2.
Meßfrequenzen in der ^1H- und
^{13}C-NMR-Spektroskopie bei verschiedenen magnetischen Flußdichten B_0.

B_0 [T]	Resonanzfrequenzen [MHz]	
	^1H	^{13}C
1,41	60	15,1
1,88	80	20,1
2,11	90	22,63
2,35	100	25,15
4,70	200	50,3
5,87	250	62,9
7,05	300	75,4
9,40	400	100,6
11,74	500	125,7
14,09	600	150,9

gneten zu nennen, mit denen wesentlich höhere Magnetfeld-stärken und damit auch größere Empfindlichkeiten erreicht werden als mit Permanent- und Elektromagneten. Der entscheidende Fortschritt wurde jedoch durch die *Impuls-Spektroskopie* erreicht, deren Entwicklung mit dem stürmischen Fortschritt in der Computertechnik eng gekoppelt ist. Es ist das große Verdienst von R. R. Ernst, zusammen mit W. A. Anderson [3] dieses im Angelsächsischen auch mit *Pulse Fourier Transform* (PFT) spectroscopy bezeichnete Verfahren in den 60er-Jahren auf die NMR-Spektroskopie angewandt und damit gleichzeitig die Entwicklung einer neuen Generation von Spektrometern und Experimenten (s. Kap. 9) eingeleitet zu haben. Einen faszinierenden Einblick in diese Entwicklungsphase der NMR-Spektroskopie bietet die Lektüre des Nobel-Vortrags von R. R. Ernst [4]. Das Impuls-Verfahren wird im folgenden Abschnitt ausführlich besprochen, da es die Grundlage der modernen NMR-Spektroskopie ist.

1.5 Impuls-Verfahren

1.5.1 Impuls (Angelsächsisch: pulse)

Beim Impuls-Verfahren werden in der Meßprobe durch einen Hochfrequenzimpuls *gleichzeitig* alle Kerne einer Sorte angeregt, zum Beispiel sämtliche Protonen oder ^{13}C-Kerne. Was versteht man unter einem solchen Impuls, und wie erzeugt man ihn?

Ein Hochfrequenz-Generator arbeitet normalerweise bei einer festen Frequenz ν_1. Wird er aber nur für eine kurze Zeit τ_P eingeschaltet, erhält man einen Impuls, der nicht nur die Frequenz ν_1 enthält, sondern ein kontinuierliches Frequenzband, das symmetrisch zur Frequenz ν_1 liegt. Für die Anregung der Übergänge ist jedoch nur ein Teil des Frequenzbandes verwertbar, und dieser Teil ist in etwa τ_P^{-1} proportional. Bei NMR-Experimenten liegt die *Impulslänge* τ_P in der Größenordnung von einigen μs (Abb. 1-7).

Die Wahl der Generatorfrequenz ν_1 ist durch B_0 und die zu untersuchende Kern-Sorte bestimmt. Um beispielsweise bei $B_0 = 1{,}41$ T Protonenübergänge nachweisen zu können, muß die Generatorfrequenz 60 MHz betragen, zum Nachweis der ^{13}C-Resonanzen muß die Frequenz bei 15,1 MHz liegen. Welche Impulslänge für das Experiment notwendig ist, hängt von der Spektrenbreite ab. So ist das Frequenzband ungefähr 10^5 Hz breit, wenn $\tau_P = 10^{-5}$ s beträgt. Ist ν_1 richtig gewählt, sind in diesem Band alle Frequenzen des zu messenden Spek-

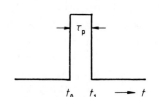

Abbildung 1-7.
Schematische Darstellung eines Impulses. Zur Zeit t_0 wird der Generator (Frequenz ν_1) ein-, zur Zeit t_1 wieder ausgeschaltet. Die Impulslänge τ_P beträgt einige μs.

trums enthalten (Abb. 1-8). Die Amplituden der Frequenz-komponenten eines Impulses nehmen mit dem Abstand von ν_1 ab. Da jedoch im Experiment alle Kerne möglichst gleich stark angeregt werden sollen (siehe Abschnitt 1.6.3), verwendet man kurze Impulse (μs) mit hoher Leistung (einige Watt), soge-nannte *hard pulses*. Üblicherweise wird die Impulslänge so gewählt, daß das Frequenzband ein bis zwei Zehnerpotenzen größer ist als die Spektrenbreite.

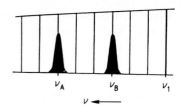

Abbildung 1-8.
Frequenzkomponenten eines Impulses; Breite des Bandes $\nu_1 \pm \tau_P^{-1}$, ν_1 Generatorfrequenz, ν_A und ν_B Resonanzfrequenzen der Kerne A und B.

1.5.2 Klassische Beschreibung des Impuls-Experimentes

1.5.2.1 Impulswinkel

Betrachten wir den einfachsten Fall: eine Probe mit nur einer Kernsorte i, zum Beispiel die Protonen einer Chloroformlö-sung ($CHCl_3$). Wie in Abbildung 1-5 gezeigt, präzedieren die Kernmomente mit der Larmor-Frequenz ν_L auf der Oberfläche eines Doppelkegels, wobei aufgrund der Besetzungsunter-schiede eine makroskopische Magnetisierung M_0 in Feldrich-tung resultiert. Um NMR-Übergänge anzuregen, läßt man den Impuls in Richtung der x-Achse auf die Substanzprobe einwir-ken. Hierbei tritt der magnetische Vektor der elektromagneti-schen Welle in Wechselwirkung mit den Kerndipolen und folg-lich mit M_0. In einem Versuch, diesen quantenmechanischen Vorgang auch anschaulich darzustellen, wird die zeitliche Ver-änderung der Amplitude des in x-Richtung linear oszillieren-den Magnetfeldes mit Hilfe zweier gleich großer Vektoren B_1 beschrieben, die in der x,y-Ebene mit derselben Frequenz ν_L zirkulieren, der eine linksherum, $B_1(l)$, der andere rechts-herum, $B_1(r)$. Abbildung 1-9 zeigt, daß eine einfache Addition der beiden Vektoren stets wieder die x-Komponente des oszil-lierenden Magnetfeldes ergibt, dessen Maximalwert $2B_1$ beträgt. Von den beiden zirkulierenden Magnetfeldern kann nur das, im folgenden kurz B_1 genannt, mit den Kernen (bzw. mit M_0) in Wechselwirkung treten, das die gleiche Drehrich-tung hat wie die präzedierenden Kerne. Unter seinem Einfluß wird M_0 von der z-Achse, der Richtung des statischen Feldes B_0, weggedreht, und zwar in der Ebene senkrecht zur Richtung von B_1. Da sich diese Richtung aber mit der Larmor-Frequenz ν_L ändert, läßt sich die Bewegung von M_0 nur schwer bildlich dar-stellen. Verwendet man jedoch anstelle eines ortsfesten ein *rotierendes Koordinatensystem* x',y',z, das mit derselben Fre-quenz rotiert wie B_1, ist die Orientierung und der Betrag von B_1 konstant. Da man im allgemeinen die Richtung von B_1 als x'-

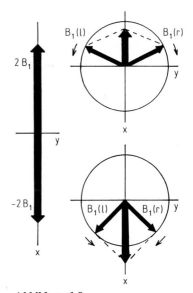

Abbildung 1-9.
Darstellung eines linear oszillieren-den Feldes mit der maximalen Amplitude $2B_1$ als Summe eines links- und eines rechtszirkulieren-den Feldes $B_1(l)$ und $B_1(r)$.

11

Achse des rotierenden Koordinatensystems definiert, wird somit der Vektor M_0 in der y',z-Ebene um die x'-Achse gedreht.

Gemäß Gleichung (1-14) ist der Winkel Θ umso größer, je höher die Amplitude B_i der für den Kernresonanzübergang verantwortlichen Frequenzkomponente ν_i des Impulses ist und je länger der Impuls wirkt. Der Winkel Θ heißt *Impulswinkel*.

$$\Theta = \gamma B_i \tau_\mathrm{p} \qquad (1\text{-}14)$$

Zum Verständnis der meisten Impuls-Verfahren sind zwei Spezialfälle von Bedeutung: Experimente mit den Impulswinkeln 90° und 180°. Fällt, wie in dem gerade besprochenen Fall, die Richtung des B_1-Feldes mit der x'-Achse zusammen, werden die Impulse mit $90°_{x'}$ und $180°_{x'}$ bezeichnet. In Abbildung 1-10 sind die Magnetisierungsvektoren M_0 nach $90°_{x'}$- und $180°_{x'}$-Impulsen sowie für einen beliebigen Impulswinkel $\Theta_{x'}$ aufgezeichnet. Die Richtung von B_1 ist in den Vektordiagrammen durch eine Wellenlinie symbolisiert. Fällt die Richtung von B_1 mit der y'-Achse zusammen, wie in Experimenten, die wir in den Kapiteln 8 und 9 kennenlernen werden, spricht man von $90°_{y'}$- und $180°_{y'}$-Impulsen; die Wellenlinie liegt in den Vektordiagrammen dann auf der y'-Achse des rotierenden Koordinatensystems.

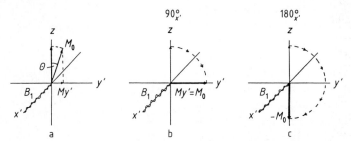

$90°_{x'}$ $180°_{x'}$

a   b   c

Abbildung 1-10.
Richtung des makroskopischen Magnetisierungsvektors M_0 im rotierenden Koordinatensystem:
a) nach einem beliebigen Impuls;
b) nach einem $90°_{x'}$-Impuls;
c) nach einem $180°_{x'}$-Impuls.
Die Wellenlinie auf der x'-Achse symbolisiert die Richtung des effektiv wirkenden B_1-Feldes.

Man erkennt aus den Vektordiagrammen: Die Quermagnetisierung $M_{y'}$ ist direkt nach einem $90°_{x'}$-Impuls am größten, sie ist Null für $\Theta_{x'} = 0°$ und 180°. Die Querkomponenten $M_{y'}$ sind aber entscheidend für den Nachweis der Kernresonanz-Signale, denn die Empfängerspule ist in der y-Achse angeordnet (Abb. 1-6). In ihr wird ein zu $M_{y'}$ proportionales Signal induziert. Bei einem $90°_{x'}$-Impuls ist dieses Signal maximal, beim $180°_{x'}$-Impuls kann dagegen kein Signal beobachtet werden.

Ohne auf Einzelheiten einzugehen, verdeutlicht dies folgendes Experiment: Gemäß Gleichung (1-14) kann man den Impulswinkel vergrößern, indem man die Amplitude der Impuls-Komponente B_i erhöht oder die Impulslänge τ_P verlängert. Für das in Abbildung 1-11 wiedergegebene Experiment haben wir B_i konstant gelassen und die Impulslänge τ_P in

Schritten von 1 μs vergrößert; das registrierte Signal ist jeweils abgebildet. Die Signalamplitude durchläuft bei τ_P-Werten von ungefähr 7 bis 9 μs ein Maximum, sie nimmt dann wieder ab und ist bei τ_P = 15 bis 16 μs ungefähr Null. Das Maximum entspricht einem Impulswinkel von 90°, beim Nulldurchgang beträgt der Impulswinkel 180°. Damit ist auch gezeigt, daß die für einen 90°-Impuls notwendige Zeit τ_P verdoppelt werden muß, um einen 180°-Impuls zu erzeugen.

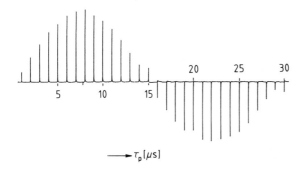

Abbildung 1-11.
NMR-Signal von H_2O in Abhängigkeit vom Impulswinkel Θ. Beim Experiment wurde die Impulslänge τ_P in Schritten von 1 μs vergrößert. Die maximale Signalamplitude erhält man beim 90°-Impuls; dies wurde nach ungefähr 8 μs erreicht. Für τ_P = 15 bis 16 μs ist die Amplitude Null, der Impulswinkel beträgt 180°. Bei noch größeren Impulslängen hat das Signal eine negative Amplitude.

Bei noch längeren Zeiten τ_P beobachtet man wieder ein Signal, aber mit negativer Amplitude, das heißt, es zeigt im Spektrum nach unten. Dies wird aus dem Vektordiagramm verständlich: Bei einem Impulswinkel größer als 180° entsteht eine Querkomponente $-M_{y'}$ in Richtung der $-y'$-Achse, und dadurch wird in der Empfängerspule ein negatives Signal induziert.

Bisher haben wir mit Hilfe von Vektordiagrammen (Abb. 1-10) die Wirkung der Impulse auf den makroskopischen Magnetisierungsvektor M_0 dargestellt. Doch, was ist mit den $N = N_\alpha + N_\beta$ Einzelspins geschehen, aus denen sich M_0 zusammensetzt? Der Zustand des Spinsystems nach dem $180°_{x'}$-Impuls läßt sich einfach veranschaulichen: Die Besetzungszahlen N_α und N_β haben sich durch das Experiment genau umgekehrt, es befinden sich somit mehr Kerne im energiereicheren Energieniveau als im energieärmeren. Komplizierter ist es, den Zustand nach dem $90°_{x'}$-Impuls zu beschreiben. Hier ist $M_z = 0$, die beiden Zeeman-Niveaus sind gleichbesetzt. Der Zustand unterscheidet sich jedoch von dem der schon erwähnten Sättigung (siehe Abschn. 1.3.4), denn nach dem $90°_{x'}$-Impuls ist eine Magnetisierung in y'-Richtung vorhanden, bei der Sättigung nicht. Man kann sich das Entstehen dieser Quermagnetisierung durch folgendes Bild erklären: Unter der Einwirkung des B_1-Feldes präzedieren die einzelnen Kerndipole nicht mehr statistisch gleichmäßig verteilt auf der Oberfläche des Doppelkegels, sondern ein (kleiner) Teil präzediert in Phase, ist gebündelt. Dieser Vorgang wird auch als *Phasenkohärenz* bezeichnet. (Abb. 1-12; siehe auch Abschn. 7.3).

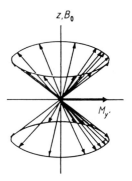

Abbildung 1-12.
Anschauliches Bild der Phasenkohärenz: Nach einem $90°_{x'}$-Impuls präzedieren einige – nicht alle! – Kerne gebündelt, in Phase, um die Feldrichtung z.

13

1.5.2.2 Relaxation

Nach Abschalten des Impulses ist der Magnetisierungsvektor M_0 um Θ aus der Gleichgewichtslage ausgelenkt. Er präzediert jetzt wie die Einzelspins mit der Larmor-Frequenz ν_L um die z-Achse, wobei seine Orientierung im ortsfesten Koordinatensystem immer durch die drei mit der Zeit t variierenden Komponenten M_x, M_y und M_z festgelegt ist (Abb. 1-13).

Durch Relaxation kehrt das Spinsystem in den Gleichgewichtszustand zurück, M_z wächst wieder auf M_0 an, und M_x und M_y gehen gegen Null. Die recht komplizierte Bewegung des Magnetisierungsvektors während der Einwirkung des hochfrequenten Feldes B_1 und der nachfolgenden Relaxation hat Bloch mathematisch analysiert. Er nahm an, daß die Relaxationsprozesse nach 1. Ordnung ablaufen und mit zwei verschiedenen Relaxationszeiten T_1 und T_2 beschrieben werden können. Dies führt zu einem Satz von Gleichungen (oder einer Vektorgleichung), die angeben, wie sich M_x, M_y und M_z mit der Zeit ändern.

Die Gleichungen und ihre Lösung werden viel einfacher, wenn man wie Bloch in das mit der Larmor-Frequenz rotierende Koordinatensystem x',y',z wechselt, da dann die Präzession um die z-Achse nicht mehr berücksichtigt werden muß. Direkt nach Abschalten des Impulses wird die Rückkehr in den Gleichgewichtszustand, also die Relaxation, durch die nachfolgenden *Blochschen Gleichungen* beschrieben:

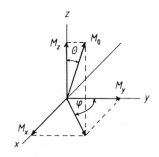

Abbildung 1-13.
Der makroskopische Magnetisierungsvektor M_0 wurde unter der Einwirkung eines Impulses um den Winkel Θ aus seiner Gleichgewichtslage herausgedreht und präzediert anschließend mit der Larmor-Frequenz ν_L. Im ortsfesten Koordinatensystem hat M_0 zur Zeit t die Koordinaten M_x, M_y und M_z.

$$\frac{dM_z}{dt} = -\frac{M_z - M_0}{T_1} \qquad (1\text{-}15)$$

$$\frac{dM_{x'}}{dt} = -\frac{M_{x'}}{T_2} \quad \text{und} \quad \frac{dM_{y'}}{dt} = -\frac{M_{y'}}{T_2} \qquad (1\text{-}16)$$

T_1 ist die *Spin-Gitter-* oder *longitudinale Relaxationszeit*, T_2 ist die *Spin-Spin-* oder *transversale Relaxationszeit*.

Die reziproken Relaxationszeiten T_1^{-1} und T_2^{-1} entsprechen den Geschwindigkeitskonstanten für die beiden Relaxationsprozesse.

Um zu zeigen, wie einfach und anschaulich sich die Relaxation im rotierenden Koordinatensystem darstellen läßt, verwenden wir obige Gleichungen und betrachten die Magnetisierung nach einem $90°_{x'}$-Impuls:

Nach dem $90°_{x'}$-Impuls liegt M_0 zur Zeit $t = 0$ auf der y'-Achse. Folglich ist $M_0 = M_y = M_{y'}$. Da y' jetzt aber ebenfalls mit der Larmor-Frequenz der Kerne rotiert, bleibt die Quermagnetisierung in y'-Richtung konstant, das heißt, ihr Betrag nimmt im

Laufe der Zeit nur um den Anteil ab, der durch Relaxation verloren geht. Dies erfolgt nach Gleichung (1-16) exponentiell (Abb. 1-14), wobei die transversale Relaxationszeit T_2 die Geschwindigkeit dieser Abnahme bestimmt.

Wir werden in den Kapiteln 8 und 9 bei der Besprechung von ein- und zweidimensionalen Impuls-Techniken auf die Bewegung der Vektoren im feststehenden und rotierenden Koordinatensystem ausführlich zurückkommen. Das Phänomen Relaxation behandeln wir in Kapitel 7.

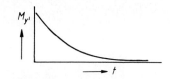

Abbildung 1-14.
Abnahme der Quermagnetisierung $M_{y'}$ durch Spin-Spin-Relaxation in Abhängigkeit von der Zeit.

1.5.2.3 Zeit- und Frequenzdomäne; Fourier-Transformation

Eine Abklingkurve, wie sie in Abbildung 1-14 gezeigt ist, wird normalerweise nicht gemessen. Aufgrund des Meßverfahrens erhielte man diese nur, wenn zufällig Generatorfrequenz ν_1 und Resonanzfrequenz der beobachteten Kerne übereinstimmen. Im Empfänger wird vielmehr eine Kurve beobachtet, wie sie in Abbildung 1-15 A für CH_3I (**1**) wiedergegeben ist. Dabei stimmt die Umhüllende mit der in Abbildung 1-14 gezeichneten Kurve überein. In diesem Beispiel mit nur einer Resonanzfrequenz für die drei äquivalenten Protonen der Methylgruppe entspricht der Abstand zweier Maxima dem reziproken Frequenzabstand zwischen ν_1 und der Resonanzfrequenz ν_i der Kerne i : $1/\Delta\nu$. Die im Empfänger registrierte Abnahme der Quermagnetisierung heißt freier Induktionsabfall – im Angelsächsischen Free Induction Decay oder kurz FID genannt.

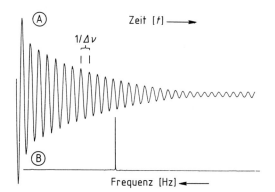

Abbildung 1-15.
90 MHz-^{1}H-NMR-Spektrum von Methyliodid CH_3I (**1**); 1 Impuls, Spektrenbreite 1200 Hz, 8 K Datenpunkte. Die Aufnahmezeit (Acquisition time) betrug 0,8 s. A: Spektrum in der Zeitdomäne (FID), wobei die Generatorfrequenz ungefähr gleich der Resonanzfrequenz ist; B: Spektrum in der Frequenzdomäne, erhalten aus A durch Fourier-Transformation.

Enthält eine Probe Kerne mit verschiedenen Resonanzfrequenzen oder besteht das Spektrum aus einem Multiplett infolge von Spin-Spin-Kopplung (siehe Abschnitt 1.6), so überlagern sich die Abklingkurven der Quermagnetisierungen, sie

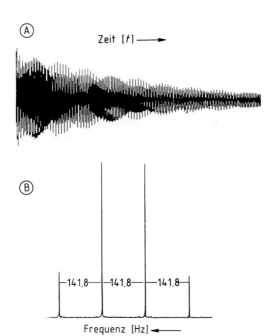

Zeit [*t*] ⟶

(A)

(B)

├─141,8─┼─141,8─┼─141,8─┤

Frequenz [Hz] ◀─────

Abbildung 1-16.
22,63 MHz-^{13}C-NMR-Spektrum
von Methanol ^{13}CH$_3$OH (**2**);
in D$_2$O, 17 Impulse, Spektrenbreite
1000 Hz, 8 *K* Datenpunkte.
A: Spektrum in der Zeitdomäne
(FID); B: Spektrum in der Frequenzdomäne, erhalten aus A
durch Fourier-Transformation. Es
besteht aus einem Quartett, da der
^{13}C-Kern mit den drei Protonen
der Methylgruppe koppelt.

interferieren. Abbildung 1-16 A zeigt ein derartiges Interferogramm für das ^{13}C-NMR-Spektrum von ^{13}CH$_3$OH (**2**). Das
Interferogramm, der FID, enthält sowohl die uns interessierenden Resonanzfrequenzen als auch die Intensitäten, das heißt
den gesamten Informationsgehalt eines *Spektrums*. Wir können das Interferogramm jedoch nicht direkt analysieren, da wir
gewohnt sind, ein Spektrum in der Frequenzdomäne und nicht
in der Zeitdomäne zu interpretieren. Beide Spektren lassen
sich aber durch eine mathematische Operation, die Fourier-
Transformation (FT), ineinander umrechnen:

$$f(\omega) = f(t)e^{i\omega t}dt \qquad (1\text{-}17)$$

$f(t)$ entspricht dem Spektrum in der Zeitdomäne, $f(\omega)$ dem
in der Frequenzdomäne. $f(\omega)$ ist eine komplexe Funktion, die
aus einem Real- und einem Imaginärteil (*Re* bzw. *Im*) besteht.
Im Prinzip ist es gleichgültig, ob man für die Darstellung den
Real- oder den Imaginärteil verwendet, denn sie geben beide
das Frequenzspektrum wieder. Allerdings unterscheiden sich
die Signalphasen um 90°. In der eindimensionalen NMR-Spektroskopie ist es üblich, für die Wiedergabe der Spektren den
Realteil zu verwenden und Absorptionssignale abzubilden
(Abb. 1-17).

Bedingt durch die Aufnahmetechnik erhält man nach der FT
meistens Signale mit Absorptions- und Dispersionsanteilen.
Durch Phasenkorrektur läßt sich der Dispersionsanteil entfernen, so daß alle Signale die in der NMR-Spektroskopie
gewohnte Form von Absorptionslinien haben.

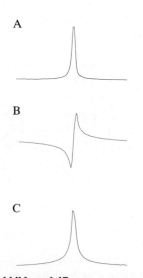

A

B

C

Abbildung 1-17.
A: Absorptionssignal
B: Dispersionssignal
C: Absolutwert des Signals

Die Abbildungen 1-15B und 1-16B zeigen die aus den Interferogrammen 1-15A und 1-16A durch FT erhaltenen, phasenkorrigierten Frequenzspektren: Das ^{1}H-NMR-Spektrum für Methyliodid besteht aus einem Singulett, das ^{13}C-NMR-Spektrum von ^{13}CH$_3$OH aus einem Quartett.

In der zweidimensionalen NMR-Spektroskopie (s. Kap. 9), zum Beispiel bei der Wiedergabe von COSY-Spektren, berechnet man häufig die *Absolutwerte* der Signale, das *Magnitudenspektrum*, $(M; M = \sqrt{Re^2 + Im^2})$. Durch diese Rechenoperation entsteht ebenfalls ein Frequenzspektrum mit Absorptionssignalen, wobei die Signale aber einen breiteren Fuß haben als die, die man aus dem Realteil erhält (Abb. 1-17). Diese Art der Darstellung hat den großen Vorteil, daß keine Probleme durch eventuell vorhandene Phasenunterschiede der Signale entstehen. Wir kommen in Abschnitt 9.4.2 darauf zurück.

Die Theorie der FT, die Programmierung des für die Berechnung der FT notwendigen Computers und andere technische Einzelheiten sind in [5] und der Spezialliteratur nachzulesen (s. „Ergänzende und weiterführende Literatur").

1.5.2.4 Spektrenakkumulation

Meist ist die Intensität eines einzelnen FIDs so schwach, daß die Signale nach der FT im Verhältnis zum Rauschen sehr klein sind. Dies gilt vor allem für Kerne mit geringer Empfindlichkeit und geringer natürlicher Häufigkeit (^{13}C, ^{15}N) oder für schwach konzentrierte Proben. Deswegen werden im Computer die FIDs vieler Impulse aufsummiert, akkumuliert und erst danach transformiert. Beim Akkumulieren mittelt sich das statistisch auftretende, elektronische Rauschen zum Teil heraus, während der Beitrag der Signale stets positiv ist und sich deshalb addiert. Das Signal-Rausch-Verhältnis S : N (Signal : Noise) wächst proportional mit der Wurzel aus der Zahl der Einzelmessungen NS (Number of Scans):

$$S : N \sim \sqrt{NS} \qquad (1\text{-}18)$$

Das Akkumulieren vieler FIDs – manchmal vieler hunderttausend über einen Zeitraum von mehreren Tagen – setzt eine absolut genaue Feld-Frequenz-Stabilisierung voraus sowie ein exaktes Abspeichern der Information eines jeden FID in den gleichen Speicherplätzen des Computers. Jede Instabilität während der Messung, beispielsweise Temperaturschwankungen, verbreitert die Linien und führt zum Verlust von Empfindlichkeit.

Die Signalaufnahme und das digitale Abspeichern eines

FIDs erfordern eine gewisse Zeitspanne, die sogenannte *Acquisition Time*, die proportional zur Zahl der benutzten Speicherplätze ist. Wieviele Speicherplätze man belegt, hängt mit der Spektrenbreite zusammen, so daß keine allgemeingültigen Werte angegeben werden können. Für ein Spektrum mit 5000 Hz Spektrenbreite und 8 K Speicherplätzen benötigt man beispielsweise für das Abspeichern ungefähr eine Sekunde ($1\,K = 2^{10} = 1024$). Dies ist gleichzeitig die kürzestmögliche Zeit zwischen zwei aufeinanderfolgenden Impulsen (Impuls-Intervall). Bereits während des Abspeicherns beginnt das System zu relaxieren. Man kann dies auf dem Oszilloskop direkt verfolgen (Abb. 1-15 A und 1-16 A).

Weil die Magnetisierung durch Relaxation mit der Zeit abnimmt, enthält das Interferogramm am Ende des Abspeicherns mehr Rauschen als zu Beginn. Wie schnell der FID abklingt, bestimmen die Relaxationszeit T_2 und Feldinhomogenitäten (ΔB_0). Diese Tatsache ist besonders für die im Experiment verwendeten Impuls-Intervalle wichtig, denn bei genauen Intensitätsmessungen muß das System vor jedem neuen Impuls vollständig relaxiert, das heißt wieder im Gleichgewichtszustand sein (siehe Abschn. 1.6.3.2).

1.5.3 Impulsspektrometer

Den Aufbau und die Funktionsweise eines Impulsspektrometers im Rahmen dieses Buches genau zu beschreiben, ist weder möglich noch sinnvoll. Im folgenden werden nur einige grundsätzliche Fragen angeschnitten, die das Spektrometer, die Aufnahmetechnik und die Datenverarbeitung betreffen.

Die Bauelemente eines Impulsspektrometers sind Magnet, Sender- und Empfängereinheiten sowie der Computer (s. auch Abb. 1-6).

Magnet: Alle Impulsspektrometer, die bei magnetischen Flußdichten von $B_0 > 2{,}3\,\mathrm{T}$ (Meßfrequenz für Protonen > 100 MHz) arbeiten, verfügen über einen Kryomagneten.

Sendereinheit: Die Sendereinheit, ein Generator, erzeugt die Frequenz ν_1 und den Impuls der Länge τ_p mit konstanter Leistung. ν_1 und τ_p lassen sich mit Hilfe des Computers den Erfordernissen des Experiments anpassen.

Empfängereinheit: Wie schon in Abschnitt 1.5.2.1 erwähnt, wird in der Empfängerspule eine zur Quermagnetisierung $M_{y'}$ proportionale, hochfrequente elektrische Spannung induziert. Die Frequenz entspricht der des NMR-Übergangs, sie liegt somit bei einigen hundert MHz. Wie wir im nächsten Abschnitt sehen werden, interessiert uns jedoch nur ein kleiner Frequenzbereich von einigen kHz, nämlich der Bereich der chemischen Verschiebungen. Da sich die Frequenzen in diesem niederfrequenten Bereich einfacher und schneller verarbeiten lassen als solche im MHz-Bereich, wendet man bei der Detektion einen Trick an: Man nimmt die Frequenz ν_1 des Impulsgenerators als Referenzfrequenz, mischt diese zum NMR-Signal und bildet die Differenz zwischen beiden. Das im Empfänger induzierte Signal besteht jetzt nur noch aus sich überlagernden Sinuswellen mit Frequenzen, die diesen Differenzen entsprechen. Die in der Zeitdomäne registrierte Kurve nennt man deshalb Interferogramm oder, weil die detektierbare Quermagnetisierung $M_{y'}$ und damit das Signal immer kleiner wird, FID (von **F**ree **I**nduction **D**ecay). Beispiele sind in den Abbildungen 1-15A und 1-16A gezeigt.

Computer: Das Interferogramm gibt das NMR-Spektrum in analoger Form wieder. Damit man schließlich das gewohnte Spektrum in der Frequenzdomäne erhält, werden die Daten zunächst in die digitale Form gebracht. Dazu muß man in gleichen Zeitabständen die Amplituden des Interferogramms (elektrische Spannungen) messen, digitalisieren und im Computer abspeichern. Die Fourier-Transformation (FT) ist dann in Sekundenschnelle durchgeführt. Wenn das NMR-Signal nach der FT bei der richtigen Frequenz liegen soll, müssen die Zeitabstände so kurz sein, daß mindestens zwei Datenpunkte pro Sinuswelle (Periode) erfaßt werden. Sind es weniger, wird eine niedrigere Frequenz vorgetäuscht, das Signal mit der höheren Frequenz wird ins Spektrum *zurückgefaltet* (*folded*); das Spektrum enthält also Signale in Bereichen, in denen keine sein dürften. Die höchste gerade noch richtig berechenbare Frequenz heißt *Nyquist-Frequenz*.

Wie oben dargelegt, wird aufgrund des Meßverfahrens immer nur die Differenz (und zwar der Absolutwert) zwischen Signal- und Referenzfrequenz bestimmt. Es ist folglich gleichgültig, ob die Frequenz des Signals größer oder kleiner ist als ν_1. Wenn also zwei Signale zufällig denselben Abstand von ν_1 haben, das eine bei höherer, das andere bei niedrigerer Frequenz, erhält man im Spektrum nur ein Signal. Man muß daher beim Experiment darauf achten, daß die Referenzfrequenz ν_1 am Rand und nicht mitten im Spektrum liegt. Dadurch bleibt einerseits die Hälfte des über die Impulslänge τ_p definierten Frequenzbandes ungenutzt (siehe Abschnitt 1.5.1), andererseits wird das elektronische Rauschen dieses ungenutzten Bereichs ins Spektrum zurückgefaltet. Beides führt zu einem erheblichen Empfindlichkeitsverlust.

Um diese Nachteile zu umgehen, arbeiten die heutigen Impuls-Spektrometer meistens mit der *Quadratur-Detektion*. Dabei werden zwei phasenempfindliche Detektoren verwendet, der eine registriert die y'-Komponente des Magnetisierungsvektors, $M_{y'}$, der andere gleichzeitig die um 90° phasenverschobene x'-Komponente, $M_{x'}$. Werden beide Komponenten für die FT verwendet, lassen sich aufgrund ihrer verschiedenen Phase Frequenzen unterscheiden, die größer oder kleiner sind als die Referenzfrequenz. Somit ist es möglich, ν_1 in die Mitte des zu beobachtenden Spektrenbereichs zu legen. Dies hat zusätzlich den Vorteil, daß die durch die Impulslänge bestimmte Spektrenweite verkleinert werden kann und weniger Rauschen ins Spektrum gefaltet sowie die Impulsleistung im Sinne einer einheitlichen Leistungsverteilung über die gewünschte Spektrenbreite besser ausgenützt wird. Die Einführung der Quadratur-Detektion führte zu einer Verbesserung der Nachweisempfindlichkeit um den Faktor $\sqrt{2}$.

Mit Hilfe des Computers bringt man das Spektrum in die gewünschte Form, korrigiert die Phase, erstellt Ausschnitte, integriert Signale und vieles andere mehr. Zusätzlich steuert der Computer die meisten Spektrometerfunktionen. Die Spektrenaufnahme ist inzwischen soweit automatisiert, daß das Spektrometer mit einem vom Computer gesteuerten Probenwechsler verbunden ist, wodurch die optimale Nutzung der Spektrometer im Routinebetrieb garantiert wird.

Darüber hinaus stehen dem Anwender viele Computerprogramme zur Verfügung, z. B. für die Auswertung und für die Berechnung/Simulation von Spektren (s. Abschn. 4.6).

1.6 Spektrale Parameter im Überblick

1.6.1 Chemische Verschiebung

1.6.1.1 Abschirmung

Nach den bisherigen Betrachtungen ist für jede Kernsorte nur ein Kernresonanz-Signal zu erwarten. Wäre dies tatsächlich so, dann wäre die Methode für den Chemiker uninteressant. Glücklicherweise werden die Resonanzen in charakteristischer Weise von der Umgebung des beobachteten Kernes beeinflußt. Nur um das Problem zu vereinfachen, gingen wir bisher von isolierten Kernen aus. Der Chemiker betrachtet jedoch Moleküle, in denen die Kerne immer von Elektronen und anderen Atomen umgeben sind. Die Folge ist, daß in diamagnetischen Molekülen das am Kernort wirkende Magnetfeld B_{eff} stets kleiner ist als das angelegte Feld B_0: Die Kerne sind abgeschirmt. Der Effekt ist zwar klein, aber meßbar. Diesen Befund gibt Gleichung (1-19) wieder.

$$B_{\text{eff}} = B_0 - \sigma\,B_0 = (1 - \sigma)\,B_0 \qquad (1\text{-}19)$$

σ ist die *Abschirmungskonstante,* eine dimensionslose Größe, die für Protonen in der Größenordnung von 10^{-5} liegt, für schwere Atome aber höhere Werte erreicht, weil die Abschirmung mit zunehmender Elektronenzahl größer wird. Zu beachten ist, daß σ-Werte Molekül-Konstanten sind, die nicht vom Magnetfeld abhängen. Sie werden nur durch die elektronische und magnetische Umgebung der beobachteten Kerne bestimmt.

Die Resonanzbedingung, Gleichung (1-12), geht somit über in:

$$\nu_1 = \frac{\gamma}{2\pi}(1-\sigma)\,B_0 \qquad (1\text{-}20)$$

Die Resonanzfrequenz ν_1 ist zur magnetischen Flußdichte B_0 des stationären Magnetfeldes und – was für uns wichtiger ist – zum Abschirmungsterm $(1-\sigma)$ proportional. Aus dieser Aussage können wir folgenden wichtigen Schluß ziehen: Chemisch nicht-äquivalente Kerne sind unterschiedlich abgeschirmt und liefern im Spektrum getrennte Resonanzsignale.

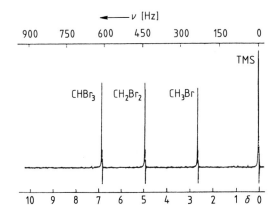

Abbildung 1-18.
90 MHz-^{1}H-NMR-Spektrum eines Gemisches von CHBr$_3$ (**3**), CH$_2$Br$_2$ (**4**), CH$_3$Br (**5**) und TMS (**6**).

In Abbildung 1-18 ist das nach dem Frequenz-Sweep-Verfahren (siehe Abschn. 1.4.2) aufgenommene 90 MHz-^{1}H-NMR-Spektrum ($B_0 = 2{,}11$ T) eines Gemisches von Bromoform (CHBr$_3$, **3**), Methylenbromid (CH$_2$Br$_2$, **4**), Methylbromid (CH$_3$Br, **5**) und Tetramethylsilan (TMS, Si(CH$_3$)$_4$, **6**) wiedergegeben. Bei genau $90\,000\,000$ Hz = 90 MHz erscheint das Signal von TMS; die Signale der anderen Substanzen findet man bei $90\,000\,237$ Hz (CH$_3$Br), $90\,000\,441$ Hz (CH$_2$Br$_2$) und $90\,000\,614$ Hz (CHBr$_3$). Damit wird für das Proton in Bromoform die höchste, für die Protonen in TMS die niedrigste Resonanzfrequenz gemessen. Aus der Resonanzbedingung, Gleichung (1-20), folgt: Im Bromoform sind die Protonen am schwächsten, im TMS am stärksten abgeschirmt:

$$\sigma\,(\text{CHBr}_3) < \sigma\,(\text{CH}_2\text{Br}_2) < \sigma\,(\text{CH}_3\text{Br}) < \sigma\,(\text{TMS})$$

Entsprechend einer allgemeinen Regelung werden in der NMR-Spektroskopie die Resonanzsignale aller Kerne so aufgetragen, daß von links nach rechts die Abschirmungskonstante σ zunimmt.

(In einem Spektrum, das nach der Feld-Sweep-Methode aufgenommen wird – konstante Frequenz ν_1 und variable Flußdichte B_0 –, müßte bei gleicher Reihenfolge der Signale auf der Abszisse die magnetische Flußdichte nach rechts ansteigen. Es ist historisch bedingt, daß aufgrund dieser Tatsache Ausdrucksweisen benutzt werden wie: „ein Signal erscheint bei hoher Feldstärke" oder „ein Signal liegt bei tiefster Feldstärke".)

1.6.1.2 Referenzsubstanz und δ-Skala

In Abbildung 1-18 sind keine absoluten Werte für die magnetische Flußdichte B_0 oder für die Resonanzfrequenzen ν_i angegeben, da die gemessenen Frequenzen nur für das Experiment bei $B_0 = 2,11$ T gelten. Leider gibt es in der NMR-Spektroskopie keinen absoluten Maßstab, da Resonanzfrequenz und magnetische Flußdichte entsprechend der Resonanzbedingung (Gl. (1-20)) miteinander verknüpft sind. Daher verwendet man einen relativen Maßstab, und zwar mißt man die Frequenz-Differenzen $\Delta\nu$ zwischen den Resonanzsignalen der Substanz und dem einer Referenzsubstanz. Die heute verwendeten Geräte sind so „geeicht", daß man die Abstände der Signale direkt in Hz ablesen kann, oder aber der Computer druckt direkt die Werte aus.

Die Referenzsubstanz gibt man vor jeder Messung zu der zu untersuchenden Substanzprobe, weshalb man von einem *inneren Standard* spricht. Als solcher dient in der ^{1}H- und ^{13}C-NMR-Spektroskopie meist Tetramethylsilan (TMS). TMS ist vom spektroskopischen wie vom chemischen Standpunkt besonders günstig. Da es zwölf äquivalente, stark abgeschirmte Protonen enthält, muß man zum einen nur wenig beimischen, zum anderen beobachtet man nur ein scharfes, von den meisten anderen Resonanzsignalen deutlich getrenntes Signal am rechten Spektrenrand (Abb. 1-18). Außerdem ist TMS chemisch inert, magnetisch isotrop und assoziiert nicht. Zudem läßt sich TMS wegen seines niedrigen Siedepunktes (26,5 °C) leicht entfernen, wenn die untersuchte Substanz wieder zurückgewonnen werden soll.

Wertet man das Spektrum in Abbildung 1-18 aus, erhält man für die Frequenz-Differenzen $\Delta\nu$ von Bromoform, Methylenbromid und Methylbromid zu TMS als innerem Standard 614, 441 und 237 Hz. (Beim Impuls-Verfahren werden alle Linienlagen durch FT berechnet und die Frequenz-Differenzen direkt ausgedruckt.)

Aber auch Δv ist von B_0 abhängig! Daher definiert man eine dimensionslose Größe δ, die *chemische Verschiebung:*

$$\delta = \frac{v_{\text{Substanz}} - v_{\text{Referenz}}}{v_{\text{Referenz}}} \cdot 10^6 \qquad (1\text{-}21)$$

Den Faktor 10^6 führt man zur Vereinfachung der Zahlenwerte ein und gibt δ-Werte deshalb stets in „parts per million", in ppm, an. ppm ist jedoch keine Dimension und wird nicht beim Zitieren von δ-Werten genannt. Man macht keinen allzu großen Fehler, wenn man im Nenner von Gleichung (1-21) für v_{Referenz} die vom Gerätehersteller angegebene Meßfrequenz einsetzt, da man sonst bei jedem Spektrum die absolute Lage des TMS-Signales messen müßte. Mit dieser Vereinfachung erhält man

$$\delta = \frac{\Delta v}{\text{Meßfrequenz}} \cdot 10^6 \qquad (1\text{-}22)$$

Definitionsgemäß ist der δ-Wert der Referenzsubstanz TMS gleich Null, da $\Delta v = 0$ ist:

$$\delta \, (\text{TMS}) = 0 \qquad (1\text{-}23)$$

Entsprechend Gleichung (1-22) sind die δ-Werte, ausgehend vom TMS-Signal, links positiv, rechts davon negativ.

Beispiele:

○ Für die drei Verbindungen des Spektrums von Abbildung 1-18 berechnet man folgende chemische Verschiebungen:

$$\delta \, (\text{CHBr}_3) \;\; = \frac{614}{90 \cdot 10^6} \cdot 10^6 = 6{,}82$$

$$\delta \, (\text{CH}_2\text{Br}_2) = \frac{441}{90 \cdot 10^6} \cdot 10^6 = 4{,}90$$

$$\delta \, (\text{CH}_3\text{Br}) \;\; = \frac{237}{90 \cdot 10^6} \cdot 10^6 = 2{,}63$$

Über die δ-Werte läßt sich mit Gleichung (1-22) der Abstand zwischen Resonanz- und TMS-Signal in Hz für beliebige Meßfrequenzen ausrechnen. So betragen die Abstände in unserem Beispiel für eine Meßfrequenz von 300 MHz:

$$\text{CHBr}_3 : \Delta v = 2046 \text{ Hz}$$
$$\text{CH}_2\text{Br}_2 : \Delta v = 1470 \text{ Hz}$$
$$\text{CH}_3\text{Br} : \Delta v = \;\; 789 \text{ Hz}$$

Nicht immer kann man der zu messenden Probe TMS zusetzen. So ist TMS zum Beispiel wasserunlöslich. In solchen Fällen mischt man der Probe eine andere Referenzsubstanz bei und rechnet auf TMS um. Gelegentlich benutzt man auch einen sogenannten *äußeren Standard*. Man versteht darunter eine in eine Kapillare eingeschmolzene Referenzsubstanz, die zusammen mit der Probe gemessen wird. Am besten verwendet man dafür spezielle, käufliche Koaxialröhrchen. Beim Auswerten und dem Vergleich mit Literaturdaten ist jedoch zu berücksichtigen, daß die Kerne am Ort des Standards und in der Probe unterschiedlich abgeschirmt sind.

Über den Zusammenhang zwischen chemischer Verschiebung und Molekülstruktur wird in Kapitel 2 ausführlich berichtet. Dort werden wir auch auf die chemischen Verschiebungen „anderer" Kerne als ^1H und ^{13}C eingehen.

1.6.2 Spin-Spin-Kopplung

1.6.2.1 Indirekte Spin-Spin-Kopplung

Für die Komponenten des Gemisches aus $CHBr_3$, CH_2Br_2, CH_3Br und TMS (**3–6**) finden wir in Abbildung 1-18 jeweils ein Singulett, da jede Substanz nur eine Sorte chemisch äquivalenter Protonen enthält. Dies ist der Ausnahmefall; im Normalfall weisen die Signale meist eine Feinstruktur auf. Abbildung 1-19 zeigt ein einfaches Beispiel, das Spektrum von Ethylacetat (**7**). Von links nach rechts sind ein Quartett, ein Singulett, ein Triplett sowie das Signal von TMS zu erkennen. Ohne Zweifel sind die Protonen innerhalb jeder Gruppe chemisch äquivalent, für die Aufspaltung der Signale kann daher die chemische Verschiedenartigkeit einzelner Protonen nicht verantwortlich sein. Im folgenden wird die Ursache für diese Feinstruktur an Beispielen aus der ^1H-NMR-Spektroskopie erklärt, doch lassen sich die Ausführungen auch auf ^{13}C und andere Kerne mit $I = \frac{1}{2}$ übertragen.

Bisher haben wir nicht berücksichtigt, daß im Molekül benachbarte magnetische Kerndipole miteinander in Wechselwirkung treten. In der Ethylgruppe von Ethylacetat koppeln die zwei Methylenprotonen mit den drei Protonen der Methylgruppe. Diese *Spin-Spin-Kopplung* beeinflußt das Magnetfeld am Ort der beobachteten Kerne. Das effektiv wirkende Feld ist stärker oder schwächer als ohne Kopplung, und damit ändern sich gemäß der Resonanzbedingung (Gl. (1-20)) die Resonanzfrequenzen.

Die in Abbildung 1-19 beobachtete Feinstruktur ist auf die sogenannte *indirekte Spin-Spin-Kopplung* zurückzuführen; indirekt deswegen, weil die Kopplung über Bindungen hinweg erfolgt (siehe Abschn. 3.5).

24

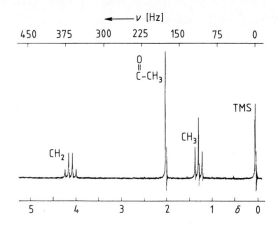

$$H_3C-\overset{\overset{\displaystyle O}{\|}}{C}-OCH_2CH_3$$

7

Abbildung 1-19.
90 MHz-^{1}H-NMR-Spektrum von
Ethylacetat, $CH_3COOCH_2CH_3$ (**7**).

Kerndipole können aber auch direkt durch den Raum miteinander koppeln. Diese *direkte Spin-Spin-Kopplung* spielt beispielsweise in der Festkörper-NMR-Spektroskopie eine entscheidende Rolle. In der hochauflösenden NMR-Spektroskopie, bei der Untersuchung von Flüssigkeiten mit geringer Viskosität, mittelt sie sich durch die Molekülbewegung zu Null. Wir werden uns im folgenden ausschließlich mit der indirekten Spin-Spin-Kopplung beschäftigen.

Bevor wir auf die Multiplettstruktur der Resonanzen von Ethylprotonen eingehen, wollen wir am Beispiel zweier koppelnder Kerne A und X zu verstehen versuchen, wie sich das Spektrum unter dem Einfluß der indirekten Spin-Spin-Kopplung verändert. Beispiele für solche Zweispinsysteme sind die Moleküle **H-F**, ^{13}**CHCl$_3$**, Ph-CH^A = CH^{X}COOH. Im Anschluß erweitern wir das Bild auf Mehrspinsysteme.

1.6.2.2 Kopplung mit einem Nachbarkern (AX-Spinsystem)

Berücksichtigen wir in einem Zweispinsystem AX nur die chemischen Verschiebungen, besteht das Spektrum aus zwei Resonanzsignalen mit den Frequenzen ν_A und ν_X. Koppeln A und X miteinander, findet man zwei Signale für den A- und zwei für den X-Kern (Abb. 1-20).

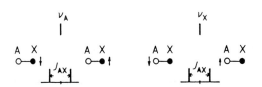

Abbildung 1-20.
Skizze zur Erklärung der Feinstruktur eines Zweispinsystems AX mit der Kopplungskonstanten J_{AX}. ν_A und ν_B sind die Resonanzfrequenzen ohne Kopplung.

Beschränken wir uns zunächst auf die beiden Resonanzen für A. Um die Aufspaltung zum Dublett zu verstehen, müssen wir zwei Fälle unterscheiden: Der mit A koppelnde Kern X befindet sich im α-Zustand, er hat also eine Komponente seines magnetischen Momentes in Feldrichtung (μ_z); wir symbolisieren dies durch einen Pfeil nach oben (A-X ↑). Befindet sich X im β-Zustand, zeigt μ_z in die Gegenfeldrichtung (A-X ↓; siehe Abschn. 1.3). Durch die Wechselwirkung zwischen A und X wird am Ort von A ein Zusatzfeld erzeugt, das für die beiden Zustände des X-Kerns zwar gleich groß aber mit entgegengesetzten Vorzeichen versehen ist. Deshalb wird im einen Fall ν_A um einen festen Betrag nach höheren, im anderen Fall um den gleichen Betrag nach niedrigeren Frequenzen verschoben. Wir können nicht voraussagen, ob ein X-Kern im α-Zustand die A-Resonanzen nach höheren oder niedrigeren Frequenzen verschiebt. Die Zuordnung in Abbildung 1-20 ist willkürlich getroffen. Wir werden auf diese Problematik in Abschnitt 4.3 im Zusammenhang mit den Vorzeichen der Kopplungskonstanten zurückkommen.

Da in einer makroskopischen Probe ungefähr gleich viele Moleküle mit X-Kernen im α-Zustand (A-X ↑) wie im β-Zustand (A-X ↓) vorhanden sind, erscheinen im Spektrum zwei Signale gleicher Intensität: Das einfache Signal im Spektrum ohne Kopplung ist zum Dublett aufgespalten.

Die analoge Betrachtung gilt für X, denn die Kopplung mit A verursacht zwei X-Resonanzen, ein Dublett.

Der Abstand der beiden Resonanzlinien eines jeden Dubletts ist für den A- und X-Teil des Spektrums gleich; er wird als *indirekte* oder *skalare Kopplungskonstante* bezeichnet und mit J_{AX} abgekürzt. Da für die Aufspaltung nur die Kernmomente verantwortlich sind, ist der Wert der Kopplungskonstanten J_{AX} – im Gegensatz zur chemischen Verschiebung – nicht von der magnetischen Flußdichte B_0 abhängig. Man gibt sie daher in Hz an.

Man beachte: Als chemische Verschiebung zählt immer die Mitte eines Dubletts – dies entspräche der Lage des Signals ohne Kopplung.

Das Spektrum für die beiden olefinischen Protonen von Zimtsäure (**8**) (Abb. 1-21) entspricht dem AX-Typ. Allerdings

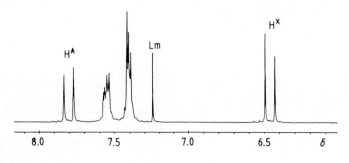

Abbildung 1-21.
250 MHz-^{1}H-NMR-Spektrenausschnitt von Zimtsäure (**8**) in CDCl$_3$; δ (OH) ≈ 11,8.

weichen die Intensitäten innerhalb der Dubletts vom idealen 1:1-Verhältnis etwas ab („Dacheffekt"). Dies hat zwei Gründe: Einmal sind die Signale des zum Phenylring α-ständigen Protons durch Kopplung mit den Ringprotonen leicht verbreitert, und zum anderen ist das Spektrum unseres Zweispinsystems nicht mehr ganz vom Typ erster Ordnung. Auf diese Komplikation werden wir in den Abschnitten 1.6.2.8 und 4.3.2 eingehen.

1.6.2.3 Kopplung mit zwei äquivalenten Nachbarkernen (AX$_2$-Spinsystem)

Als Beispiel für die Kopplung von drei Kernen behandeln wir das Dreispinsystem CH^A-CH_2^X. Kern A hat jetzt zwei äquivalente Nachbarkerne X, für die es drei verschiedene Möglichkeiten der Spinorientierung im Magnetfeld gibt: Entweder die beiden Spins der X-Kerne – wir betrachten nur die z-Komponenten (μ_z) – stehen parallel in Feldrichtung ($\uparrow\uparrow$: αα) oder in Gegenfeldrichtung ($\downarrow\downarrow$: ββ) oder sie stehen antiparallel zueinander ($\uparrow\downarrow$: αβ oder $\downarrow\uparrow$: βα) (Abb. 1-22). Sind die X-Spins antiparallel angeordnet, kompensieren sich die Zusatzfelder am Ort des Kernes A zu Null, und das Resonanzsignal liegt dort, wo es auch ohne Kopplung läge. Die beiden Anordnungen mit parallelen Spins verursachen am Ort von A gleich große Zusatzfelder aber mit entgegengesetzten Vorzeichen. Dies führt zu zwei weiteren Resonanzsignalen, und man beobachtet für die Protonen H^A ein Triplett. Der Abstand zweier benachbarter Linien ist J_{AX}. Die Intensitäten verhalten sich wie 1:2:1. Dabei ist das mittlere Signal von doppelter Intensität, da in einer makroskopischen Probe Moleküle mit antiparalleler Einstellung der X-Spins doppelt so häufig sind wie solche mit paralleler Einstellung in der einen oder anderen Richtung.

Für die beiden Protonen H^X der CH_2^X-Gruppe erscheint ein Dublett, denn sie koppeln nur mit einem Nachbarn, H^A. Die

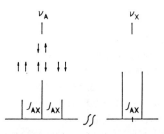

Abbildung 1-22.
Skizze zur Erklärung des Kopplungsmusters für das Dreispinsystem AX$_2$, wobei die Pfeile die Orientierung der zwei X-Kerne angeben.

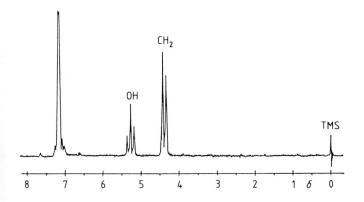

9

Abbildung 1-23.
60 MHz-^{1}H-NMR-Spektrum von Benzylalkohol (**9**).

27

Gesamtintensität des Tripletts verhält sich zu der des Dubletts wie 1 : 2.

Die chemischen Verschiebungen δ_A und δ_X berechnet man aus den Signallagen ν_A und ν_X ohne Kopplung, wie es für das Zweispinsystem AX gemacht wurde: ν_A entspricht dem mittleren Signal des Tripletts, ν_X der Mitte des Dubletts. Als Beispiel ist in Abbildung 1-23 das Spektrum von Benzylalkohol (**9**) gezeigt, wobei dem Proton am Sauerstoff (**H^A**) das Triplett bei $\delta \approx 5{,}3$, den beiden Protonen der Methylengruppe (**CH_2^X**) das Dublett bei $\delta \approx 4{,}4$ zuzuordnen ist.

1.6.2.4 Kopplung mit mehreren äquivalenten Nachbarkernen (AX_n-Spinsystem)

Wie im vorhergehenden Abschnitt für zwei äquivalente Nachbarkerne gezeigt, kann man in gleicher Weise das Aufspaltungsmuster für Kopplungen mit mehr als zwei äquivalenten Nachbarn konstruieren. Koppelt ein Proton mit drei Nachbarn X, zum Beispiel mit den drei Protonen einer Methylgruppe, **CH^A-CH_3^X**, dann ist für **H^A** ein Quartett mit der Intensitätsverteilung 1 : 3 : 3 : 1 zu erwarten (Abb. 1-24). Für die Methylprotonen **H^X** beobachtet man wieder ein Dublett, weil sie nur mit einem Nachbarn, **H^A**, koppeln. Ein Spektrum dieses Typs erhält man für das Trimere des Acetaldehyds, den Paraldehyd (**10**) (Abb. 1-25).

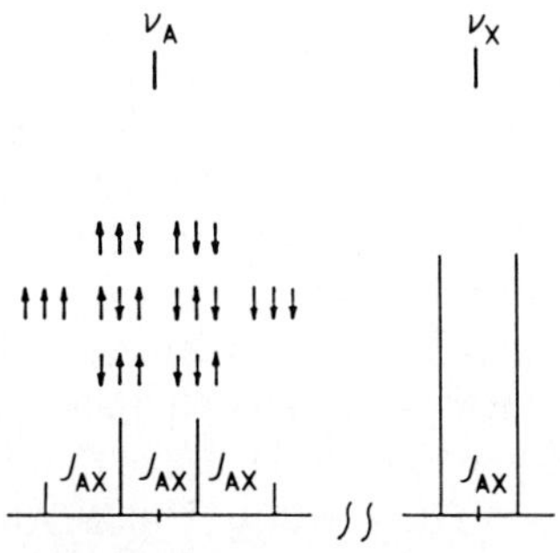

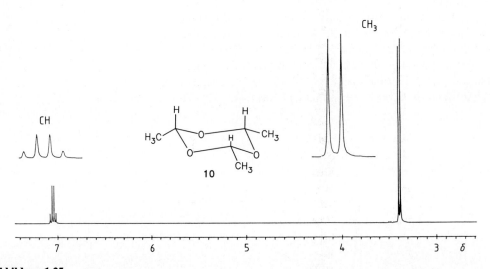

Abbildung 1-24.
Skizze zur Erklärung des Kopplungsmusters für das Vierspinsystem AX_3, wobei die Pfeile die Orientierung der drei X-Kerne angeben.

Abbildung 1-25.
250 MHz-^{1}H-NMR-Spektrum von Paraldehyd (**10**). Das Quartett und Dublett sind im gleichen Verhältnis vergrößert, gespreizt.

1.6.2.5 Multiplizitätsregeln

Die Zahl der Signale eines Multipletts, die Multiplizität M, läßt sich mit Gleichung (1-24) ausrechnen:

$$M = 2nI + 1 \qquad (1\text{-}24)$$

n ist hierbei die Zahl der äquivalenten Nachbarn. Für Kerne mit $I = 1/2$, mit denen wir uns hauptsächlich befassen, vereinfacht sich Gleichung (1-24):

$$M = n + 1 \qquad (1\text{-}25)$$

Bei der Kopplung von Kernen mit $I = 1/2$ entsprechen die Signalintensitäten innerhalb der Multipletts den Koeffizienten der Binomialreihe, die sich dem Pascalschen Dreieck entnehmen lassen:

```
n = 0                    1
n = 1                 1     1
n = 2              1     2     1
n = 3           1     3     3     1
n = 4        1     4     6     4     1
  :                      :
  :                      :
```

Damit werden die Aufspaltungsmuster von Ethylacetat (**7**) in Abbildung 1-19 verständlich: Die beiden Methylenprotonen koppeln mit den drei äquivalenten CH_3-Protonen der Ethylgruppe, sie ergeben nach Gleichung (1-25) ein Quartett ($\delta \approx 4{,}1$). Die drei Methylprotonen koppeln mit den zwei äquivalenten Protonen der Methylengruppe, dies führt zu einem Triplett ($\delta \approx 1{,}4$). An einer derartigen Kombination von Quartett und Triplett im Intensitätsverhältnis $2:3$ erkennt man sofort, daß die gemessene Verbindung eine Ethylgruppe enthält. Das Singulett bei $\delta \approx 2$ im Spektrum von **7** stammt schließlich von den drei Methylprotonen der Acetylgruppe.

1.6.2.6 Kopplungen zwischen drei nicht-äquivalenten Kernen (AMX-Spinsystem)

Abbildung 1-26 zeigt das Spektrum von Styrol (**11**). In diesem interessieren uns nur die Signale der drei miteinander koppelnden, nicht-äquivalenten Vinylprotonen: $\mathbf{H}^A$, $\mathbf{H}^M$, $\mathbf{H}^X$ (AMX-Dreispinsystem).

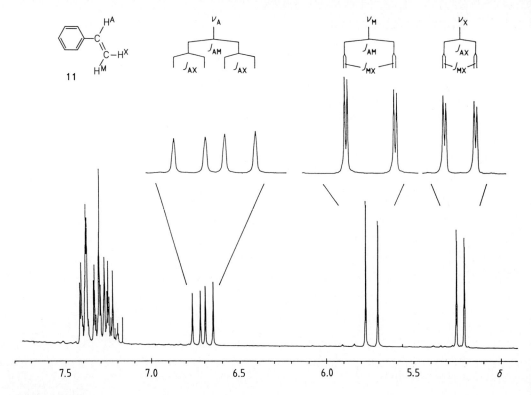

Abbildung 1-26.
250 MHz-^{1}H-NMR-Spektrum von Styrol (**11**) in CDCl$_3$. Die drei Dubletts von Dubletts für die drei Protonen H^A, H^M und H^X sind im gleichen Verhältnis gespreizt.
J_{AM} = 17,6 Hz, J_{AX} = 10,9 Hz, J_{MX} = 1,0 Hz.

Wir finden im Spektrum für jedes Proton vier annähernd gleich intensive Signale. Die Schemata über den vergrößerten Spektrenausschnitten in Abbildung 1-26 verdeutlichen, wie sich die Multipletts für jedes Proton konstruieren und analysieren lassen: Man beginnt mit dem Spektrum ohne Kopplung, das aus drei Resonanzlinien bei ν_A, ν_M und ν_X besteht. Dann läßt man jeweils eine Kopplung – am besten die mit der größten Kopplungskonstante – zu, und jedes Signal spaltet entsprechend der Kopplungskonstante in ein Dublett auf. Anschließend macht man das gleiche noch einmal mit der zweiten, der kleineren, Kopplungskonstante: Jede Linie des ersten Dubletts spaltet wiederum zum Dublett auf. So ergeben sich für die Protonen **H^A**, **H^M** und **H^X** jeweils *Dubletts von Dubletts,* deren Mitten (ν_A, ν_M, ν_X) den δ-Werten entsprechen.

1.6.2.7 Kopplungen zwischen äquivalenten Kernen (A_n-Spinsystem)

Warum findet man im ^{1}H-NMR-Spektrum für eine isolierte Methylgruppe nur ein Signal, obwohl jedes Proton zwei weitere Protonen in der Methylgruppe als Nachbarn hat, die Bedingungen für Kopplungen also vorhanden sind? Warum erhält man für die sechs Protonen des Benzols nur ein Signal, obwohl in Benzolderivaten die Protonen miteinander koppeln?

Diese Fragen lassen sich durch quantenmechanische Berechnungen exakt beantworten. Ohne auf die Theorie einzugehen, wollen wir uns hier nur das Ergebnis in Form einer allgemeinen Regel merken:
Die Kopplung zwischen äquivalenten Kernen ist im Spektrum nicht beobachtbar!

Wir werden im nächsten Abschnitt diese allgemein formulierte Regel etwas einschränken müssen, sie gilt nur für Spektren erster Ordnung.

In den bisher behandelten Methyl- und Methylengruppen und für Benzol sind jeweils die Protonen äquivalent. Daher ist die Kopplung nicht zu sehen, und die Spektren sind übersichtlich und leicht verständlich.

1.6.2.8 Ordnung eines Spektrums

Enthält ein Spektrum nur Singuletts, spricht man von einem Spektrum *nullter Ordnung*. Die meisten ^{13}C-NMR-Spektren gehören aufgrund des Meßverfahrens zu diesem Typ (^{1}H-Breitband-Entkopplung; siehe Abschn. 5.3).

Sind die Multipletts nach den bisher angegebenen Regeln analysierbar, dann handelt es sich um Spektren *erster Ordnung*. Diese sind immer zu erwarten, wenn der Frequenzabstand Δv der koppelnden Kerne groß ist im Vergleich zu den Werten der Kopplungskonstanten: $\Delta v \gg J$. Ist diese Voraussetzung nicht erfüllt, verändern sich die Intensitätsverhältnisse innerhalb der Multipletts, und zusätzliche Linien können erscheinen. Ein solches Spektrum bezeichnet man dann als Spektrum *höherer Ordnung*. Auf diese Effekte werden wir in Kapitel 4 näher eingehen. Außerdem macht sich in Spektren höherer Ordnung die Kopplung zwischen äquivalenten Kernen bemerkbar. Die Spektrenanalyse ist komplizierter und läßt sich häufig nur noch rechnerisch durchführen. Dabei zeigt sich auch: Die Kopplungskonstanten können ein positives oder negatives Vorzeichen haben. Wir werden jedoch sehen (Abschn. 4.3.1), daß die Vorzeichen keinen Einfluß auf das Aussehen der Spektren vom Typ erster Ordnung haben.

1.6.2.9 Kopplungen von Protonen mit anderen Kernen und ^{13}C-Satelliten-Spektren

In den ^{1}H-NMR-Spektren organischer Moleküle sieht man im Normalfall nur H,H-Kopplungen. Enthalten Moleküle jedoch Fluor-, Phosphor- oder auch andere Kerne mit einem magnetischen Moment, macht sich die Kopplung mit diesen Kernen ebenfalls bemerkbar. Es gelten die gleichen Regeln wie für die H,H-Kopplung. Vereinfachend kommt bei solchen Heterokopplungen hinzu, daß $\Delta\nu \gg |J|$ ist, somit die Bedingung für Spektren erster Ordnung fast immer erfüllt ist.

Auf die Kopplung zwischen Protonen und ^{13}C-Kernen soll schon jetzt hingewiesen werden. Diese C,H-Kopplung läßt sich im ^{1}H-NMR-Spektrum über die ^{13}C-Satelliten-Signale nachweisen. Was sind ^{13}C-Satelliten? In Abbildung 1-27 ist das ^{1}H-NMR-Spektrum von Chloroform abgebildet. Es besteht aus einem Hauptsignal bei $\delta = 7{,}24$. Neben diesem erscheinen rechts und links zwei kleine Signale. (In Abbildung 1-27 sind diese vergrößert ausgeschrieben.) Sie stammen von den 1,1 % der Chloroform-Moleküle mit einem Kohlenstoff-Isotop ^{13}C (^{13}CHCl$_3$). Das Proton koppelt mit dem ^{13}C-Kern; dies führt im ^{1}H-NMR-Spektrum zu einem Dublett, den ^{13}C-*Satelliten*. Der Abstand der beiden Satelliten-Signale entspricht der J(C,H)-Kopplungskonstanten von 209 Hz. Die Intensität beträgt jeweils 0,55 % des Hauptsignals. (Ein entsprechendes Dublett mit dem Abstand von J(C,H) beobachtet man im ^{13}C-NMR-Spektrum von Chloroform.) Nicht immer sind die ^{13}C-Satelliten-Signale so leicht zu interpretieren wie im Chloroform-Spektrum (Abschn. 4.7).

Weitere Bemerkungen zur Kopplung von Protonen mit „anderen" Kernen, zur Heterokopplung ohne Beteiligung von Protonen sowie zur Kopplung von Kernen mit $I > \frac{1}{2}$ sind in Abschnitt 3.7 zu finden.

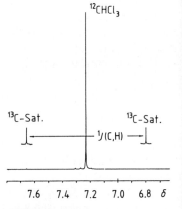

Abbildung 1-27.
250 MHz-^{1}H-NMR-Spektrum von Chloroform; ^{13}C-Satelliten 15mal verstärkt; ^1J(C,H) = 209 Hz.

1.6.3 Intensitäten der Resonanzsignale

1.6.3.1 ^{1}H-NMR-Spektroskopie

Die Fläche unter der Signalkurve bezeichnet man als *Intensität* eines Resonanzsignales. Sie wird vom Computer ausgedruckt oder in Form einer Stufenkurve, dem *Integral*, gemessen. Der Vergleich der Stufenhöhen in einem Spektrum ergibt sofort das Protonenverhältnis im Molekül. Bei Multipletts muß selbstverständlich über die ganze Signalgruppe integriert werden. Ein Beispiel zeigt Abbildung 1-28.

Im ^{1}H-NMR-Spektrum von Benzylacetat (**12**) beobachtet man für C_6H_5, CH_2 und CH_3 drei Singuletts. Durch Integration erhält man das Flächenverhältnis von $5:2:3$ und kann damit alle Signale zuordnen.

Die Signalintensitäten sind neben den chemischen Verschiebungen und den indirekten Spin-Spin-Kopplungskonstanten das wichtigste Hilfsmittel bei der Strukturaufklärung; außerdem ermöglichen sie die *quantitative Analyse* von Substanzgemischen.

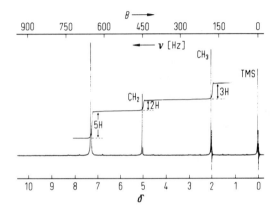

Abbildung 1-28.
90 MHz-^{1}H-NMR-Spektrum von Benzylacetat (**12**) mit Integralkurve.

1.6.3.2 ^{13}C-NMR-Spektroskopie

Grundsätzlich könnte auch in den ^{13}C-NMR-Spektren von den Signalintensitäten auf die Zahl der im Molekül vorhandenen C-Atome geschlossen werden. Wegen der geringen natürlichen Häufigkeit und der niedrigeren Nachweisempfindlichkeit im Vergleich zu Protonen werden jedoch Meßtechniken verwendet, die zu einer Verfälschung der Integrale führen. Darum werden in der ^{13}C-NMR-Spektroskopie normalerweise keine Integralkurven angegeben. Im einzelnen sind folgende Ursachen dafür verantwortlich:

- Die Amplituden der Frequenzkomponenten des Impulses nehmen mit zunehmendem Abstand zur Senderfrequenz ν_1 ab. Kerne mit unterschiedlicher Resonanzfrequenz werden daher nicht gleich stark angeregt (Abschn. 1.5.1 und Abb. 1-8).
- Eine Resonanzlinie wird im Rechner nicht als vollständiger Kurvenzug gespeichert, sondern durch wenige Punkte (Abb. 1-29). Bei der Integration bestimmt man aber die Fläche, die durch die direkten Verbindungslinien dieser Punkte

begrenzt ist. Je enger die Punkte liegen, je höher also die digitale Auflösung ist, um so genauer wird das Integral. Wie viele Datenpunkte man bei der Messung verwendet, ist meist eine Frage der zur Verfügung stehenden Meßzeit. Die beiden Kurven in Abbildung 1-29 wurden einmal mit 32 K Datenpunkten aufgenommen – gestrichelt gezeichnet – und einmal mit 2 K Datenpunkten – durchgezogene Kurve. Während bei der gestrichelten Kurve die Punkte ungefähr 0,01 Hz auseinanderliegen, beträgt der Abstand in der durchgezogenen Kurve über 0,2 Hz. Man erkennt deutlich, daß diese Kurve die Linienform nicht richtig wiedergibt. Die Amplitude ist zu klein, die Halbwertsbreite ist zu groß, das Integral kann also ebenfalls nicht richtig sein. Ferner weichen die Lagen der Maxima, für die man die δ-Werte berechnet, um etwa 0,1 Hz voneinander ab. In der Praxis ist dieser Fehler allerdings vernachlässigbar.

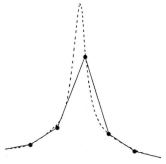

Abbildung 1-29.
^{1}H-NMR-Signal, aufgenommen mit 32 K (gestrichelt) und mit 2 K Datenpunkten (durchgezogen). Die gestrichelte Kurve entspricht der richtigen Linienform. Die durchgezogene Kurve gibt dagegen nur ein verzerrtes Signal wieder, dessen Höhe, Breite, Fläche und die Lage des Maximums nicht richtig sind.

- Die Wartezeit zwischen zwei aufeinanderfolgenden Impulsen ist im allgemeinen beim Akkumulieren so kurz, daß das Spinsystem nicht durch Relaxation ins Gleichgewicht kommen kann. Dies verursacht fehlerhafte Integrale, wobei Resonanzsignale von Kernen mit langen Relaxationszeiten T_1 viel stärker beeinflußt werden als solche mit kurzem T_1.
- Die ^{13}C-NMR-Spektren werden bei gleichzeitiger ^{1}H-Breitband-Entkopplung aufgenommen (Abschn. 5.3). Unter diesen Bedingungen sind die Signale durch den Kern-Overhauser-Effekt (NOE; Kap. 10) verstärkt. Diese Intensitätszunahme hängt von der Zahl der direkt gebundenen H-Atome sowie von anderen, die Relaxationszeiten beeinflussenden Faktoren ab (Kap. 7).

Alle vier Fehlermöglichkeiten wirken sich auf die Intensitäten in jedem ^{13}C-NMR-Spektrum aus. Wie groß sie im einzelnen sind, und wie groß der Gesamtfehler ist, kann man nicht angeben – jede Messung stellt daher einen individuellen Kompromiß zwischen Genauigkeit und Meßaufwand dar. Die Ursachen fehlerhafter Intensitätsbestimmungen können ganz oder zumindest teilweise durch experimentelle und apparative Vorkehrungen behoben werden – dies allerdings auf Kosten der Meßzeit. Zur *genauen Bestimmung der ^{13}C-Intensitäten* sind folgende Maßnahmen erforderlich:

- Der Impuls muß genügend stark sein, damit der Intensitätsabfall der Frequenzkomponenten über die gesamte Spektrenbreite vernachlässigbar ist. Dies ist für ^{1}H-NMR-Spektren meistens erfüllt – nicht aber für ^{13}C-NMR-Spektren. In noch stärkerem Maße trifft es für andere Kerne zu – wie ^{31}P –, für die die Spektrenbreite größer ist als für ^{13}C.
- Bei großer Spektrenbreite und schmalen Linien braucht man eine hohe Speicherkapazität des Rechners. Die Aufnahme eines Spektrums von 5000 Hz und 4 K ($= 4096$) Datenpunk-

ten ergibt eine digitale Auflösung von nur 1,25 Hz/Datenpunkt. Die Linienbreiten sind aber normalerweise kleiner, man sollte daher 8, 16 oder 32 K Datenpunkte aufzeichnen oder Spektren kleinerer Breite, Ausschnitte, aufnehmen.

Schwieriger auszuschalten sind die auf unterschiedlichen Relaxationszeiten T_1 und unterschiedlichen NOE zurückzuführenden Fehler, aber sie sind die größten. Folgende Verfahren bieten sich an:

- Den durch eine zu rasche Aufeinanderfolge der Impulse verursachten Fehler kann man vermeiden, wenn man zwischen die Impulse eine Wartezeit (einen Delay) von 5 T_1 Sekunden einschiebt. Diese Zeit benötigt ein Spinsystem, um nach einem 90°-Impuls nahezu vollständig zu relaxieren. Für Relaxationszeiten von 100 s, wie man sie für quartäre C-Atome findet, heißt dies: Man müßte jeweils 8 bis 10 Minuten zwischen den Impulsen warten! Ein solches Experiment ist in der Praxis unrealistisch, deshalb verzichtet man im allgemeinen auf Intensitätsmessungen.
- Sind durch geeignete Wahl der Meßbedingungen alle bisher besprochenen Fehler beseitigt, so gilt es, bei jeder quantitativen Messung den NOE auszuschalten. Dies gelingt auf zwei Wegen:
  - Die Zugabe paramagnetischer Ionen zur Meßlösung verkürzt die Relaxationszeiten T_1 (und T_2). Meist werden Chelatkomplexe des Chroms (Cr(acac)$_3$) verwendet, wobei die Konzentration nicht zu hoch sein darf, da sich sonst die Linien verbreitern (Abschn. 7.3.3). Dieses Verfahren wird in der Regel nicht angewendet, vor allem dann nicht, wenn die Substanz für weitere Untersuchungen gebraucht wird. Daher wurde
  - ein zum Gated Decoupling (Abschn. 5.3.2) umgekehrtes Impuls-Experiment entwickelt (*Reversed Gated Decoupling*). Dabei wird der Breitband-Entkoppler (BB) nur während des Beobachtungsimpulses und der Datenaufnahme eingeschaltet. Man erhält ein ungekoppeltes ^{13}C-NMR-Spektrum mit korrekten Intensitäten, da sich ein NOE in der kurzen Zeit nicht aufbauen konnte. Ist der FID gespeichert und der BB-Entkoppler abgeschaltet, muß das System vor dem nächsten Impuls wieder relaxieren. Die Zeit hierfür ist jedoch kürzer als 5 T_1.

Zusammenfassend kann gesagt werden: Quantitative ^{13}C-NMR-Messungen sind möglich, wenn man folgende Vorsichtsmaßnahmen trifft:
- hohe Impulsleistung, geringe Spektrenbreite
- hohe digitale Auflösung
- nicht zu rasche Impulsfolge
- der NOE muß unterdrückt werden.

Alle Verfahren sind problemlos durchführbar, kosten aber sehr viel Meßzeit und werden daher nur in Ausnahmefällen angewandt.

1.6.4 Zusammenfassung

Wir können NMR-Spektren drei spektrale Parameter entnehmen: die chemischen Verschiebungen, die indirekten Spin-Spin-Kopplungskonstanten und die Intensitäten.

- Als Ursache der chemischen Verschiebungen lernten wir die magnetische Abschirmung der Kerne durch ihre Umgebung, vor allem durch Elektronen, kennen. Die Resonanzfrequenzen sind feldabhängig, und daher werden nie die absoluten Linien-Lagen gemessen. Vielmehr definiert man eine dimensionslose Größe, den δ-Wert, der die Lage des Signals bezüglich einer Referenzsubstanz und auf die Meßfrequenz bezogen angibt. δ-Werte sind folglich unabhängig vom verwendeten Gerät und lassen sich direkt vergleichen. Als Referenzsubstanz dient in der ^{1}H- und ^{13}C-NMR-Spektroskopie Tetramethylsilan (TMS).

- Die Wechselwirkung benachbarter Kerndipole führt zu einer Feinstruktur. Ein Maß für diese Wechselwirkung ist die Spin-Spin-Kopplungskonstante J. Da die Kopplung durch Bindungen erfolgt, bezeichnet man sie als indirekte Spin-Spin-Kopplung. Aufspaltungsmuster und Intensitätsverteilung der Multipletts kann man mit einfachen Regeln voraussagen.

  Die indirekte Spin-Spin-Kopplung ist unabhängig vom äußeren Feld, weshalb die Kopplungskonstanten J in Hz angegeben werden. Kopplungen beobachtet man zwischen Kernen der gleichen Sorte, aber auch zwischen Heterokernen. Für unsere Betrachtungen sind die H,H- und C,H-Kopplungen am wichtigsten.

- In der ^{1}H-NMR-Spektroskopie werden bei jeder Messung auch die Signalintensitäten bestimmt, während man in ^{13}C-NMR-Routinespektren die Intensitäten nicht auswerten kann.

Auf den Zusammenhang zwischen chemischer Verschiebung und chemischer Struktur wird in Kapitel 2 ausführlich eingegangen, auf den zwischen Kopplungskonstanten und der chemischen Struktur in Kapitel 3.

1.7 „Andere" Kerne [2]

Bisher haben wir uns fast ausschließlich mit den Eigenschaften der ^{1}H- und ^{13}C-Kerne und deren NMR-Spektren befaßt. Man kann jedoch von beinahe allen anderen Elementen NMR-Spektren erhalten, nur nicht immer von den Isotopen mit der größten natürlichen Häufigkeit, wie die Beispiele Kohlenstoff und Sauerstoff belegen. Auf die geschichtliche Entwicklung der NMR-Spektroskopie ist wohl zurückzuführen, daß man alle Kerne außer ^{1}H auch als *Heterokerne* bezeichnet.

Ein wesentlicher Unterschied bei der Spektrenaufnahme von Heterokernen zu den bisher besprochenen Kernen ^{1}H und ^{13}C besteht darin, daß schon bei Routinemessungen die Parameter sehr genau auf die speziellen Eigenschaften des zu messenden Kernes abgestimmt werden müssen. So haben einige Kerne sehr lange Relaxationszeiten (^{15}N, ^{57}Fe), andere dagegen sehr kurze (besonders solche mit einem Quadrupolmoment). Weiterhin beobachtet man in den Spektren mancher Kerne Störsignale, die aus den verwendeten Materialien, wie zum Beispiel aus dem Glas des Probenröhrchens (^{11}B, ^{29}Si), aus dem Probenkopf des Spektrometers (^{27}Al) oder vom Sender herrühren können. Ferner spielt bei einigen Kernen die Meßtemperatur und deren Konstanz eine wesentliche Rolle, so sind für Quadrupolkerne wie ^{17}O bei hoher Temperatur die Signale schärfer als bei tiefer. Für Kerne wie ^{195}Pt oder ^{59}Co, aber auch ^{31}P beobachtet man eine starke Temperaturabhängigkeit der chemischen Verschiebung, die größer als 1 ppm/K sein kann. Besondere Sorgfalt ist außerdem bei der Wahl eines geeigneten Standards und des gewünschten Meßbereiches erforderlich, da Spektren in vielen Fällen nur aus einer Linie bestehen und leicht Fehler bei der Angabe der Resonanzfrequenzen gemacht werden (z. B. im Falle von Faltungen). Häufig ist bei kleineren Meßfrequenzen (s. Tab. 1) die Basislinie in den Spektren nicht konstant, was insbesondere den Nachweis von breiten Signalen unempfindlicher Kerne erschwert. In diesen Fällen müssen häufig mehrere Experimente unter verschiedenen Bedingungen, das heißt mit verschiedenen Aufnahmeparametern durchgeführt werden, um eindeutige Zuordnungen und richtige Meßwerte zu erhalten. Wir wollen im folgenden zwischen Kernen mit Spin $I = \frac{1}{2}$ und solchen mit $I > \frac{1}{2}$ unterscheiden, da es zwischen diesen grundlegende Unterschiede gibt.

1.7.1 Kerne mit Kernspin $I = \frac{1}{2}$

Alle Kerne mit $I = \frac{1}{2}$ verhalten sich im Magnetfeld wie ^1H und ^{13}C. Zu dieser Gruppe gehören ^3H, ^{15}N, ^{19}F, ^{29}Si, ^{31}P, ^{57}Fe, ^{119}Sn, ^{195}Pt und viele andere. Einige dieser Kerne lassen sich sehr gut nachweisen (*empfindliche* Kerne) wie ^3H, ^{19}F, ^{31}P, weil sie ein großes gyromagnetisches Verhältnis γ und ein großes magnetisches Kernmoment μ besitzen; andere dagegen weniger gut, wie ^{15}N und ^{57}Fe. Ein weiterer Nachteil dieser *unempfindlichen* Kerne ist, daß gerade ihre natürliche Häufigkeit gering ist (z. B. für ^{15}N nur 0,37 % und ^{57}Fe 2,19 %; s. Tab. 1). Deshalb ist man bei solchen Kernen, wie bei ^{13}C, auf die Impulstechnik angewiesen. Da aber meistens der Bereich der chemischen Verschiebungen für unterschiedlich substituierte oder koordinierte Kerne sehr groß ist, gibt es wegen der zu messenden Spektrenbreite oft meßtechnische Probleme. Beim Platin zum Beispiel betragen die $\Delta\delta$-Werte bis zu 8.000 ppm, was bei einer magnetischen Flußdichte von $B_0 = 2,3488$ T beinahe 100.000 Hz entspricht (21,499 MHz Meßfrequenz für ^{195}Pt, 100 MHz für ^1H)!

Einige der Spin-$\frac{1}{2}$-Kerne, wie ^{57}Fe, haben extrem lange Relaxationszeiten. Dies bedingt bei der Akkumulation der FID's lange Wartezeiten zwischen den einzelnen Impulsen. Um dennoch zu annehmbaren Meßzeiten zu kommen, gibt man paramagnetische Verbindungen wie Cr(acac)$_3$ zu (s. Abschn. 1.5.2.4 und 1.6.3.2).

1.7.2 Kerne mit Kernspin $I > \frac{1}{2}$

Die weitaus meisten Heterokerne gehören zur Gruppe mit $I > \frac{1}{2}$. Eine kleine Auswahl ist in Tabelle 1 angegeben. Solche Kerne besitzen alle ein elektrisches Quadrupolmoment eQ, und ihre NMR-Signale sind im allgemeinen breit, weil durch die Wechselwirkung von Kerndipol und Kernquadrupol die Relaxationszeiten verkürzt werden (s. Abschn. 7.3.3). Daher kann man häufig weder die durch Kopplung bedingte Aufspaltung in Multipletts erkennen, noch Signale, die Kernen mit unterschiedlichen chemischen Verschiebungen zuzuordnen sind.

Ausnahmen bilden Signale von den Kernen, die ein relativ kleines eQ haben. Deuterium, ^2H, gehört zu diesen. Die Linienbreite beträgt dann nur wenige Hz. Das gleiche gilt, wenn die Umgebung der Quadrupolkerne symmetrisch ist; ein typisches Beispiel ist das ^{14}N-Signal des symmetrisch substituierten Ammoniumions NH_4^+ (s. Abschn. 3.7).

Bei vielen Kernen, vor allem bei den schweren, werden für die Signale nicht-äquivalenter Kerne häufig extrem große chemische Verschiebungsunterschiede gefunden, so daß deren Signale trotz der großen Linienbreiten getrennt beobachtet werden können (s. Abschn. 2.5). So beträgt zum Beispiel bei ^{59}Co der Bereich chemischer Verschiebungen ungefähr 20.000 ppm, das entspricht bei $B_0 = 2{,}3488$ T (Meßfrequenz $\nu(^{59}\text{Co}) = 23{,}614$ MHz) ungefähr einer Spektrenbreite von 400.000 Hz! Zu diesem Problem der großen Spektrenbreite kommt meßtechnisch erschwerend hinzu (s. Abschn. 1.7.1), daß bei sehr breiten Signalen die Impulslänge in der gleichen Größenordnung liegt wie die Relaxationszeiten. In günstigen Fällen, wie beim gerade erwähnten ^{59}Co, greift man auf die *alte* CW-Technik zurück (s. Abschn. 1.4.2). Allerdings geht dies nur, wenn man nicht wegen der geringen natürlichen Häufigkeit der untersuchten Kerne unbedingt die Impulstechnik braucht.

Viele Kerne mit $I > \frac{1}{2}$ gehören zur Klasse der Metalle und Übergangsmetalle, die auch in der Biochemie von Bedeutung sind. In den meisten Fällen handelt es sich hierbei um Ionen in wäßriger Lösung. Zu dieser Gruppe gehören vor allem die Ionen der Alkali- und Erdalkalimetalle wie $^{23}\text{Na}^+$, $^{39}\text{K}^+$, $^{25}\text{Mg}^{2+}$ und $^{43}\text{Ca}^{2+}$. Aber gerade bei einigen dieser Ionen ist man trotz stark verbesserter Aufnahmetechniken auch heute noch wegen der geringen Nachweisempfindlichkeit auf die arbeits-, zeit- und kostenintensive Anreicherung mit entsprechenden Isotopen angewiesen. Dies gilt besonders für die Ionen $^{25}\text{Mg}^{2+}$ und $^{43}\text{Ca}^{2+}$, aber auch für $^{57}\text{Fe}^{2+}$.

Zur Gruppe von Kernen mit $I > \frac{1}{2}$ gehört auch ^{17}O mit dem Kernspin 5/2. Seine natürliche Häufigkeit beträgt nur 0,037 % bei einem mittelgroßen elektrischen Quadrupolmoment eQ (s. Tab. 1). Die Linien sind deshalb im allgemeinen über 100 Hz breit.

Abschließend sei gesagt, daß viele Kerne ein γ mit negativem Vorzeichen haben, z. B. ^{15}N, ^{17}O, ^{25}Mg, ^{29}Si (s. Tab. 1). Im klassischen Bild sind das magnetische Moment $\boldsymbol{\mu}$ und der Kerndrehimpuls $\boldsymbol{P}$ entgegengesetzt zueinander ausgerichtet (s. Abschn. 1.2). Dies wirkt sich vor allem bei den Experimenten aus, bei denen der *Kern-Overhauser-Effekt* (NOE) eine Rolle spielt (s. Abschn. 10.22).

1.8 Literatur zu Kapitel 1

[1] R. K. Harris: *Nuclear Magnetic Resonance Spectroscopy. A Physicochemical View*. Pitman, London 1983.

[2] J. Mason (ed.): *Multinuclear NMR*. Plenum Press, New York 1987.

[3] R. R. Ernst and W. A. Anderson, *Rev. Sci. Instrum. 37* (1966) 93.

[4] R. R. Ernst: „Nuclear Magnetic Resonance – Fourier Transform Spectroscopy" in *Angew. Chem., 104* (1992) 817.

[5] A. E. Derome: *Modern NMR Techniques for Chemistry Research*. Pergamon Press, Oxford 1987.

Ergänzende und weiterführende Literatur

T. C. Farrar and E. D. Becker: *Pulse and Fourier Transform NMR*. Academic Press, New York 1971.

P. R. Griffiths (ed.): *Transform Techniques in Chemistry*. Plenum Press, New York 1978.

K. Müllen and P. S. Pregosin: *Fourier Transform NMR Techniques: A Practical Approach*. Academic Press, New York 1976.

D. Shaw: *Fourier Transform N.M.R. Spectroscopy*. 2. Auflage Elsevier, Amsterdam 1987.

zum Thema „Andere" Kerne:

J. Mason (ed.): *Multinuclear NMR*. Plenum Press, New York 1987.

S. Berger, S. Braun, H.-O. Kalinowski: *NMR-Spektroskopie von Nichtmetallen*. Georg Thieme Verlag, Stuttgart 1992.
Band 1: *Grundlagen, ^{17}O-, ^{33}S- und ^{129}Xe-NMR-Spektroskopie.*
Band 2: *^{15}N-NMR-Spektroskopie.*
Band 3: *^{31}P-NMR-Spektroskopie.*
Band 4: *^{19}F-NMR-Spektroskopie.*

2 Chemische Verschiebung

2.1 Einführung

In Molekülen sind die Kerne magnetisch abgeschirmt, am Kernort wirkt ein schwächeres Magnetfeld als das von außen angelegte. Ein Maß für diesen Effekt ist die Abschirmungskonstante σ.

Viele Versuche wurden unternommen, die Abschirmungskonstante σ zu berechnen, aber keiner der theoretischen Ansätze lieferte exakte Werte. Wäre eine solche Berechnung möglich, könnte man ein Spektrum voraussagen. Theorie und Experiment lassen erkennen, daß für die Abschwächung des Feldes B_0 und damit für die Resonanzfrequenzen ν hauptsächlich die Elektronendichteverteilung im Molekül verantwortlich ist. Substituenten, von denen diese Verteilung in charakteristischer Weise abhängt, üben daher einen großen Einfluß auf die chemischen Verschiebungen aus.

Während induktive und mesomere Substituenteneffekte über Bindungen weitergeleitet werden, sind auch Wechselwirkungen durch den Raum möglich – wenn beispielsweise die Nachbarn der beobachteten Kerne magnetisch anisotrop sind wie die Carbonylgruppe, die C,C-Doppel- und Dreifachbindung oder ein Phenylring. Des weiteren tragen intermolekulare Wechselwirkungen zur Abschirmung bei.

Wir beschränken uns im folgenden hauptsächlich auf die Diskussion der Abschirmung von ^{1}H- und ^{13}C-Kernen, auf die – zumindest für die organische Chemie – wichtigsten Kerne. In Abschnitt 2.5 lernen wir dann noch einige Charakteristika der chemischen Verschiebungen „anderer" Kerne kennen.

Um einen groben Überblick über die Signallagen der verschiedenen Substanzklassen zu bekommen, sind in den Abbildungen 2-1 und 2-2 einige Daten zusammengestellt. Die Resonanzen ähnlich gebundener Wasserstoff- oder Kohlenstoffatome liegen demzufolge in charakteristischen Bereichen. Aufgrund dieser Tatsache kann der Chemiker aus den Signallagen auf die Struktur des untersuchten Moleküls oder zumindest auf gewisse Strukturelemente schließen. Bevor wir auf Einzelfragen eingehen, behandeln wir zunächst die Ursachen, die für die unterschiedliche Abschirmung von ^{1}H- und ^{13}C-Kernen untereinander und auch für die Unterschiede zwischen chemischen Verschiebungen in der ^{1}H- und ^{13}C-NMR-Spektroskopie verantwortlich sind.

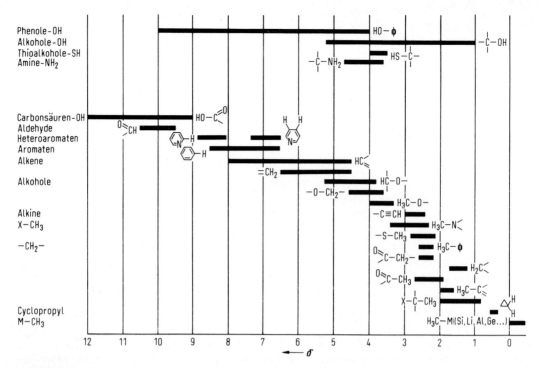

Abbildung 2-1.
Chemische Verschiebungen für ^{1}H-Kerne organischer Verbindungen.

2.1.1 Einfluß der Ladungsdichte auf die Abschirmung

Wie bereits erwähnt, bestimmt zum großen Teil die Elektronenhülle die magnetische Abschirmung. Als Erklärung nimmt man an, daß das Magnetfeld B_0 in der Elektronenhülle einen Elektronenstrom induziert. Dadurch wird am Kernort ein Gegenfeld erzeugt, das B_0 abschwächt.

Beim Wasserstoffatom mit einem Elektron und bei anderen Kernen mit kugelsymmetrischer Ladungsverteilung läßt sich dieser Beitrag zur Abschirmung, der sogenannte *diamagnetische Abschirmungsterm* σ_{dia}, mit dem einfachen klassischen Modell eines kreisenden Elektrons berechnen (Lambsche Formel). Man findet für das Wasserstoffatom einen σ_{dia}- Wert von $17,8 \cdot 10^{-6}$. Dieser Wert ist klein, doch nimmt er mit steigender Elektronenzahl schnell zu. So beträgt σ_{dia} für ^{13}C schon $260,7 \cdot 10^{-6}$ und für ^{31}P $961,1 \cdot 10^{-6}$ [1]. In der Praxis spielen diese Absolutwerte der Abschirmungskonstanten jedoch keine Rolle. Das einfache klassische Modell versagt in Molekülen, da die Ladungsverteilung normalerweise nicht kugelsymmetrisch ist. Bei kleinen Molekülen versuchte man es trotzdem anzu-

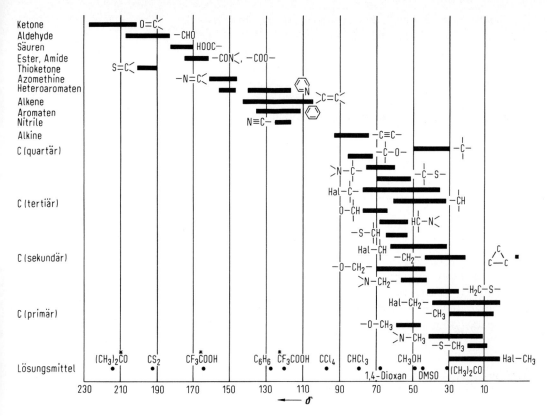

Abbildung 2-2.
Chemische Verschiebungen für ^{13}C-Kerne organischer Verbindungen.

wenden, fand aber stets zu große Werte. So ergab die Berechnung für das Wasserstoffmolekül H_2 einen Wert von $\sigma_{dia} = 32{,}1 \cdot 10^{-6}$, gemessen wurden $26{,}6 \cdot 10^{-6}$.

Ein zweiter Term, der sogenannte *paramagnetische Abschirmungsterm* σ_{para}, soll diese Abweichungen korrigieren, indem er den Einfluß der nicht-kugelsymmetrischen Ladungsverteilung berücksichtigt. (Der Name paramagnetisch rührt daher, daß σ_{para} ein zu σ_{dia} entgegengesetztes Vorzeichen hat.) Um den Abschirmungsterm σ_{para} berechnen zu können, braucht man unter anderem die Wellenfunktionen von angeregten Zuständen, die jedoch nur in Ausnahmefällen bekannt sind. Daher führten bis jetzt exakte Rechnungen nur für kleine Moleküle wie H_2 oder LiH zum Erfolg. Die Theorie liefert aber ein wichtiges Ergebnis, das uns einige grundlegende Unterschiede der ^{1}H- und ^{13}C-NMR-Spektroskopie verstehen läßt: σ_{para} ist umgekehrt proportional zu ΔE, einer mittleren elektronischen Anregungsenergie:

$$\sigma_{para} \propto \Delta E^{-1} \qquad (2\text{-}1)$$

43

Mit anderen Worten heißt dies: Je kleiner ΔE ist, um so größer ist der Beitrag von σ_{para} zur Abschirmung. Für das H-Atom – auch wenn es gebunden ist – ist ΔE sehr groß, daher spielt σ_{para} in der ^{1}H-NMR-Spektroskopie nur eine untergeordnete Rolle. Ganz anders bei den schwereren Atomen – auch schon bei ^{13}C. Für diese gibt es niedrigliegende angeregte Zustände, so daß ΔE klein ist und σ_{para} zu einem entscheidenden Faktor wird! σ_{para} wird aber nie größer als σ_{dia}, so daß die Gesamtabschirmung positiv bleibt.

Einen großen Einfluß auf die Ladungsdichte und damit auf die Abschirmung haben Substituenten. Elektronegative Substituenten werden aufgrund ihres $- I$-Effektes die Abschirmung verringern, entsprechend werden elektropositive die Abschirmung erhöhen. Wir werden derartige Substituenteneffekte und den mesomeren Effekt für die einzelnen Verbindungsklassen untersuchen.

Die Abschirmungskonstante σ – und damit die chemische Verschiebung – ist eine *anisotrope Größe*. Da die Moleküle sich in Lösung rasch bewegen, beobachtet man in den Spektren stets *gemittelte* Signallagen.

2.1.2 Nachbargruppeneffekte

Nach dem bisher besprochenen gilt:

$$\sigma = \sigma_{dia} + \sigma_{para} \qquad (2\text{-}2)$$

Die beiden Abschirmungsterme σ_{dia} und σ_{para} reichen aber nicht aus, um berechnete und gemessene Abschirmungskonstanten in großen Molekülen in Übereinstimmung zu bringen. Man muß durch zusätzliche Terme den Einfluß der Nachbargruppen im Molekül sowie die intermolekularen Beiträge berücksichtigen. Als wichtigste wurden erkannt:
- die magnetische Anisotropie von Nachbargruppen (σ_N)
- der Ringstromeffekt bei Aromaten (σ_R)
- der elektrische Effekt (σ_e)
- intermolekulare Wechselwirkungen (σ_i) wie beispielsweise Wasserstoffbrücken und Lösungsmittel.

Gleichung (2-2) wird damit zu

$$\sigma = \sigma_{dia}^{local} + \sigma_{para}^{local} + \sigma_N + \sigma_R + \sigma_e + \sigma_i \qquad (2\text{-}3)$$

$\sigma_{dia}^{local} + \sigma_{para}^{local}$ entsprechen im Prinzip vollständig σ_{dia} und σ_{para} von Gleichung (2-2), es werden jedoch nur die Beiträge *der* Elektronen berücksichtigt, die sich in unmittelbarer Nähe zum betrachteten Kern befinden.

In der ^{1}H-NMR-Spektroskopie spielen vor allem σ_N und σ_R eine Rolle.

2.1.2.1 Magnetische Anisotropie von Nachbargruppen

Chemische Bindungen sind im allgemeinen magnetisch anisotrop; sie besitzen bezüglich der drei Raumrichtungen unterschiedliche Suszeptibilitäten. Darum sind die in einem äußeren Magnetfeld B_0 induzierten magnetischen Momente in den verschiedenen Raumrichtungen nicht mehr gleich, und die Abschirmung eines Kerns hängt von seiner geometrischen Anordnung zum Restmolekül ab.

Theoretisch einfach sind die Verhältnisse für Gruppen mit axialsymmetrischer Ladungsverteilung zu behandeln. Hier gibt es zwei Suszeptibilitäten, $\chi_\perp$ und $\chi_\parallel$, die eine senkrecht, die andere parallel zur Bindungsachse. McConnell hat für diese Fälle den Einfluß auf die Abschirmung berechnet (Gl. (2-4)). Als Vereinfachung betrachtete er das im Feld induzierte magnetische Moment als Punktdipol; außerdem berücksichtigte er, daß die gelösten Moleküle ihre Orientierung wechseln.

$$\bar{\sigma}_N = \frac{1}{3\,r^3\,4\pi}\,(\chi_\parallel - \chi_\perp)\,(1 - 3\cos^2\Theta) \qquad (2\text{-}4)$$

$\bar{\sigma}_N$ gibt den gemittelten Beitrag zur Abschirmung für einen Kern an in Abhängigkeit vom
- Abstand r zum Zentrum Z des Punktdipoles und vom
- Winkel Θ zwischen der Verbindungslinie Kern-Zentrum und der Achse A, der Richtung des induzierten magnetischen Momentes.

In Abbildung 2-3 sind zwei Wasserstoffatome H^A und H^B in einem Dipolfeld eingezeichnet. Während das in der magnetisch anisotropen Nachbargruppe induzierte Moment das äußere Feld am Ort von H^A verstärkt, wird es am Ort von H^B geschwächt.

Aus Gleichung (2-4) erkennt man zwei wichtige Tatsachen:
- $\bar{\sigma}_N$ hängt nur von der Geometrie und den Suszeptibilitäten ab, nicht davon, welchen Kern wir beobachten! Damit ist der Effekt für ^{1}H- und ^{13}C-Kerne gleich groß.
- Für einen Winkel Θ von 54,7° wird $\bar{\sigma}_N = 0$! Man kann somit um die magnetisch anisotropen Gruppen einen Doppelkegel einzeichnen mit Bereichen positiver bzw. negativer Abschirmung. An der Oberfläche des Doppelkegels ist $\bar{\sigma}_N = 0$.

Das klassische Beispiel für eine magnetisch anisotrope Gruppe ist Acetylen. Abbildung 2-4a gibt den Doppelkegel und die Vorzeichen der Abschirmung an.

Das H-Atom liegt auf der Molekülachse im Bereich des Kegels mit positivem Vorzeichen, es wird zusätzlich abge-

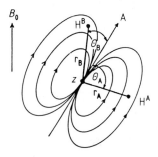

Abbildung 2-3.
Abschirmung von H^A und H^B im Dipolfeld einer magnetisch anisotropen Nachbargruppe (Modell von McConnell).

schirmt. Darum findet man im ^{1}H-NMR-Spektrum das Signal dieses Protons bei relativ hohem Feld, bei $\delta = 2{,}88$. Würde man nur die Elektronendichte-Verteilung berücksichtigen, hätte man eine kleinere Abschirmung erwartet als für die Protonen in Ethylen, für die $\delta = 5{,}28$ ist. Die magnetische Anisotropie der C,C-Dreifachbindung erklärt somit eine der auffallendsten Beobachtungen der ^{1}H-NMR-Spektroskopie (Abb. 2-1).

Obwohl die Elektronendichte-Verteilung in der C,C- und der C,O-Doppelbindung nicht mehr axialsymmetrisch ist, wurden auch für diese Gruppen Anisotropie-Kegel berechnet (Abb. 2-4 b und c). Die magnetische Anisotropie der Carbonylgruppe erklärt qualitativ, warum Aldehydprotonen ($\delta \approx 9$ bis 10) so schwach abgeschirmt sind: Das aldehydische Proton ist im Bereich des Kegels mit negativem Vorzeichen der Abschirmung.

Für Cyclohexanderivate mit sterisch fixierter Sesselkonformation findet man für die axialen und äquatorialen Protonen Unterschiede der chemischen Verschiebungen von 0,1 bis 0,7 ppm, wobei die axialen Protonen stärker abgeschirmt sind als die äquatorialen. Aufgrund solcher Beobachtungen schreibt man auch der C,C-Einfachbindung eine magnetische Anisotropie zu (Abb. 2-4 d). Wie Abbildung 2-4 zu entnehmen ist, liegen bei allen Molekülen, mit Ausnahme von Acetylen, die Bereiche mit negativer Abschirmung in Richtung der Bindungsachse.

Der Anisotropie-Effekt ist unabhängig vom betrachteten Kern, wie wir schon oben feststellten. Die Verschiebungen sind daher für Protonen und ^{13}C-Kerne gleich groß; sie betragen wenige ppm. Da aber der Gesamtbereich chemischer Verschiebungen in der ^{13}C-NMR-Spektroskopie viel größer ist als bei Protonen, ist der auf die magnetische Anisotropie entfallende Anteil prozentual kleiner – jedoch nicht vernachlässigbar.

Für die an der Dreifachbindung beteiligten C-Atome in Acetylen und seinen Derivaten findet man im ^{13}C-NMR-Spektrum die Resonanzen – wie in den ^{1}H-NMR-Spektren – zwischen denen der Alkane und Alkene. Sicherlich ist nur zum Teil die magnetische Anisotropie der Dreifachbindung für die hohe Abschirmung verantwortlich, ein wesentlicher Anteil dürfte auf die größere Anregungsenergie ΔE in Alkinen gegenüber Alkenen entfallen (Abschn. 2.1.1). C-Atome, die direkt mit einem C-Atom der C,C-Dreifachbindung verknüpft sind, werden zusätzlich abgeschirmt. Dies entspricht den in den ^{1}H-NMR-Spektren gemachten Erfahrungen.

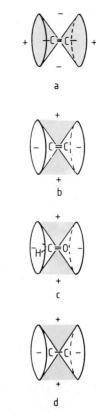

Abbildung 2-4.
Abschirmung durch magnetische Anisotropie der C,C-Dreifachbindung (a), der C,C- und C,O-Doppelbindung (b und c) und der C,C-Einfachbindung (d)
$+$: Bereich höherer Abschirmung;
$-$: Bereich niedrigerer Abschirmung.

2.1.2.2 Ringstromeffekt

Das ^{1}H-NMR-Signal der Protonen von Benzol finden wir bei $\delta = 7{,}27$, das von Ethylen bei $\delta = 5{,}28$. Dabei handelt es sich nicht um einen Einzelfall, vielmehr gilt allgemein: Protonen in Aromaten sind schwächer abgeschirmt als in Alkenen.

Man erklärt diesen Effekt mit einem induzierten *Ringstrom*, der angeregt wird, wenn man das Molekül mit seinen delokalisierten π-Elektronen in ein Magnetfeld bringt. Der Ringstrom wiederum erzeugt ein zusätzliches Magnetfeld, dessen Kraftlinien im Zentrum des Aromaten dem äußeren Magnetfeld B_0 entgegengerichtet sind (Abb. 2-5). Dies führt wieder zu Bereichen starker und schwacher Abschirmung in der Umgebung des Aromaten. Direkt an den Aromaten gebundene H-Atome befinden sich dort, wo die Kraftlinien das B_0-Feld verstärken, das heißt im Bereich niedrigerer Abschirmung.

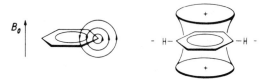

Abbildung 2-5.
Skizze zur Erklärung des Ringstromeffektes in aromatischen Verbindungen mit Bereichen höherer ($+$) und niedrigerer ($-$) Abschirmung.

Der Ringstromeffekt ist am größten, wenn die Ebene des Benzolringes, wie in Abbildung 2-5 gezeichnet, senkrecht zur Feldrichtung steht. Er ist Null, wenn sich das Molekül mit einer seiner Längsachsen parallel zum Feld ausrichtet, der Ring also nicht von den magnetischen Kraftlinien „durchdrungen" wird. Im Experiment mißt man stets Mittelwerte, weil sich die Moleküle in Lösung rasch bewegen. (Das Ringstrommodell ist nur eines der möglichen Modelle, um die experimentellen Befunde zu deuten [2].)

Einige Beispiele aus der ^{1}H-NMR-Spektroskopie sollen zeigen, wie stark sich der Ringstromeffekt auf die chemischen Verschiebungen auswirken kann:

○ Beim 1,4-Decamethylenbenzol (**1**) beobachtet man, daß die CH_2-Protonen in der Mitte der Kette stärker abgeschirmt sind ($\delta \approx 0{,}8$) als die dem Benzolring unmittelbar benachbarten ($\delta \approx 2{,}6$). Zwar wird deren chemische Verschiebung durch den induktiven Effekt des Aromaten beeinflußt, er allein kann den Unterschied aber nicht erklären.

Bei großen, ungesättigten Ringsystemen, bei denen die Zahl der π-Elektronen der Hückelschen Regel $(4n + 2)$ genügt, lassen die beobachteten Effekte ebenfalls auf einen Ringstrom schließen. Zwei Beispiele:

○ Im [18]-Annulen (**2**) ragen die sechs inneren H-Atome in den Bereich mit positivem Vorzeichen der Abschirmung, die zwölf äußeren H-Atome dagegen in den Bereich mit negativem Vorzeichen; im Spektrum (Abb. 11-5, Kap. 11) findet man ein Signal bei $\delta = -1,8$ und ein zweites mit doppelter Intensität bei $\delta = 8,9$. Vergleicht man diese Werte mit dem δ-Wert von 5,7 für die Protonen des nicht-ebenen, nicht-aromatischen Cyclooctatetraen (**3**), erkennt man deutlich die Wirkung des Ringstromes.

○ Beim *trans*-10b,10c-Dimethyldihydropyren (**4**) beobachtet man das Signal der Methylprotonen bei $\delta = -4,25$! Ohne die spezifische Abschirmung durch den Ringstrom hätte man das Signal bei $\delta \approx 1$ erwartet.

Viele Beispiele zeigen, wie nützlich das Ringstrommodell ist. Man versuchte sogar, mit seiner Hilfe den aromatischen Zustand von Verbindungen zu definieren.

In der ^{13}C-NMR-Spektroskopie hat der Ringstromeffekt geringe Bedeutung, da er nur wenige Prozent der gesamten Abschirmung ausmacht. Für Benzol läßt sich dies – stark vereinfacht – anschaulich erklären: Die C-Atome liegen auf der „Stromschleife", gerade dort, wo das induzierte Feld Null ist.

2.1.2.3 Elektrischer Feldeffekt

In einem Molekül mit polaren Gruppen, wie zum Beispiel einer Carbonyl- oder einer Nitrogruppe, existiert ein intramolekulares elektrisches Feld. Dieses Feld beeinflußt die Elektronendichte-Verteilung im Molekül und damit die magnetische Abschirmung der Kerne. In diesem Sinne sind auch die Verschiebungsänderungen von ^{1}H- und ^{13}C-Resonanzen durch Protonierung – zum Beispiel von Aminen – eine Folge elektrischer Feldeffekte.

2.1.2.4 Intermolekulare Wechselwirkungen – Wasserstoffbrücken und Lösungsmitteleffekte

Wasserstoffbrücken: Über Wasserstoffbrücken an Sauerstoff gebundene Protonen sind besonders schwach abgeschirmt; die Signale liegen oft bei δ-Werten über 10. Genaue Verschiebungswerte lassen sich allerdings nicht angeben, da die Signallagen von der Temperatur und der Konzentration abhängen.

Dies gilt auch für austauschbare Protonen in NH- und SH-Gruppen.

Extrem schwach abgeschirmt sind die an den Sauerstoff gebundenen H-Atome in Enolen. Bei Acetylaceton in der Enolform findet man in Chloroform für das OH-Proton ein Signal bei $\delta = 15,5$ (!). Die elektronenziehende Wirkung der zwei Sauerstoffatome dürfte die Ursache für diese starke Tieffeldverschiebung sein (Abschn. 11.3.6 und Abb. 11-9).

Lösungsmitteleffekte: Geht die gelöste Substanz Wechselwirkungen mit dem Lösungsmittel ein, drückt sich das in veränderten Signallagen aus. Dies zeigt sich deutlich, wenn man die Substanz in einem unpolaren (CCl_4), einem polaren ($[D_6]$-DMSO) und einem magnetisch anisotropen Lösungsmittel ($[D_6]$-Benzol) mißt. Verallgemeinerungen sind jedoch nicht möglich.

Lösungsmittel lassen sich aufgrund solcher Effekte gezielt als Zuordnungshilfe einsetzen. Dieses Thema behandeln wir in den Abschnitten 6.2.4 und 6.3.5. Auf die spezielle Wechselwirkung chiraler Substanzen mit chiralen Lösungsmitteln werden wir in Kapitel 12 ausführlich eingehen.

2.1.2.5 Isotopieeffekt [3]

In Abbildung 1-27 (Abschn. 1.6.2.9) sind die ^{1}H-Resonanzen von $^{12}CHCl_3$ und $^{13}CHCl_3$ aufgezeichnet: ein Singulett bei $\delta = 7,24$ für $^{12}CHCl_3$ und ein Dublett – die sogenannten ^{13}C-Satelliten – für $^{13}CHCl_3$. Das Zentrum des Dubletts liegt gegenüber dem Hauptsignal um ungefähr 0,7 Hz nach rechts (zu höherer Abschirmung) verschoben. Verantwortlich für diese Verschiebung ist der *Isotopieeffekt*.

Substitution von ^{12}C durch ^{13}C verursacht nur eine kleine Verschiebung der ^{1}H-Resonanzen. Viel häufiger und viel größere Effekte beobachtet man in den ^{13}C-NMR-Spektren deuterierter Verbindungen. Abbildung 2-6 zeigt, wie sich die Substitution aller Wasserstoffatome in Benzol durch Deuterium auf die Verschiebung der ^{13}C-Resonanzen auswirkt. Abgebildet ist das ^{13}C$\{^1$H$\}$-NMR-Spektrum eines Gemisches von ungefähr 10 % C_6H_6 und 90 % C_6D_6. Für C_6H_6 erhält man ein Singulett bei $\delta = 128,53$, für C_6D_6 ein Triplett, da die C,D-Kopplung durch die BB-Entkopplung nicht eliminiert wird. Die Lage der mittleren Linie des Tripletts und die des Singuletts unterscheiden sich um 33,3 Hz (Meßfrequenz 62,89 MHz) oder 0,53 ppm! Im Mittel beträgt die Verschiebung durch jedes direkt gebundene Deuterium-Atom etwa 0,25 ppm und etwa 0,1 ppm durch ein geminales.

Wie beim Chloroform führt hier die Substitution des leichteren durch das schwerere Isotop zu einer höheren Abschirmung.

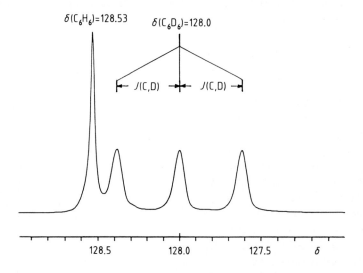

$\delta(C_6H_6)=128.53$ $\delta(C_6D_6)=128.0$

$\leftarrow J(C,D) \rightarrow | \leftarrow J(C,D) \rightarrow$

128.5   128.0   127.5 δ

Abbildung 2-6.
62,9 MHz-^{13}C$\{^{1}$H$\}$-NMR-Spektrum einer Mischung von ungefähr 10 % C_6H_6 und 90 % C_6D_6. Für C_6D_6 erhält man ein Triplett durch die C,D-Kopplung. Isotopenverschiebung: 33,3 Hz (0,53 ppm); ^{1}J(C,D) = 24,55 Hz.

2.1.3 Zusammenfassung

^{1}H-NMR: Für die chemische Verschiebung der Protonen ist in erster Linie der diamagnetische Abschirmungsterm σ_{dia} entscheidend. Der paramagnetische Abschirmungsterm σ_{para} ist nur ein relativ unbedeutender Korrekturterm. Substituenten, magnetische Anisotropie von Nachbargruppen, Ringstrom- und elektrischer Feldeffekt, Wasserstoffbrücken sowie intermolekulare Wechselwirkungen mit Lösungsmitteln und Komplexierungsreagenzien beeinflussen in spezifischer Weise die Abschirmung. All dies trägt dazu bei, daß verschieden gebundene Protonen sich in ihren Resonanzfrequenzen unterscheiden.

^{13}C-NMR: Die Lagen der ^{13}C-Resonanzen und die schwerer Kerne werden hauptsächlich von σ_{para} bestimmt. Intra- und intermolekulare Effekte sind in ppm ausgedrückt von gleicher Größe wie bei der ^{1}H-NMR-Spektroskopie, daher sind sie insgesamt gesehen von geringerer Bedeutung.

Zunächst werden die ^{1}H- und ^{13}C-chemischen Verschiebungen wichtiger Substanzklassen vorgestellt, und zum Abschluß des Kapitels diskutieren wir, wie sich Symmetrie, Äquivalenz und Chiralität auf Spektren auswirken sowie die chemische Verschiebung einiger „anderer" Kerne.

2.2 ^{1}H-chemische Verschiebungen organischer Verbindungen

Welcher Zusammenhang besteht zwischen der chemischen Verschiebung und der chemischen Struktur eines Moleküls?

Wie wir in Abschnitt 2.1 gesehen haben, sind theoretische Voraussagen nahezu ausgeschlossen. Der Spektroskopiker muß folglich bei der Interpretation empirisch vorgehen und sich entweder auf seine eigene Erfahrung oder auf publizierte Ergebnisse – Lehrbücher, Tabellenwerke, Spektrenkataloge und neuerdings auch Spektrendateien – stützen. Als Hilfe für den Anfang werden im folgenden die chemischen Verschiebungen einiger Verbindungsklassen besprochen und – soweit möglich – die charakteristischen Eigenarten diskutiert.

Wie die Erfahrung lehrt, liegen die Signale von mehr als 95 % der in organischen Molekülen vorkommenden Protonen in dem engen Bereich von $\delta = 0$ bis 10. In Abbildung 2-1 sind typische Erwartungsbereiche aufgeführt, wobei sich die δ-Skala auf das Referenzsignal von Tetramethylsilan (δ (TMS) = 0) bezieht. Feste Grenzwerte lassen sich für die einzelnen Gruppen nicht angeben. Oftmals überschneiden sich die Bereiche. So finden sich gelegentlich die Signale von olefinischen Protonen im Bereich der Aromatensignale oder die Signale aliphatischer Protonen im Bereich der olefinischen. Insgesamt scheint die Spanne von ~ 10 ppm für Protonenresonanzen von nahezu der gesamten Palette verschiedenartigster Moleküle sehr klein, doch lassen sich die chemischen Verschiebungen, die δ-Werte, auf 0,01 ppm genau oder besser bestimmen.

2.2.1 Alkane und Cycloalkane

n-Alkane: Den größten Einfluß auf die chemische Verschiebung der Protonen in Alkanen üben Substituenten aus. Die Signale von substituierten Alkanen verteilen sich über einen weiten Bereich. Tabelle 2-1 zeigt einige Werte für Methanderivate. In der Reihe der Methylhalogenide sind die Protonen in CH_3I am stärksten, im CH_3F am schwächsten abgeschirmt. Man kann hier einen Zusammenhang zwischen chemischer Verschiebung und der Elektronegativität der Substituenten vermuten. Diese Vermutung wird durch die Reihe: C-CH_3, N-CH_3, O-CH_3 bestätigt: Mit zunehmender Elektronegativität der Substituenten wird die Abschirmung schwächer, der δ-Wert höher! Die Nitrogruppe als stark elektronegativer Substituent

Tabelle 2-1.
^{1}H-chemische Verschiebungen der Methylprotonen in Abhängigkeit des Substituenten X.

X	δ (X$-$CH$_3$)	E_X[a]
Li	-1	1,0
R$_3$Si	0	1,8 (Si)
H	0,4	2,1
CH$_3$	0,8	2,5 (C)
NH$_2$	2,36	3,0 (N)
OH	3,38	3,5 (O)
I	2,16	2,5
Br	2,70	2,8
Cl	3,05	3,0
F	4,25	4,0
COOH	2,08	
NO$_2$	4,33	

[a] E_X Elektronegativitäten nach Pauling [4]

verschiebt das Methylsignal sogar bis $\delta = 4,33$. In metallorganischen Verbindungen wie $LiCH_3$ sind die Protonen infolge des elektropositiven Charakters dieser Elemente besonders stark abgeschirmt. Zu dieser Verbindungsklasse gehört auch das als Referenzsubstanz verwendete TMS.

In all diesen Beispielen spricht man von *induktiven Substituenteneffekten*. Ihr Einfluß nimmt mit dem Abstand der beobachteten Protonen vom Substituenten ab, wie folgende Reihe zeigt:

	CH_3Cl	$CH_3\text{-}CH_2\text{-}Cl$	$CH_3\text{-}CH_2\text{-}CH_2\text{-}Cl$
δ:	3,05	1,42	1,04

Bei Mehrfachsubstitution wird der Einfluß jedes weiteren Substituenten etwas kleiner:

	CH_4	CH_3Cl	CH_2Cl_2	$CHCl_3$
δ:	0,23	3,05	5,33	7,26
$\Delta\delta$:		2,82	2,28	1,93

Will man ^{1}H-NMR-Signale zuordnen, schätzt man in der Praxis oft δ-Werte mit Hilfe empirischer Regeln ab. Aus der großen Zahl solcher Regeln seien an dieser Stelle nur zwei erwähnt (siehe auch Abschn. 6.2.2):

- Bei gleichem Substituenten X sind die Methylprotonen normalerweise stärker abgeschirmt als Methylenprotonen und diese wiederum stärker als Methinprotonen:

	$(CH_3)_2CHCl$	CH_3CH_2Cl	CH_3Cl
δ:	4,13	3,51	3,05

- Die chemische Verschiebung der Protonen von Methylengruppen mit zwei Substituenten X und Y schätzt man in guter Näherung mit Hilfe der *Regel von Shoolery* ab. (Gl. (2-5)). Es gilt für X-CH_2-Y:

$$\delta = 0,23 + S_x + S_y \qquad (2\text{-}5)$$

S_x und S_y sind effektive Abschirmungskonstanten. Die entsprechenden Werte sind in Tabelle 6-1 (Abschn. 6.2.2.1) zu finden.

○ Als Beispiel wollen wir die chemische Verschiebung der Methylenprotonen von Benzyl(methyl)amin (**5**) berechnen:

$$\begin{aligned} S\,(\text{Phenyl}) &= 1,83 \\ S\,(\text{NHR}) &= 1,57 \\ \hline \Sigma\,S &= 3,40 \end{aligned}$$

$\delta\,(CH_2) = 0,23 + 3,40 = 3,63$

Ein Vergleich mit dem gemessenen δ-Wert von ungefähr 3,6 (Abb. 2-7) zeigt die gute Übereinstimmung zwischen Experiment und Abschätzung. Die restlichen drei Signale in Abbildung 2-7 lassen sich zwanglos über das Verhältnis der Signalintensitäten $(5:2:3:1)$ zuordnen.

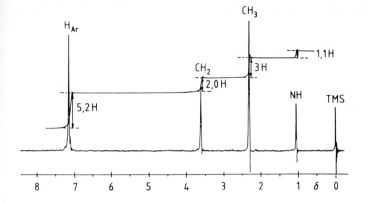

Abbildung 2-7.
60 MHz-^{1}H-NMR-Spektrum von Benzyl(methyl)amin (**5**) mit Integralkurve.

Auch auf dreifach substituiertes Methan kann die Shoolery-Regel mit der entsprechenden Vorsicht angewandt werden.

Cycloalkane: Bei Cycloalkanen hängt die chemische Verschiebung der Protonen von der Ringgröße, der konformativen Beweglichkeit und von sterischen Effekten ab. In alkylsubstituierten Cycloalkanen überwiegt der sterische Effekt alle anderen. In Tabelle 2-2 sind für einige kleinere Ringe die δ-Werte angegeben.

Am auffallendsten ist die hohe Abschirmung der Protonen in Cyclopropan mit δ = 0,22! Dies gilt auch für substituierte Cyclopropane. Man erklärt dies mit der diamagnetischen Anisotropie des Cyclopropanringes.

Der Verdacht fällt sofort auf einen Dreiring, wenn man im Spektrum einer unbekannten Probe Signale in der Nähe des TMS-Signales findet. Andere Verbindungen mit Signalen in diesem Bereich – wie die Metallalkylverbindungen – können meist leicht aufgrund der „chemischen Vorgeschichte" ausgeschlossen werden.

Vom Cycloheptan bis zu den größeren Ringen sind die δ-Werte nahezu konstant, sie variieren nur noch um Zehntel ppm.

2.2.2 Alkene

In Tabelle 2-3 sind die δ-Werte für die Protonen substituierter Ethylenderivate zusammengefaßt: Sie reichen von δ = 4 bis 7,5. Bei dem Substituenteneinfluß kann es sich um induktive, mesomere und sterische Effekte handeln. Wie man die chemischen Verschiebungen mittels empirisch bestimmter Substituenteninkremente abschätzen kann, werden wir anhand eines Anwendungsbeispieles in Abschnitt 6.2.2.2 lernen.

Tabelle 2-2.
^{1}H-chemische Verschiebungen von Cycloalkanen.

Verbindung	δ
Cyclopropan	0,22
Cyclobutan	1,94
Cyclopentan	1,51
Cyclohexan	1,44
Cycloheptan	1,54
Cyclooctan	1,54

Tabelle 2-3.
^{1}H-chemische Verschiebungen monosubstituierter Ethylene; δ (Ethylen) = 5,28.

X	$\delta(H^1)$ (gem)	$\delta(H^2)$ (trans)	$\delta(H^3)$ (cis)
CH_3	5,73	4,88	4,97
C_6H_5	6,72	5,20	5,72
F	6,17	4,03	4,37
Cl	6,26	5,39	5,48
Br	6,44	5,97	5,84
I	6,53	6,23	6,57
OCH_3	6,44	3,88	4,03
$OCOCH_3$	7,28	4,56	4,88
NO_2	7,12	5,87	6,55

2.2.3 Aromaten

In aromatischen Verbindungen bestimmen vor allem mesomere Substituenteneffekte die Abschirmung. So sind im Anilin
(**6**) die Protonen in *o*- und *p*-Stellung stärker abgeschirmt als
die in *m*-Stellung (Abb. 2-8). Formelschema I mit den mesomeren Grenzstrukturen veranschaulicht dies.

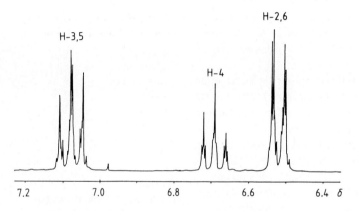

6

Formelschema I

H–2,6

H–3,5

H–4

7.2   7.0   6.8   6.6   6.4 δ

6

Abbildung 2-8.
250 MHz-^{1}H-NMR-Spektrum
(Ausschnitt) von Anilin (**6**) in
CDCl$_3$ (δ (NH$_2$) = 3,45).

Außerdem sind alle Protonen stärker abgeschirmt als die in
Benzol (δ = 7,27). Die Aminogruppe erhöht offensichtlich
infolge des + M-Effektes die Elektronendichte im Ring – und
hier besonders in *o*- und *p*-Stellung zum Substituenten.

Für Nitrobenzol (**7**) erscheinen dagegen alle Signale bei
höheren δ-Werten; die Protonen sind weniger stark abgeschirmt als die Protonen in Benzol, da die Nitrogruppe die
Elektronen aus dem Ring abzieht (− M-Effekt). Am stärksten
beeinflußt werden wieder die *o*-Protonen, für die ein δ-Wert
von 8,17 gefunden wird. Dann folgen die *p*- und *m*-Protonen
bei δ = 7,69 und 7,53 (Abb. 2-9). Wieder geben die mesomeren
Grenzstrukturen (Formelschema II) diesen Befund qualitativ
richtig wieder.

Die Experimente haben gezeigt: Bei Mehrfachsubstitution
leisten die Substituenten nahezu konstante Beiträge zur chemischen Verschiebung der restlichen Ringprotonen. Diese

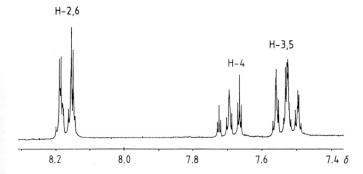

7

Formelschema II

7

Abbildung 2-9.
250 MHz-^{1}H-NMR-Spektrum von
Nitrobenzol (**7**) in CDCl$_3$.

Beträge sind in Form von Inkrementen für viele Substituenten aus den experimentellen Daten bestimmt worden. Mit ihrer Hilfe und dem δ-Wert für Benzol (7,27) lassen sich die chemischen Verschiebungen der aromatischen Protonen für die verschiedenen Benzolderivate abschätzen. Formel, Inkremente und ein Anwendungsbeispiel sind in Abschnitt 6.2.2.3 angegeben.

2.2.4 Alkine

Die Sonderstellung von Acetylen wurde in Abschnitt 2.1.2.1 ausführlich behandelt und die unerwartete Abschirmung erklärt. Leider überschneidet sich der Bereich chemischer Verschiebungen von acetylenischen Protonen ($\delta \approx 2$ bis 3) mit denjenigen vieler anderer Protonen, insbesondere dem der Signale substituierter Alkane. Ein Signal in diesem Bereich ist also kein eindeutiger Hinweis auf Protonen an einer Dreifachbindung. Als Zuordnungshilfe mag vielleicht das Kopplungsmuster und die Größe der Kopplungskonstanten dienen, da die Signale nur durch weitreichende Kopplungen aufgespalten sein können. Das Spektrum von Propinol (**8**) ist ein Beispiel (Abb. 2-10).

Im einzelnen hängen die chemischen Verschiebungen acetylenischer Protonen von der Elektronegativität der Substitu-

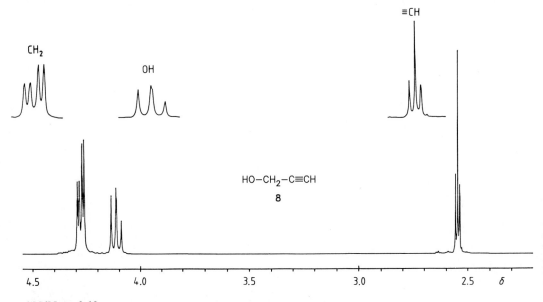

Abbildung 2-10.
250 MHz-^{1}H-NMR-Spektrum von Propinol (**8**). Multipletts im gleichen Verhältnis gespreizt.
^4J(H,H) = 2,4 Hz; ^3J(H,OH) = 5,8 Hz.

enten, der Konjugation und – in diesem Fall besonders stark –
auch vom verwendeten Lösungsmittel ab.

Eine Alkylgruppe erhöht beispielsweise die Abschirmung,
eine Arylgruppe erniedrigt sie:

HC ≡ CH	**HC ≡ C – CH$_3$**	**HC ≡ C – C$_6$H$_5$**
δ: 2,36	1,8	3,0

2.2.5 Aldehyde

Die Signale aldehydischer Protonen RCHO sind wegen ihrer
charakteristischen Position im Bereich von $\delta \approx 9$ bis 11 sofort zu
erkennen. Wenn in diesem Teil des Spektrums einer unbe-
kannten Substanz Signale in Form einfacher Multipletts auftreten, wird man sofort einen Aldehyd vermuten.

Zum Beispiel findet man für Propionaldehyd (**9**) bei $\delta \approx 9,8$
ein Triplett (Abb. 2-11).

Der Substituenteneinfluß ist nicht groß. So liegt das Signal
des aldehydischen Protons für Acetaldehyd (**10**) bei $\delta = 9,8$, für
Crotonaldehyd (**11**) bei $\delta = 9,48$ und für Benzaldehyd (**12**) bei
$\delta = 10,0$. Selbst Konjugation mit der C,C-Doppelbindung oder
mit dem Phenylring führt zu keinen großen Änderungen, wie
diese wenigen Werte zeigen.

56

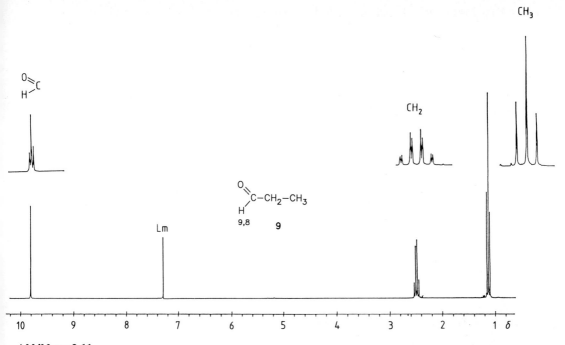

Abbildung 2-11.
250 MHz-^{1}H-NMR-Spektrum von Propionaldehyd (**9**) in CDCl$_3$. Multipletts im gleichen Verhältnis gespreizt.
$J(H^1,H^2) = 1,4$ Hz.

2.2.6 OH, SH, NH

Die Resonanzlagen der Protonen in OH-, SH- und NH-Gruppen sind uncharakteristisch. Diese Wasserstoffatome können Wasserstoffbrücken bilden, sie können austauschen, sie besitzen auch unterschiedliche Acidität. Konzentration, Temperatur, Lösungsmittel und Verunreinigungen, beispielsweise durch Wasser, beeinflussen zusätzlich ihre chemische Verschiebung. Nur unter definierten experimentellen Bedingungen sind die gemessenen δ-Werte reproduzierbar. Die in Tabelle 2-4 zusammengestellten Bereiche für einige Substanzklassen lassen sich daher nur mit Vorsicht für die Signalzuordnung verwenden. Wir sehen aber aus den Werten: OH-Signale können überall im Spektrum gefunden werden. SH- und NH-Resonanzen liegen im allgemeinen in engeren Bereichen.

Zwei Spektren von Alkoholen lernten wir bereits kennen: in Abbildung 1-23 das von Benzylalkohol und in Abbildung 2-10 das von Propinol. Im Benzylalkohol liegt – bei den angewandten Meßbedingungen – das OH-Signal bei etwa $\delta = 5,3$; es ist durch die Kopplung mit den Methylenprotonen zum Triplett aufgespalten. Das OH-Signal von Propinol finden wir bei

Tabelle 2-4
Bereiche der ^{1}H-chemischen Verschiebungen von OH-, NH- und SH-Protonen.

Verbindung		δ (H)
– OH:	Alkohole	1 – 5
	Phenole	4 – 10
	Säuren	9 – 13
	Enole	10 – 17
– NH:	Amine	1 – 5
	Amide	5 – 6,5
	Amide in	
	Peptiden	7 – 10
– SH:	Thiole	
	aliph.	1 – 2,5
	arom.	3 – 4

$\delta = 4{,}11$. Auch dieses Signal ist durch die Kopplung mit den Methylenprotonen zum Triplett aufgespalten. Meist handelt es sich jedoch bei OH-Signalen um Singuletts, die zudem oft breit sind. Der Grund ist der Austausch der betrachteten H-Atome (Abschn. 11.3.7). Sind im Molekül mehrere austauschbare H-Atome vorhanden, führen intra- und intermolekulare Austauschprozesse zu gemittelten Signalen.

In Amiden tauschen die NH-Protonen im allgemeinen nicht so leicht aus, so daß auch die Kopplung zu vicinalständigen Protonen sichtbar wird.

Von praktischer Bedeutung ist vor allem der Austausch von H-Atomen gegen Deuterium, denn nach dem H-D-Austausch sind die entsprechenden Signale im ^{1}H-NMR-Spektrum verschwunden. Man benutzt diesen Effekt als Zuordnungshilfe (Abschn. 6.2.5).

2.3 ^{13}C-Chemische Verschiebungen organischer Verbindungen

Abbildung 2-2 vermittelt einen Eindruck, wo man im Spektrum die ^{13}C-Resonanzsignale von C-Atomen organischer Moleküle erwarten kann. Referenzsubstanz ist wie in der ^{1}H-NMR-Spektroskopie TMS. Bemerkenswert ist, daß sich die ^{13}C-Resonanzen über 200 ppm erstrecken; dieser Bereich ist ungefähr zwanzigmal größer als der für die ^{1}H-Resonanzen. Somit ist bei gleicher Linienbreite in der ^{13}C-NMR-Spektroskopie eine bessere Auffächerung der Signale zu erwarten als in der ^{1}H-NMR-Spektroskopie. Die chemischen Verschiebungen sind aufgrund des Meßverfahrens meistens die einzigen Parameter, die man dem ^{13}C-NMR-Spektrum entnehmen kann. Daher ist es noch wichtiger als in der ^{1}H-NMR-Spektroskopie, die Zusammenhänge zwischen ^{13}C-chemischen Verschiebungen und der Struktur eines Moleküls zu kennen.

Die Spektren enthalten häufig für jedes ^{13}C-Atom *ein* Signal; es gilt, diese Signale den richtigen ^{13}C-Atomen des Moleküls zuzuordnen. In den folgenden Abschnitten diskutieren wir die chemischen Verschiebungen ausgewählter Verbindungsklassen an wenigen Beispielen. Näheres über Zuordnungshilfen und -techniken erfahren wir in Abschnitt 6.3. Dort werden wir auch darauf eingehen, wie man mit Hilfe empirischer Korrelationen chemische Verschiebungen voraussagen kann.

Die in den Tabellen 2-5 bis 2-14 aufgeführten δ-Werte sind der umfangreichen Datensammlung von Kalinowski, Berger und Braun [5] entnommen.

2.3.1 Alkane und Cycloalkane

Während die ^{1}H-NMR-Spektren der Kohlenwasserstoffe aus breiten, unaufgelösten Banden in dem engen Bereich von $\delta \approx 0{,}8$ bis 2 bestehen, verteilen sich die ^{13}C-Resonanzen auf 50–60 ppm, so daß im Normalfall für jedes ^{13}C-Atom ein getrenntes Signal erscheint, es sei denn, das Molekül ist symmetrisch gebaut. Ein Vergleich der ^{1}H- und ^{13}C-NMR-Spektren

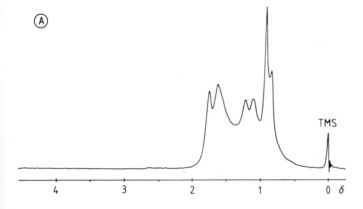

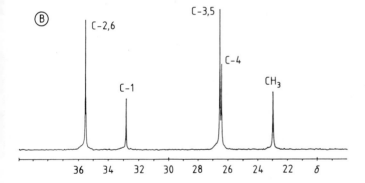

Abbildung 2-12.
A: 250 MHz-^{1}H-NMR-Spektrum von Methylcyclohexan (**13**).
B: 62,89 MHz-^{13}C-NMR-Spektrum von **13**.

von Methylcyclohexan (**13**) in Abbildung 2-12 A und B läßt erkennen, wie für diese Substanzklasse die ^{13}C- der ^{1}H-NMR-Spektroskopie überlegen ist.

Alkane: Bei den Alkanen hängt die chemische Verschiebung für einen bestimmten ^{13}C-Kern von der Zahl benachbarter C-Atome in α- und β-Stellung und vom Verzweigungsgrad ab. In Tabelle 2-5 sind einige δ-Werte angegeben.

Die chemischen Verschiebungen lassen sich mit den von Grant und Paul sowie von Lindeman und Adams abgeleiteten Beziehungen recht gut abschätzen (Abschn. 6.3.2).

Substituenten beeinflussen die chemischen Verschiebungen entscheidend. Tabelle 2-6 zeigt dies exemplarisch für einige

Tabelle 2-5.
^{13}C-chemische Verschiebungen von Alkanen.

Verbindung	$\delta(C^1)$	$\delta(C^2)$
CH_4	$-\ 2{,}3$	
H_3C-CH_3	$6{,}5$	
$CH_2(CH_3)_2$	$16{,}1$	$16{,}3$
$(H_3C-CH_2)_2$	$13{,}1$	$24{,}9$
$CH(CH_3)_3$	$24{,}6$	$23{,}3$
$C(CH_3)_4$	$27{,}4$	$31{,}4$

59

Propanderivate. Man sieht, schon bei der Substitution eines H-Atoms durch eine CH_3-Gruppe werden die Kerne der α- und β-^{13}C-Atome um 8,8 bzw. 8,6 ppm weniger, der γ-ständige ^{13}C-Kern wird dagegen um 3 ppm stärker abgeschirmt (α-, β-, γ-Effekt). Der α-Effekt steigt mit zunehmender Elektronegativität des Substituenten (Tab. 2-6) – Fluor verschiebt um fast 70 ppm! Auch für Chlor- und Brompropan ist der Zusammenhang mit der Elektronegativität deutlich. Der Einfluß von Iod fällt aus dem Rahmen. Hier beeinflußt offenbar die große Zahl von Elektronen des Iod-Atoms und die Spin-Bahn-Kopplung [6] die diamagnetische Abschirmung des direkt gebundenen ^{13}C-Atoms (Schweratomeffekt), ein Effekt, der sich bei Mehrfachsubstitution verstärkt. So mißt man für CI_4 mit $\delta = -292,2$ die größte bisher für ein neutrales Molekül gefundene Verschiebung nach hohem Feld.

Der β-Effekt ist weit kleiner. Er führt stets zu einer kleineren Abschirmung. Ein direkter Zusammenhang mit der Elektronegativität ist aber nicht erkennbar. Durch den γ-Effekt werden die ^{13}C-Kerne – in unserem Beispiel die der CH_3-Gruppen – stärker abgeschirmt. Diese abschirmende Wirkung gilt für nahezu alle Substituenten in acyclischen Alkanen. Man macht sterische Wechselwirkungen für diesen γ-Effekt verantwortlich.

Wie mit Hilfe von Substituenten-Inkrementen die chemischen Verschiebungen der α-, β- und γ-^{13}C-Atome vorhergesagt werden können, wird in Abschn. 6.3.2.1 gezeigt.

Cycloalkane: In Tabelle 2-7 sind für Cyclopropan bis Cycloheptan die δ-Werte angegeben. Besonders stark abgeschirmt sind die ^{13}C-Kerne in Cyclopropan. Man findet hier also den gleichen Effekt wie in der ^{1}H-NMR-Spektroskopie. Die Resonanzen für alle anderen Ringe, vom Fünfring bis zu den größten, liegen im recht engen Bereich von $\delta \approx 24$ bis 29. Nur beim gespannten Cyclobutan ist die Abschirmung noch etwas höher als bei den größeren Ringen.

Substituenteneffekte sind vor allem für das Cyclohexansystem untersucht, speziell die Alkylsubstitution [7].

Tabelle 2-6
^{13}C-chemische Verschiebungen von Propanderivaten $XC^{\alpha}H_2 - C^{\beta}H_2 - C^{\gamma}H_3$

X	$\delta\,(C^{\alpha})$	$\delta\,(C^{\beta})$	$\delta\,(C^{\gamma})$
H	16,1	16,3	16,1
CH_3	24,9	24,9	13,1
NH_2	44,6	27,4	11,5
OH	64,9	26,9	11,8
NO_2	77,4	21,2	10,8
F	85,2	23,6	9,2
Cl	46,7	26,0	11,5
Br	35,4	26,1	12,7
I	9,0	26,8	15,2

Tabelle 2-7.
^{13}C-chemische Verschiebungen von Cycloalkanen.

Verbindung	δ
Cyclopropan	– 2,8
Cyclobutan	22,4
Cyclopentan	25,8
Cyclohexan	27,0
Cycloheptan	28,7

2.3.2 Alkene

^{13}C-Resonanzen von C-Atomen in Doppelbindungen sind in dem weiten Bereich von $\delta \approx 100$ bis 150 zu finden. Die in den Tabellen 2-8 und 2-9 angegebenen chemischen Verschiebungen einiger Ethylenderivate zeigen den Einfluß von Alkylsubstituenten sowie von Substituenten mit stark unterschiedlichen induktiven und mesomeren Eigenschaften.

Schon aus den wenigen Werten der Tabelle 2-8 sehen wir:

Bei alkylsubstituiertem Ethylen sind die ^{13}C-Kerne der olefinischen C-Atome mit Alkylsubstituenten schwächer abgeschirmt ($\delta \approx 120$ bis 140) als die der endständigen ($\delta \approx 105$ bis 120). Durch eine zweite Alkylgruppe in geminal dialkylierten Verbindungen wird dieser Effekt noch verstärkt (δ meist > 140). E- und Z-Isomere unterscheiden sich kaum.

Tabelle 2-8.
^{13}C-chemische Verschiebungen von Alkenen.

Verbindung	$\delta(C^1)$	$\delta(C^2)$	$\delta(C^3)$
$H_2C^1 = C^2H_2$	123,5		
$H_3C^3C^1H = C^2H_2$	133,4	115,9	19,9
$H_3CCH = CHCH_3$ *(cis)*	124,2		11,4
$H_3CCH = CHCH_3$ *(trans)*	125,4		16,8
$(H_3C)_2C = CH_2$	141,8	111,3	24,2
Cyclohex-1-en	127,4		25,4
			$(C^4: 23{,}0)$

Tabelle 2-9 läßt den großen Substituteneinfluß erkennen. Von den Ausnahmen Br und CN abgesehen, sind die Kerne der C^1-Atome schwächer, die der C^2-Atome stärker abgeschirmt als in Ethylen. Im Gegensatz zu den Alkanen alterniert hier der Substituteneffekt. Qualitativ sind die großen Auswirkungen auf C^1 mit dem induktiven Substituteneffekt zu erklären. Daneben sollten sich auch die mesomeren Effekte auswirken.

Um den extremen β-Effekt der OCH$_3$- und OCOCH$_3$-Substituenten zu verstehen, zieht man am besten die mesomeren Grenzstrukturen zu Rate. Sie zeigen, daß durch Mesomerie am C^2-Atom die Ladungsdichte und damit auch die Abschirmung erhöht wird.

$$H_3C - \underline{\overline{O}} - C^1H = C^2H_2 \longleftrightarrow H_3C - \underline{O} = C^1H - \underline{C}^2H_2$$

$\delta:\qquad 52,5 \qquad 153,2 \quad 84,1$

14

Wieder fällt jedoch Iod als Substituent aus der Reihe (Schweratomeffekt).

Wie man mit Hilfe empirisch ermittelter Substituten-Inkremente die chemischen Verschiebungen substituierter Vinylverbindungen abschätzen kann, werden wir in Abschnitt 6.3.2.2 lernen.

Tabelle 2-9.
^{13}C-chemische Verschiebungen von Vinylderivaten

$$\begin{array}{c} H \\ \diagdown \; {}_1 \quad {}_2 \; \diagup H \\ C = C \\ \diagup \qquad \diagdown \\ X \qquad \quad H \end{array}$$

X	$\delta C^1)$	$\delta(C^2)$
H	123,5	123,5
CH$_3$	133,4	115,9
CH = CH$_2$	137,2	116,6
C$_6$H$_5$	137,0	113,2
F	148,2	89,0
Cl	125,9	117,2
Br	115,6	122,1
I	85,2	130,3
OCH$_3$	153,2	84,1
OCOCH$_3$	141,7	96,4
NO$_2$	145,6	122,4
CN	108,2	137,5

2.3.3 Aromaten

Die ^{13}C-Signale von Benzol, alkylsubstituiertem Benzol, einigen höher anellierten Aromaten und von Annulenen liegen in dem relativ engen Bereich von $\delta \approx 120$ bis 140. Die im Formelschema III wiedergegebenen Beispiele verdeutlichen dies.

Formelschema III

Durch Substituenten wird dieser Bereich erweitert, so daß man die Signale substituierter Aromaten zwischen $\delta = 100$ und 150 erwarten darf. Wie schon bemerkt, liegen in diesem Bereich auch die ^{13}C-Resonanzen von Alkenen, was zu Zuordnungsproblemen führen kann. In Tabelle 2-10 sind ^{13}C-Resonanzen monosubstituierter Benzolderivate zusammengestellt.

Tabelle 2-10.
^{13}C-chemische Verschiebungen von monosubstituiertem Benzol.

X	$\delta(C^1)$	$\delta(C^2)$	$\delta(C^3)$	$\delta(C^4)$
H	128,5			
Li	186,6	143,7	124,7	133,9
CH$_3$	137,7	129,2	128,4	125,4
COOH	130,6	130,1	128,4	133,7
F	163,3	115,5	131,1	124,1
OH	155,4	115,7	129,9	121,1
NH$_2$	146,7	115,1	129,3	118,5
NO$_2$	148,4	123,6	129,4	134,6
I	94,4	137,4	131,1	127,4

Vergleicht man mit dem δ-Wert für Benzol, so enthält die Tabelle zwei Extremfälle: einmal Phenyllithium mit einer extremen Tieffeldverschiebung des Signals von C^1 ($\delta = 186,6$) und Iodbenzol mit einer entsprechenden Hochfeldverschiebung des C^1-Signals ($\delta = 94{,}4$). Bei allen Verbindungen sind die Resonanzen *der* ^{13}C-Atome am stärksten beeinflußt, die den Substituenten tragen; danach folgen die Resonanzen von C^{2,6} (ortho) und C^4 (para); für C^{3,5} (meta) beobachtet man den kleinsten Effekt. Der Einfluß hängt von den induktiven und mesomeren Eigenschaften der Substituenten ab. (Bei Substituenten mit ausgeprägtem M-Effekt (OH, NH$_2$ NO$_2$) ist das Aufzeichnen mesomerer Grenzstrukturen hilfreich.) Daneben spielen sterische Effekte sowie Anisotropieeffekte eine Rolle, und beim Iod handelt es sich wieder um den Schweratomeffekt.

Zu erwähnen ist, daß es nicht an mehr oder weniger erfolgreichen Versuchen fehlt, chemische Verschiebungen mit rechnerisch bestimmten Ladungsdichten oder mit Substituentenkonstanten – wie Hammett- und Taft-Konstanten – zu korrelieren [8, 9].

Die umfangreichen experimentellen Daten lassen folgenden Schluß zu: In zwei- und mehrfach substituiertem Benzol verhalten sich die Substituenteneffekte in erster Näherung additiv. Darauf aufbauend entwickelte man ein einfach zu handhabendes Inkrementensystem zur Abschätzung chemischer Verschiebungen, das einschließlich seiner Anwendung sowie einer Tabelle mit Inkrementen in Abschnitt 6.3.2.3 erläutert wird. Erfahrungsgemäß stimmen berechnete und gemessene Werte dann gut überein, wenn nicht allzuviele Substituenten vorhanden sind und die Substituenten nicht in *o*-Stellung zueinander stehen.

Heteroaromaten: In Heteroaromaten wird die Abschirmung der Ring-C-Atome durch das Heteroatom bestimmt. Stellvertretend für diese Substanzklasse betrachten wir Pyridin (**15**). In ihm sind die ^{13}C-Kerne in α- und γ-Stellung weniger, in β-Stellung dagegen etwas stärker abgeschirmt als ^{13}C im Benzol. Qualitativ erklären die Elektronendichteverteilung und die im Formelschema IV gezeichneten mesomeren Grenzstrukturen diesen Befund.

Formelschema IV

Mit Substituenten-Inkrementen lassen sich auch für Pyridinderivate die chemischen Verschiebungen abschätzen, wobei man als Grundwert für die einzelnen ^{13}C-Atome jeweils die für Pyridin ermittelten Werte verwenden muß [9].

2.3.4 Alkine

Der Vergleich der gemessenen δ-Werte für Acetylen und Ethylen (71,9 und 123,5) zeigt deutlich, daß die ^{13}C-Kerne in Acetylen besonders stark abgeschirmt sind. Dies ist nicht mehr mit der magnetischen Anisotropie der C,C-Dreifachbindung allein zu erklären, die wir für die hohe Abschirmung der Protonen in Alkinen verantwortlich machten (Abschn. 2.2.4). Die Hauptursache müssen wir im paramagnetischen Abschirmungsterm σ_{para} suchen, denn er bestimmt (Abschn. 2.1.1) zum überwiegenden Teil die Abschirmung der ^{13}C-Kerne! Da ΔE für Acetylen größer ist als für Ethylen, wird:

$$\sigma_{para} \text{ (Acetylen)} < \sigma_{para} \text{ (Ethylen)}.$$

Nach Gleichung (2-2) sind somit die ^{13}C-Kerne in Acetylen stärker abgeschirmt als die in Ethylen, denn σ_{para} ist ein Korrekturterm mit negativem Vorzeichen; die gleiche Erklärung gilt auch für substituierte Alkine. Wie der Einfluß einer O-Ethylgruppe zeigt (Tab. 2-11), sind die Substituenteneffekte zum Teil überraschend groß.

In der Reihe der Halogenderivate macht sich der Schweratomeffekt besonders bemerkbar: In C_4H_9-$C^2 \equiv C^1$-I liegt das Signal von C^1 bei $\delta = -3,3$, das von C^2 bei 96,8.

Tabelle 2-11.
^{13}C-chemische Verschiebungen von Alkinderivaten
$$H - \overset{1}{C} \equiv \overset{2}{C} - X$$

X	$\delta (C^1)$	$\delta (C^2)$
H-	71,9	
Alkyl-	68,6	84
H-C $\equiv$ C-	64,7	68,8
Phenyl-	77,2	83,6
CH$_3$CH$_2$O-	23,4	89,6

2.3.5 Allene

Im Allen (**16**) fällt vor allem die schwache Abschirmung für das mittlere C-Atom (C^2) auf: $\delta = 212,6$. Den gleichen Effekt beobachtet man auch bei den Allenderivaten: Die δ-Werte liegen für das mittlere C-Atom zwischen 195 und 215. Dagegen sind die Kerne der beiden äußeren C-Atome ($C^{1,3}$) stärker abgeschirmt als die der olefinischen C-Atome in Alkenen. Substituenten beeinflussen die Abschirmung, wobei die Substitution sämtlicher H-Atome durch OCH$_3$ (**17**) sogar zu einer Umkehrung der Verhältnisse führt.

16

17

2.3.6 Carbonyl- und Carboxyverbindungen

Die ^{13}C-Resonanzen der Carbonylgruppe (Ketone, Aldehyde) und der Carboxygruppe sowie einiger Derivate (Anhydride, Ester, Säurehalogenide, Amide) sind im Bereich von $\delta = 160$ bis 220 zu finden (Abb. 2-2). Meistens handelt es sich um quartäre C-Atome, die sich wegen der langen Relaxationszeiten T_1 (Kap. 7) im allgemeinen durch sehr kleine Signalintensitäten auszeichnen. Die schwache Abschirmung der ^{13}C-Kerne in diesen funktionellen Gruppen wird vor allem auf den paramagnetischen Abschirmungsterm zurückgeführt.

2.3.6.1 Aldehyde und Ketone

Für einige Aldehyde und Ketone sind in Tabelle 2-12 die ^{13}C-chemischen Verschiebungen zusammengestellt. Die Beispiele zeigen, daß die ^{13}C-Kerne der Carbonylgruppe in Aldehyden und Ketonen zu den am schwächsten abgeschirmten Kernen gehören; man findet ihre Resonanzen bei $\delta = 190$ bis 220.

Mit zunehmender Alkylierung nimmt die Abschirmung für das Carbonyl-C-Atom ab, die δ-Werte werden größer. Extremfälle sind Di-t-butylketon mit $\delta = 218,0$ und Hexachloraceton mit $\delta = 175,5$. Konjugation mit einem ungesättigten Rest, einer Vinyl- oder Phenylgruppe, erhöht die Abschirmung. Doch sind die Substituenteneffekte längst nicht so groß wie bei den Alkanen.

Tabelle 2-12.
^{13}C-chemische Verschiebungen von Aldehyden und Ketonen.

Verbindung	$\delta(C^1)$	$\delta(C^2)$	$\delta(C^3)$	$\delta(C^4)$
H_3C^2-C^1HO	200,5	31,2		
H_3C-CH_2-CHO	202,7	36,7	5,2	
$(CH_3)_2CH$-CHO	204,6	41,1	15,5	
$(CH_3)_3C$-CHO	205,6	42,4	23,4	
$H_2C = CH$-CHO	193,3	136,0	136,4	
C_6H_5-CHO	191,0			
$CH_3C^2OC^1H_3$	30,7	206,7		
$C^4H_3C^3H_2C^2OC^1H_3$	27,5	206,3	35,2	7,0
$(CH_3)_2CHCOCH_3$	27,5	212,5	41,6	18,2
$(CH_3)_3CCOCH_3$	24,5	212,8	44,3	26,5
$(CH_3)_3CC^3OC^2(CH_3)_3$	28,6	45,6	218,0	
PH-CO-PH	195,2			
$Cl_3C^1C^2OCCl_3$	90,2	175,5		
$H_2C^1 = C^2H$-C^3OCH_3	128,0	137,1	197,5	25,7

In vielen Fällen überschneiden sich die Verschiebungsbereiche, und man kann nicht immer eindeutig zwischen Aldehyd und Keton unterscheiden. Mit Hilfe des Off-Resonanz-entkoppelten ^{13}C-NMR-Spektrums oder eines DEPT-Spektrums gelingt dies jedoch leicht (Abschn. 6.3.3 und 8.5): Das Signal für $^{13}C = O$ im Keton bleibt im Off-Resonanz-Spektrum ein Singulett, für $^{13}C = O$ im Aldehyd erhält man ein Dublett; im DEPT-Spektrum findet man kein Signal für das quartäre ^{13}C-Atom im Keton, jedoch ein Signal mit positiver Amplitude für $^{13}C=O$ im Aldehyd.

In 1,3-Diketonen sind die δ-Werte ungefähr gleich groß wie in den Monoketoverbindungen. So liegt das Signal für $^{13}C = O$ von Acetylaceton in der Ketoform (**18**a) bei $\delta = 201,1$ und unterscheidet sich damit deutlich von demjenigen in der Enolform (**18**b) (Formelschema V).

~ 20%

18a

~ 80%

18b

Formelschema V

2.3.6.2 Carbonsäuren und Derivate

Die Abschirmung des ^{13}C-Kernes in der Carboxygruppe von Monocarbonsäuren ist größer als die in der Carbonylgruppe in Ketonen und Aldehyden. Man findet die Signale im Bereich von $\delta \approx 160$ bis 180. In Tabelle 2-13 sind die chemischen Verschiebungen einiger Verbindungen angegeben, Verbindungen, die sich direkt oder formal von der Essigsäure ableiten, doch findet man für andere, entsprechend substituierte Carbonsäuren den gleichen Gang der δ-Werte.

Tabelle 2-13.
^{13}C-chemische Verschiebungen von Derivaten der Essigsäure.

Verbindung	$\delta\,(C^1)$	$\delta\,(C^2)$	
$C^2H_3C^1OOH$	176,9	20,8	(pD 1,5)[a]
$CH_3COO^\ominus$	182,6	24,5	(pD 8)[a]
$CH_3CON(CH_3)_2$	170,4	21,5	CH_3: 35 und 38,0
CH_3COCl	170,4	33,6	
CH_3COOCH_3	171,3	20,6	OCH_3: 51,5
$CH_3COOCH=CH_2$	167,9	20,5	$=CH$: 141,5
			$=CH_2$: 97,5
$(CH_3CO)_2O$	167,4	21,8	
CH_3COSH	194,5	32,6	

[a] Lösungsmittel D_2O.

Der Übergang von der Säure zum Carboxylat-Ion in alkalischen Lösungen bewirkt eine schwächere Abschirmung für das Carboxy-^{13}C-Atom sowie auch für die α-, β- und γ-ständigen C-Atome. Dagegen ist für Amide, Halogenide, Ester und An-

Tabelle 2-14.
^{13}C-chemische Verschiebungen von α-substituierter Essigsäure.

Verbindung	$\delta(C^1)$	$\delta(C^2)$	$\delta(C^3)$
$H-C^2H_2C^1OOH$	175,7	20,3	
C^3H_3-C^2H_2-C^1OOH	179,8	27,6	9,0
$(CH_3)_2CH-COOH$	184,1	34,1	18,1
$(CH_3)_3C-COOH$	185,9	38,7	27,1
H_2N-CH_2-COOH (D_2O)			
pD 0,45	171,2	41,5	
pD 12,05	182,7	46,0	
$HO-CH_2-COOH$ (D_2O)	177,2	60,4	
$ClCH_2-COOH$	173,7	40,7	
$Cl_3C-COOH$	167,0	88,9	
$H_2C^3=C^2H-C^1OOH$	168,9	129,2	130,8
C_6H_5-COOH	168,0		

hydride die Abschirmung immer höher; im allgemeinen nehmen die δ-Werte in dieser Reihenfolge ab.

Substituiert man formal die H-Atome der CH$_3$-Gruppe in der Essigsäure durch Methylgruppen, erscheint das Carboxy-^{13}C-Signal bei höheren δ-Werten (Tab. 2-14).

Die chemischen Verschiebungen von Aminosäuren sind entsprechend dem amphoteren Charakter (Formelschema VI) stark pH-abhängig.

Carbonsäuren bilden über Wasserstoffbrücken Dimere. In Lösung liegen Dimere und Monomere nebeneinander vor, wobei das Gleichgewicht von der Konzentration, der Temperatur und vor allem vom Lösungsmittel abhängt. Verschiebungsänderungen von mehreren ppm durch derartige Effekte sind üblich.

Konjugation der Carboxygruppe mit ungesättigten Resten, wie bei Acrylsäure ($\delta = 168,9$) oder Benzoesäure ($\delta = 168,0$), führt zu einer höheren Abschirmung, damit im Vergleich zur Essigsäure zu kleineren δ-Werten.

Bei den ungesättigten Dicarbonsäuren Maleinsäure (**19**) und Fumarsäure (**20**) macht sich die unterschiedliche räumliche Anordnung der Carboxygruppen weniger in Änderungen für die ^{13}C-Resonanzen der Carboxygruppe als in solchen der olefinischen ^{13}C-Atome bemerkbar.

Ersetzt man in den Carbonylverbindungen den Sauerstoff durch Schwefel, werden die Signale in allen Verbindungsklassen um 20–40 ppm nach höheren Werten verschoben, die ^{13}C-Kerne sind also weniger abgeschirmt. Abschließend sei vermerkt: Auch für Carbonsäuren und Aminosäuren gibt es empirische Korrelationen, um die chemischen Verschiebungen in Abhängigkeit von Substituenten und dem Substitutionsort vorherzusagen [10].

$$R-\underset{\overset{|}{\underset{\oplus}{NH_3}}}{CH}-COOH \quad \underset{+\ H^\oplus}{\overset{-\ H^\oplus}{\rightleftharpoons}} \quad R-\underset{\overset{|}{NH_2}}{CH}-COOH$$

Formelschema VI

19

20

2.4 Spektrum und Molekülstruktur

2.4.1 Äquivalenz, Symmetrie und Chiralität

Im ersten Kapitel lernten wir die beiden Regeln:
- Äquivalente Kerne haben dieselbe Resonanzfrequenz und
- die Kopplung äquivalenter Kerne ist in den Spektren 1. Ordnung nicht beobachtbar.

Rein qualitativ können wir daraus ableiten: Je mehr äquivalente Kerne in einem Molekül vorhanden sind, um so einfacher, linienärmer wird das Spektrum.

Die Äquivalenz kann auf Molekülsymmetrie, aber auch auf konformative Beweglichkeiten wie Rotationen oder Inversionen zurückzuführen sein (Kap. 11). Besonders deutlich zeigt sich der Einfluß von *Äquivalenz und Symmetrie* in den ^{13}C-NMR-Spektren: Wegen der großen Verschiebungsdifferenzen findet man normalerweise für jedes chemisch verschiedene C-Atom ein Singulett, wenn die C,H-Kopplung durch ^{1}H-Breitband-Entkopplung eliminiert wurde. Entsprechend der Zahl der äquivalenten ^{13}C-Atome reduziert sich die Signalzahl.

Einige Beispiele zur Verdeutlichung:
- In der ^{1}H-NMR-Spektroskopie spielen *Methylgruppen* eine große Rolle: Die drei H-Atome sind stets äquivalent. Oft sind auch die beiden H-Atome in Methylengruppen äquivalent; so kann man die Signale von *Ethylgruppen* – ein Quartett und ein Triplett – im allgemeinen leicht erkennen.
- Im *Benzol* sind alle Protonen und alle C-Atome infolge der hohen Molekülsymmetrie äquivalent, man erhält im ^{1}H- und im ^{13}C-NMR-Spektrum nur jeweils *ein* Signal.
- Im *monosubstituierten Benzol* gibt es wegen der Symmetrie drei Sorten von Protonen: je zwei zum Substituenten *ortho-* und *meta*-ständige Protonen und das *para*-Proton. Das Spektrum kann sehr kompliziert sein, wie im Falle des Nitrobenzols (**7**) (Abb. 2-9); immerhin sind aber die drei Gruppen von Multipletts zu erkennen. Deutlich spiegelt das ^{13}C-NMR-Spektrum von **7** die Molekülsymmetrie wider: Es gibt nur vier Signale für die sechs C-Atome (Tab. 2-10).
- In Abbildung 2-13 sind die ^{1}H-NMR-Spektren dreier isomerer *disubstituierter Benzolderivate* wiedergegeben. Mit Hilfe von Symmetriebetrachtungen kann man sofort die drei Spektren richtig zuordnen: *p*-Dichlorbenzol (**21**) gibt nur ein Signal; *o*-Dichlorbenzol (**22**) ein symmetrisches Spektrum vom Typ AA'BB' oder [AB]$_2$ (Abschn. 4.5.2); *m*-Dichlorbenzol (**23**) hat drei chemisch verschiedene H-Atome, das Spektrum ist entsprechend kompliziert (AB$_2$C). Noch einfacher als die ^{1}H- lassen sich die entsprechenden ^{13}C-NMR-Spektren zuordnen: Bei *para*-Substitution erhält man nur zwei Signale, bei *meta*-Substitution vier und bei *ortho*-Substitution drei!

24

25

26

Formelschema VII

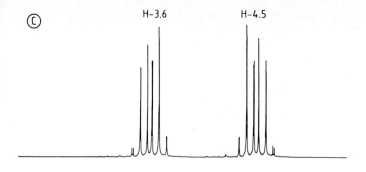

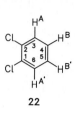

22

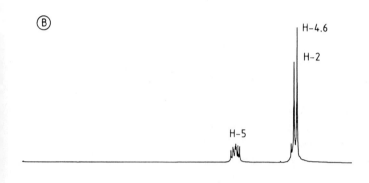

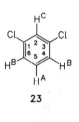

23

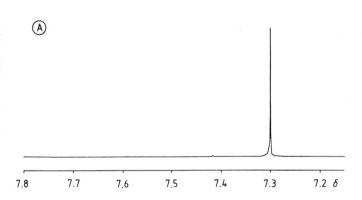

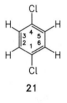

21

Abbildung 2-13.
250 MHz-^{1}H-NMR-Spektren von
A: *p*-Dichlorbenzol (**21**) in CDCl$_3$
B: *m*-Dichlorbenzol (**23**) in CDCl$_3$
C: *o*-Dichlorbenzol (**22**) in
Aceton/CDCl$_3$.

○ Es gibt drei isomere Dichlorcyclopropane: 1,1- (**24**), *cis*-1,2- (**25**) und *trans*-1,2- (**26**) Dichlorcyclopropan (Formelschema VII).
Hier versagt die Methode, nur durch Abzählen der ^{13}C-NMR-Signale die Zuordnung zu treffen: Für alle drei Verbindungen erhält man zwei Singuletts. In diesem Fall sind aber die ^{1}H-NMR-Spektren deutlich durch die Symmetrie geprägt: In 1,1-Dichlorcyclopropan (**24**) sind die vier Protonen äquivalent; dies führt zu einem Signal. Die *trans*-Verbindung (**26**) hat eine C$_2$-Achse: Das Molekül weist zwei Sorten von Protonen auf. Die *cis*-Verbindung (**25**) hat eine Symmetrieebene, folglich drei Sorten von Protonen und das komplizierteste Spektrum.

○ Als nächstes betrachten wir in Abbildung 2-14 die ¹H-NMR-Spektren von Allylalkohol (**27**), Propylenoxid (**28**, Methyloxiran) und Trimethylenoxid (**29**, Oxetan). Die drei Verbindungen – und außerdem Propionaldehyd (**9**), dessen Spektrum in Abbildung 2-11 zu finden ist – sind Konstitutionsisomere, ihre Summenformel ist C_3H_6O. Obwohl die ¹H-NMR-Spektren zum Teil recht kompliziert sind, gelingt die Zuordnung, wenn man die Strukturformeln auf äquivalente Protonen und Symmetrieelemente hin analysiert.

Anzumerken ist, daß viele Feinheiten der in diesem Abschnitt abgebildeten Spektren nach dem Studium der nächsten beiden Kapitel besser zu verstehen sind.

Abschließend gehen wir auf die Spektren *chiraler* Moleküle ein – Moleküle, die in zwei enantiomeren Formen vorkommen können. Ihre NMR-Spektren sind exakt gleich!

Allerdings gibt es Möglichkeiten, wie man sie doch unterscheiden kann: Man erzeugt Diastereomere, die verschiedene chemische und physikalische Eigenschaften haben und sich damit auch in ihren NMR-Spektren unterscheiden (siehe Kap. 12).

Enthält ein Molekül eine diastereotope Gruppe, dann gelingt der Nachweis der Chiralität auch ohne Diastereomere zu erzeugen. Solche Untersuchungen sind in der Praxis auf die ¹H-NMR-Spektroskopie beschränkt, wobei als diastereotope Gruppen CH_2- und $C(CH_3)_2$-Gruppen in Frage kommen. Da erfahrungsgemäß Schwierigkeiten bei Analyse und Interpretation derartiger NMR-Daten auftreten können, wollen wir im folgenden Abschnitt auf das Problem homotoper, enantiotoper und diastereotoper Gruppen in der NMR-Spektroskopie näher eingehen.

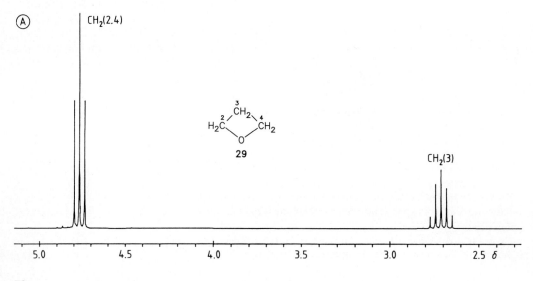

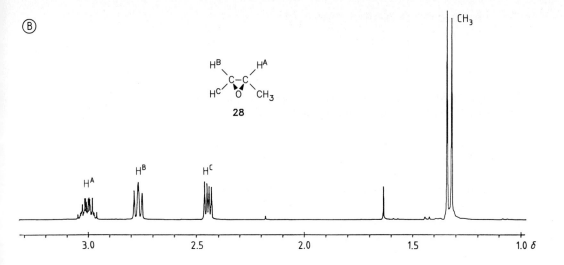

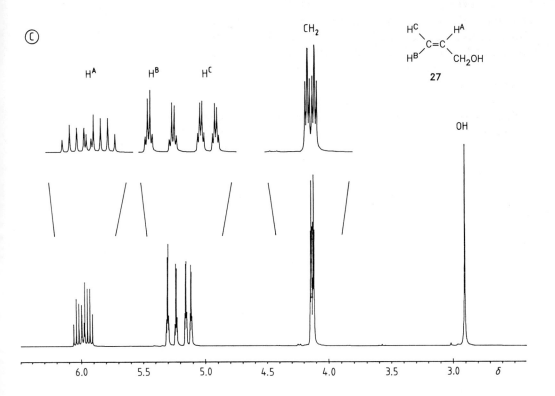

Abbildung 2-14.
250 MHz-¹H-NMR-Spektren von A: Trimethylenoxid (**29**), B: Propylenoxid (**28**), C: Allylalkohol (**27**) in CDCl₃.

2.4.2 Homotope, enantiotope und diastereotope Gruppen

Sind in Methylen (CH_2) oder Isopropyl ($C(CH_3)_2$) die beiden konstitutionell gleichen H-Atome oder Methylgruppen äquivalent oder nicht? Die Antwort ist für die Lösung stereochemischer Probleme von großer Bedeutung.

Beschränken wir uns zunächst auf die Methylengruppe, dann sind folgende Fragen zu beantworten: Findet man für die beiden Methylenprotonen ein Singulett oder ein AB-Vierlinienspektrum (Abschn. 4.3.2), und welche Schlußfolgerungen sind daraus zu ziehen?

In der Stereochemie unterscheidet man nach Mislow zwischen drei Arten von Beziehungen der beiden H-Atome in CH_2-Gruppen: Sie können *homotop, enantiotop* oder *diastereotop* sein.

Homotope Protonen sind äquivalent, sie ergeben somit im Spektrum *ein* Signal, wenn wir eine isolierte CH_2-Gruppe betrachten. Als Beispiel sei Methylenchlorid, CH_2Cl_2 (**30**), genannt: Die beiden H-Atome sind homotop. Das Molekül besitzt eine *zweizählige Symmetrieachse* (C_2); dies ist eine notwendige aber auch eine hinreichende Bedingung für die Äquivalenz. Wie im Methylenchlorid sind auch in den meisten Ethylgruppen die Methylenprotonen durch die rasche Rotation äquivalent.

Es gibt aber Methylengruppen, in denen die Protonen nur scheinbar äquivalent sind, die jedoch durch Spiegelung an einer Ebene *(Spiegelebene)* ineinander übergehen. Ein Beispiel ist Bromchlormethan (**31**). Wir blicken von H^1 zum C und erkennen: Die Substituenten Br − Cl − H sind im Uhrzeigersinn angeordnet (pro-*R*); von H^2 aus betrachtet ist die Anordnung der Substituenten umgekehrt, im Gegenuhrzeigersinn (pro-*S*)! Oder: Substituiert man eines der H-Atome durch Deuterium, entstehen zwei Enantiomere. H-Atome mit diesen Eigenschaften heißen *enantiotop*. **31** selbst ist *prochiral*, nicht chiral. Auch im Allenderivat **32** sind die beiden Methylenprotonen enantiotop. Für das ^{1}H-NMR-Spektrum gilt: *Enantiotope Protonen sind ununterscheidbar.* Sie ergeben ein Singulett – Spin-Spin-Kopplungen mit anderen Nachbarn wollen wir im Augenblick ausschließen.

Lassen sich die beiden H-Atome einer Methylengruppe weder durch Rotation um eine Symmetrieachse noch durch Spiegelung an einer Symmetrieebene ineinander überführen, werden sie als *diastereotop* bezeichnet. Als Beispiel betrachten wir die beiden Methylenprotonen H^A und H^B in 1,2-Propandiol (**33**). Wird eines dieser H-Atome durch einen Rest R substituiert, entstehen Diastereomere – daher der Name diastereotop. Die beiden Atome H^A und H^B sind an ein prochirales Zen-

30

31

32

trum gebunden, sie sind nicht mehr äquivalent, sie werden es auch nicht durch rasches Rotieren um die Bindung C^1-C^2. Man wird daher für H^A und H^B stets getrennte Signale erhalten, es sei denn, die Resonanzfrequenzen sind durch Zufall gleich, *isochron*. Eine Erklärung läßt sich am einfachsten anhand der im Formelschema VIII angegebenen Newman-Projektionsformeln für die drei Rotationsisomere finden:

Formelschema VIII

Wie sieht für H^A und H^B in den drei Konformeren I, II und III die jeweilige Umgebung, die magnetische Abschirmung aus? Berücksichtigen wir nur die nächsten und übernächsten Nachbarn, erhält man folgende Ausdrücke:

für H^A:

OH,CH$_3$/H,H(δ_1)   OH,OH/H,CH$_3$(δ_2)   OH,H/H,OH(δ_3)

für H^B:

H,H/OH,OH(δ_4)   H,CH$_3$/OH,H(δ_5)   H,OH/OH,CH$_3$(δ_6)

Alle sechs Umgebungen sind verschieden. Bei eingefrorener Rotation um die zentrale C,C-Bindung fände man für H^A beim ersten Rotameren die chemische Verschiebung δ_1, beim zweiten δ_2 und beim dritten δ_3; für H^B erhielte man die δ-Werte δ_4, δ_5 und δ_6. Da aber bei Raumtemperatur die Rotation sehr schnell ist, mitteln sich diese δ-Werte:

$$\bar{\delta}_A = x_I\,\delta_1 + x_{II}\,\delta_2 + x_{III}\,\delta_3$$
$$\bar{\delta}_B = x_I\,\delta_4 + x_{II}\,\delta_5 + x_{III}\,\delta_6 \qquad (2\text{-}6)$$

x_I, x_{II} und x_{III} sind die Gewichte (Molenbrüche), mit denen man die δ-Werte entsprechend der Häufigkeit der drei Rotameren I bis III im Gleichgewicht belegen muß (Kap. 11). Aus (2-6) folgt unmittelbar: Selbst für den Fall, daß alle drei Rotamere gleich häufig vorkommen ($x_I = x_{II} = x_{III} = 1/3$), wird $\bar{\delta}_A$ nicht gleich $\bar{\delta}_B$ sein, es sei denn durch Zufall! Die gleiche Argumentation gilt für das Enantiomere und das Racemat.

CH$_2$-Protonen oder C(CH$_3$)$_2$-Gruppen sind immer dann nicht mehr äquivalent, wenn die untersuchte Verbindung ein asymmetrisches Atom enthält – Kohlenstoff, dreibindigen Phosphor, sterisch fixierten dreibindigen Stickstoff – oder noch allgemeiner ausgedrückt, wenn das Molekül *chiral* ist.

Beispiele:

○ Im Spektrum von Valin (**34**) (Abb. 2-15) findet man bei $\delta \approx 1$ für die Methylprotonen 4 Signale. Diese lassen sich folgendermaßen erklären: C^2 ist ein asymmetrisches Kohlenstoffatom, daher sind die beiden Methylgruppen diastereotop; sie geben also unterschiedliche Resonanzsignale. Wegen der Kopplung mit H^3 erscheinen zwei Dubletts.

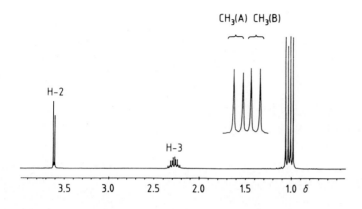

Abbildung 2-15.
250 MHz-^{1}H-NMR-Spektrum von Valin (**34**) in D_2O. Bereich der Methylresonanzen gespreizt.

○ Für das Biphenylderivat (**35**, Abb. 2-16) erhält man für die beiden Methylgruppen des Isopropylrestes zwei Signale bei $\delta = 1.42$ und 1.65: Das Molekül ist infolge der gehinderten Rotation um die zentrale C,C-Bindung chiral (Atropisomerie, Konformationsenantiomerie).

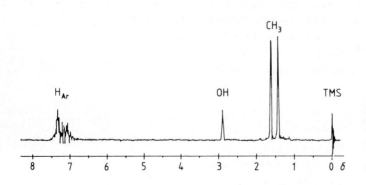

Abbildung 2-16.
60 MHz-^{1}H-NMR-Spektrum des Biphenylderivates **35** in $CDCl_3$. Nach Zugabe einer Spur CF_3COOH verschwindet das Signal bei $\delta \approx 3$ (Austausch des OH-Protons, Abschn. 11.3.7).

In manchen CH_2-Gruppen sind die beiden H-Atome diastereotop, obwohl das Molekül als Ganzes achiral ist. Das klassische Beispiel ist Acetaldehyddiethylacetal (**36**), in dem die beiden Methylenprotonen der Ethylgruppen diastereotop sind. Man erhält ein für Ethylgruppen sehr kompliziertes Spektrum (Abb. 2-17) vom Typ ABX_3 (Kap. 4). C^1 stellt hier ein prochirales Zentrum dar.

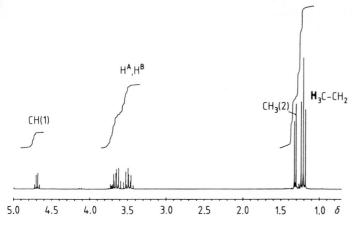

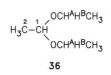

36

Abbildung 2-17.
250 MHz-^{1}H-NMR-Spektrum von
Acetaldehyddiethylacetal (**36**) in
CDCl$_3$ mit Integralkurve.

Analog ist die Situation in der Zitronensäure (**37**): Auch hier sind die beiden Methylenprotonen diastereotop und ergeben ein Spektrum vom Typ AB (Abb. 2-18 und Abschn. 4.3).

$$
\begin{array}{c}
\text{COOD} \\
| \\
\text{H}^A-\text{C}-\text{H}^B \\
| \\
\text{DOOC}-\text{C}-\text{OD} \qquad \textbf{37} \\
| \\
\text{H}^A-\text{C}-\text{H}^B \\
| \\
\text{COOD}
\end{array}
$$

Lassen wir die zuletzt genannten Fälle von Molekülen mit einem Prochiralitätszentrum außer acht, ist folgende Schlußfolgerung erlaubt: Sind die Methylenprotonen oder die Methylgruppen eines Isopropylrestes nicht äquivalent, ist das Molekül chiral. Sind sie jedoch nach dem Spektrum äquivalent, so ist der umgekehrte Schluß nicht eindeutig, denn die Resonanzfrequenzen könnten auch zufällig gleich sein.

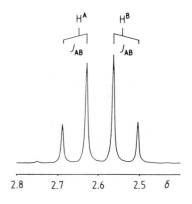

Abbildung 2-18.
250 MHz-^{1}H-NMR-Spektrum von
Zitronensäure (**37**) in D$_2$O.

2.4.3 Zusammenfassung

Durch die Molekülsymmetrie vereinfacht sich das Spektrum, denn *äquivalente* Kerne haben dieselbe Resonanzfrequenz, sie sind *isochron*. Enantiomere sind im Spektrum nicht unterscheidbar. Ist an den chiralen Molekülrest eine Methylen- oder Isopropylgruppe gebunden, dann sind in diesen Resten die geminalen H-Atome oder Methylgruppen diastereotop; sie sind unterschiedlich magnetisch abgeschirmt und ergeben daher getrennte Signale.

2.5 Chemische Verschiebung „anderer" Kerne [11]

Bei den Heterokernen ist die chemische Verschiebung meistens der einzige spektrale Parameter, der zur Auswertung herangezogen wird (Abschn. 1.7). Der Bereich chemischer Verschiebungen ist im allgemeinen viel größer als bei ^{1}H- oder ^{13}C-Kernen; manchmal beträgt die Spektrenbreite viele Tausend ppm oder einige 100 000 Hz!

Von vielen Elementen lassen sich verschiedene Isotope NMR-spektroskopisch erfassen; beim Wasserstoff sind dies zum Beispiel alle drei Isotope ^{1}H, ^{2}H und ^{3}H, beim Bor ^{10}B und ^{11}B, beim Stickstoff ^{14}N und ^{15}N usw. Im Prinzip ist es gleichgültig, für welches Isotop man die chemischen Verschiebungen δ mißt, denn die δ-Werte sind, so wie sie in Abschnitt 1.6.1.2 definiert sind, bis auf kleine Isotopieeffekte gleich groß. Daher wählt man für die Messungen immer das Isotop aus, das zum einen vom meßtechnischen Standpunkt am günstigsten ist, zum anderen von seinen Kerneigenschaften. Gibt es von dem Element ein Isotop mit dem Kernspin 1/2, so bevorzugt man meistens dieses, selbst wenn seine natürliche Häufigkeit gering ist, wie zum Beispiel beim Stickstoff ^{15}N. Wie in Abschnitt 1.6.1.2 für ^{1}H und ^{13}C gezeigt, werden auch bei den anderen Kernen die chemischen Verschiebungen δ relativ zu einem definierten Standard gemessen, wobei in Übereinstimmung mit ^{1}H- und ^{13}C-NMR-Spektren das Vorzeichen der δ-Werte links vom Standard entsprechend Gleichung (1-22) positiv, rechts negativ ist. Bei der praktischen Arbeit ist zu beachten, daß diese Vereinbarung insbesondere in der älteren Literatur nicht immer eingehalten wurde, und daher oft die Vorzeichen vertauscht werden müssen.

Viele Verbindungen, die von ihrer chemischen Verschiebung her als Referenzsubstanz geeignet wären, können aufgrund ihrer chemischen Reaktivität nicht ohne weiteres wie TMS in der ^{1}H- oder ^{13}C-NMR-Spektroskopie als *innerer Standard* verwendet werden. In solchen Fällen verwendet man eine externe Referenzsubstanz (*externer Standard*), das heißt, man gibt in das Probenröhrchen eine zusätzliche, mit der Referenzsubstanz gefüllte Kapillare. Gelegentlich bezieht man auch auf eine vom Spektrometer vorgegebene Frequenz [12, 13].

Deuterium (^{2}H), Tritium (^{3}H)

Das Wasserstoff-Isotop Deuterium, ^{2}H, spielt indirekt in der ^{1}H-NMR-Spektroskopie eine große Rolle; zum einen lassen sich durch Deuterieren oder H-D-Austausch Signale in den

^{1}H-NMR-Spektren durch „ihr Verschwinden" zuordnen, zum anderen wird durch die Substitution einiger ^{1}H-Kerne durch ^{2}H das Spektrum für die im Molekül noch vorhandenen Protonen einfacher (Abschn. 5.2.1), denn die H-D-Kopplungskonstanten betragen nur 1/6 der H-H-Kopplungskonstanten, so daß sich die H,D-Kopplung meistens nur in einer schwachen Linienverbreiterung äußert.

Auf eine gesonderte Besprechung der ^{2}H-chemischen Verschiebungen können wir hier verzichten, da die δ-Werte bis auf die schon erwähnten kleinen Isotopeeffekte gleich denen von ^{1}H sind (s. Abschn. 2.1.2.5).

Das schwerste Isotop des Wasserstoffs, Tritium, ist von allen Kernen des Periodensystems von seinen Kerneigenschaften her am besten für die NMR-Spektroskopie geeignet; sein großer Nachteil ist, daß es ein schwacher β-Strahler ist. Tritium-Resonanzen dürfen daher nur in Labors gemessen werden, die spezielle Sicherheitsvoraussetzungen erfüllen.

Bor (^{10}B und ^{11}B)

Von den beiden Bor-Isotopen ^{10}B ($I = 3$) und ^{11}B ($I = 3/2$) wird im allgemeinen das Isotop ^{11}B gemessen, da es das größere magnetische Moment besitzt und zudem häufiger vorkommt (80,42 % gegen 19,58 %). Der Gesamtbereich chemischer Verschiebungen umfaßt ca. 200 ppm; als Referenz verwendet man meistens $BF_3(OEt_2)$ als externen Standard und setzt dessen Signal gleich Null ($\delta[BF_3(OEt_2)] = 0$). Die chemische Verschiebung hängt stark von den direkt an das Bor-Atom gebundenen Substituenten ab. Zum Beispiel kann man in Bor-Sauerstoff-Verbindungen aus den chemischen Verschiebungen leicht auf die Zahl der an Bor gebundenen Sauerstoffreste OR schließen, wie die folgenden Beispiele zeigen:

$$\delta[B(CH_3)_3] = +86,3 \quad \delta[B(CH_3)_3(OCH_3)] = +53,8$$
$$\delta[B(CH_3)(OCH_3)_2] = +32,1 \quad \delta[B(OCH_3)_3] = +18,3$$

In diesen vier Beispielen nimmt mit jedem zusätzlichen OR-Rest die Abschirmung zu. Der Zweitsubstituent R hat dagegen kaum einen Einfluß.

Aus den Signallagen läßt sich die Koordinationszahl des Bors bestimmen, denn die Resonanzen von vierfach koordiniertem Bor liegen ungefähr zwischen $\delta = +20$ und -128, die von dreifach koordiniertem zwischen $\delta = +92$ und -8.

Stickstoff (^{14}N und ^{15}N)

^{14}N mit dem Kernspin $I = 1$ und ^{15}N mit $I = 1/2$ haben beide nur ein kleines γ, sie gehören somit zu den *unempfindlichen*

Kernen. Trotz der geringen natürlichen Häufigkeit werden heute fast ausschließlich die ^{15}N-NMR-Spektren von Proben mit natürlicher Isotopenverteilung gemessen.

Der Bereich chemischer Verschiebungen für die verschiedensten Verbindungen umfaßt ungefähr 900–1000 ppm. Am stärksten abgeschirmt sind die Stickstoff-Kerne in Aminen, am schwächsten in Nitroso-Verbindungen. Die ^{15}N-Resonanzen werden oft auf den δ-Wert von flüssigem Nitromethan als externer Referenzsubstanz bezogen. Häufig dient auch die wäßrige Lösung von NH_4NO_3 als Bezug, wobei der δ-Wert für $^{15}NH_4^+$ gleich Null gesetzt wird.

Sauerstoff (^{17}O)

^{17}O ist das einzige Isotop von Sauerstoff, von dem NMR-Spektren aufgenommen werden können. Als Kern mit $I = 5/2$ und mit einem, wenn auch nicht so sehr großen elektrischen Quadrupolmoment eQ sowie einer natürlichen Häufigkeit von nur 0,037 % ist ^{17}O für NMR-Messungen nicht sehr gut geeignet. Wegen der Bedeutung von Sauerstoff sind trotzdem viele Untersuchungen bekannt, wobei im allgemeinen nur die chemischen Verschiebungen gemessen wurden. Am stärksten abgeschirmt sind die ^{17}O-Kerne in Verbindungen mit Einfachbindungen wie in Alkoholen und Ethern ($\delta = -50$ bis $+100$, mit $\delta(H_2O) = 0$), am schwächsten dagegen in Nitriten ($\delta \approx 800$) und Nitroverbindungen ($\delta \approx 600$), in denen der Sauerstoff doppelt gebunden ist. Für eine Carboxyl-Gruppe erhält man nur ein Signal, das heißt, die beiden Sauerstoffatome sind äquivalent.

Weitere Anwendungen der ^{17}O-NMR-Spektroskopie siehe „Ergänzende und weiterführende Literatur".

Fluor (^{19}F)

^{19}F ist wie ^{1}H ein einfach zu messender Spin-1/2-Kern mit 100 % natürlicher Häufigkeit. Gegenüber ^{1}H hat jedoch ^{19}F den Vorzug, daß der Bereich der chemischen Verschiebungen wesentlich größer ist, das heißt, die Spektren sind im allgemeinen einfacher als die der entsprechenden Wasserstoffverbindungen, weil sich die Signalgruppen weniger überlagern. Da Fluor mit fast allen Elementen Verbindungen bildet, gibt es eine Vielzahl von aussagekräftigen Meßdaten. So beträgt der Unterschied der Fluorresonanzen in ClF, der Verbindung mit der größten Abschirmung von F, und in FOOF, mit der schwächsten Abschirmung, 1313 ppm! Das sind bei einem $B_0 = 2{,}3488\,T$ (Meßfrequenz 94,077 MHz) mehr als 120 000 Hz! In organischen Molekülen sind die ^{19}F-Kerne in den gesättigten Verbindungen stärker abgeschirmt als in den ungesättigten, wobei die Bereiche der ^{19}F-Resonanzen in Olefinen und Aromaten im Gegensatz zu den ^{1}H-Resonanzen stark überlappen. Die in der ^{1}H-NMR-Spektroskopie diskutierten Nachbargruppeneffekte, wie die magnetische Anisotropie und der Ringstromeffekt, sind kaum von Bedeutung. Dagegen haben Substituenten einen großen Einfluß. Ihr Einfluß ist jedoch sehr komplex.

Als Referenz verwendet man im allgemeinen flüssiges CFCl$_3$ als externen Standard.

Phosphor (^{31}P)

Phosphor-Resonanzen lassen sich wie ^{1}H- und ^{19}F-Resonanzen ohne Schwierigkeiten nachweisen. Der Hauptbereich der chemischen Verschiebungen umfaßt mehr als 300 ppm, und schon kleine Strukturunterschiede machen sich im Spektrum bemerkbar. So findet man zum Beispiel für P(CH$_3$)$_3$ und P(C$_2$H$_5$)$_3$ um 40 ppm getrennte Signale. Am schwächsten abgeschirmt sind die Phosphorkerne in den Trihalogeniden PBr$_3$ ($\delta = 227$; externer Standard: 85 %ige H$_3$PO$_4$), PCl$_3$ ($\delta = 219$) und PI$_3$ ($\delta = 178$). Wesentlich stärker abgeschirmt ist Phosphor in PF$_3$ ($\delta = 97$). Zur Erklärung dieses Befundes werden zwei entgegengesetzt wirkende Effekte diskutiert: einmal der ionische Charakter und zum anderen der Doppelbindungscharakter der P-X-Bindung. Bei Br, Cl und I überwiegt der ionische Charakter, bei F der Doppelbindungscharakter der P-X-Bindung. In pentavalentem Phosphor ist die Abschirmung im allgemeinen stärker als in trivalentem: $\delta(\text{PBr}_5) = -101$; $\delta(\text{PCl}_5) = -80$; $\delta(\text{PF}_5) = -80$. Beispiele für *in vivo*-Untersuchungen von ^{31}P-Resonanzen werden wir in Kapitel 14 kennenlernen.

Alkali- und Erdalkalimetalle (^{23}Na, ^{39}K, ^{25}Mg, ^{43}Ca)

Alle Alkali- und Erdalkalimetalle haben Kerne mit einem Quadrupolmoment und einem kleinen γ, sie sind somit nicht besonders gut für NMR-spektroskopische Untersuchungen geeignet. Bei den meisten Experimenten wurden die Ionen dieser Elemente in wäßriger Lösung untersucht. Die Ergebnisse zeigen, daß die chemischen Verschiebungen stark von Ionen-Ionen-Wechselwirkungen und somit von den Gegenionen abhängen (z. B. von Cl$^-$, Br$^-$, I$^-$) sowie von der Salzkonzentration und der Temperatur. Als Referenz muß im allgemeinen ein externer Standard, zum Beispiel eine definierte Salzlösung, verwendet werden (Einzelheiten s. Lit [11]).

Zur Lösung biochemischer Fragestellungen sind Untersuchungen an ^{23}Na$^+$, ^{39}K$^+$, ^{25}Mg^{2+} und ^{43}Ca^{2+} interessant, wobei nur ^{23}Na$^+$ leicht meßbar ist. Bei ^{25}Mg^{2+} und ^{43}Ca^{2+} ist im allgemeinen ein Arbeiten mit angereicherten Proben erforderlich.

Silicium (^{29}Si); Zinn (^{119}Sn)

Von den Elementen der IV. Gruppe des Periodensystems sind neben ^{13}C vor allem Silicium und Zinn untersucht worden. Für NMR-spektroskopische Untersuchungen benützt man die Isotope ^{29}Si und ^{119}Sn, die beide den günstigen Kernspin $I = 1/2$ haben, und auch die natürlichen Häufigkeiten sind mit 4,7 % bzw. 8,56 % so groß, daß die Proben ohne Anreicherung gemessen werden können. Die Bereiche der chemischen Verschiebungen betragen beim Silicium ungefähr 600 ppm, beim Zinn ungefähr 3000 ppm. Man mißt deshalb große Effekte in Abhängigkeit von Substituenten, Bindungsart, Bindungswinkel und der Zahl der koordinierten Liganden. Entsprechend der Vielzahl von Verbindungen dieser beiden Elemente in der metallorganischen und anorganischen Chemie gibt es eine Fülle von experimentellen NMR-Daten. Als Referenz werden die Tetramethylderivate Si(CH$_3$)$_4$ und Sn(CH$_3$)$_4$, meistens als externe Standards, verwendet.

Übergangsmetalle; Eisen (^{57}Fe) und Platin (^{195}Pt)

Eisen spielt in Form von Carbonyl-Komplexen als Katalysator eine bedeutende Rolle. In diesem Zusammenhang wurden die ^{57}Fe-Resonanzen vieler Komplexe mit 1,3-Dienen oder Cyclopentadien als Liganden intensiv untersucht. Die Ergebnisse zeigen, daß die Abschirmung und damit die chemische Verschiebung von stereoelektronischen Effekten, von den Substituenten und der formalen Ladung der Metallkomplexe stark abhängig sind, so daß der gesamte Bereich der ^{57}Fe-Verschiebungen ungefähr 2000 ppm umfaßt. Zum Beispiel verursacht schon eine cis-ständige Methylgruppe im [Fe(CO)$_3$(1,3-Butadien)]-Komplex gegenüber dem unsubstituierten 1,3-Butadien-Liganden eine um ca. 105 ppm geringere Abschirmung des Fe-Kernes, während der Einfluß einer transständigen Methylgruppe nur ca. 30 ppm beträgt [14].

Von den Übergangsmetallen ist Platin (^{195}Pt) am besten untersucht. ^{195}Pt hat den Spin $I = 1/2$ und 33,8 % natürliche Häufigkeit. Der Bereich chemischer Verschiebungen umfaßt viele Tausend ppm. Extremwerte sind für die Pt(IV)-Komplexe [PtF$_6$]$^{2-}$ mit $\delta = 11\,847$ (in CH$_2$Cl$_2$) und [PtI$_6$]$^{2-}$ mit $\delta = -1545$ (in H$_2$O) gefunden worden. In dem weiten Bereich dazwischen liegen die Werte für Platin in Komplexen mit gemischten, auch neutralen Liganden, wie H$_2$O, NH$_3$, CO u. a. sowie auch die der Platin(II)-Komplexe.

Die chemischen Verschiebungen der Metall-Kerne werden heute in den meisten Fällen nicht mehr auf die Resonanzen einer Referenzsubstanz bezogen, sondern auf eine Referenzfrequenz, die über die ^{2}H-Resonanz des Lösungsmittels oder die ^{1}H-Resonanz von TMS berechnet wurde [12].

2.6 Literatur zu Kapitel 2

[1] R.K. Harris: *Nuclear Magnetic Resonance Spectroscopy. A Physicochemical View.* Pitman, London 1983.

[2] C.W. Haigh and R.B. Mallion: „Ring Current Theories in Nuclear magnetic Resonance" in *Prog. Nucl. Magn. Reson. Spectrosc. 13* (1980) 303.

[3] P.E. Hansen: „Isotope Effects on Nuclear Shielding" in G.A. Webb (ed.): *Annual Reports on NRM Spectroscopy 15* (1983) 105.

[4] L. Pauling: *Die Natur der chemischen Bindung.* 3. Auflage S. 85, Verlag Chemie, Weinheim 1968.

[5] H.-O. Kalinowski, S. Berger, S. Braun: *^{13}C-NMR-Spektroskopie.* Georg Thieme Verlag, Stuttgart 1984.

[6] A.A. Cheremisin and P.V. Schastner, *J. Magn. Reson. 40* (1980) 459.

[7] Lit. [5], S. 102.

[8] Lit. [5], S. 88 ff.

[9] D.J. Craik: „Substituent Effects on Nuclear Shielding" in: G.A. Webb (ed.): *Annual Reports on NMR Spectroscopy 15* (1983) 2.

[10] Lit. [5], S. 211 ff.

[11] J. Mason (ed.): *Multinuclear NMR.* Plenum Press, New York 1987, S. 533.

[12] Lit. [11], S. 533.

[13] M.L. Martin, J.-J. Delpuech and G.J. Martin: *Practical NMR Spectroscopy.* Heyden, London 1980, S. 177.

[14] C.M. Adams, G. Cerioni, A. Hafner, H. Kalchhauser, W. v. Philipsborn, R. Prewo and A. Schwenk, *Helv. Chim. Acta 71* (1988) 1116.

Ergänzende und weiterführende Literatur

E. Breitmaier and W. Voelter: *Carbon-13 NMR spectroscopy. High Resolution Methods and Applications in Organic Chemistry and Biochemistry.* 3. Auflage, VCH Verlagsgesellschaft, Weinheim 1989.

zum Thema „Andere" Kerne:

J. Mason (ed.): *Multinuclear NMR.* Plenum Press, New York 1987.

S. Berger, S. Braun, H.-O. Kalinowski: *NMR-Spektroskopie von Nichtmetallen.* Georg Thieme Verlag, Stuttgart 1992.
Band 1: *Grundlagen, ^{17}O-, ^{33}S- und ^{129}Xe-NMR-Spektroskopie.*
Band 2: *^{15}N-NMR-Spektroskopie.*
Band 3: *^{31}P-NMR-Spektroskopie.*
Band 4: *^{19}F-NMR-Spektroskopie.*

3 Indirekte Spin-Spin-Kopplung

3.1 Einführung

Wie hängt die Größe der Kopplungskonstanten von der chemischen Struktur ab? Werden H,H- und C,H-Kopplungskonstanten von Substituenten in gleicher Weise beeinflußt? Welche Bedeutung haben die Vorzeichen der Kopplungskonstanten? Sind Kopplungskonstanten berechenbar? Welcher Mechanismus liegt der Kopplung zugrunde?

Diese Fragen versuchen wir im folgenden zu beantworten. Dabei stehen H,H- und C,H-Kopplungen im Vordergrund, aber auch C,C- und H,D-Kopplungen sowie die Kopplungen „anderer" Kerne werden besprochen.

Die Kopplungskonstante zwischen Protonen bezeichnen wir mit J (H,H), zwischen ^{13}C-Kernen mit J (C,C), zwischen Protonen und Deuterium mit J (H,D) und zwischen Protonen und ^{13}C-Kernen mit J (C,H). Die Zahl der Bindungen zwischen den koppelnden Kernen wird jeweils durch eine hochgestellte Zahl vor dem J angegeben: ^1J entspricht der Kopplung direkt gebundener Atome, ^2J einer geminalen, ^3J einer vicinalen und ^{3+n}J einer weitreichenden Kopplung.

In der Praxis haben die Kopplungen zwischen Protonen die größte Bedeutung, denn jedes ^{1}H-NMR-Spektrum enthält J als spektralen Parameter. Im Gegensatz dazu sind C,H-Kopplungskonstanten normalerweise aus dem ^{13}C-NMR-Spektrum nicht abzulesen, da sie durch die ^{1}H-Breitband-Entkopplung eliminiert werden (Abschn. 5.3). Es hängt von der Problemstellung ab, ob der erwartete Informationsgewinn den Aufwand für eine zusätzliche Messung lohnt und rechtfertigt. Dies gilt in noch stärkerem Maße für die Ermittlung der C,C-Kopplungskonstanten.

Zunächst gibt Tabelle 3-1 einen groben Überblick über die Erwartungsbereiche der verschiedenen Kopplungskonstanten, wobei Extremwerte nicht erfaßt sind.

Die Werte der ^1J-, ^2J- und ^3J-Kopplungskonstanten schwanken innerhalb weiter Grenzen. Daraus folgt, daß der Abstand allein nicht für die Größe verantwortlich sein kann. Wie die Analyse der bisher bekannten Meßergebnisse erkennen läßt, spielt vielmehr die Molekülstruktur eine entscheidende Rolle. Dies macht die Kopplungskonstante für den Chemiker zu einem interessanten spektralen Parameter.

Tabelle 3-1.

Allgemeine Übersicht über Größe und Vorzeichen von H,H-, C,H- und C,C-Kopplungskonstanten.

	J(H,H) [Hz]	Vor- zeichen	J(C,H) [Hz]	Vor- zeichen	J(C,C) [Hz]	Vor- zeichen[b]
^1J	276[a]	positiv	125–250	positiv	30–80	positiv
^2J	0–30	meist neg.	-10 bis $+20$	pos./neg.	<20	pos./neg.
^3J	0–18	positiv	1–10	positiv	0–5	positiv
^{3+n}J	0–7	pos./neg.	<1	pos./neg.	<1	pos./neg.

[a] Für H_2. [b] Bisher selten bestimmt.

Die Kopplungskonstanten werden u. a. beeinflußt durch:
- die Hybridisierung der an der Kopplung beteiligten Atome
- Valenz- und Torsionswinkel
- Bindungslängen
- π-Bindungen in der Nachbarschaft
- freie Elektronenpaare an benachbarten Atomen [1]
- Substituenteneffekte.

Die Kopplungskonstante ist also keine einfach zu interpretierende Größe. Daher gelingt es bis jetzt auch nur in Ausnahmefällen, sie theoretisch vorauszusagen. Fast immer geht der Weg umgekehrt: Man versucht, die experimentell bestimmten Kopplungskonstanten theoretisch zu untermauern.

Die meisten Spektren werden nach 1. Ordnung ausgewertet. Dabei erhält man den Absolutwert der Kopplungskonstanten, was für die Mehrzahl der Problemstellungen völlig ausreichend ist. Manche Effekte lassen sich jedoch nur verstehen, wenn das Vorzeichen in die Diskussion einbezogen wird.

Die folgenden Abschnitte zeigen einige Zusammenhänge zwischen der chemischen Struktur der untersuchten Moleküle und den H,H-, C,H- und C,C-Kopplungskonstanten auf. Den Abschluß des Kapitels bilden vereinfachte Betrachtungen zur Theorie des Kopplungsmechanismus und einige damit zusammenhängende Fragen, zum Beispiel, wie man die Kopplungskonstanten messen kann, wenn die Kerne äquivalent sind (Abschn. 3.6.2) sowie die Kopplungen der ^{1}H- und ^{13}C-Kerne mit anderen Kernen wie ^{14}N, ^{15}N, ^{19}F, ^{29}Si, ^{31}P, ^{195}Pt.

3.2 H,H-Kopplungskonstanten und chemische Struktur

3.2.1 Geminale Kopplungen (^2J(H,H))

Geminale Kopplungen beobachtet man zwischen den Protonen in CH_2-Gruppen. Allerdings dürfen die Protonen nicht chemisch äquivalent sein (Abschn. 1.6.2). Sie sind es zum Beispiel dann nicht, wenn die CH_2-Gruppe in ein starres Molekülgerüst eingebaut ist oder – ganz allgemein ausgedrückt – wenn die beiden Protonen diastereotop sind (Abschn. 2.4.2).

Die Analyse vieler Meßdaten ergab: Die Größe der geminalen Kopplungskonstante hängt ab
- vom H–C–H-Bindungswinkel
- von der Hybridisierung des Kohlenstoffatoms und
- vor allem von den Substituenten.

Die geminale Kopplungskonstante ist meistens negativ: ^2J(H,H) < 0.

3.2.1.1 Abhängigkeit vom Bindungswinkel

Die Abhängigkeit der geminalen Kopplungskonstanten ^2J(H,H) vom Bindungswinkel wird aus den Werten für Methan (**1**), Cyclopropan (**2**) und Ethylen (**3**) ersichtlich (Abb. 3-1).

^2J [Hz]	−11 bis −14	−2 bis −5	+3 bis −3
ϕ	109°	120°	120°
Beispiele:	Methan: −12.4 Hz	Cyclopropan: −4.5 Hz	Ethylen: +2.5 Hz
	1	**2**	**3**

Abbildung 3-1. Abhängigkeit geminaler Kopplungskonstanten vom Bindungswinkel ϕ.

Diese Beispiele und viele andere lassen folgende Korrelation erkennen: Je größer der Bindungswinkel ϕ zwischen den koppelnden Kernen ist, desto positiver wird ^2J(H,H).

Für Cyclopropan liegt die Kopplungskonstante mit −4,5 Hz zwischen den Werten für Methan und Ethylen. Die Sonderstellung von Cyclopropan und seinen Derivaten zeigt sich also auch hier wie schon bei den ^1H- und ^{13}C-chemischen Verschiebungen (Abschn. 2.2.1 und 2.3.1).

3.2.1.2 Substituenteneffekte

Substituierte Alkane, Cycloalkane: In gesättigten Verbindungen gibt ein elektronegativer Substituent in α-Stellung einen positiven Beitrag zur geminalen Kopplung. Die in Tabelle 3-2 aufgeführten Kopplungskonstanten zeigen diesen Effekt am Beispiel einiger Methanderivate. Bei Mehrfachsubstitution addieren sich die Substituenteneffekte.

In Dreiringen (Tab. 3-3) wird ^2J(H,H) ebenfalls mit zunehmender Elektronegativität des Substituenten positiver.

An diesen Beispielen sieht man, daß man die Vorzeichen der Kopplungskonstanten beachten muß. Ohne diese Vorzeichen gäben die Werte für die Dreiringe keinen vernünftigen Gang.

Bei Cycloalkanen betragen die geminalen Kopplungskonstanten -10 bis -15 Hz. Nur Cyclopropan bildet mit $-4,5$ Hz eine Ausnahme.

Für Formaldehyd (**4**) wird mit $+41$ Hz der größte bisher bekannte Wert gemessen. Hier dürften verschiedene Faktoren zusammenwirken: die Hybridisierung, die Elektronegativität des Substituenten, die benachbarte π-Bindung und die freien Elektronenpaare am Sauerstoff.

Substituiertes Ethylen: Bei den Ethylenderivaten bewirkt ein β-ständiger elektronegativer Substituent (zum Beispiel Fluor) einen negativen Beitrag zur geminalen Kopplungskonstanten, ein elektropositiver Substituent (Lithium) dagegen einen positiven. In Tabelle 3-4 sind einige Werte zusammengestellt.

3.2.1.3 Abhängigkeit von benachbarten π-Elektronen

Benachbarte π-Elektronen leisten im allgemeinen einen negativen Beitrag zur geminalen Kopplungskonstanten. Da ^2J(H,H) meistens ein negatives Vorzeichen hat, nimmt der Absolutbetrag also zu. Der Effekt ist besonders groß, wenn die Verbindungslinie zwischen den beiden koppelnden Protonen und das benachbarte p- bzw. π-Orbital parallel angeordnet sind (vgl. Skizze).

Im Cyclopenten-1,4-dion (**5**) ist diese sterische Anordnung verwirklicht: ^2J(H,H) $= -22$ Hz! Auch im Toluol (**6**) ist der Effekt noch beobachtbar: Die geminale Kopplungskonstante für die Methylprotonen beträgt $-14,4$ Hz. Dieser Wert ist zwar nur um 2 Hz negativer als der für Methan gefundene, man muß aber dabei berücksichtigen, daß die gemessene Kopplungskonstante einem Mittelwert entspricht: Durch die rasche Rotation der Methylgruppe ist die optimale Anordnung nicht gegeben.

Tabelle 3-2.
Geminale H,H-Kopplungskonstanten in Methanderivaten.

Verbindung	^2J [Hz]
CH_4	$-12,4$
CH_3OH	$-10,8$
CH_3Cl	$-10,8$
CH_3F	$-9,6$
CH_2Cl_2	$-7,5$
CH_2O	$+41,0$

4

Tabelle 3-3.
Geminale H,H-Kopplungskonstanten in Dreiringen.

X	^2J [Hz]	E_X[a]
CH_2	$-4,5$	2,5
S	$(\pm)0,4$	2,5
NR	$+2,0$	3,0
O	$+5,5$	3,5

[a] Elektronegativitäten nach Pauling.

5	6
$^2J = -22$ Hz	$^2J = -14,4$ Hz

3.2.2 Vicinale H,H-Kopplungen (^3J(H,H))

Die vicinale H,H-Kopplung in gesättigten Verbindungen ist experimentell wie theoretisch am besten untersucht, und daher weiß man recht gut, welche Faktoren die Kopplungskonstante ^3J(H,H) beeinflussen. Dies sind:

- der Torsionswinkel (Diederwinkel)
- die Substituenten
- der C,C-Abstand
- die H–C–C-Valenzwinkel.

Um einen ersten Überblick zu vermitteln, sind in Tabelle 3-5 für verschiedene Verbindungsklassen die Erwartungsbereiche und typische Werte gesammelt, wobei alle Werte positiv sind.

Die Abhängigkeit der vicinalen Kopplungskonstanten vom Torsionswinkel und von Substituenten steht im folgenden im Vordergrund.

Tabelle 3-4.
Geminale H,H-Kopplungskonstanten in monosubstituiertem Ethylen.

X	^2J(H,H)[a] [Hz]	E_X[b]
Li	+7,1	1,0
H	+2,5	2,2
Cl	−1,4	3,0
OCH$_3$	−2,0	3,5
F	−3,2	4,0

[a] Werte aus [2]. [b] Elektronegativitäten nach Pauling.

Tabelle 3-5.
Bereiche und typische Werte für vicinale H,H-Kopplungskonstanten.

Verbindung		^3J(H,H) [Hz] Bereich[b]	typ. Wert[b]
Cyclopropan	cis	6–10	8
	trans	3– 6	5
Cyclobutan	cis	6–10	–
	trans	5– 9	–
Cyclohexan	a, a	6–14	9
	a, e	3– 5	3
	e, e	0– 5	3
Benzol	ortho	6–10	9
Pyridin	2,3	5– 6	5
	3,4	7– 9	8
H−C−C−H		0–12	7
=CH−CH=		9–13	10
−CH=CH$_2$	cis	5–14	10
	trans	11–19	16
>CH−CHO		1– 3	3
=CH−CHO		5– 8	6
CH−NH[a]		4– 8	5
CH−OH[a]		4–10	5
CH−SH[a]		6– 8	7

[a] Ohne Austausch. [b] Alle Werte sind positiv.

3.2.2.1 Abhängigkeit vom Torsionswinkel

Karplus-Kurve: Einen wichtigen Beitrag zum Verständnis der vicinalen Kopplung in gesättigten Systemen verdanken wir den theoretischen Arbeiten von M. Karplus [3]. Aufgrund von Berechnungen gab er die Abhängigkeit der vicinalen Kopplungskonstanten vom Torsionswinkel ϕ an. Die untere durchgezogene Kurve in Abbildung 3-2 entspricht ungefähr der theoretischen Karplus-Kurve. Das schraffiert eingezeichnete Band gibt an, innerhalb welcher Grenzen sich die ^3J(H,H)-Werte erfahrungsgemäß bewegen.

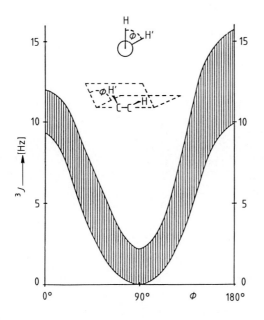

Abbildung 3-2.
Bereich der vicinalen Kopplungskonstanten in Abhängigkeit vom Torsionswinkel ϕ (Karplus-Kurve).

Man sieht: Bei $\phi = 0°$ oder 180° sind die Kopplungskonstanten am größten, bei 90° am kleinsten.

Die Karplus-Beziehung wird vor allem bei der Konformations- und Konfigurations-Ermittlung von Ethanderivaten und gesättigten Sechsringen benutzt. Sie wird auch verwendet, wenn die Kopplung über Stickstoff-, Sauerstoff- oder Schwefel-Atome erfolgt, vorausgesetzt, das an das Heteroatom gebundene Proton tauscht nicht aus. Zweifellos ist der von Karplus angegebene Zusammenhang zwischen vicinaler Kopplungskonstante und Torsionswinkel eine der wichtigsten, wenn nicht sogar die wichtigste Beziehung in der Konformationsanalyse überhaupt.

Ethanderivate: Für die vicinale Kopplungskonstante ^3J(H,H) findet man bei Ethanderivaten – zum Beispiel bei Ethylgruppen – meistens einen Wert um 7 Hz. Dieser charakteristische

Wert entspricht einer gemittelten Kopplungskonstanten, da sich die verschiedenen Rotameren bei Raumtemperatur rasch ineinander umwandeln (Formelschema I).

Formelschema I

Bei den Rotameren I und III handelt es sich um *gauche*-Kopplungen (^3J_g) mit $\phi = 60°$, im Rotamer II um eine *trans*-Kopplung (^3J_t) mit $\phi = 180°$. Aus Abbildung 3-2 liest man für diese Winkel folgende Kopplungskonstanten ab: $^3J_g \approx 3–5$ Hz, $^3J_t \approx 10–16$ Hz. Sind alle drei Rotamere in gleicher Menge am Gleichgewicht beteiligt, erhält man bei schneller Rotation die vicinale Kopplungskonstante als arithmetisches Mittel entsprechend Gleichung (3-1):

$$^3J = 1/3\ (2\ ^3J_g + {}^3J_t) \approx 7\ \text{Hz} \qquad (3\text{-}1)$$

Haben die drei Rotamere unterschiedliche Energie, so bestimmt die Energiedifferenz zwischen den Rotameren die Lage des Gleichgewichtes. Die gemessene Kopplungskonstante setzt sich dann wie folgt zusammen:

$$^3J = x_I\,J_g + x_{II}\,J_t + x_{III}\,J_g \qquad (3\text{-}2)$$

x ist der Molenbruch des entsprechenden Rotamers. Mißt man das Spektrum bei verschiedenen Temperaturen, so verschiebt sich die Gleichgewichtszusammensetzung, und die gemessene Kopplungskonstante ^3J ist in solchen Fällen temperaturabhängig.

Beispiel:

○ Für 2-Methyl-3-dimethylamino-3-phenylpropionsäure-ethylester (**7**) findet man für die vicinale Kopplungskonstante 11 Hz, unabhängig davon, ob das Molekül in der *threo*- oder *erythro*-Form vorliegt. Dieser Wert ist deutlich größer als die 7 Hz, die man bei $x_I = x_{II} = x_{III} = 1/3$ nach Gleichung (3-1) als Mittelwert erwarten sollte. Man kann daraus schließen: In beiden Formen sind die beiden koppelnden H-Atome bevorzugt in *trans*-Stellung angeordnet oder anders ausgedrückt, die Gleichgewichte sind zugunsten der Konformeren II verschoben (Formelschema II).

$$
\begin{array}{c}
\text{COOC}_2\text{H}_5 \\
|\\
\text{H–C–CH}_3 \\
|\\
(\text{CH}_3)_2\text{N–C–H} \\
|\\
\text{Ph}
\end{array}
$$

7

Sechsringe, Cycloalkane: Ein weites Feld für die Anwendung der Karplus-Kurve bietet die Konformationsanalyse von Ringverbindungen, speziell der Cyclohexanderivate und der sterisch ähnlich aufgebauten Kohlenhydrate vom Pyranose-Typ. Die bevorzugte Konformation all dieser Sechsringe – zum Beispiel von Cyclohexan (**8**) – ist die Sesselkonformation. In ihr unterscheidet man zwischen axialer (a) und äquatorialer (e)

erythro

threo

Formelschema II

Stellung der H-Atome. Je nach der Anordnung der H-Atome zueinander resultieren drei verschiedene vicinale Kopplungen: $^3J_{aa}$, $^3J_{ae}$ und $^3J_{ee}$. Für die $^3J_{aa}$-Kopplung ist der Torsionswinkel $\approx 180°$, und man erwartet eine Kopplungskonstante von $10-16$ Hz. Das Experiment liefert einen Wert von ungefähr 7–9 Hz. Bei ee- oder ae-Stellung der Protonen beträgt der Winkel nur $\approx 60°$, und die Kopplungskonstanten sollten 3–5 Hz betragen. In der Tat findet man Werte von ungefähr 2–5 Hz.

$$^3J_{aa} \approx 7\text{--}9 \text{ Hz}$$
$$^3J_{ae} \approx {}^3J_{ee} \approx 2\text{--}5 \text{ Hz}$$

Aufgrund der weit auseinanderliegenden Bereiche kann man praktisch immer zwischen aa- einerseits und ae- bzw. ee-Kopplungen andererseits unterscheiden. Hat man über die vicinale H,H-Kopplungskonstante die relative Stellung der H-Atome am Ring festgelegt, folgt daraus auch zwangsläufig die der Substituenten. Auf diese Weise konnte die Struktur vieler Zucker aufgeklärt werden.

8

Beispiel:

○ In Abbildung 3-3 ist das 250 MHz-^{1}H-NMR-Spektrum von Glucose in D_2O abgebildet. Die Lösung enthält α- und β-Glucose (**9** α und **9** β).
Die Frage ist: In welchem Verhältnis liegen die beiden Anomere vor? Um diese Frage zu beantworten, muß man wissen, welche Signale von α- und welche von β-Glucose stammen. Am einfachsten sucht man im Spektrum die Signale des Protons an C^1. Dieses anomere Proton, H-1, ist von allen Ringprotonen durch die beiden α-ständigen Sauerstoffe am schwächsten abgeschirmt; außerdem koppelt es nur mit *einem* weiteren Proton, mit H-2. H-1 ergibt daher im Spektrum als einziges Proton des Moleküls ein Dublett. Solche Dubletts findet man bei $\delta = 4,65$ und $5,24$. Im einen Fall ist die vicinale Kopplungskonstante ^3J(H-1,H-2) $= 7,9$ Hz, im anderen 3,7 Hz. Der größere Wert entspricht einer

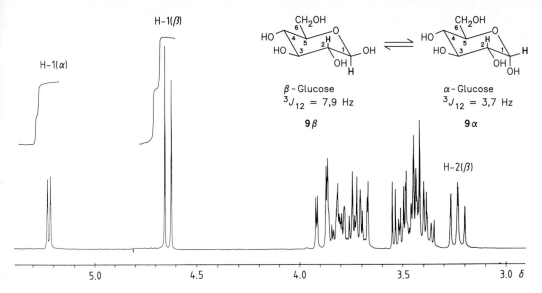

Abbildung 3-3.
250 MHz-^{1}H-NMR-Spektrum von Glucose (**9**) in D_2O. Das Restsignal des Lösungsmittels (HDO) wurde unterdrückt (Abschn. 7.2.4 und [32] in Kap. 11).

aa-Kopplung, wie man sie für β-Glucose mit äquatorialständiger OH-Gruppe erwartet. Der kleinere Wert ist dann der ae-Kopplungskonstante in α-Glucose zuzuschreiben. Die Integrale über die beiden Dubletts ergeben ein Mengenverhältnis von ungefähr 40 % α-Glucose und 60 % β-Glucose.

Cyclopropan (**2**) ist das einzige Cycloalkan, für das – neben den Sechsringen mit Sesselkonformation – charakteristische vicinale Kopplungskonstanten gefunden werden: Die ^3J-Werte für *cis*-ständige Protonen liegen meist zwischen 6 und 10 Hz, für *trans*-ständige Protonen zwischen 3 und 6 Hz (vgl. Skizze).

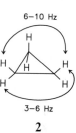

3.2.2.2 Substituenteneffekte

Gesättigte Verbindungen, Alkane: Die für einige Ethanderivate in Tabelle 3-6 angegebenen Kopplungskonstanten lassen eine allgemeine Tendenz erkennen: Elektronegative Substituenten verkleinern die Kopplungskonstante, doch ist der Effekt nicht sehr groß.

Eine einfache empirische Beziehung (3-3) gibt den Zusammenhang zwischen Kopplungskonstanten und der Elektronegativitätsdifferenz von Substituenten (E_X) und Wasserstoff (E_H) wieder:

$$^3J(H,H) = 8,0 - 0,8 (E_X - E_H) \qquad (3-3)$$

Tabelle 3-6.
Vicinale H,H-Kopplungskonstanten in monosubstituiertem Ethan.

$$X-CH_2 - CH_3$$

X	$^3J(H,H)$ [Hz]	$E_X{}^{a)}$
Li	8,4	1,0
H	8,0	2,2
CH$_3$	7,3	2,5
Cl	7,2	3,0
OR	7,0	3,5

$^{a)}$ Elektronegativitäten nach Pauling.

Man muß sich aber stets vergegenwärtigen, daß man in den meisten Fällen für die vicinalen Kopplungskonstanten wegen der Rotation um die C,C-Bindung nur Mittelwerte mißt.

Ethylenderivate: In Ethylen und Ethylenderivaten ist die Kopplung zwischen *cis*-ständigen Protonen kleiner als zwischen *trans*-ständigen.

$^3J_{cis}$ = 6–14 Hz (meist 10) $^3J_{trans}$ = 14–20 Hz (meist 16)

Formelschema III

Beide Kopplungskonstanten sind – wie die Werte von Tabelle 3-7 belegen – stark substituentenabhängig; sie werden mit zunehmender Elektronegativität des Substituenten kleiner.

Tabelle 3-7.
Vicinale H,H-Kopplungskonstanten in monosubstituiertem Ethylen.

X	$^3J_{cis}$ [Hz][a]	$^3J_{trans}$ [Hz][a]	E_X[b]
Li	19,3	23,9	1,0
H	11,6	19,1	2,2
Cl	7,3	14,6	3,0
OCH$_3$	7,1	15,2	3,5
F	4,7	12,8	4,0

[a] Werte aus [2]. [b] Elektronegativitäten nach Pauling.

Die Gleichungen (3-4) geben den Zusammenhang zwischen *cis*- und *trans*-Kopplungskonstanten und den Elektronegativitäten wieder:

$$^3J_{cis} = 11{,}7 - 4{,}7\,(E_X - E_H)$$
$$^3J_{trans} = 19{,}0 - 3{,}3\,(E_X - E_H)$$
(3-4)

Da sich mit wenigen Ausnahmen (Li und F) die angegebenen Bereiche der $^3J_{cis}$- und $^3J_{trans}$-Werte nicht überlappen, eignen sich die Kopplungskonstanten zur Bestimmung der Konfiguration an der Doppelbindung.

Cycloalkene: Die *cis*-Kopplung bleibt in den kleinen gespannten Ringen deutlich unter dem erwarteten Wert von ungefähr 10 Hz (Tab. 3-8). Erst im Siebenring wird dieser Wert erreicht. Hier spielt offensichtlich die Größe der H–C–C-Valenzwinkel eine entscheidende Rolle.

Tabelle 3-8.
Vicinale H,H-Kopplungskonstanten in Cycloalkenen, *cis*-Kopplung

Verbindung	$^3J_{cis}$ [Hz]
Cyclopropen	1,3
Cyclobuten	3,0
Cyclopenten	5,0
Cyclohexen	9,0
Cyclohepten	10,0

Aldehyde: Die vicinale Kopplungskonstante zu einem aldehydischen Proton ist relativ klein: Für Acetaldehyd (**10**) ist $^3J = 2,9$ Hz und für Propionaldehyd (**11**) 1,4 Hz (Abb. 2-11).

10

3.2.3 H,H-Kopplungen in aromatischen Verbindungen

11

Benzolderivate: In Benzol und seinen Derivaten unterscheiden sich *o-*, *m-* und *p-*Kopplungen (Tab. 3-9), so daß man durch Analyse des Resonanzbereiches der aromatischen Protonen ($\delta = 6$ bis 9) bestimmen kann, wie der Benzolring substituiert ist. Die Analyse gelingt häufig schon nach 1. Ordnung, besonders wenn die Spektren bei einer hohen Meßfrequenz aufgenommen wurden. Eine gute Übersicht bietet der Artikel von M. Zanger [4].

Für Naphthalin (**12**) findet man zwei verschiedene *o*-Kopplungskonstanten: $^3J_{12} = 8,3$ und $^3J_{23} = 6,9$ Hz ($J_{13} = 1,2$; $J_{14} = 0,7$ Hz). Für diese Differenzen dürften vor allem die unterschiedlichen Bindungslängen verantwortlich sein.

Heteroaromaten: In Heteroaromaten hängen die Kopplungskonstanten von der Elektronegativität des Heteroatoms, von den Bindungslängen und der Ladungsdichte-Verteilung im Molekül ab.

Tabelle 3-9.
H,H-Kopplungskonstanten in Benzol und Benzolderivaten.

J [Hz]	Benzol	Derivate
J_o	7,5	7–9
J_m	1,4	1–3
J_p	0,7	< 1

12

Tabelle 3-10.
H,H-Kopplungskonstanten in Pyridin und Pyridinderivaten.

13

| | | | J(H,H) [Hz] | |
			Pyridin	Derivate
ortho	2,3		4,9	5–6
	3,4		7,7	7–9
meta	2,4		1,2	1–2
	3,5		1,4	1–2
	2,6		− 0,1	0–1
para	2,5		1,0	0–1

In Pyridin (**13**) ist die *o*-Kopplungskonstante noch deutlich größer als die *m-* und *p*-Kopplungskonstanten, man kann also mit ihrer Hilfe und den chemischen Verschiebungen meistens das vollständige Substitutionsmuster klären.

In Fünfring-Heteroaromaten wie Furan, Thiophen und Pyrrol unterscheiden sich dagegen die verschiedenen *o-*, *m-* und *p*-Kopplungskonstanten weit weniger, sie eignen sich daher nicht immer zur Strukturaufklärung.

3.2.4 Weitreichende Kopplungen (Fernkopplungen)

In gesättigten Systemen sind Kopplungen über mehr als drei Bindungen häufig kleiner als 1 Hz. Besonders groß können sie dagegen in Molekülen werden, in denen eine sterisch fixierte M- oder W-förmige Bindungsanordnung der koppelnden Kerne vorliegt, wie die Beispiele **14** bis **18** im Formelschema IV zeigen:

^4J(Hz) +7	+3 bis +4	+1,1	+0,9	+1,2	<0,5
14	**15**	**16**	**17**	**18**	**19**

Formelschema IV

Die Vorzeichen der M-Kopplungskonstanten (^4J (H,H)) sind stets positiv.

In nicht fixierten Systemen wie in Propan (**19**) und seinen Derivaten ist ^4J (H,H) kleiner als 0,5 Hz und somit nur bei guter Auflösung beobachtbar.

Relativ große Werte erreicht die Kopplung über vier Bindungen bei allyl-ständigen Protonen. Diese Kopplungskonstante hängt deutlich vom Winkel ϕ ab, den die C,H-Bindung mit der Orientierung des π-Orbitals der Doppelbindung einschließt (vgl. Skizze). Das Vorzeichen der Allyl-Kopplungskonstanten ist stets negativ.

$\phi = 0°$: maximal (-3 Hz)
$\phi = 90°$: minimal ($-0,5$ Hz)

Kopplungen über fünf und mehr Bindungen lassen sich nur sehr selten nachweisen. Ausnahmen bilden Kopplungen bei einer zickzackförmigen Bindungsanordnung der koppelnden Kerne in ungesättigten Verbindungen, wie zum Beispiel in Naphthalin (**20**), Benzaldehyd (**21**), Allen- (**22**) und Alkin-Derivaten (**23**) (s. Formelschema V).

Häufig findet man recht große Werte für homoallyl-ständige Protonen. In den ungesättigten Fünfring-Heterocyclen (**24**) beobachtet man eine Kopplung über vier Einfachbindungen und eine Doppelbindung.

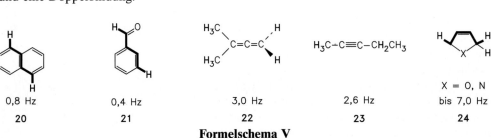

0,8 Hz	0,4 Hz	3,0 Hz	2,6 Hz	X = O, N bis 7,0 Hz
20	**21**	**22**	**23**	**24**

Formelschema V

3.3 C,H-Kopplungskonstanten und chemische Struktur

3.3.1 C,H-Kopplungen über eine Bindung ($^1J(C,H)$)

3.3.1.1 Abhängigkeit vom s-Anteil

Die für Ethan, Ethylen und Acetylen gemessenen C,H-Kopplungskonstanten lassen einen Zusammenhang zwischen $^1J(C,H)$ und der Hybridisierung des beteiligten C-Atoms vermuten (Tab. 3-11). Tatsächlich gibt eine empirische Korrelation zwischen s-Anteil und Kopplungskonstanten diesen Sachverhalt wieder:

$$^1J(C,H) = 500 \cdot s \qquad (3\text{-}5)$$

s kann Werte zwischen 0,25 und 0,5 annehmen entsprechend einer Hybridisierung von sp^3 bis sp.

Tabelle 3-11.
$^1J(C,H)$-Kopplungskonstanten in Ethan, Ethylen, Benzol und Acetylen sowie Hybridisierung und s-Anteile der Hybridorbitale.

	H$_3$C–CH$_3$	H$_2$C=CH$_2$	C$_6$H$_6$	HC≡CH
$^1J(C,H)$ [Hz]	124,9	156,4	158,4	249,0
Hybridisierung	sp^3	sp^2	sp^2	sp
s-Anteil	0,25	0,33	0,33	0,5

Beziehung (3-5) gilt in guter Näherung für acyclische Kohlenwasserstoffe sowie für cyclische gesättigte und ungesättigte Kohlenwasserstoffe ab dem Sechsring (Tab. 3-12 und 3-13). Größere Abweichungen treten dagegen bei den gespannten Drei- und Vierringen auf.

3.3.1.2 Substituenteneffekte

Substituenten haben einen großen Einfluß auf die C,H-Kopplungskonstanten. Substituiert man zum Beispiel ein H-Atom in Methan durch den stark elektronegativen Substituen-

Tabelle 3-12.
$^1J(C,H)$-Kopplungskonstanten in Cycloalkanen [5].

Verbindung	$^1J(C,H)$ [Hz]
Cyclopropan	160,3
Cyclobutan	133,6
Cyclopentan	128,5
Cyclohexan	125,1
Cyclodecan	124,3

Tabelle 3-13.
$^1J(C,H)$-Kopplungskonstanten in Cycloalkenen.

Verbindung	$^1J(=C,H)$ [Hz]
Cyclopropen	228,2
Cyclobuten	168,6
Cyclopenten	161,6
Cyclohexen	158,4
C$_n$H$_{2n-2}$ ($n > 6$)	≈ 156

ten Fluor, erhöht sich die Kopplungskonstante von 125 Hz auf 149,1 Hz, während Lithium als elektropositiver Substituent den Wert auf 98 Hz vermindert. Für die Änderungen der ^1J(C,H)-Werte dürfte bei diesen stark polaren Substituenten der induktive Effekt verantwortlich sein, weniger eine Hybridisierungsänderung. Weitere Werte sind in Tabelle 3-14 zu finden.

Die für Methanderivate gezeigten Effekte lassen sich auch bei anderen gesättigten Verbindungen beobachten, so daß die allgemeine Regel lautet:

Elektronegative Substituenten erhöhen, elektropositive Substituenten erniedrigen die ^1J (C,H)-Kopplungskonstante.

Auch in ungesättigten Ethylenderivaten hängen die ^1J(C,H)-Kopplungskonstanten von den geminalen Substituenten ab; zum Beispiel ist in Fluorethylen (**25**) ^1J(C,H) 200,2 Hz gegenüber 156,4 Hz in Ethylen (Tab. 3-11)!

Für Benzol beträgt ^1J(C,H) 158,4 Hz (Tab. 3-11). Im monosubstituierten Benzol gibt es drei ^1J(C,H)-Werte: ^1J(C-2, H-2), ^1J(C-3, H-3) und ^1J(C-4, H-4), wobei der Einfluß des Substituenten mit zunehmendem Abstand abnimmt, und die Werte maximal 10 Hz von dem für Benzol gemessenen abweichen.

Die ^1J(C,H)-Kopplungskonstante ist *stets positiv!*

Tabelle 3-14.
^1J(C,H)-Kopplungskonstanten in monosubstituiertem Methan.

$^{13}CH_3-X$	^1J(C,H) [Hz]
F	149,1
Cl	150,0
OH	141,0
H	125,0
CH₃	124,9
Li	98,0

25

3.3.2 C,H-Kopplungen über zwei und mehr Bindungen

3.3.2.1 Geminale Kopplungen (^2J(C,H): **H–C–^{13}C**)

Die Größe der geminalen Kopplungskonstante ist vom betrachteten System abhängig, wie die in Tabelle 3-15 aufgeführten Werte zeigen. Klammert man die für Acetylen und seine Derivate gefundenen Extremwerte aus, so liegen die geminalen Kopplungskonstanten im Bereich von -10 bis $+20$ Hz.

Aus chemischer Sicht läßt das hier betrachtete Strukturelement **H–C–^{13}C** eine Vielzahl von Variationen beim Aufbau eines Moleküls zu: Substitution an einem oder an beiden C-Atomen, Einbau in Ketten oder Ringe, C,C-Einfachoder Doppelbindungen usw. Jede Änderung wirkt sich auf die Kopplungskonstante aus [7]. Auf die Kopplungen in Aromaten werden wir in Abschnitt 3.3.3 eingehen.

Tabelle 3-15.
Geminale C,H-Kopplungskonstanten (^2J(C,H)) in Ethan, Ethylen, Benzol und Acetylen.

Verbindung	^2J(C,H) [Hz]
Ethan	$-$ 4,5
Ethylen	$-$ 2,4
Benzol	$+$ 1,1
Acetylen	$+49,6$

3.3.2.2 Vicinale Kopplungen (^3J (C,H): **H–C–C–^{13}C**)

Nachdem die Kopplung zwischen vicinalen Protonen zur Aufklärung der Stereochemie organischer Moleküle von so großer Bedeutung ist (Abschn. 3.2.2), fragt sich, ob dies auch für ^3J (C,H) gilt. In der Tat führen theoretische Studien für Propan [8, 9] zu einer Abhängigkeit der vicinalen Kopplungskonstanten vom Torsionswinkel, wie sie in Abbildung 3-3 für die H,H-Kopplungen angegeben ist. Messungen an Nukleosiden und Kohlenhydraten bestätigten den Kurvenverlauf. Man fand für $\phi = 0°$ und $180°$ große Werte von ungefähr 7–9 Hz und für $\phi = 90°$ ungefähr 0 Hz. Wieder ist $^3J (180°) > {}^3J (0°)$. Zusätzlich beeinflussen die C,C-Bindungslänge, der Valenzwinkel und die Elektronegativität der Substituenten die vicinalen Kopplungskonstanten.

In Ethylenderivaten, zum Beispiel in Propen (**26**), ist die *trans*-Kopplung größer als die *cis*-Kopplung; man macht also hier die gleiche Beobachtung wie bei den entsprechenden H,H-Kopplungen. Auch im Toluol (**27**) mit einer *cis*-Anordnung der koppelnden Kerne ist die ^3J (C,H)-Kopplungskonstante kleiner als im Benzol (**28**) bei einer *trans*-Anordnung. Beide Werte sind jedoch kleiner als die für Propen (**26**) gefundenen. (Die unterschiedlichen Bindungslängen sind bei diesem Vergleich nicht berücksichtigt.)

26

27

28

3.3.2.3 Weitreichende Kopplungen (^{3+n}J (C,H))

Weitreichende Kopplungen (Fernkopplungen) sind in der Regel nicht nachweisbar. Einige Ausnahmen wurden in konjugierten π-Systemen gefunden.

3.3.3 C,H-Kopplungen in Benzolderivaten

In Benzol gibt es vier verschiedene C,H-Kopplungskonstanten: ^1J (C,H), ^2J (C,H), ^3J (C,H) und ^4J (C,H). Im monosubstituierten Benzol sind es 16 Kopplungskonstanten, dabei schließen wir Kopplungen mit dem Substituenten X aus: drei ^1J (C,H), fünf ^2J (C,H), fünf ^3J (C,H) und drei ^4J (C,H). Tabelle 3-16 zeigt für Benzol, Toluol, Chlor- und Fluorbenzol eine Auswahl dieser Konstanten und zwar die Kopplungen von C^1 mit den Ringprotonen. Diese Werte sollen nur die Größenordnung der verschiedenen $J(C,H)$-Werte verdeutlichen. (Die restlichen 13 Kopplungskonstanten sowie die Werte für viele andere monosubstituierte Benzolderivate sind in [7] zu finden.)

Als wichtigstes Ergebnis halten wir fest:

Die Kopplung über drei Bindungen ist größer als die über zwei.

$$^3J(C,H) > {}^2J(C,H)$$

Tabelle 3-16.
Auswahl von C,H-Kopplungskonstanten für Benzol, Toluol, Chlor- und Fluorbenzol.

X	$^1J(C^1,H^1)$	$^2J(C^1,H^2)$	$^3J(C^1,H^3)$	$^4J(C^1,H^4)$
			[Hz]	
H	158,4	+ 1,1	+ 7,6	− 1,3
CH$_3$		+ 0,5	+ 7,6	− 1,4
Cl		− 3,4	+ 10,9	− 1,8
F		− 4,9	+ 11,0	− 1,7

Diese Aussage gilt immer, auch wenn der koppelnde ^{13}C-Kern in Position 2, 3 oder 4 im Ring steht.

Der Einfluß von Substituenten auf die Kopplungskonstanten ist unterschiedlich und unübersichtlich. Um einen Eindruck zu vermitteln, innerhalb welcher Grenzen die 16 verschiedenen Kopplungskonstanten bei einem einzigen Substituenten schwanken können, sind nebenstehend die Bereiche für Chlorbenzol (**29**) aufgeführt.

Bei Heteroaromaten, zum Beispiel bei Pyridin, findet man keine so klare Abgrenzung zwischen $^2J(C,H)$ und $^3J(C,H)$.

$^1J(C,H)$:	161,4 bis	164,9 Hz
$^2J(C,H)$:	− 3,4 bis	+ 1,6 Hz
$^3J(C,H)$:	5,0 bis	11,1 Hz
$^4J(C,H)$:	− 0,9 bis	− 2,0 Hz

29

3.4 C,C-Kopplungskonstanten und chemische Struktur

Trotz neuer Meßverfahren und hochempfindlicher Geräte ist das Messen von C,C-Kopplungskonstanten wegen der geringen Wahrscheinlichkeit ($\approx 10^{-4}$), zwei ^{13}C-Atome im Molekül nebeneinander anzutreffen, immer noch zeitaufwendig: Entweder man braucht sehr viel Substanz (> 100 mg) und sehr viel Meßzeit, oder aber man muß für die Messungen ^{13}C-markierte Verbindungen mit einer 80−90 %igen Anreicherung verwenden.

Die in Tabelle 3-17 angegebenen ^1J(C,C)-Werte für Ethan, Ethylen und Acetylen lassen erkennen, wie sehr sich die Werte unterscheiden und welch potentieller Informationsgehalt in den C,C-Kopplungskonstanten steckt.

Für den Biochemiker ist vor allem der qualitative Nachweis von ^1J(C,C) interessant, da dies zur Aufklärung biochemischer Reaktionsabläufe beiträgt (Kap. 14).

Tabelle 3-17.
C,C-Kopplungskonstanten in Ethan, Ethylen und Acetylen.

Verbindung	^1J(C,C) [Hz]
Ethan	34,6
Ethylen	67,6
Acetylen	171,5

3.5 Korrelation von C,H- und H,H-Kopplungskonstanten

Nachdem wir bisher eine Vielzahl verschiedener C,H- und H,H-Kopplungskonstanten kennenlernten, ist zu klären, ob es eine gemeinsame Ordnung gibt. Werden C,H- und H,H-Kopplungskonstanten von sterischen Faktoren, von Hybridisierungsänderungen, von Substituenten und den anderen Faktoren in gleicher Weise beeinflußt – mit anderen Worten: Gibt es eine Korrelation zwischen C,H- und H,H-Kopplungen?

Vergleichen wir deshalb C,H- und H,H-Kopplungskonstanten von Molekülen mit gleicher oder ähnlicher Struktur und zwar zuerst die geminalen, dann die vicinalen. Besteht eine solche Korrelation, dann sollte das Verhältnis von J(C,H) : J(H,H) einen konstanten Wert ergeben.

Marshall und Seiwell [10] synthetisierten zu diesem Zweck eine Reihe von Carbonsäuren mit ^{13}C-markierter Carboxygruppe, zum Beispiel Crotonsäure, Benzoesäure und Cyclohexancarbonsäure. Als Vergleichsverbindungen für die Messung der H,H-Kopplungskonstanten dienten ihnen Propen, Benzol und Cyclohexan. Wir wollen nur ein Beispiel betrachten – markierte Crotonsäure (**30**) und Propen (**31**) (Formelschema VI) –, um zu verstehen, welche C,H- und H,H-Kopplungskonstanten (in Hz) miteinander verglichen werden sollen.

Die Experimente brachten recht unterschiedliche Ergebnisse: Das Verhältnis der Kopplungskonstanten über *drei* Bindungen ^3J(C,H) : ^3J(H,H) liegt für Alkane, Alkene und Aromaten stets innerhalb der Grenzen von 0,5–0,85 mit einem Mittelwert von 0,61. Die Schwankungen sind so gering (Standardabweichung: 0,061), daß man folgende Korrelation aufstellen kann:

$$^3J(C,H) \approx 0,6\ ^3J(H,H) \qquad (3-6)$$

Falls man H,H-Kopplungskonstanten messen kann, lassen sich über die Beziehung (3-6) die C,H-Kopplungskonstanten abschätzen. Man muß sich dabei aber immer bewußt sein:

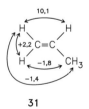

Formelschema VI

- Ein Vergleich ist nur bei Molekülen mit ähnlichen Strukturen erlaubt.
- Um die Korrelation (3-6) zu erstellen, untersuchte man solche Verbindungen, bei denen in den Vergleichssubstanzen ein H-Atom durch eine Carboxy- oder Methylgruppe ersetzt wurde.
- Die Berechnungen dienen nur der Abschätzung von C,H-Kopplungskonstanten.

Die Korrelation von C,H- und H,H-Kopplungskonstanten über *zwei* Bindungen führt leider zu keiner einfachen, allgemeingültigen Beziehung. Man findet für das Verhältnis $^2J(C,H):{}^2J(H,H)$ im Falle von Alkanen einen Wert, der kleiner ist als 0,5, für Alkene und Aromaten Werte zwischen 1,5 und 4 und für Carbonylverbindungen zwischen 0,5 und 1,0. Diese Relationen können wir zwar für eine grobe Abschätzung von $^2J(C,H)$-Werten in der entsprechenden Verbindungsklasse verwenden, doch lassen die großen Unterschiede zwischen den verschiedenen Verbindungsklassen auch erkennen, daß Substituenten und Hybridisierungsänderungen in den Strukturelementen **H–C–^{13}C** und **H–C–H** die Kopplungskonstanten nicht mehr gleichsinnig beeinflussen.

3.6 Kopplungsmechanismen

3.6.1 Kern-Elektron-Wechselwirkung

Die direkte Wechselwirkung durch den Raum schlossen wir aus, weil sich diese in Lösung zu Null mittelt. Vielmehr nahmen wir an, daß die Wechselwirkung benachbarter Kerne mit magnetischen Momenten, die *indirekte Spin-Spin-Kopplung,* über die Bindungen hinweg erfolgt; sie hängt von den magnetischen Momenten der koppelnden Kerne ab, nicht von der verwendeten Magnetfeldstärke (Kap. 1). Gibt es ein einfaches physikalisches Bild für diese Wechselwirkung, eine anschauliche Vorstellung vom Mechanismus?

Als Informationsträger kommen nur die Bindungselektronen in Frage. Sollen die Elektronen aber die Information über die Orientierung der Nachbarkerne im Magnetfeld weitervermitteln, dann muß ein Kontakt zwischen Kernen und Elektronen bestehen. Im Falle der H,H- und C,H-Kopplungen macht man den sogenannten *Fermi-Kontakt-Term* für diese Kopplung verantwortlich. Unter dem *Fermi-Kontakt* versteht man die direkte Wechselwirkung zwischen den magnetischen Kernmomenten und den magnetischen Momenten der Bindungselektronen in s-Zuständen, da nur diese eine endliche Wahrscheinlichkeitsdichte am Kernort haben. Beim Wasserstoff sind dies die 1s-, beim Kohlenstoff die 2s-Elektronen.

Mit einem sehr vereinfachenden Vektormodell (nach Dirac) wollen wir uns den Kopplungsmechanismus am Beispiel des HD-Moleküls veranschaulichen. Für beide Kerne, H und D, ist das gyromagnetische Verhältnis γ positiv.

Nach diesem Modell ist *der* Zustand energetisch begünstigt, in dem das Kernmoment (zum Beispiel von H) und das Moment des nächsten Bindungselektrons sich antiparallel eingestellt haben. Nach dem *Pauli-Prinzip* muß dann das zweite Elektron des bindenden Elektronenpaares sich mit seinem magnetischen Moment, seinem Spin, entgegengesetzt orientieren. Da sich dieses Bindungselektron im Mittel näher am zweiten Kern (in unserem Beispiel beim D) aufhält, wird sich dieser wiederum mit seinem Moment bevorzugt antiparallel zum Elektronenmoment einstellen. Auf diese Weise spüren die Kerne jeweils die Orientierung des anderen. Abbildung 3-4 gibt die energetisch günstigste Anordnung für das HD-Molekül wieder.

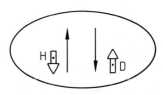

Abbildung 3-4.
Indirekte Spin-Spin-Kopplung über Bindungselektronen im HD-Molekül. Die Skizze zeigt die energetisch günstigste Kern- und Elektronenkonfiguration.

So wird nachträglich verständlich, warum die Kopplungskonstanten häufig stark vom s-Anteil der Bindungsorbitale, der Hybridisierung, abhängen. Am deutlichsten kam dies in Gleichung (3-5) (Abschn. 3.3.1) zum Ausdruck, die den Zusammenhang zwischen ^1J (C,H) und s-Anteil wiedergibt.

Definitionsgemäß hat die Kopplungskonstante dann ein positives Vorzeichen, wenn durch die Kopplung der Zustand mit antiparalleler Einstellung der Kernspins stabilisiert ist (Abschn. 4.3.1), so wie in unserem Beispiel, dem HD-Molekül. Wir erwarten daher, daß ^1J für Kerne mit $\gamma > 0$ positiv ist:

$$^1J > 0$$

Für die meisten Fälle ist dies experimentell gesichert.

Bei der Kopplung über zwei Bindungen ist ein weiteres Atom zwischen die koppelnden Kerne eingeschoben. Dies kann ein Kohlenstoffatom sein oder auch ein anderes Atom wie Sauerstoff im $H-O-H$-Molekül.

In der CH_2-Gruppe gehören die für die Kopplung verantwortlichen Bindungselektronen verschiedenen Orbitalen des C-Atoms an. Nach der *Hundschen Regel* ist der Zustand mit paralleler Einstellung der Elektronenspins der beiden Bindungselektronen in der Nähe des Kohlenstoffs energetisch bevorzugt. Die Einstellung der anderen Elektronen- und Kernmomente ergibt sich dann zwangsläufig. In Abbildung 3-5 ist diese Situation dargestellt.

In einem solchen Fall ist in der CH_2-Gruppe der Zustand mit parallel angeordneten Momenten der Protonen am günstigsten, und ^2J sollte definitionsgemäß negativ sein. Die Experimente bestätigen auch diese Aussage.

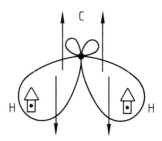

Abbildung 3-5.
Indirekte Spin-Spin-Kopplung über zwei Bindungen in einer CH_2-Gruppe. Die Skizze zeigt die energetisch günstigste Kern- und Elektronenkonfiguration.

Nach diesen Überlegungen sollte sich das Vorzeichen der Kopplungskonstanten mit jeder weiteren Bindung ändern. Für die H,H-Kopplungen trifft dies zu, wenn es auch viele Ausnahmen gibt.

Die Wechselwirkung klingt mit zunehmender Zahl an Bindungen zwischen den koppelnden Kernen rasch ab. Man findet daher nur noch in Ausnahmefällen H,H-Kopplungen über mehr als drei Bindungen.

Bei ungesättigten Verbindungen scheinen die π-Elektronen an der Kopplung beteiligt zu sein, obwohl die π-Orbitale am Kernort einen Knoten haben, und damit die Wahrscheinlichkeitsdichte am Kernort und der Beitrag zum Fermi-Kontakt-Term Null ist. Man erklärt die existente Wechselwirkung mit dem σ-π-Spin-Polarisations-Mechanismus, den man auch zur Deutung der Hyperfeinkopplung in den Elektronen-Spin-Resonanz-Spektren (ESR) heranzieht.

Zur quantitativen Beschreibung der C,C-Kopplung reicht der Fermi-Kontakt-Term allein nicht aus, wenngleich er dominiert. Bei der F,F-Kopplung, besonders aber bei Kopplungen zwischen noch schwereren Kernen, spielt der Fermi-Kontakt-Term nur noch eine untergeordnete Rolle [11].

3.6.2 H,D-Kopplung

Zum Abschluß behandeln wir die Heterokopplung zwischen H- und D-Kernen. Was den Mechanismus anbetrifft, kann man davon ausgehen, daß die H,D-Kopplung wie auch die H,H-Kopplung ausschließlich durch den Fermi-Kontakt-Term bestimmt wird. Nach der Theorie ist dann die Kopplungskonstante proportional dem Produkt der gyromagnetischen Verhältnisse:

$$J(H,H) \propto \gamma_H \gamma_H \quad \text{und} \quad J(H,D) \propto \gamma_H \gamma_D \qquad (3\text{-}7)$$

Durch Isotopensubstitution werden die in die Berechnung eingehenden elektronischen Wellenfunktionen nicht verändert, daher verhalten sich die H,H- und H,D-Kopppungskonstanten wie die gyromagnetischen Verhältnisse (3-8)

$$J(H,H) : J(H,D) = \gamma_H : \gamma_D \qquad (3\text{-}8)$$

Da γ_H und γ_D bekannt sind (Tab. 1-1 in Kap. 1), folgt

$$J(H,H) = 6{,}514\, J(H,D) \qquad (3\text{-}9)$$

Mit der Beziehung (3-9) lassen sich die beiden Kopplungskonstanten ineinander umrechnen. Dies hat praktische Bedeutung: Wie in Abschnitt 1.6.2.7 ausgeführt, ist die Kopplung äquivalenter Protonen in den Spektren 1. Ordnung nicht zu sehen. Beispiele waren die Kopplungen zwischen den Protonen in einer Methylgruppe oder in Benzol. Bestimmt man für diese Verbindungen die H,D-Kopplungskonstanten, kann man mit Gleichung (3-9) die H,H-Kopplungskonstanten zwischen den äquivalenten Methyl- und Benzolprotonen ausrechnen.

Die für die H,D-Kopplung angestellten Betrachtungen lassen sich nicht auf die C,H-Kopplung übertragen. Berücksichtigte man nur die γ-Werte, müßte das Verhältnis $J(C,H):J(H,H) = 0,25$ sein, da γ_H ungefähr viermal so groß ist wie γ_{13C}. Tatsächlich findet man aber größere Werte; zum Beispiel ist, wie die im vorigen Abschnitt besprochenen Korrelationen lehrten, $^3J(C,H):{}^3J(H,H)$ ungefähr 0,6. Aber die Tatsache, daß derartige Korrelationen bestehen, läßt zumindest auf den gleichen Kopplungsmechanismus schließen.

3.6.3 Kopplung und Lebensdauer eines Spin-Zustandes

Die indirekte Spin-Spin-Kopplung ist nur dann im Spektrum zu sehen, wenn die Spin-Orientierung der koppelnden Kerne im Feld $\boldsymbol{B}_0$ eine bestimmte Zeit unverändert bleibt. Als Minimum für die Lebensdauer τ_1 eines Spin-Zustandes gilt

$$\tau_1 > J^{-1}\ [\mathrm{s}] \tag{3-10}$$

Für Protonen mit typischen Kopplungskonstanten von 10 Hz heißt das, die Lebensdauer τ_1 muß größer als 0,1 s sein.

In der ^{1}H- und ^{13}C-NMR-Spektroskopie ist die Bedingung (3-10) meist erfüllt, die Kopplung ist darum auch zu beobachten. Anders bei einer Kopplung mit Kernen, deren Kernspin gleich oder größer 1 ist: $I \geqslant 1$. Diese Kerne besitzen neben dem magnetischen Moment $\boldsymbol{\mu}$ ein elektrisches Quadrupolmoment eQ, das zu einer raschen Relaxation und somit zu einer Verkürzung von τ_1 beiträgt. Dies führt dazu, daß die Signalaufspaltung durch Kopplung im Spektrum verschwindet.

So findet man zum Beispiel in den ^{1}H-NMR-Spektren nur selten Aufspaltungen durch die Kopplungen zwischen ^{1}H und ^{14}N. Meistens beobachtet man nur eine Linienverbreiterung, weil die Signalaufspaltungen noch nicht vollständig verschwunden sind.

Gelegentlich kann man die N,H-Kopplung beobachten, wenn die Meßtemperatur erhöht wird. In Verbindungen mit einer kugelsymmetrischen Ladungsverteilung um den Stickstoff – wie im Ammoniumion $NH_4^{\oplus}$ – spalten die ^{1}H-NMR-Signale zu den charakteristischen $1:1:1$-Tripletts auf. Auch in den Spektren der Isonitrile sind die Aufspaltungen durch N,H-Kopplung häufig zu erkennen. In all diesen Fällen ist offensichtlich der Relaxationsprozeß so verlangsamt oder so unwirksam, daß die Lebensdauer der Kerne in den verschiedenen Spinzuständen ausreicht, um die Kopplung im Spektrum sichtbar zu machen.

Dagegen ist die Kopplung mit Deuterium fast immer zu beobachten. Dies liegt daran, daß sein elektrisches Quadrupolmoment fast eine Größenordnung kleiner ist als das von ^{14}N; dementsprechend ist auch der Beitrag zur Relaxationszeit T_1 kleiner.

3.6.4 Kopplungen durch den Raum

In Fällen mit außergewöhnlich großer Kopplung zwischen räumlich nahestehenden, jedoch durch mehrere Bindungen getrennten Kernen, wird gelegentlich eine Kopplung durch den Raum (through space) diskutiert. Diese Kopplung unterscheidet sich von der direkten Spin-Spin-Kopplung dadurch, daß sie sich in Lösung nicht zu Null mittelt. Da weder die Existenz noch Nicht-Existenz eines solchen Kopplungsmechanismus bewiesen ist, wird auf eine Diskussion verzichtet.

3.7 Kopplung „anderer" Kerne; Heterokopplungen

Wie bereits in Abschnitt 1.6.2.9 erwähnt, machen sich Heterokopplungen in den ^{1}H- und ^{13}C-NMR-Spektren durch zusätzliche Aufspaltungen bemerkbar. Besonders gut ist dies in den ^{13}C-NMR-Spektren zu erkennen, wenn die C,H-Kopplungen durch Breitband-Entkopplung eliminiert sind.

Zwei Beispiele:
- In Abbildung 2-6 ist das ^{13}C-NMR-Spektrum eines Gemischs aus C_6H_6 und C_6D_6 wiedergegeben. Für C_6H_6 erhält man ein Singulett, für C_6D_6 wegen der C,D-Kopplung ein Triplett.
- Verwendet man Chloroform als Lösungsmittel, dann findet man in den ^{13}C-NMR-Spektren stets für ^{13}CDCl$_3$ bei $\delta \approx 77$ ein Triplett (s. Abb. 5-3). Die Aufspaltung ist auf die C,D-Kopplung zurückzuführen.

In den ^{1}H-NMR-Spektren lassen sich normalerweise die Kopplungen mit Heteroatomen durch symmetrisch zu den Hauptsignalen auftretende *Satelliten* feststellen. Am bekanntesten sind die ^{13}C-Satelliten, auf die wir in Abschnitt 1.6.2.9 bereits ausführlich eingegangen sind. Genauso beobachtet man in den ^{1}H-NMR-Spektren ^{15}N-Satelliten, die jedoch noch schwerer nachzuweisen sind als die ^{13}C-Satelliten, denn nur 0,37 % der Moleküle enthalten das N-Isotop ^{15}N. In den Spektren der restlichen 99,63 % der Moleküle mit ^{14}N ist keine Kopplung mit den Protonen zu sehen, weil die ^{14}N-Kerne wegen des Kernquadrupolmoments rasch relaxieren, und somit die Kopplung verschwindet.

Auch die Kopplungen mit anderen Kernen liefern in den Routine-^{1}H- oder ^{13}C-NMR-Spektren Satelliten. Ein typisches Beispiel ist das ^{1}H-NMR-Spektrum von Tetramethylsilan, TMS (Si(CH$_3$)$_4$). TMS besteht zu 95,3 % aus ^{28}Si(CH$_3$)$_4$ und 4,7 % ^{29}Si(CH$_3$)$_4$. Da ^{29}Si den Kernspin I = 1/2 besitzt (der Kernspin von ^{28}Si ist Null), ist dessen Signal durch die ^{29}Si,^{1}H-Kopplung zum Dublett aufgespalten. Bei genauer Betrachtung des TMS-Signals erkennt man in den Spektren im Abstand von ungefähr 3 Hz rechts und links vom Hauptsignal die ^{29}Si-Satelliten mit ca. 2,5 % der Gesamtintensität. Aus dem Abstand der beiden Satelliten erhält man die Kopplungskonstante $^2J(^{29}$Si,^{1}H) = 6,6 Hz.

Recht intensive Satelliten findet man in den ^{1}H-NMR-Spektren von Platin-Verbindungen, da die natürliche Häufigkeit von ^{195}Pt 33,8 % beträgt. Ihr Abstand entspricht der ^{195}Pt,^{1}H-Kopplung. Grundsätzlich sind Satelliten-Spektren schwer zu erkennen und auszuwerten, wenn das koppelnde Isotop mit weniger als 1 % natürlicher Häufigkeit vorliegt. Man wird deshalb Heterokopplungskonstanten besser den Spektren der entsprechenden Heterokerne entnehmen, vor allem, wenn es sich dabei um Spektren von Kernen mit I = 1/2 handelt, wie zum Beispiel von ^{15}N, ^{19}F, ^{29}Si, ^{31}P, ^{119}Sn und ^{195}Pt. Stellvertretend seien nur einige ^{119}Sn,^{1}H- und ^{195}Pt,^{1}H-Kopplungskonstanten aufgeführt. In Zinnverbindungen mit Methyl-Liganden findet man für die Kopplung über zwei Bindungen mit einem C-Atom zwischen den koppelnden Kernen, das heißt für $^2J(^{119}$Sn-C-^{1}H), Werte von 40–150 Hz. Zum Vergleich: im TMS waren es zwischen ^{29}Si und ^{1}H 6,6 Hz! In Platin-Komplexen mit Methyl-Liganden betragen die Kopplungskonstanten $^2J(^{195}$Pt,^{1}H) $\approx$ 40–90 Hz. Für Pt^{IV}-Hydride mißt man ^{195}Pt,^{1}H-Kopplungskonstanten (über eine Bindung), die zwischen 700 und 1370 Hz liegen!

Von den Kernen mit I > 1/2, die folglich auch ein elektrisches Quadrupolmoment eQ haben, sind nur in Ausnahmefällen Kopplungskonstanten bekannt. Üblicherweise sind die Linien so breit, daß die Aufspaltungen durch Spin-Spin-Kopplung nicht mehr aufgelöst sind, bzw. die Kopplung infolge rascher Relaxation verschwindet. Ausnahmen bilden die Moleküle, bei denen – wie schon in Abschnitt 1.7.2 und 3.6.3 erwähnt – die Umgebung des Quadrupolkernes symmetrisch ist, wie zum Beispiel im Ammoniumion. Für NH$_4^+$ erscheint im ^{14}N-NMR-Spektrum durch Kopplung mit den vier Protonen ein Quintett mit nur wenige Hz breiten Linien. Die N,H-Kopplungskonstante $^{1}J(^{14}N,^{1}H)$ beträgt 52,5 Hz. Vergleichsweise sind die ^{14}N-Signale im Pyridin ca. 200 Hz breit.

Aus den ^{17}O-NMR-Spektren lassen sich wegen der großen Linienbreiten (im allgemeinen > 100 Hz) ebenfalls nur in Ausnahmefällen $^{17}O,^{1}H$-Kopplungskonstanten bestimmen. Wasser ist beispielsweise eine solche Ausnahme, für das eine Kopplungskonstante $^{1}J(^{17}O,^{1}H)$ von 83 Hz gemessen wurde. Relativ scharfe Signale erhält man auch, wenn die Kerne ein sehr kleines elektrisches Quadrupolmoment eQ besitzen, wie zum Beispiel Deuterium (^{2}H) oder Lithium (^{6}Li). In solchen Fällen findet man in den Spektren der mit ^{2}H oder ^{6}Li gekoppelten Kerne charakteristische Multipletts, denen man die Kopplungskonstanten entnehmen kann. Die Zahl der Multiplettlinien muß bei diesen Kernen selbstverständlich mit Hilfe der allgemeinen Gleichung (1-24) für die Multiplizitäten $M = 2nI + 1$ berechnet werden (s. Abschn. 1.6.2.5).

Auf eine eingehende Besprechung der für die Strukturaufklärung von Molekülen so wichtigen Heterokopplungskonstanten muß im Rahmen dieses Buches verzichtet werden. Es sei auf die „Ergänzende und weiterführende Literatur" verwiesen.

Abschließend sei vermerkt, daß viele ein- und zweidimensionale Experimente ausgearbeitet worden sind, die auf der Existenz der skalaren Heterokopplungen beruhen. Dabei handelt es sich zum Beispiel um INEPT- und DEPT- sowie heteronukleare zweidimensionale J-aufgelöste und korrelierte Spektren (COSY). Auf diese Experimente und auf die *inversen* Techniken kommen wir in den Kapiteln 8 und 9 zurück.

3.8 Literatur zu Kapitel 3

[1] V. M. S. Gil and W. v. Philipsborn: *Effect of Electron Lone-Pairs on Nuclear Spin-Spin Coupling Constants.* Magn. Reson. Chem. *27* (1989) 409.

[2] H. Günther: *NMR-Spektroskopie.* 2. Auflage Georg Thieme Verlag, Stuttgart 1992.

[3] M. Karplus, *J. Chem. Phys. 30* (1959) 11. M. Karplus, *J. Amer. Chem. Soc. 85* (1963) 2870.

[4] M. Zanger, *Org. Magn. Reson. 4* (1972) 1.

[5] Die in den Tabellen 3-12 bis 3-17 aufgeführten Kopplungskonstanten sind zum überwiegenden Teil der umfangreichen Datensammlung von Kalinowski, Berger und Braun, Lit. [6], entnommen, ein kleinerer Teil stammt aus Lit. [7] und [8].

[6] H.-O. Kalinowski, S. Berger, S. Braun: ^{13}C-NMR-Sepktroskopie. Georg Thieme Verlag, Stuttgart 1984.

[7] E. Breitmaier und W. Voelter: ^{13}C-NMR-Spectroscopy. 3. Auflage VCH Verlagsgesellschaft, Weinheim 1987.

[8] J. L. Marshall: *Carbon-Carbon and Carbon-Proton NMR Couplings: Applications to Organic Stereochemistry and Conformational Analysis.* Verlag Chemie International, Deerfield Beach 1983.

[9] R. Wasylishen and T. Schäfer, *Can. J. Chem. 50* (1972) 2710.

[10] J. L. Marshall and R. Seiwell, *Org. Magn. Reson. 8* (1976) 419.

[11] R. K. Harris: *Nuclear Magnetic Resonance Spectroscopy. A Physicochemical View.* Pitman, London 1983, S. 215.

Ergänzende und weiterführende Literatur

zum Thema „Andere" Kerne

J. Mason (ed.): *Multinuclear NMR.* Plenum Press, New York 1987.

S. Berger, S. Braun, H.-O. Kalinowski: *NMR-Spektroskopie von Nichtmetallen.* Georg Thieme Verlag, Stuttgart 1992.
Band 1: *Grundlagen, ^{17}O-, ^{33}S- und ^{129}Xe-NMR-Spektroskopie.*
Band 2: ^{15}N-NMR-Spektroskopie.
Band 3: ^{31}P-NMR-Spektroskopie.
Band 4: ^{19}F-NMR-Spektroskopie.

4 Analyse und Berechnung von Spektren

4.1 Einführung [1]

Aus den Spektren erhält man Informationen über
- die chemischen Verschiebungen δ
- die Intensitäten I
- die indirekte Spin-Spin-Kopplungskonstanten J
- den Spektrentyp (Symmetrie)
- die Relaxationszeiten T_1 und T_2
- die skalare und dipolare Verknüpfung von Nachbarkernen
- die Linienform.

Keinem Spektrum lassen sich alle diese Parameter gleichzeitig entnehmen. Je nach Problemstellung müssen spezielle Meßverfahren angewendet werden. Im Normalfall sind die ersten drei Parameter, deren Informationsgehalt wir in Kapitel 2 und 3 kennenlernten, für die Analyse entscheidend. Den Spektrentyp bestimmt man oft mehr unbewußt; man benutzt diese Information, um etwas über die Symmetrie des Moleküles zu erfahren – eine wichtige Hilfe bei der Lösung von Strukturproblemen.

In Kapitel 1 leiteten wir Regeln zur Analyse einfacher Spektren 1. Ordnung ab, mit denen sich ein großer Teil aller NMR-Spektren auswerten läßt, wobei man sich oft auf Ausschnitte beschränkt. Viele Spektren widersetzen sich einer so einfachen Analyse. Ein erster Hinweis darauf begegnete uns im Spektrum von Zimtsäure (Abb. 1-21). Dort stimmten die Intensitäten innerhalb der Dubletts des den olefinischen Protonen zuzuordnenden Zweispinsystems nicht mehr mit der Erwartung überein. Die Problematik wird noch augenfälliger, wenn wir die in Abbildung 4-1 gezeigten 90 und 300 MHz-^{1}H-NMR-Spektrenausschnitte von 2,6-Dimethylanilin (1) vergleichen.

Im 300 MHz-Spektrum (Abb. 4-1 B) können wir die Aromatensignale problemlos nach 1. Ordnung analysieren: Wir finden für H-3,5 wegen der Kopplung mit H-4 ein Dublett und für H-4 wegen der Kopplung mit H-3 und H-5 ein Triplett. Ganz anders beim 90 MHz-Spektrum (Abb. 4-1 A): Weder Linienzahl noch Intensitäten entsprechen den in Abschnitt 1.6.2.5 angegebenen Regeln.

An diesen beiden Spektrenausschnitten können wir den Übergang vom Spektrum erster zu höherer Ordnung beobach-

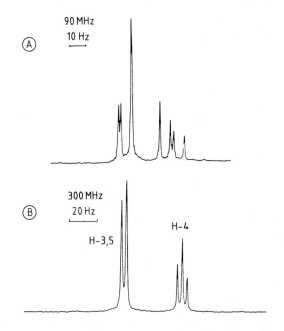

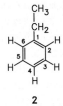

Abbildung 4-1.
Ausschnitte aus den ^{1}H-NMR-
Spektren von 2, 6-Dimethylanilin
(**1**) in CCl$_4$ gemessen bei A:
90 MHz und B: 300 MHz. Abgebildet sind nur die Signale aroma-
tischer Protonen. Im 90 MHz-
NMR-Spektrum wurden die CH$_3$-
Protonen entkoppelt.

ten. Die Frage, wie man aus dem 90 MHz-Spektrum die chemischen Verschiebungen und die Kopplungskonstanten erhält,
wird in Abschnitt 4.4 beantwortet.

Nicht immer sind die bei höheren Meßfreqenzen aufgenommenen Spektren auch einfacher zu analysieren, wie Abbildung
4-2 am Beispiel der 60 und 500 MHz-^{1}H-NMR-Spektren von
Ethylbenzol (**2**) zeigt. Die Unterschiede der chemischen Ver-

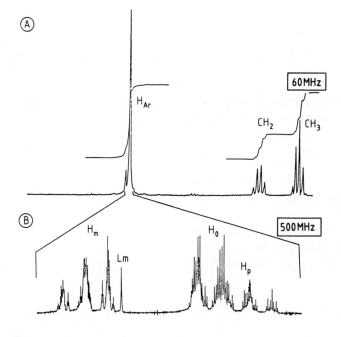

Abbildung 4-2.
A: 60 MHz-^{1}H-NMR-Spektrum
von Ethylbenzol (**2**) in CDCl$_3$.
B: Ausschnitt aus dem 500 MHz-
^{1}H-NMR-Spektrum von **2**. Abgebildet sind nur die Signale der aromatischen Protonen.

110

schiebungen für die aromatischen Protonen sind so klein, daß im 60 MHz-Spektrum nur ein leicht verbreitertes Signal erscheint. Im 500 MHz-Spektrum sind dagegen die von den *o-*, *m-* und *p*-Protonen stammenden Multipletts deutlich getrennt.

Derartige *Spektren höherer Ordnung* lassen sich nur noch mit Hilfe der Quantenmechanik exakt analysieren, denn jedes Spektrum ist berechenbar! In diesem Kapitel wollen wir aber nicht den Weg der quantenmechanischen Rechnung ableiten, sondern nur deren Ergebnis verwenden. Zum einen wird gezeigt, wie man Zwei-, Drei- und einige Vierspinsysteme analysiert, zum anderen, wie man bei komplexen, großen Spinsystemen mit Hilfe des Rechners durch Spektren-Simulation und -Iteration die spektralen Parameter bestimmt.

Die Spektrenanalyse liefert die exakten Werte für die chemischen Verschiebungen und Kopplungskonstanten. Damit ist nicht automatisch die Zuordnung der Signale oder Signalgruppen zu bestimmten Atomen im Molekül gelöst. Auf diese Zuordnungsprobleme werden wir in Kapitel 6 zurückkommen.

Wie man Relaxationszeiten, Verknüpfungen und Linienform erhält, behandeln wir ausführlich in den Kapiteln 7 bis 9 und 11. Bevor wir aber auf die eigentliche Spektrenanalyse eingehen können, müssen wir noch einige Nomenklaturfragen klären und eine Reihe von Definitionen einführen.

4.2 Nomenklatur

4.2.1 Systematische Kennzeichnung der Spinsysteme

- Man bezeichnet miteinander koppelnde Kerne als *Spinsystem*; zum Beispiel bilden die fünf Protonen einer Ethylgruppe ein Fünfspinsystem. Im Falle nicht-koppelnder Kerne besteht das Spektrum nur aus Singuletts, ein Beispiel zeigt Abbildung 1-18. Enthält das Molekül mehrere Spinsysteme, die nicht miteinander koppeln, kann man das Spektrum in voneinander unabhängige Teilspektren unterteilen. Als einfachstes Beispiel dieser Art lernten wir das Spektrum von Ethylacetat kennen (Abb. 1-19) oder – schon etwas komplizierter – das Spektrum von Zimtsäure (Abb. 1-21).
- Chemisch nicht-äquivalente Kerne werden mit verschiedenen Buchstaben des Alphabets bezeichnet. Man beginnt mit A und ordnet die Signale von links nach rechts im Spektrum, das heißt von höheren zu tieferen Frequenzen.

- Liegen mehrere chemisch äquivalente Kerne vor, so erhalten alle den gleichen Buchstaben, und die Zahl der äquivalenten Kerne wird als Index an den Buchstaben angehängt.
- Ist der Betrag der Verschiebungsdifferenzen $\Delta\nu$ der gekoppelten Kerne sehr viel größer als der Wert der Kopplungskonstante J $(\Delta\nu \gg J)$, dann wählt man Buchstaben, die auch im Alphabet weit auseinander liegen.

Beispiele:
○ Die zwei olefinischen Protonen der Zimtsäure (Abb. 1-21) bilden ein AX-Spinsystem.
○ Das Spektrum für die drei aromatischen Protonen in 2,6-Dimethylanilin (**1**) ist bei 300 MHz vom AX_2-Typ, bei 90 MHz vom AB_2-Typ (Abb. 4-1).
○ Das Fünfspinsystem der Ethylgruppe in Ethylacetat bezeichnet man mit A_2X_3 (Abb. 1-19).

Diese Reihenfolge der Buchstaben ist leider nicht streng einzuhalten, vor allem dann nicht, wenn das Spinsystem aus verschiedenen Kernsorten besteht. Koppeln zum Beispiel Protonen mit einem ^{13}C-Kern, dann bezeichnet man den Heterokern ^{13}C stets mit X (siehe auch Abschn. 4.7).

4.2.2 Chemische und magnetische Äquivalenz

Versucht man nach den in 4.2.1 beschriebenen Regeln die Protonen und den Spektrentyp eines *para*-substituierten Benzolderivates zu klassifizieren, stößt man auf Schwierigkeiten: Die Nomenklatur ist nicht mehr eindeutig. Dies wird sofort verständlich, wenn man nicht nur die chemischen Verschiebungen, sondern auch die Kopplungskonstanten betrachtet. Nehmen wir als Beispiel *p*-Nitrophenol (**3**). Hier sind die Protonen paarweise chemisch äquivalent (H-2 und H-6 bzw. H-3 und H-5), sie erhalten also denselben Buchstaben A bzw. X. Das Spektrum mit A_2X_2 zu bezeichnen, wäre jedoch inkorrekt. Warum? Betrachten wir die Kopplungen von H-2 mit den beiden X-Kernen H-3 und H-5. Im einen Fall ist es eine *ortho*-, im anderen eine *para*-Kopplung! Wie wir in Abschnitt 3.2.3 sahen, ist die *para*-Kopplung kleiner als die *ortho*-Kopplung. Dies führt zu einer weiteren Unterscheidung chemisch äquivalenter Kerne in solche, die *magnetisch äquivalent* oder *magnetisch nicht-äquivalent* sind.

Die Definitionen für chemische und magnetische Äquivalenz lauten:

Chemische Äquivalenz:
Zwei Kerne i und k sind chemisch äquivalent, wenn sie gleiche Resonanzfrequenzen aufweisen: $\nu_i = \nu_k$.

3

Beispiel:

○ H-2 und H-6 bzw. H-3 und H-5 in *p*-Nitrophenol (**3**).

Zwei Kerne können auch durch Zufall die gleiche Resonanzfrequenz haben (Isochronie). Formal erfüllen sie damit die Bedingung der chemischen Äquivalenz, sie sind jedoch im chemischen Sinne nicht mehr äquivalent. Für die Analyse eines NMR-Spektrums ist eine derartige Unterscheidung aber unwesentlich.

Magnetische Äquivalenz:

Zwei Kerne i und k sind magnetisch äquivalent, wenn
- sie chemisch äquivalent sind ($\nu_i = \nu_k$) und
- für alle Kopplungen der Kerne i und k mit anderen Kernen des Moleküls, zum Beispiel mit dem Kern l, gilt: $J_{il} = J_{kl}$.

Beispiele:

○ Beim 1,2,3-Trichlorbenzol (**4**) sind die beiden Protonen in 4- und 6-Stellung chemisch und magnetisch äquivalent, da die Kopplungskonstanten ^3J(H-4, H-5) und ^3J(H-6, H-5) gleich groß sind.

○ Im Falle des *p*-Nitrophenols (**3**) sind die Protonen H-2 und H-6 zwar chemisch aber nicht magnetisch äquivalent, da die Kopplungskonstante ^3J(H-2, H-3) nicht gleich ^5J(H-6, H-3) bzw. ^3J(H-6, H-5) nicht gleich ^5J(H-2, H-5) ist.

4

Diese Unterscheidung zwischen chemischer und magnetischer Äquivalenz macht eine zusätzliche Kennzeichnung der Kerne erforderlich: Sind zwei oder mehrere Kerne chemisch, nicht aber magnetisch äquivalent, so wird derselbe Buchstabe mehrmals verwendet, aber mit Strich-Indices versehen. Die korrekte Bezeichnung des Spektrentyps für *p*-Nitrophenol (**3**) lautet somit: AA′XX′.

Nach einer anderen Schreibweise, die auf Haigh [2] zurückgeht, bezeichnet man diesen Typ mit [AX]$_2$. In eckigen Klammern werden jeweils die Spinsysteme zusammengefaßt, in denen die Kopplungen äquivalent sind. In unserem Beispiel sind es zwei AX-Systeme. Diese Art der Klassifizierung bringt vor allem bei großen Spinsystemen symmetrischer Moleküle Vorteile. Da wir uns im folgenden nur auf kleinere Spinsysteme beschränken, werden wir die dafür etwas übersichtlichere Nomenklatur mit Strich-Indices verwenden.

Sind zwei oder mehrere Kerne chemisch und magnetisch äquivalent, dann erhalten sie den gleichen Buchstaben, und die Zahl der äquivalenten Kerne wird zum Buchstaben-Index.

Beispiele:

○ Für 1,2,3-Trichlorbenzol (**4**) lautet der Spektrentyp: A$_2$B. Auch die für 2,6-Dimethylanilin (**1**) gewählte Bezeichnung AX$_2$ oder AB$_2$ war korrekt (Abschn. 4.2.1).

4.3 Zweispinsysteme

4.3.1 AX-Spinsystem

Um das Energieniveauschema für das homonukleare Zwei-spinsystem AX zu erstellen, vernachlässigen wir zunächst ein-mal die Spin-Spin-Kopplung: $J_{AX} = 0$! In diesem speziellen, besonders einfachen Fall ist die Gesamtenergie des Zweispin-systems gleich der Summe der Einzelenergien, die nach den Gleichungen (1-8) und (1-19) (Kap. 1) gegeben sind durch:

$$E_{A\alpha, \beta} = - m_A \, \gamma \, \hbar \, (1 - \sigma_A) \, B_0$$
$$E_{X\alpha, \beta} = - m_X \, \gamma \, \hbar \, (1 - \sigma_X) \, B_0 \qquad (4\text{-}1)$$

Entsprechend den m-Werten $+ 1/2$ und $- 1/2$ für die Kerne A und X im α- und β-Zustand erhält man die vier Energien:

$$\alpha\alpha: E_1 = E_{A\alpha} + E_{X\alpha} = -\frac{1}{2}\gamma \, \hbar \, (2 - \sigma_A - \sigma_X) \, B_0$$

$$\alpha\beta: E_2 = E_{A\alpha} + E_{X\beta} = -\frac{1}{2}\gamma \, \hbar \, (\sigma_X - \sigma_A) \, B_0$$

$$\beta\alpha: E_3 = E_{A\beta} + E_{X\alpha} = +\frac{1}{2}\gamma \, \hbar \, (\sigma_X - \sigma_A) \, B_0 \qquad (4\text{-}2)$$

$$\beta\beta: E_4 = E_{A\beta} + E_{X\beta} = +\frac{1}{2}\gamma \, \hbar \, (2 - \sigma_A - \sigma_X) \, B_0$$

In Abbildung 4-3 sind diese Energiewerte (E/h) links aufge-tragen. Koppeln A- und X-Kerne miteinander, müssen wir zusätzlich die Energie der Spin-Spin-Wechselwirkung E_{SS} be-rücksichtigen. Sie ist gegeben durch:

$$E_{SS} = J_{AX} \, m_A \, m_X \, h \qquad (4\text{-}3)$$

Für Kerne mit $I = 1/2$ ist:

$$E_{SS} = \pm \frac{1}{4} \, J_{AX} \, h$$

Wir erhalten vier neue Energiewerte:

$$E_1 + \frac{1}{4} \, J_{AX} \, h$$

$$E_2 - \frac{1}{4} \, J_{AX} \, h$$

$$E_3 - \frac{1}{4} \, J_{AX} \, h \qquad (4\text{-}4)$$

$$E_4 + \frac{1}{4} \, J_{AX} \, h$$

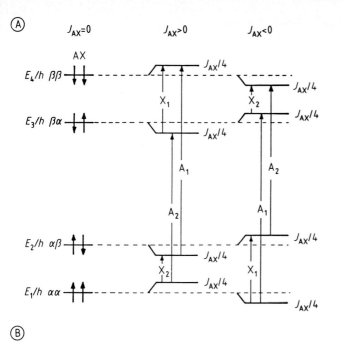

Abbildung 4-3.
A: Energieniveauschema für ein Zweispinsystem AX für: $J_{AX} = 0$, $J_{AX} > 0$ und $J_{AX} < 0$. Die Pfeile zeigen die Spinorientierung (z-Komponente) an. A_1, A_2 und X_1, X_2 sind die erlaubten Kernresonanzübergänge der A- und X-Kerne, B: Strichspektrum und Zuordnung der Signale für positives bzw. negatives J_{AX}.

Jeweils die Energieniveaus mit paralleler Einstellung der Kernspins ($\alpha\alpha$ und $\beta\beta$) werden gleichsinnig um $J/4$ angehoben bzw. abgesenkt, die Zustände mit antiparalleler Einstellung ($\alpha\beta$ und $\beta\alpha$) dementsprechend abgesenkt bzw. angehoben. Ob die Wechselwirkungsenergie E_{SS} positiv oder negativ ist, hängt nur vom Vorzeichen der Kopplungskonstanten J_{AX} ab.

Man definiert: Die Kopplungskonstante J_{AX} ist dann positiv, wenn die Niveaus 1 und 4 mit paralleler Einstellung der Kernspins angehoben, die Niveaus 2 und 3 abgesenkt werden (Abb. 4-3 Mitte). Bei einem negativen J-Wert ist es gerade umgekehrt (Abb. 4-3 rechts).

A_1 und A_2 sind die erlaubten Übergänge der A-Kerne, X_1 und X_2 die der X-Kerne (Auswahlregel: $\Delta m = \pm 1$; s. Abschn. 1.4.1). Diese Übergänge führen zu den vier Signalen des AX-Spektrums. In Abbildung 4-3 B ist das Strichspektrum einschließlich Zuordnung angegeben. Wie aus dem Energieniveauschema abzuleiten ist, muß man im Strichspektrum nur die Zuordnungen vertauschen, wenn sich das Vorzeichen von J_{AX} ändert. Das Vorzeichen hat also beim Zweispinsystem keinen Einfluß auf das Aussehen des Spektrums.

115

Im Zusammenhang mit Doppelresonanz-Experimenten verwendet man gelegentlich die Begriffe *progressiv* und *regressiv* verknüpfte Übergänge. Daher sei hier die Definition eingefügt, obwohl wir diese Begriffe im folgenden nicht brauchen werden.

Man definiert: Zwei Übergänge, die ein gemeinsames Energieniveau haben, sind progressiv verknüpft, wenn die Energie des gemeinsamen Niveaus zwischen den anderen beiden liegt. Sie sind regressiv verknüpft, wenn das gemeinsame Niveau außerhalb liegt. Betrachten wir das Energieniveauschema für das Zweispinsystem AX – in etwas anderer Form gezeichnet als in Abbildung 4-3 – dann sind die Übergänge A_2 und X_1 sowie X_2 und A_1 progressiv verknüpft, die Übergänge A_1 und X_1 bzw. A_2 und X_2 regressiv (Abb. 4-4).

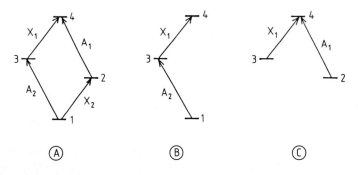

Abbildung 4-4.
Energieniveauschemata zur Definition progressiv und regressiv verknüpfter Übergänge.
A: Energieniveauschema für ein Zweispinsystem AX. B: Beispiel für zwei progressiv verknüpfte Übergänge. C: Beispiel für zwei regressiv verknüpfte Übergänge.

4.3.2 AB-Spinsystem

Beim AB-Spinsystem ist die Verschiebungsdifferenz $\Delta \nu = \nu_A - \nu_B$ ungefähr gleich groß wie die Kopplungskonstante J_{AB}. Als Beispiel ist in Abbildung 4-5 das ^{1}H-NMR-Spektrum von 3-Chlor-6-ethoxy-pyridazin (**5**) wiedergegeben. Man sieht, die vier Signale für die beiden Ringprotonen im Bereich von $\delta = 6{,}7$ bis 7,4 sind nicht mehr gleich intensiv („Dacheffekt"). Dadurch ist die Analyse, zum Beispiel die Bestimmung von chemischen Verschiebungen und Kopplungskonstanten, erschwert.

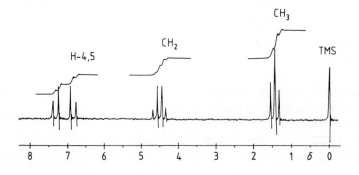

Abbildung 4-5.
60 MHz-^{1}H-NMR-Spektrum von 3-Chlor-6-ethoxy-pyridazin (**5**) in CCl$_4$ mit Integralkurve.

Auswertung des AB-Spektrums: Man numeriert als erstes die vier Linien des AB-Spektrums von links nach rechts mit f_1, f_2, f_3 und f_4 (Abb. 4-6). Die Kopplungskonstante J_{AB} ist dann wie beim AX-Spektrum gleich der Frequenzdifferenz der Linien 1 und 2 oder 3 und 4:

$$|J_{AB}| = |f_1 - f_2| = |f_3 - f_4| \ [\text{Hz}] \qquad (4\text{-}5)$$

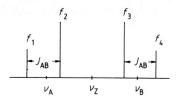

Abbildung 4-6.
Skizze zur Auswertung eines Zweispinsystems vom Typ AB.

Die chemische Verschiebung ist durch den Schwerpunkt der Linien 1 und 2 bzw. 3 und 4 gegeben. Mit den Signalintensitäten könnte man zwar in der Praxis die Schwerpunkte berechnen, doch wäre dies zu ungenau. Einfacher läßt sich die Verschiebungsdifferenz $\Delta v = v_A - v_B$ über Gleichung (4-6) ermitteln:

$$\Delta v = \sqrt{|(f_1 - f_4)(f_2 - f_3)|} \ [\text{Hz}] \qquad (4\text{-}6)$$

Δv entspricht dem geometrischen Mittel aus den Abständen der beiden äußeren und der beiden inneren Signale. Mit Δv und der Frequenz des Zentrums v_Z erhält man:

$$v_A = v_Z + \frac{\Delta v}{2} \quad \text{und} \quad v_B = v_Z - \frac{\Delta v}{2} \qquad (4\text{-}7)$$

Die Intensitäten I_1 bis I_4 der Signale 1 bis 4 verhalten sich wie folgt:

$$\frac{I_2}{I_1} = \frac{I_3}{I_4} = \frac{|f_1 - f_4|}{|f_2 - f_3|} \qquad (4\text{-}8)$$

Je kleiner die Verschiebungsdifferenz Δv im Vergleich zur Kopplungskonstante J_{AB} wird, um so größer werden die inneren Linien auf Kosten der äußeren. Im Extremfall, wenn Δv Null ist, erscheint im Spektrum nur noch ein Singulett, aus einem AB-Spektrum ist ein A_2-Spektrum geworden.

Ein weiteres Beispiel ist das Spektrum von Zitronensäure in Abbildung 2-18.

4.4 Dreispinsysteme

4.4.1 AX$_2$-, AK$_2$-, AB$_2$- und A$_3$-Spinsysteme

Abbildung 4-7 zeigt die Strichspektren der vier Dreispinsysteme AX$_2$, AK$_2$, AB$_2$ und A$_3$, wobei die beiden Spektren vom Typ AK$_2$ und AB$_2$ mit folgenden Parametern berechnet wurden: $J_{AX} = J_{AK} = J_{AB}$ und $\Delta v = 5\,J_{AK}$ (AK$_2$) bzw. $\Delta v = J_{AB}$ (AB$_2$).

117

Während wir die AX_2- und A_3-Spektren nach den Regeln von Kapitel 1 leicht verstehen und auswerten können, gelingt uns dies bei den AK_2- und AB_2-Spektren nicht mehr: Sowohl Linienzahl als auch Signalintensitäten entsprechen nicht den Regeln. Wir stellen fest: Das Aussehen der Spektren hängt – wie wir es schon beim AB-Spektrum kennenlernten – entscheidend vom Verhältnis $\Delta v : J$ ab.

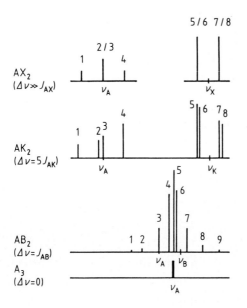

Abbildung 4-7.
Strichspektren der vier Dreispinsysteme vom Typ AX_2, AK_2, AB_2 und A_3; $J_{AX} = J_{AK} = J_{AB}$. Die beiden Spektren vom Typ AK_2 und AB_2 wurden berechnet mit: $\Delta v = 5\,J_{AK}$ bzw. $\Delta v = J_{AB}$.

Die Rechnung ergab, daß es im Dreispinsystem acht erlaubte Übergänge f_1 bis f_8 gibt, die man alle im AB_2-Spektrum sieht. Im AX_2-Spektrum dagegen überlagern sich einige Linien: Dem mittleren Signal des Tripletts im A-Teil entsprechen zwei Übergänge (2 und 3). Das gleiche gilt für den X-Teil: Jede Linie des Dubletts kommt durch Überlagerung zweier Signale zustande. Beim AK_2- und noch deutlicher beim AB_2-Spektrum ist diese Entartung aufgehoben. Die Linie 9 im AB_2-Spektrum ist in den meisten Fällen nicht beobachtbar, da der ihr entsprechende Übergang durch Auswahlregeln verboten ist.

Die Kopplung der zwei magnetisch äquivalenten Kerne K bzw. B miteinander wirkt sich nicht auf das Spektrum aus.

Auswertung des AB_2-Spektrums: Man beginnt im A-Teil mit der Numerierung der Signale (Abb. 4-7). v_A ist dann durch die Frequenzlage von Linie 3 gegeben. v_B erhält man als Mittelwert von f_5 und f_7 (4-9):

$$v_A = f_3 \qquad v_B = \frac{f_5 + f_7}{2} \qquad (4\text{-}9)$$

Den Betrag der Kopplungskonstanten J_{AB} berechnet man nach (4-10):

$$\left|J_{AB}\right| = \frac{1}{3}\left|(f_1 - f_4 + f_6 - f_8)\right| \qquad (4\text{-}10)$$

Die Intensitäten der Linien hängen wieder von J_{AB} und $\Delta \nu$ ab, doch gibt es keine einfache Regel wie beim AB-Spektrum.

Das Spektrum von Benzylalkohol (Abb. 1-23, Abschn. 1.6.2.3) und die in Abbildung 4-1 gezeigten Spektrenausschnitte von 2,6-Dimethylanilin (**1**) sind Beispiele für die hier behandelten Spektrentypen.

4.4.2 ABX-Spinsystem

In Abbildung 4-8 ist das 60 MHz-^{1}H-NMR-Spektrum von 3-Thiophencarbonsäure (**6**) abgebildet.

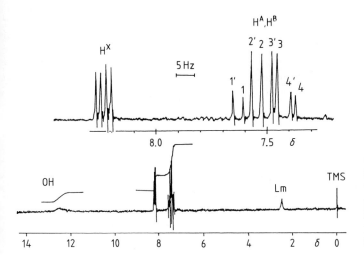

Abbildung 4-8.
60 MHz-^{1}H-NMR-Spektrum (Spektrentyp ABX) von 3-Thiophencarbonsäure (**6**) in [D$_6$]-DMSO. Die Linien 1, 2, 3, 4 und 1', 2', 3', 4' bilden die zwei AB-Subspektren.

Das Spektrum zeigt zwei Liniengruppen für die drei chemisch nicht-äquivalenten Ringprotonen: vier Linien bei $\delta =$ 8,24 mit der relativen Intensität 1 und acht Linien mit dem Schwerpunkt bei $\delta \approx 7{,}5$ mit der relativen Intensität 2. Es handelt sich um das Spektrum eines Dreispinsystems vom Typ ABX. Aus dem abgebildeten Spektrum können wir von den sechs spektralen Parametern – ν_A, ν_B, ν_X und J_{AB}, J_{AX}, J_{BX} – nur zwei direkt entnehmen: ν_X und J_{AB}. ν_X entspricht dem Zentrum des X-Teiles bei $\delta = 8{,}24$. J_{AB} gewinnt man durch Analyse der AB-Resonanzen im Bereich von $\delta \approx 7{,}5$. Dieser aus acht Linien bestehende Teil des Spektrums setzt sich aus zwei AB-Subspektren gleicher Intensität zusammen, die wir über die Verschiebungen und Intensitäten der Signale zuordnen können: Die Linien 1, 2, 3, 4, und 1', 2', 3', 4' entsprechen in diesem Beispiel

119

jeweils einem AB-Subspektrum. Den Betrag der Kopplungskonstanten J_{AB} erhalten wir aus den Abständen der Linien 1 und 2, 3 und 4 sowie 1' und 2', 3' und 4'. Die anderen Parameter, ν_A, ν_B, J_{AX} und J_{BX} lassen sich ebenfalls von Hand ausrechnen, das Verfahren ist jedoch zeitaufwendig. Daher wird man heute sinnvollerweise das Spektrum durch Simulation analysieren (Abschn. 4.6)

Der X-Teil besteht theoretisch aus sechs Linien. Sehr häufig sind jedoch – wie auch im Spektrum von **6** (Abb. 4-8) – nur vier Linien zu sehen. Dieses Aussehen darf nicht dazu verleiten, das Spektrum nach 1. Ordnung auszuwerten, so wie wir es beim AMX-Spektrum machten (Abschn. 1.6.2.6). Denn aus dem Abstand des intensivsten Linienpaares – dies können die inneren oder äußeren Linien sein – folgt immer nur die Summe der Kopplungskonstanten: $J_{AX} + J_{BX}$!

Abbildung 4-9 zeigt zwei berechnete ABX-Spektren. Die verwendeten Kopplungsparameter unterscheiden sich nur im Vorzeichen von J_{BX}. Im Spektrum B haben J_{AX} und J_{BX} gleiches Vorzeichen – positiv oder negativ, im Spektrum macht dies keinen Unterschied –, in Spektrum A sind sie verschieden. An diesem Beispiel erkennen wir zum erstenmal den Einfluß der Vorzeichen von Kopplungskonstanten; bei den bisher beschriebenen Spektrentypen war immer nur ihr Absolutbetrag von Bedeutung.

Durch die vollständige Analyse des ABX-Spektrums, bei der sowohl Linien-Lagen als auch Linien-Intensitäten zu berücksichtigen sind, lassen sich somit die relativen Vorzeichen bestimmen.

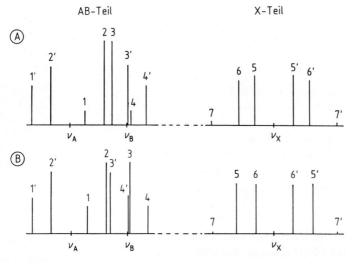

Abbildung 4-9.
Zwei berechnete ABX-Spektren. Der Berechnung liegen bis auf das Vorzeichen von J_{BX} die gleichen Parameter zugrunde.

Spektrum A:		Spektrum B:	
$\nu_A - \nu_B =$	6 Hz	$\nu_A - \nu_B =$	6 Hz
$J_{AB} =$	2 Hz	$J_{AB} =$	2 Hz
$J_{AX} =$	6 Hz	$J_{AX} =$	6 Hz
$J_{BX} =$	-2 Hz	$J_{BX} =$	2 Hz

Im AB-Teil sind die AB-Subspektren mit 1, 2, 3, 4 und 1', 2', 3', 4' bezeichnet. Der X-Teil besteht aus den drei Paaren 5,5', 6,6' und 7,7'.

4.5 Vierspinsysteme

4.5.1 A$_2$X$_2$- und A$_2$B$_2$-Spinsysteme

Die Spektren von Vierspinsystemen mit paarweise chemisch und magnetisch äquivalenten Kernen sind relativ einfach zu erkennen. Sie sind symmetrisch bezüglich des Spektrenzentrums, der Frequenzlage des Gesamtschwerpunktes. Diese Symmetrie findet man sonst nur noch bei AX- und AB-Spektren sowie den im nächsten Abschnitt behandelten AA$'$XX$'$ und AA$'$BB$'$-Spektren.

Beim A$_2$X$_2$-Spektrum besteht jedes Halbspektrum aus einem Triplett, das man nach 1. Ordnung auswerten kann. Das A$_2$B$_2$-Spektrum weist bis zu sieben Linien pro Halbspektrum auf. ν_A und ν_B erhält man in der Regel aus der Frequenzlage der stärksten Linie. Wie im Einzelfall das Spektrum aussieht, hängt vom Verhältnis $\Delta\nu : J_{AB}$ ab; J_{AA} und J_{BB} haben keinen Einfluß auf das Spektrum.

Beispiele für A$_2$X$_2$-Spektren sind Cyclopropen (**7**) und Difluormethan (**8**). In der Praxis kommen Spektren dieses Typs nur selten vor.

4.5.2 AA$'$XX$'$- und AA$'$BB$'$-Spinsysteme

Spektren vom Typ AA$'$XX$'$ ([AX]$_2$) und AA$'$BB$'$ ([AB]$_2$) treten immer dann auf, wenn ein Molekül zwei Protonenpaare enthält, die durch Drehung um eine Symmetrieachse oder Spiegelung an einer Symmetrieebene ineinander übergeführt werden können. Die wichtigsten Beispiele sind Benzolderivate mit zwei verschiedenen Substituenten in p-Stellung oder mit zwei gleichen Substituenten in o-Stellung wie in o-Dichlorbenzol (**9**) (Abb. 4-10).

Aufgrund der Symmetrie gilt:
$\nu_A = \nu_{A'}$; $\nu_B = \nu_{B'}$ (chemische Äquivalenz)
$J_{AB} = J_{A'B'}$; $J_{AB'} = J_{A'B}$

Zudem hängt das Spektrum noch ab von der Verschiebungsdifferenz $\Delta\nu = \nu_A - \nu_B$ und den Kopplungskonstanten $J_{AA'}$ und $J_{BB'}$ sowie von den relativen Vorzeichen der vier Kopplungskonstanten.

Das AA$'$XX$'$-Halbspektrum zeigt maximal 10 Linien, das vom AA$'$BB$'$-Typ maximal 12. Der Übergang vom AA$'$BB$'$- zum AA$'$XX$'$-Spektrum ist deutlich an den zwei bei den Meßfrequenzen 90 und 250 MHz aufgenommenen o-Dichlorbenzolspektren (Abb. 4-10 und 2-13) zu erkennen.

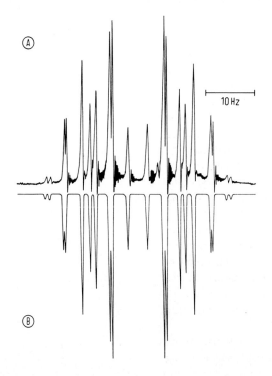

Abbildung 4-10.
90 MHz-^{1}H-NMR-Spektrum von
o-Dichlorbenzol (**9**). A: gemessen;
B: berechnet. Das Spektrum des
Vierspinsystems ist vom AA'BB'-
Typ ([AB]$_2$).

Spektren dieses Typs lassen sich mit großem Aufwand noch von Hand analysieren, jedoch wird man in der Regel die Spektren durch Simulation oder Iteration auswerten. Diese Verfahren wollen wir jetzt in ihren Grundzügen kennenlernen.

4.6 Spektren-Simulation und Spektren-Iteration [3]

Für die Auswertung der Spektren unsymmetrischer Moleküle fehlen meistens einfache Rechenregeln. Schon die Analyse des Spektrums eines Dreispinsystems vom Typ ABC erfordert den Einsatz eines Rechners. Dabei geht man im allgemeinen wie folgt vor:

Als erstes berechnet, „simuliert" man mit geschätzten ν- und J-Werten ein theoretisches Spektrum und vergleicht es mit dem gemessenen Spektrum. Dann ändert man die Eingabeparameter so lange, bis theoretisches und experimentelles Spektrum übereinstimmen. In Abbildung 4-10 B ist das Ergebnis einer solchen Spektren-Simulation für o-Dichlorbenzol (**9**) zu sehen. Das Spektrum ist, wie schon erwähnt, vom Typ AA'BB' ([AB]$_2$).

Der Erfolg der Spektren-Simulation hängt entscheidend davon ab, wie man den ersten Datensatz gewählt hat, denn es sind nicht nur gute Näherungswerte für Frequenzen und Kopplungskonstanten einzusetzen, sondern auch die relativen Vorzeichen der Kopplungskonstanten und die Linienbreiten vorzugeben. Alle diese Daten muß man aufgrund von Erfahrung oder mit Hilfe von Vergleichsmaterial abschätzen.

Für derartige Rechnungen lassen sich schon die gängigen *Personal Computer* (PC's) einsetzen, oder man kann auch direkt den Prozeßrechner des NMR-Spektrometers verwenden, der auch das Spektrometer steuert und die Meßdaten verarbeitet. Entsprechende Rechenprogramme werden von den Geräteherstellern angeboten. Weitere Möglichkeiten zur Spektren-Simulation bieten die großen Rechenzentren, die in der Regel in ihrer Programm-Bibliothek die Rechenprogramme – zum Beispiel LAOCOON III und dessen neuere Versionen – besitzen. Inzwischen gibt es auch Rechenprogramme, die automatisch die Parameter so lange verändern, bis maximale Übereinstimmung zwischen dem experimentellen und berechneten Spektrum erreicht ist *(Iterationsprogramme)*.

Man darf jedoch nicht verschweigen: Berechnung und Vergleich von Spektren erfordern viel Erfahrung und einige theoretische Kenntnisse, wenn man zur richtigen Lösung kommen will. Große Probleme treten stets auf, wenn die Spektren linienarm sind.

In Kapitel 6 werden wir noch darauf eingehen, wie man durch Vereinfachen der Spektren leichter zu den spektralen Parametern gelangen kann.

4.7 Analyse von ^{13}C-NMR-Spektren

So einfach die ^{1}H-BB-entkoppelten ^{13}C-NMR-Spektren aussehen, so kompliziert sind die gekoppelten. Zum überwiegenden Teil handelt es sich dabei um Spektren höherer Ordnung. Oft sehen sie auch trügerisch einfach aus, so daß man versucht ist, sie nach 1. Ordnung auszuwerten. Ob dies erlaubt ist, kann man experimentell leicht überprüfen, indem man das ^{13}C-NMR-Spektrum der gleichen Substanz bei verschiedenen Feldstärken/ Meßfrequenzen aufnimmt. Ändert sich das Aussehen des Spektrums nicht, ist es von 1. Ordnung, und man kann die δ- und *J*-Werte direkt ablesen. Ändert es sich aber, hilft nur eine vollständige Spektrenanalyse. In vielen Fällen genügt es dabei nicht, nur die ^{13}C-NMR-Spektren zu analysieren, man muß auch die ^{1}H-NMR-Spektren – das heißt die

^{13}C-Satelliten – analysieren. Die folgenden einfachen Beispiele belegen das.

Beispiele:

○ Von einem Molekül (10) mit dem Fragment $\mathbf{H^A}-C=^{13}C-\mathbf{H^B}$ liefern die zwei Protonen und der ^{13}C-Kern ein Spektrum vom Typ ABX. Im ^{13}C-NMR-Spektrum beobachten wir nur den X-Teil, der aus vier Signalen (eventuell sechs) besteht. In Abschnitt 4.4.2 haben wir gesehen, aus dem X-Teil kann man weder J_{AX} noch J_{BX} entnehmen, dazu ist die Analyse des AB-Teiles erforderlich. Diesen AB-Teil finden wir aber nur im ^{1}H-NMR-Spektrum als ^{13}C-Satelliten!

○ In Maleinsäureanhydrid (11) bilden die beiden Protonen und ein ^{13}C-Kern der Carboxygruppe ein Dreispinsystem vom Typ AA′X mit dem X-Teil im ^{13}C-NMR-Spektrum. Für eine exakte Analyse sind die Daten aus dem AA′-Teil, den ^{13}C-Satelliten im ^{1}H-NMR-Spektrum, notwendig.

○ Für Styrol (12) findet man im ^{13}C-NMR-Spektrum den X-Teil eines AKMX-Spektrums. Eine Analyse gelingt nicht ohne Daten des AKM-Teiles. In einem solchen Fall analysiert man nicht die ^{13}C-Satelliten, sondern das ^{1}H-NMR-Spektrum der drei olefinischen Protonen der Vinylgruppe und erhält so J_{AK}, J_{AM} und J_{KM}. (Vergl. auch Abschn. 1.6.2.6 und Abb. 1-26, wobei die unterschiedliche Bezeichnung der H-Atome zu beachten ist.) Mit diesen Werten und den chemischen Verschiebungen ν_A, ν_K, ν_M sowie Näherungswerten für die Kopplungen mit dem X-Kern kann man jetzt den X-Teil oder das Gesamtspektrum berechnen. Auf einige spezielle Probleme bei der Analyse der Off-Resonanz-entkoppelten ^{13}C-NMR-Spektren werden wir in Abschnitt 5.3.3 eingehen.

4.8 Literatur zu Kapitel 4

[1] R. A. Hoffman, S. Forsén and B. Gestblom: „Analysis of NMR Spectra" in P. Diehl, E. Fluck und R. Kosfeld (eds.): *Basic Principles and Progress,* Vol. 5, Springer-Verlag, Berlin 1971.

[2] C. W. Haigh, *J. Chem. Soc. A 1970,* 1682.

[3] P. Diehl, H. Kellerhals and E. Lustig: „Computer Assistance in the Analysis of High-Resolution NMR Spectra" in P. Diehl, E. Fluck and R. Kosfeld (eds.): *Basic Principles and Progress,* Vol. 6, Springer-Verlag, Berlin 1972.

Ergänzende und weiterführende Literatur:

G. Hägele, W. Boenigk und M. Engelhardt: *Simulation und automatisierte Analyse von Kernresonanzspektren.* VCH Verlagsgesellschaft, Weinheim 1987.

5 Doppelresonanz-Experimente

5.1 Einführung

Für die meisten Benutzer der NMR-Spektroskopie sind Doppelresonanz-Experimente gleichbedeutend mit Spin-Entkopplung zur Spektrenvereinfachung. Dies ist zwar das bekannteste Verfahren, doch sind damit die Anwendungsmöglichkeiten längst nicht erschöpft.

- Zum Beispiel ermöglichen es Doppelresonanz-Experimente, *Energieniveauschemata* aufzustellen und *relative Vorzeichen* von Kopplungskonstanten zu bestimmen [1].
- In Kapitel 8 werden wir das Verfahren des *selektiven Polarisations-Transfers* kennenlernen, in dem ein Doppelresonanz-Experiment ein wesentlicher Teilschritt ist.
- Mit der ^{1}H-Breitband-Entkopplung und auch mit anderen Doppelresonanz-Experimenten ist eine Steigerung der Signalintensitäten durch den *Kern-Overhauser-Effekt* (Nuclear Overhauser Effect, NOE) verbunden. Dieser Effekt hat ganz wesentlich dazu beigetragen, daß die ^{13}C-NMR-Spektroskopie zur Routinemethode wurde (Abschn. 5.3.1; weitere Anwendungen des NOE behandeln wir in Kapitel 10).
- In der dynamischen NMR-Spektroskopie (DNMR) lassen sich mit speziellen Doppelresonanz-Experimenten Geschwindigkeitskonstanten für Austauschprozesse durch *Sättigungstransfer* messen.

Wir beschränken uns in diesem Kapitel auf Routine-Experimente zur Spin-Entkopplung und zwar auf die

- *homonukleare Entkopplung,* die man vor allem in der ^{1}H-NMR-Spektroskopie zum Entkoppeln von Protonen untereinander verwendet, und auf die
- *heteronukleare Entkopplung* in der ^{13}C-NMR-Spektroskopie.

Im Normalfall handelt es sich dabei um C, H-Entkopplungen. Für die verschiedenen Experimente hat sich folgende Schreibweise eingebürgert: Man schreibt das Symbol für den entkoppelten Kern in eine geschweifte Klammer, davor das Symbol für den beobachteten Kern. Mißt man ^{13}C-Resonanzen bei gleichzeitiger Entkopplung der Protonen, lautet die Abkürzung ^{13}C$\{^1$H$\}$.

5.2 Spin-Entkopplung in der ^{1}H-NMR-Spektroskopie

5.2.1 Vereinfachung von Spektren

Im Zusammenhang mit dem Kopplungsmechanismus (Abschn. 3.6.3) haben wir erfahren, daß die Wechselwirkung mit benachbarten Kerndipolen nur dann zu Signalaufspaltungen führt, wenn die Kerne ihre Spinorientierung zum äußeren Magnetfeld B_0 länger als $\tau_1 = 1/J$ Sekunden beibehalten. Bei Protonen und ^{13}C-Kernen ist dies normalerweise erfüllt.

Beim Entkopplungs-Experiment verkürzt man die Lebensdauer τ_1, indem man außer der Beobachtungsfrequenz ν_1 gleichzeitig eine zweite Frequenz ν_2 mit genau der Resonanz-

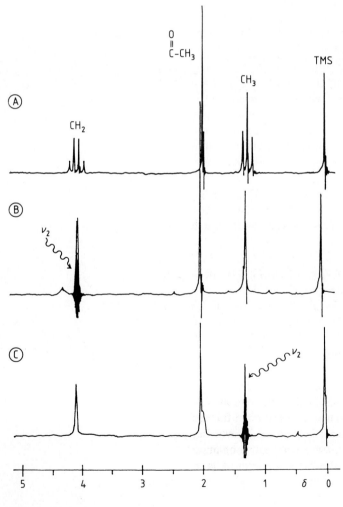

$$CH_3-\overset{\overset{\text{O}}{\|}}{C}-O-CH_2-CH_3$$

1

Abbildung 5-1.
90 MHz-^{1}H-NMR-Spektren von Ethylacetat (**1**).
A: Normales Spektrum, aufgenommen mit dem CW-Verfahren.
B: CH$_2$-Protonen entkoppelt.
C: CH$_3$-Protonen entkoppelt.
An den Stellen mit $\nu_2 = \nu_1$ treten sogenannte Schwebungssignale auf.

frequenz der zu entkoppelnden Kerne einstrahlt. Dadurch verschwindet die Signalaufspaltung durch die indirekte Spin-Spin-Kopplung.

Beispiele:

○ In Ethylacetat (**1**), $CH_3COOCH_2CH_3$, koppeln Methylen- und Methylprotonen der Ethylgruppe, und man beobachtet ein Quartett und ein Triplett (Spektrentyp A_2X_3; Abb. 5-1 A); die Acetylprotonen liefern ein Singulett. Will man die Methylenprotonen entkoppeln, strahlt man während der Messung die Entkopplerfrequenz ν_2 so ein, daß alle vier Signale des Quartetts getroffen und gesättigt werden. Dazu ist eine große Amplitude des Entkopplersignals erforderlich, denn es muß „breit genug" sein, um das gesamte Quartett überdecken zu können.

Durch Sättigen der Resonanzfrequenzen der Methylenprotonen induzieren wir rasche Übergänge zwischen den entsprechenden Energieniveaus, die Lebensdauer τ_1 der Methylenprotonen mit einer festen Spineinstellung ist verkürzt. Dadurch mittelt sich das Zusatzfeld am Ort der Methylprotonen zu Null, und im Spektrum beobachtet man für die Methylprotonen nur noch ein Singulett (Abb. 5-1 B). Werden die Resonanzen der Methylprotonen gesättigt, ergibt sich dagegen für die Methylenprotonen ein Singulett (Abb. 5-1 C).

In den Spektren erscheinen jeweils bei $\nu_2 = \nu_1$ Schwebungssignale, da die abgebildeten Spektren nach dem CW-Verfahren aufgenommen wurden. Beim Impuls-Verfahren entkoppelt man in gleicher Weise, doch treten keine Schwebungssignale auf.

○ Ein weiteres, etwas komplizierteres Beispiel ist in Abbildung 5-2 gezeigt. Bei der Entkopplung von H-6 in 2-Chlorpyridin (**2**) vereinfachen sich die Signale der Protonen H-3, 4, 5, denn alle Kopplungen mit H-6 werden Null. Aus einem Spektrum vom Typ ABCX (H-6 = X) wird ein Spektrum vom Typ ABC (Abb. 5-2 B).

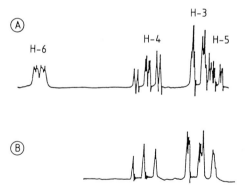

Abbildung 5-2.
100 MHz-^{1}H-NMR-Spektren von 2-Chlorpyridin (**2**).
A: Normales Spektrum, aufgenommen mit dem CW-Verfahren.
B: H-6 entkoppelt.

Wenn die Geräteausstattung es erlaubt, kann man eine zweite Zusatzfrequenz einstrahlen, wodurch sich die Spektren weiter vereinfachen *(Tripel-Resonanz-Experiment)*. Alle beschriebenen Entkopplungs-Experimente sind aber nur dann erfolgreich und eindeutig, wenn die Entkopplerfrequenzen und deren Amplituden genau abgeglichen sind.

Bei Varianten dieser Spin-Entkopplungs-Experimente sättigt man nicht alle Linien eines Multipletts. So zum Beispiel sättigt man beim *Spin-Tickling-Experiment* nur ein einziges Signal eines Multipletts, was zu einer Verdoppelung von Linien in anderen Teilen des Spektrums führt. Mit solchen Experimenten lassen sich Energieniveauschemata erstellen und die relativen Vorzeichen der Kopplungskonstanten bestimmen. Nähere Einzelheiten zu diesen und weiteren Verfahren – zum Beispiel dem INDOR-Verfahren – sind [1] zu entnehmen.

5.2.2 Unterdrückung eines Lösungsmittelsignales

Seit man für ^{1}H-NMR-Messungen deuterierte Lösungsmittel verwendet, bereiten Restsignale des nichtdeuterierten Lösungsmittels nur in Ausnahmefällen Schwierigkeiten. Muß man jedoch wie bei biochemischen Untersuchungen in wäßriger Lösung arbeiten, so stört das im Bereich von $\delta \approx 4$ bis 5 liegende Wassersignal. Wenn möglich benutzt man besser D_2O, doch ist auch dann meistens das Signal von HDO noch größer als die Substanzsignale. Manchmal läßt sich die starke Temperaturabhängigkeit der Lage des Wassersignals ausnutzen: Bei $24°$C liegt das H_2O- und das HDO-Signal bei $\delta \approx 4,8$, bei $80°$C dagegen bei $\delta \approx 4,4$. Durch eine Temperaturerhöhung kann man eventuell vom Lösungsmittel verdeckte Signale erkennen. Besser ist es jedoch, das Lösungsmittelsignal zu unterdrücken. Um dies zu erreichen, strahlt man die Frequenz des Lösungsmittelsignales mit hoher Amplitude ein, während man das Spektrum aufnimmt. Durch die Sättigung wird die Signalintensität stark reduziert. Leider können dabei auch in der Nähe liegende Signale der zu untersuchenden Substanz mitgesättigt werden, wodurch sie sich vollständig oder teilweise dem Nachweis entziehen.

Dieser Nachteil wird – zumindest teilweise – umgangen, wenn man den Entkoppler schon einige Zehntelsekunden vor der Datenaufnahme ausschaltet. Aufgrund unterschiedlicher Relaxationszeiten sind die Protonen der Substanz schon relaxiert, während das HDO-Signal noch weitgehend gesättigt ist (Abschn. 7.2.4). Noch effektiver ist die Unterdrückung des H_2O- und HDO-Signales, wenn man die Entkopplerleistung verkleinert, dafür aber jeweils vor dem Beobachtungsimpuls die Entkopplungs- und Wartephasen cyclisch (etwa 50mal) wiederholt. Die Spektren der Abbildungen 3-3 und 11-9 wurden mit dieser Technik aufgenommen ([32] in Kap. 11). Die entsprechenden Programme zur Unterdrückung von Lösungsmittelsignalen werden von den Geräteherstellern angeboten.

5.3 Spin-Entkopplung in der ^{13}C-NMR-Spektroskopie

5.3.1 ^{1}H-Breitband(BB)-Entkopplung

^{13}C-NMR-Spektren sind aufgrund der Kopplungen mit den H-Atomen komplex und linienreich, weshalb ihre Analyse meistens Schwierigkeiten bereitet. Zudem verteilen sich die ohnehin schon kleinen Intensitäten der ^{13}C-NMR-Signale auf Multipletts. Um diese negativen Auswirkungen der C,H-Kopplungen zu vermeiden, ist es üblich, die Protonen während der Aufnahme zu entkoppeln. In den C,H-entkoppelten Spektren beobachtet man für alle C-Atome ausschließlich Singuletts, vorausgesetzt im Molekül sind keine anderen koppelnden Kerne vorhanden wie zum Beispiel Fluor, Phosphor oder Deuterium.

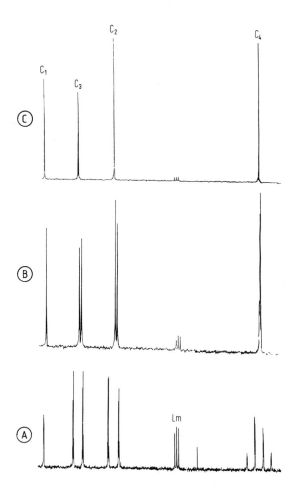

$$\overset{4}{H_3C}-\overset{3}{CH}=\overset{2}{CH}-\overset{1}{COOH}$$
$$\underset{18}{} \quad \underset{147}{} \quad \underset{122}{} \quad \underset{172}{}$$

Abbildung 5-3.
22,63 MHz-^{13}C-NMR-Spektren von Crotonsäure (**3**) in CDCl$_3$.
A: Spektrum mit C,H-Kopplungen, aufgenommen nach dem Gated-Decoupling-Verfahren.
B: Off-Resonanz-Spektrum.
C: ^{1}H-BB-entkoppeltes Spektrum.

Als Beispiel wurde das ^{13}C-NMR-Spektrum der Crotonsäure (**3**) einmal ohne und einmal mit C,H-Entkopplung aufgenommen (Abb. 5-3 A und C).

Für die C,H-Entkopplung verwendet man in der Praxis einen Generator, der eine Frequenz im Bereich der ^{1}H-Resonanzen liefert. Diese Frequenz wird durch Rauschen moduliert, so daß ein breites Frequenzband entsteht, das sich über das gesamte ^{1}H-NMR-Spektrum erstreckt. Der Generator muß dabei mit hoher Leistung arbeiten, damit die Amplituden der einzelnen Entkopplerfrequenzen zur Sättigung aller Protonenresonanz-Übergänge ausreichen. Durch diese *^{1}H-Breitband-* oder kurz *^{1}H-BB-Entkopplung* verschwinden alle C,H-Kopplungen, und man findet in den ^{13}C-NMR-Spektren nur noch Singuletts.

Durch die für die BB-Entkopplung erforderliche hohe Senderleistung kann sich die Probe erwärmen. Dies führt zu Problemen, wenn ein großer Frequenzbereich entkoppelt werden muß, wie zum Beispiel in der Hochfeld-^{1}H-NMR-Spektroskopie (500 MHz Meßfrequenz und höher) oder bei Kernen wie ^{19}F oder ^{31}P, bei denen der Bereich der chemischen Verschiebungen viel größer ist als bei Protonen. Hier zeichnet sich eine neue Technik der BB-Entkopplung ab, bei der mit *composite pulses* die rasche Spinumkehr und damit die Entkopplung erreicht wird [2].

In Abbildung 5-4 ist das Meßprinzip der ^{1}H-BB-Entkopplung schematisch wiedergegeben.

Die so aufgenommenen Spektren enthalten nur noch einen einzigen Parameter, die chemischen Verschiebungen. Diesem Nachteil stehen zwei Vorteile gegenüber. Die gesamte Intensität ist in einer Linie vereint, und die Intensität ist zusätzlich durch den bereits erwähnten Kern-Overhauser-Effekt bis zu 200 % verstärkt (Kap. 10.2.2). Dadurch verkürzt sich die Meßzeit erheblich.

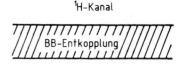

^{1}H-Kanal

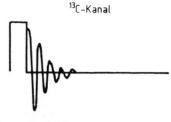

^{13}C-Kanal

Abbildung 5-4.
Meßprinzip der ^{1}H-Breitband-Entkopplung. Der ^{1}H-BB-Entkoppler ist während des gesamten Meßvorgangs im ^{13}C-Kanal eingeschaltet.

5.3.2 Gated-Decoupling-Experiment

Mißt man ^{13}C-NMR-Spektren bei gleichzeitiger ^{1}H-BB-Entkopplung, erkauft man sich den Gewinn an Meßzeit mit dem Verlust an Information, da die C,H-Kopplungen verloren gehen. Will man auf sie nicht verzichten, muß man die gekoppelten ^{13}C-NMR-Spektren aufnehmen, was, wie in 5.3.1 ausgeführt, lange Meßzeiten erfordert, weil sich zum einen die Intensitäten auf Multipletts verteilen, zum anderen der Intensitätsgewinn durch den NOE wegfällt. Mit einem speziellen Impuls-Experiment gelingt es jedoch, das ^{13}C-NMR-Spektrum mit C,H-Kopplungen zu messen und trotzdem den Intensitätsgewinn durch den NOE – wenn auch nur teilweise – zu sichern.

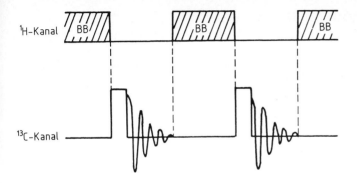

Abbildung 5-5.
Meßprinzip des Gated-Decoupling-Experimentes (zwei Cyclen). Der ^{1}H-BB-Entkoppler ist während des Beobachtungs-impulses und der Datenaufnahme im ^{13}C-Kanal ausgeschaltet.

In Abbildung 5-5 ist schematisch dargestellt, wie man dabei meßtechnisch vorgeht. Man beginnt mit eingeschaltetem BB-Entkoppler im ^{1}H-Kanal (in der Abbildung ist diese Phase schraffiert eingezeichnet). In dieser Zeit bauen sich durch den NOE Besetzungsverhältnisse auf (Kap. 10), die für die Intensitätszunahme der Signale verantwortlich sind. Vor dem Beobachtungsimpuls und der Datenaufnahme schaltet man den BB-Entkoppler aus. Während die indirekte Spin-Spin-Kopplung sofort wieder vorhanden ist, stellen sich die Gleichgewichtswerte der Besetzungszahlen nur langsam wieder ein. Die Rückkehr in den Gleichgewichtszustand wird durch die Relaxationszeiten T_1 bestimmt (Kap. 7), die im allgemeinen länger sind als die für die Datenaufnahme erforderliche Zeit. Somit kann man C,H-Kopplungen im ^{13}C-NMR-Spektrum beobachten, wobei die Signale immer noch durch den NOE verstärkt sind.

Mit diesem sogenannten *Gated-Decoupling-Verfahren* wurde das Spektrum der Crotonsäure (**3**) in Abbildung 5-3 A aufgenommen. Ein weiteres Spektrum dieses Typs ist in Abbildung 8-14 B zu finden.

In Abschnitt 1.6.3.2 lernten wir bereits das *Reversed Gated-Decoupling-Experiment* kennen. Dabei ist der ^{1}H-BB-Entkoppler nur während der Dauer des Beobachtungsimpulses und der Datenaufnahme im ^{13}C-Kanal eingeschaltet (Abb. 5-6). So wird die C,H-Kopplung aufgehoben, doch kann sich kein NOE aufbauen, und die Intensitäten der ^{13}C-NMR-Signale werden nicht verfälscht.

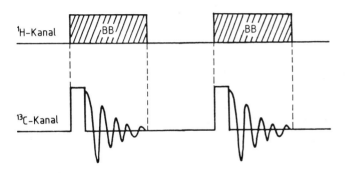

Abbildung 5-6.
Meßprinzip des Reversed Gated-Decoupling-Experimentes (zwei Cyclen). Der ^{1}H-BB-Entkoppler ist während des Beobachtungs-impulses und der Datenaufnahme im ^{13}C-Kanal eingeschaltet.

5.3.3 ^{1}H-Off-Resonanz-Entkopplung

Die Singuletts in ^{1}H-BB-entkoppelten ^{13}C-NMR-Spektren zuzuordnen, bereitet oft Schwierigkeiten, da man nur die chemischen Verschiebungen als Zuordnungshilfe hat. Es wäre manchmal schon viel gewonnen, wüßte man die Zahl der direkt an C-Atome gebundenen H-Atome – eine Information, die man normalerweise aus den Multiplizitäten der Resonanzsignale erhält. Die Aufgabe bestand also darin, ein Verfahren zu finden, mit dem man möglichst schnell die Multiplettstruktur für jedes einzelne Signal bekommt.

Eine Möglichkeit bot die *^{1}H-Off-Resonanz-Entkopplung*. Obwohl dieses Verfahren inzwischen nicht mehr so häufig angewandt wird, wollen wir es hier aus didaktischen Gründen ausführlich besprechen.

Ein Off-Resonanz-Spektrum erhält man, indem man die ^{13}C-NMR-Spektren mit der normalen Impulstechnik mißt, gleichzeitig aber alle ^{1}H-Resonanzen nur so intensiv einstrahlt, daß die C,H-Kopplungen zwar stark reduziert, jedoch nicht vollständig aufgehoben werden. Durch geeignete Wahl der apparativen Parameter sieht man nur noch Kopplungen über eine Bindung. Je nach Zahl der direkt gebundenen H-Atome erscheinen dann im Spektrum Quartetts für CH_3-, Tripletts für CH_2-, Dubletts für CH-Gruppen und Singuletts für C-Atome ohne direkt gebundenen Wasserstoff, die sogenannten quartären C-Atome. Man erhält also genau die Information, die man gerne haben möchte, wobei sogar der Intensitätsgewinn durch den NOE weitgehend erhalten bleibt.

Abbildung 5-3 B zeigt das Off-Resonanz-Spektrum von Crotonsäure. Man erkennt sehr gut die Dublettstruktur der Signale von C-2 und C-3.

In der Praxis benutzt man den gleichen Entkoppler wie für die H,H-Entkopplung. Während man dort nur Multipletts von einigen Hz Breite sättigen muß, verwendet man beim Off-Resonanz-Verfahren eine wesentlich höhere Entkopplerleistung. Dadurch wird die Linienbreite des für die Entkopplung verwendeten Signales so groß, daß es das ganze ^{1}H-NMR-Spektrum überdeckt. Die Leistungen der einzelnen Komponenten dieses Entkopplersignales reichen allerdings nicht aus, die C,H-Kopplungen vollständig zu eliminieren wie bei der ^{1}H-BB-Entkopplung.

Wie stark die C,H-Kopplungskonstanten reduziert werden, hängt von drei Parametern ab:

- der Größe der C,H-Kopplungskonstanten J (C,H)
- dem Abstand zwischen der Resonanzfrequenz des zu entkoppelnden Protons v_1 und der Entkopplerfrequenz v_2 ($\Delta v = v_1 - v_2$)

- der Amplitude B_2 des Entkopplerfeldes am Ort des ^{1}H-NMR-Signales.

Die Beziehung (5-1) [3] gibt den Zusammenhang zwischen der reduzierten Kopplungskonstanten J_{red} und diesen Größen vereinfacht wieder:

$$J_{red} = \frac{J\,\Delta\nu}{\gamma\,B_2} \qquad (5\text{-}1)$$

Gleichung (5-1) enthält mit $\Delta\nu$ und B_2 zwei Größen rein apparativer Natur. Durch Variation dieser Parameter kann man die C,H-Kopplungskonstanten so reduzieren, daß die Aufspaltungen durch Kopplungen über zwei und mehr Bindungen nicht mehr aufgelöst werden und nur noch die ebenfalls reduzierten ^1J(C,H)-Kopplungen übrig bleiben.

Da Off-Resonanz-Spektren nur qualitative Informationen liefern sollen, werden an die Qualität der Spektren meist keine allzu hohen Anforderungen gestellt, und man nimmt ein relativ schlechtes S:N-Verhältnis in Kauf. Die Messung eines Off-Resonanz-Spektrums dauert zwar immer noch etwa doppelt so

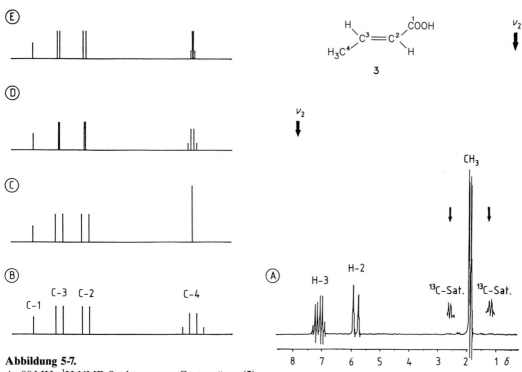

Abbildung 5-7.
A: 90 MHz-^{1}H-NMR-Spektrum von Crotonsäure (**3**).
B–E: ^{13}C-NMR-Strichspektren von **3**. B: mit C,H-Kopplung.
C: Selektive ^{1}H-Entkopplung der Methylprotonen.
D: ^{1}H-Off-Resonanz-Entkopplung; Entkopplerfrequenz am linken Rand des ^{1}H-NMR-Spektrums (bei $\delta \approx 8$; dicker Pfeil über dem ^{1}H-NMR-Spektrum A).
E: wie D, aber Entkopplerfrequenz am rechten Rand des ^{1}H-NMR-Spektrums (bei $\delta \approx 1$).

lang wie man für die Aufnahme eines ¹H-BB-entkoppelten ¹³C-NMR-Spektrums brauchen würde, ist aber kürzer als für ein C,H-gekoppeltes Spektrum.

Im ¹H-Off-Resonanz-Spektrum der Crotonsäure (Abb. 5-3 B) finden wir für C-4, das C-Atom der Methylgruppe, in erster Näherung ein Singulett, obwohl man ein Quartett erwarten würde. Versuchen wir, diesen Effekt mit Hilfe von Abbildung 5-7 zu verstehen. Diese zeigt das 90 MHz-¹H-NMR-Spektrum (A) und das ¹³C-NMR-Spektrum als Strichspektrum mit C,H-Kopplungen (B). Die Abbildungen 5-7 D und E geben schematisch zwei Off-Resonanz-Spektren wieder, bei D lag die Entkopplerfrequenz ν_2 am linken, bei E am rechten Rand des ¹H-NMR-Spektrums. Diese Stellen sind durch Pfeile im Spektrum A markiert.

Im Fall D liegt die Entkopplerfrequenz näher an den Signalen der olefinischen Protonen, deshalb sind diese C,H-Kopplungen nach Gleichung (5-1) stärker reduziert als die C,H-Kopplung in der CH₃-Gruppe. Im zweiten Fall, E, lag ν_2 näher an der CH₃-Resonanz, daher ist die C,H-Kopplung der CH₃-Gruppe stärker reduziert.

Beim Off-Resonanz-Experiment, das zum Spektrum in Abbildung 5-3 B führte, lag offensichtlich die Entkopplerfrequenz ν_2 sehr nahe an der Resonanzfrequenz der Methylprotonen. Die apparativen Bedingungen entsprachen also ungefähr denen von Abbildung 5-7 E. Für die CH₃-Gruppe ist die reduzierte ¹J(C,H)-Kopplungskonstante fast Null, während für die beiden an der Doppelbindung beteiligten CH-Gruppen die Dublettaufspaltung durch die reduzierte C,H-Kopplung noch deutlich zu erkennen ist. Dies kann als Zuordnungshilfe genutzt werden (Abschn. 6.3.3).

Häufig sehen die Multipletts im Off-Resonanz-Spektrum nicht wie Dubletts, Tripletts oder Quartetts aus, sie sind oft sogar komplexer als im normalen, gekoppelten Spektrum, denn man mißt im ¹³C-NMR-Spektrum den X-Teil eines Spektrums höherer Ordnung. Ein Beispiel erläutert diese Problematik.

Beispiel:

○ Für die $-CH_2-$¹³CH_2-Gruppe erhält man im ¹³C-NMR-Spektrum die X-Resonanzen eines AA'BB'X-Spin-Systems, wobei die ¹J(C,H)-Kopplungskonstante viel größer ist als die Kopplungskonstanten $J_{AA'}$ und $J_{BB'}$. Diese beiden H,H-Kopplungen spielen daher nur eine untergeordnete Rolle. Unter Off-Resonanz-Bedingungen werden diese drei Kopplungskonstanten aber von gleicher Größenordnung, und damit wird der X-Teil, das heißt der im ¹³C-NMR-Spektrum beobachtbare Spektrenausschnitt, komplizierter als das erwartete Triplett (Abschn. 4.7).

In Kapitel 8 werden wir das DEPT-Verfahren kennenlernen, das heute die Off-Resonanz-Technik ersetzt.

5.3.4 Selektive Entkopplung

Bei einer selektiven Entkopplung werden die Resonanzlinien bestimmter Kerne im Molekül gezielt gesättigt und so alle Kopplungen mit diesem Kern aufgehoben. Nach dieser Definition ist die ^{1}H-BB-Entkopplung nicht selektiv. Dagegen sind alle homonuklearen H,H-Entkopplungen selektiv.

Praktische Bedeutung erlangten auch *heteronukleare selektive Entkopplungs-Experimente* – allen voran die selektive C,H-Entkopplung. Wir besprechen dieses Verfahren wieder am Beispiel der Crotonsäure.

Im ^{1}H-NMR-Spektrum der Crotonsäure (Abb. 5-7 A) erscheinen die Signale der Methylprotonen bei $\delta = 1,89$ und die der olefinischen Protonen bei $\delta = 5,82$ sowie 7,04. Strahlen wir gezielt die Resonanzfrequenz der Methylprotonen ein, entkoppeln wir diese Protonen und den ^{13}C-Kern der Methylgruppe. Entscheidend dabei sind nicht die Hauptsignale im ^{1}H-NMR-Spektrum, sondern die ^{13}C-Satelliten! Sie stammen von den 1,1 Prozent aller Moleküle, deren Resonanzen wir im ^{13}C-NMR-Spektrum beobachten. Um die Entkopplung zu bewirken, muß die Leistung des Entkopplers so groß sein, daß die beiden etwa 125 Hz auseinanderliegenden ^{13}C-Satelliten getroffen werden. Nur dann werden im ^{13}C-NMR-Spektrum die vier Signale der Methylgruppe zum Singulett, während alle anderen Kopplungen und damit die Multiplettstruktur der anderen Signale erhalten bleiben. Abbildung 5-7 C zeigt das entsprechende Strichspektrum. Glücklicherweise liegen in der Crotonsäure die ^{1}H-Resonanzen der chemisch nicht-äquivalenten H-Atome weit auseinander. Meistens sind die Bedingungen nicht so günstig, und es treten Komplikationen auf, da bei der Entkopplung mit einem derart breiten Frequenzband (> 125 Hz) auch naheliegende oder gar überlappende ^{13}C-Satelliten anderer Signale gesättigt werden. Für die so mitbetroffenen Protonen sind dann ähnliche Bedingungen gegeben wie beim Off-Resonanz-Verfahren.

Voraussetzung für selektive Entkopplungsexperimente ist die Zuordnung der Signale im ^{1}H-NMR-Spektrum und die genaue Bestimmung ihrer Frequenzen. Die Experimente erfordern viel Zeit, daher werden sie auch nicht routinemäßig ausgeführt. Von Vorteil ist es, die beiden Methoden der selektiven ^{1}H-Entkopplung und des Gated-Decoupling zu kombinieren, um so durch den NOE die Signalintensitäten zu steigern.

5.3.5 $^{13}C\{^1H\}$-Entkopplungs-Experimente im Überblick

Die wichtigsten Entkopplungsexperimente in der ^{13}C-NMR-Spektroskopie sind

- das Gated-Decoupling-Experiment
- die ^{1}H-BB-Entkopplung
- die ^{1}H-Off-Resonanz-Entkopplung
- die selektive C,H-Entkopplung.

Das *Gated-Decoupling-Verfahren* liefert die spektralen Parameter δ und J (C,H). Die Meßzeiten sind lang, obwohl man Intensität durch den NOE gewinnt. Die Spektren sind komplex.

Aus den *^{1}H-BB-entkoppelten ^{13}C-NMR-Spektren* kann man nur die chemischen Verschiebungen entnehmen. Die Messung ist relativ kurz, weil die Signalintensitäten durch den NOE bis zu 200 % zunehmen. Doch geht die Information aus den C,H-Kopplungskonstanten verloren.

Das *^{1}H-Off-Resonanz-Spektrum* wird – wenn überhaupt – zusätzlich zum ^{1}H-BB-entkoppelten Spektrum als Zuordnungshilfe aufgenommen. Aus den Multiplizitäten erkennt man, wieviel H-Atome direkt an den C-Atomen gebunden sind. Für CH_3 erhält man ein Quartett, für CH_2 ein Triplett, für CH ein Dublett und für ein quartäres C-Atom ein Singulett. Diese Technik ist weitgehend durch neue ersetzt. Diese neuen Verfahren werden wir in Kapitel 8 kennenlernen.

Das Verfahren der *selektiven C,H-Entkopplung* dient ausschließlich der Signalzuordnung in der ^{13}C-NMR-Spektroskopie.

5.4 Literatur zu Kapitel 5

[1] W. v. Philipsborn, *Angew. Chem. 83* (1971) 470.

[2] R. Freeman: *A Handbook of Nuclear Magnetic Resonance.* Longman Scientific & Technical, New York 1987, S. 43 ff.

[3] H.-O. Kalinowski, S. Berger, S. Braun: *^{13}C-NMR-Spektroskopie.* Georg Thieme Verlag, Stuttgart 1984, S. 50.

Ergänzende und weiterführende Literatur

R. A. Hoffman und S. Forsén: „High Resolution Nuclear Magnetic Double and Multiple Resonance" in *Prog. Nucl. Magn. Reson. Spectrosc. 1* (1966) 15.

J. K. M. Sanders und J. D. Mersh: „Nuclear Magnetic Double Resonance; The Use of Difference Spectroscopy" in *Prog. Nucl. Magn. Reson. Spectrosc. 15* (1982) 353.

6 Zuordnung der ^{1}H- und ^{13}C-NMR-Signale

6.1 Einführung

Meistens dienen NMR-Untersuchungen der Strukturaufklärung. Die gewünschte Information ist in den spektralen Parametern enthalten, wobei die drei wichtigsten die chemischen Verschiebungen (δ), die Kopplungskonstanten (J) und die Intensitäten (I) sind. Wie man diese Parameter durch Analyse der Spektren gewinnt, wurde in den Kapiteln 1, 4 und 5 beschrieben. Dabei braucht man sich im Prinzip noch kein Molekül mit einer bestimmten Struktur vorzustellen; normalerweise liegt aber ein konkreter Strukturvorschlag vor, so daß die Fragestellung dann lautet: Sind in den ^{1}H- oder ^{13}C-NMR-Spektren für jedes Wasserstoff- oder Kohlenstoffatom des untersuchten Moleküls die entsprechenden Signale zu finden? Wird der Vorschlag durch das Spektrum bestätigt?

Ist die Struktur des Moleküls dagegen unbekannt, sucht man im Spektrum nach charakteristischen Signalen, die auf wichtige Strukturmerkmale oder funktionelle Gruppen hinweisen. In der Praxis sind die beiden Schritte – Analyse und Zuordnung – nicht streng getrennt. Oft ergibt sich aus einer Teilzuordnung die weitere Analyse.

Selbst der erfahrene Spektroskopiker greift häufig auf Datensammlungen zurück. Bis vor nicht allzu langer Zeit verstand man darunter Monographien, Übersichtsartikel und Kataloge, in denen Spektren abgebildet sind. Ein Katalog mit vollständigen Spektren kann zwar für den Benutzer sehr anschaulich sein, doch wird eine Sammlung mit tausenden von Spektren unhandlich. Zudem wird ein Vergleich problematisch, wenn die Spektren nicht bei gleicher Meßfrequenz aufgenommen wurden. Dies gilt vor allem für ^{1}H-NMR-Spektren.

Im Zeitalter des Rechners bieten sich Magnetband und Magnetplatte zum Katalogisieren an. Dies eröffnet völlig neue Möglichkeiten für den Aufbau einer Datei und der Datenverarbeitung (Abschn. 6.4). Dateien auf Band oder Platte enthalten nicht den vollständigen Kurvenverlauf mit allen Signalen, ihren Intensitäten und Linienformen, sondern nur die spektralen Parameter wie chemische Verschiebungen, Kopplungskonstanten, Multiplizitäten, Intensitäten. Um diese Daten für eine große Zahl von Verbindungen abzuspeichern, ist im Augenblick noch die Speicherkapazität eines Großrechners erforderlich. Über den Rechner des Spektrometers kann man Zugang zu einer zentralen Datenbank bekommen, zum Beispiel durch Datenfernübertragung via Telefon. Zudem können bereits Datensammlungen von begrenztem Umfang direkt vor Ort im Spektrometer gespeichert werden.

Die Entwicklung ist in der ^{13}C-NMR-Spektroskopie weiter fortgeschritten als in der ^{1}H-NMR-Spektroskopie. Die Gründe dafür sind verständlich, wenn wir ^{1}H- und ^{13}C-NMR-Spektren miteinander vergleichen.

In den folgenden Abschnitten verzichten wir bewußt auf den Einsatz klassischer Kataloge als Zuordnungshilfe. Es werden andere Wege aufgezeigt, die in der ^{1}H- und ^{13}C-NMR-Spektroskopie (Abschn. 6.2 und 6.3) bei der Lösung von Zuordnungsproblemen helfen. Abschnitt 6.4 beschreibt, wie sich der Rechner zur Spektrenzuordnung einsetzen läßt, wobei wir uns ausschließlich auf die ^{13}C-NMR-Spektroskopie beschränken.

Die Methoden der ein- und zweidimensionalen NMR-Spektroskopie, die in neuester Zeit so spektakuläre Fortschritte für die Zuordnungstechnik brachten, bedürfen einiger theoretischer Kenntnisse und werden deshalb in den Kapiteln 8 und 9 besprochen.

6.2 ^{1}H-NMR-Spektroskopie

6.2.1 Problemstellung

In vielen Spektren lassen sich nicht alle Signale zuordnen. Häufig ist dies von der Problemstellung her auch gar nicht notwendig, zum Beispiel dann nicht, wenn nur der Erfolg einer Substitution, beispielsweise einer Methylierung oder Acetylierung, überprüft werden soll. In diesen Fällen genügt es, ein Singulett mit der Intensität drei im fraglichen Bereich nachzuweisen. Wenn dagegen die Stellung der Substituenten am Benzolring interessiert, muß man nur die Signale aller aromatischen Protonen analysieren und zuordnen. Als Beispiel sei auf die Spektren der drei isomeren Dichlorbenzole hingewiesen (Abb. 2-13). Dort konnte man aus dem Spektrentyp eindeutig die Stellung der beiden Chlorsubstituenten erkennen. Doch welche Signale sind welchen Protonen zuzuordnen?

In Kapitel 2 wurde auf empirische Korrelationen und Additivitätsregeln hingewiesen, mit deren Hilfe man die chemischen Verschiebungen für Protonen und ^{13}C-Kerne der verschiedensten Substanzklassen abschätzen kann. Da man diese Verfahren ohne zusätzlichen experimentellen Aufwand, ohne umfangreiche Datensammlungen und ohne Rechner anwenden kann, werden sie als erstes behandelt. Es folgen die Zuordnungstechniken, bei denen die Aufnahmebedingungen und Substanzen verändert werden müssen.

6.2.2 Empirische Korrelationen zur Abschätzung chemischer Verschiebungen

Alle Regeln zum Abschätzen chemischer Verschiebungen beruhen auf der Beobachtung, daß innerhalb einer Substanzklasse der Beitrag eines Substituenten zur chemischen Verschiebung nahezu konstant ist.

Durch Auswerten vieler Meßdaten wurden diese Beiträge, die *Substituenten-Inkremente,* bestimmt. Mit ihnen lassen sich durch einfache Regeln die chemischen Verschiebungen abschätzen. Da die Inkremente durch Mittelung von Meßdaten einer mehr oder weniger willkürlichen Auswahl von Verbindungen gewonnen wurden, können die damit berechneten chemischen Verschiebungen nicht besser sein als die Inkremente selbst. Darum wird im Rahmen dieses Buches immer nur von Abschätzungen die Rede sein. Ist man sich dieser Tatsache bewußt, stellen die durch diese empirischen Korrelationen ermittelten δ-Werte eine wertvolle Zuordnungshilfe dar. Die wichtigsten Regeln werden im folgenden zusammen mit Beispielen besprochen. (Die Reihenfolge der verschiedenen Substanzklassen ist die gleiche wie in Kapitel 2.)

6.2.2.1 Alkane (Regel von Shoolery)

Für zweifach und mit Einschränkungen auch für dreifach substituiertes Methan lassen sich die chemischen Verschiebungen der Protonen mit Hilfe der *Regel von Shoolery* (6-1) vorhersagen. Die Regel lautet für $X-CH_2-Y$:

$$\delta (CH_2) = 0,23 + S_x + S_y \qquad (6-1)$$

Bezugspunkt ist die chemische Verschiebung der Protonen in Methan. Die Inkremente S sind in Tabelle 6-1 zu finden.

Als Beispiel wurde bereits in Abschnitt 2.2.1 der δ-Wert für die Methylenprotonen in Benzyl(methyl)amin berechnet.

Tabelle 6-1.

Substituenten-Inkremente S zur Abschätzung der ^{1}H-chemischen Verschiebungen von zweifach substituiertem Methan X-CH$_2$-Y mit Hilfe der *Regel von Shoolery* $\delta\,(CH_2) = 0{,}23 + S_x + S_y$ (6-1)

Substituent	S	Substituent	S
$-CH_3$	0,47	$-NRR'$	1,57
$-CF_3$	1,14	$-SR$	1,64
$-CR=CR'R''$	1,32	$-I$	1,82
$-C\equiv CH$	1,44	$-Br$	2,33
$-COOR$	1,55	$-OR$	2,36
$-CONH_2$	1,59	$-Cl$	2,53
$-COR$	1,70	$-OH$	2,56
$-C\equiv N$	1,70	$-OCOR$	3,13
$-C_6H_5$	1,83	$-OC_6H_5$	3,23

6.2.2.2 Alkene

Die Abschätzung der chemischen Verschiebungen in Ethylenderivaten geht auf die *Regel von Pascual, Meier und Simon* (6-2) zurück [1]:

$$\delta\,(H) = 5{,}28 + S_{gem} + S_{cis} + S_{trans} \qquad (6\text{-}2)$$

Bezugspunkt ist die chemische Verschiebung der Ethylenprotonen mit $\delta = 5{,}28$. Die Inkremente sind in Tabelle 6-2 angegeben.

*1. Beispiel: trans-*Crotonsäure (**1**)

$$\delta\,(H\text{-}2) = 5{,}28 + S_{gem}\,(COOH) + S_{cis}\,(CH_3)$$
$$= 5{,}28 + 0{,}69 \qquad\quad\; - 0{,}26 \quad = 5{,}71$$
$$\text{gefundener Wert: } 5{,}82$$

$$\delta\,(H\text{-}3) = 5{,}28 + S_{gem}\,(CH_3) \quad + S_{cis}\,(COOH)$$
$$= 5{,}28 + 0{,}44 \qquad\quad\; + 0{,}97 \quad = 6{,}69$$
$$\text{gefundener Wert: } 7{,}04$$

Außerdem: $\delta\,(CH_3) = 1{,}89$; $\delta\,(COOH) \approx 12$

Das Spektrum von Crotonsäure zeigt Abbildung 5-7.

2. Beispiel: cis- und *trans-*Stilben (**2** und **3**)

Die Stellung der Phenyl-Substituenten läßt sich in diesen speziellen Fällen nicht anhand der $^3J\,(H,H)$-Kopplungskonstanten ermitteln, da die beiden olefinischen Protonen jeweils äquivalent sind. Im Spektrum erscheint daher in diesem Bereich für jede Verbindung nur ein Singulett. Die Zuordnung ist jedoch mit Hilfe der Regel (6-2) eindeutig zu treffen.

140

Tabelle 6-2.

Substituenten-Inkremente $S^{1)}$ zur Abschätzung der ^{1}H-chemischen Verschiebungen von Alkenen entsprechend

$$\delta (H) = 5{,}28 + S_{gem} + S_{cis} + S_{trans} \qquad (6\text{-}2)$$

Substituent	S_{gem}	S_{cis}	S_{trans}
$-H$	0	0	0
$-CH_3$ (Alkyl)	0,44	$-0{,}26$	$-0{,}29$
$-F$	1,51	$-0{,}43$	$-1{,}05$
$-Cl$	1,00	0,19	0,03
$-Br$	1,04	0,40	0,55
$-I$	1,11	0,78	0,85
$-NR_2$ (aliph.)	0,69	$-1{,}19$	$-1{,}31$
$-OAlkyl$	1,18	$-1{,}06$	$-1{,}28$
$-OCOCH_3$	2,09	$-0{,}40$	$-0{,}67$
$-C_6H_5$	1,35	0,37	$-0{,}10$
$-CH\!=\!CH_2$ (konj.)	1,26	0,08	$-0{,}01$
$-COOH$ (konj.)	0,69	0,97	0,39
$-NO_2$	1,84	1,29	0,59

$^{1)}$ Werte aus [1] und [2]

cis-Stilben (**2**):

$$\delta (H) = 5{,}28 + S_{gem}\,(Ph) + S_{trans}\,(Ph)$$
$$= 5{,}28 + 1{,}35 \quad - 0{,}1 \quad = 6{,}53$$

gefundener Wert: 6,55

trans-Stilben (**3**):

$$\delta (H) = 5{,}28 + S_{gem}\,(Ph) + S_{cis}\,(Ph)$$
$$= 5{,}28 + 1{,}35 \quad + 0{,}37 \quad = 7{,}00$$

gefundener Wert: 7,1

6.2.2.3 Benzolderivate

Für Benzolderivate gilt folgende empirische Beziehung (6-3):

$$\delta (H) = 7{,}27 + \Sigma\, S \qquad (6\text{-}3)$$

Bezugspunkt ist die chemische Verschiebung der Benzolprotonen. Die Substituenten-Inkremente S sind in Tabelle 6-3 angegeben. Bei Mehrfachsubstitutionen müssen die Inkremente entsprechend ihrem Substitutionsort gewählt und addiert werden.

Tabelle 6-3.

Substituenten-Inkremente S [1] zur Abschätzung der ^1H-chemischen Verschiebungen von aromatischen Verbindungen entsprechend

$$\delta(H) = 7{,}27 + \Sigma\, S \tag{6-3}$$

Substituent	S_o	S_m	S_p
$-CH_3$	$-0{,}17$	$-0{,}09$	$-0{,}18$
$-CH_2CH_3$	$-0{,}15$	$-0{,}06$	$-0{,}18$
$-F$	$-0{,}30$	$-0{,}02$	$-0{,}22$
$-Cl$	$+0{,}02$	$-0{,}06$	$-0{,}04$
$-Br$	$+0{,}22$	$-0{,}13$	$-0{,}03$
$-I$	$+0{,}40$	$-0{,}26$	$-0{,}03$
$-OH$	$-0{,}50$	$-0{,}14$	$-0{,}4$
$-OCH_3$	$-0{,}43$	$-0{,}09$	$-0{,}37$
$-OCOCH_3$	$-0{,}21$	$-0{,}02$	$0{,}0$
$-NH_2$	$-0{,}75$	$-0{,}24$	$-0{,}63$
$-N(CH_3)_2$	$-0{,}60$	$-0{,}10$	$-0{,}62$
$-C_6H_5$	$+0{,}18$	$0{,}0$	$+0{,}08$
$-CHO$	$+0{,}58$	$+0{,}21$	$+0{,}27$
$-COCH_3$	$+0{,}64$	$+0{,}09$	$+0{,}3$
$-COOCH_3$	$+0{,}74$	$+0{,}07$	$+0{,}20$
$-NO_2$	$+0{,}95$	$+0{,}17$	$+0{,}33$

[1] Werte aus [3]

Beispiel: p-Nitroanisol (**4**)

$$\delta(H\text{-}2,6) = 7{,}27 + S_o\,(OCH_3) + S_m\,(NO_2)$$
$$= 7{,}27 - 0{,}43 \qquad\quad + 0{,}17 = 7{,}01$$
gefundener Wert: 6,88

$$\delta(H\text{-}3,5) = 7{,}27 + S_o\,(NO_2) \quad + S_m\,(OCH_3)$$
$$= 7{,}27 + 0{,}95 \qquad\quad - 0{,}09 = 8{,}13$$
gefundener Wert: 8,15

Außerdem: $\delta(OCH_3) = 3{,}90$

Die Übereinstimmung zwischen berechneten und gefundenen Werten ist gut. Erfahrungsgemäß werden die Abweichungen größer mit zunehmender Substitution, bei o-Substitution und bei sperrigen Substituenten.

6.2.3 Entkopplungs-Experimente

Die Spin-Entkopplung macht die Spektren einfacher, das heißt linienärmer (Abschn. 5.2) und gehört daher zu den Routine-Experimenten eines jeden NMR-Labors. In vielen Fällen sind die Spektren trotz Entkopplung immer noch nicht leicht zu analysieren, aber man erkennt aus der Veränderung des Spektrums zumindest, wo die Signale der miteinander koppelnden Protonen zu finden sind. Ein Beispiel zeigt Abbildung 5-2. Im Prinzip kann man – ausgehend von den bekannten Resonanzen eines Protons – durch mehrere aufeinanderfolgende Entkopplungs-Experimente das ganze Spektrum zuordnen. In der Praxis treten aber immer dann Schwierigkeiten auf, wenn die Resonanzfrequenzen der koppelnden Kerne zu nahe beieinander liegen ($\Delta v < \approx 100$ Hz).

Wollte man zum Beispiel das recht komplizierte Spektrum des Gemisches von α- und β-Glucose (Abb. 3-3) durch H,H-Entkopplungen zuordnen, so ginge man von den Resonanzen der Protonen H-1 aus, da diese gut getrennt liegen. Man fände so für beide Anomere leicht die Signale von H-2. Aber durch Sättigung der H-2-Resonanzen weitere Signale zuzuordnen, ist praktisch nicht mehr möglich, denn beim Entkoppeln werden stets andere Signale mitgesättigt.

Viel eleganter lassen sich solche Nachbarschaftsbeziehungen durch zweidimensionale NMR-Experimente aufklären (Kap. 9).

6.2.4 Lösungsmittel- und Temperatureffekte

Lösungsmittel und gelöste Moleküle treten häufig miteinander in Wechselwirkung. Dies kann zu Signalverschiebungen führen, besonders dann, wenn die Lösungsmittelmoleküle in bestimmten Vorzugsrichtungen das Molekül umgeben oder wenn sich Wasserstoffbrücken ausbilden können. Derartige Effekte zeigen sich vorwiegend bei polaren Substanzen. Um möglichst extreme Lösungsmitteleffekte zu erhalten, mißt man einmal in einem unpolaren Lösungsmittel (CCl_4, $CDCl_3$, Kohlenwasserstoffe) und dann in einem, das starke Anisotropieeffekte bewirkt (Benzol und andere Aromaten).

Für Substituenten mit OH-Gruppen eignet sich Dimethylsulfoxid als Lösungsmittel. Durch die Ausbildung starker Wasserstoffbrücken zu den Lösungsmittelmolekülen wird der Protonenaustausch so verlangsamt, daß jetzt sogar vicinale Kopplungen der OH-Protonen zu α-ständigen Protonen beobachtet werden können. Das Kopplungsmuster des OH-Signales – Triplett, Dublett oder Singulett – gibt direkt Aufschluß, ob ein primärer, sekundärer oder tertiärer Alkohol vorliegt. Analoge Effekte beobachtet man bei NH_2-Gruppen.

Bei Veränderung der Meßtemperatur wandern unter Umständen einzelne Signale relativ zu anderen. Dies ist fast immer ein Hinweis auf Molekülassoziate. Am bekanntesten sind diese Effekte bei OH-Signalen. Durch Temperaturerhöhung können Kopplungen verschwinden, wenn zum Beispiel der H,H-Austausch beschleunigt wird. Weitere Temperatureffekte und die Verwendung paramagnetischer Zusätze (Verschiebungsreagenzien) sowie chiraler Verbindungen als Zuordnungshilfen werden in Kapitel 11 bzw. 12 besprochen.

6.2.5 Chemische Veränderung der Substanzen

Eine chemische Veränderung des Moleküles bedeutet auch ein neues Spektrum. Will man also mit chemischen Methoden eine Verbindung mit dem Ziel ändern, das Spektrum der Ausgangsverbindung zu analysieren, darf der Eingriff in das Molekül nicht zu groß sein! Zwei Verfahren bieten sich an:
- die *Substitution von Wasserstoff durch Deuterium* und
- die *Derivatisierung* – sofern dies chemisch möglich ist.

Bei der Substitution von H durch D fehlt im ^{1}H-NMR-Spektrum das entsprechende Signal. Zusätzlich vereinfachen sich die Signale derjenigen Protonen, die vorher mit dem – nun substituierten – Proton koppelten (Abschn. 3.6.2). OH-, NH- und SH-Protonen sind leicht gegen Deuterium austauschbar, oft genügt schon das Schütteln der CCl_4- oder $CDCl_3$-Lösung im Probenröhrchen mit einigen Tropfen D_2O: Die Signale der austauschbaren Protonen sind verschwunden oder stark reduziert und damit auch identifiziert.

Bei der gezielten Derivatisierung werden meistens nur die Resonanzlagen der nächsten Nachbarn beeinflußt. Eine gängige und in der Kohlenhydratchemie wichtige Methode ist die Acetylierung von OH-Gruppen; dadurch sind die α-ständigen CH-oder CH_2-Protonen um ca. 1 ppm schwächer abgeschirmt (Verschiebung nach höheren δ-Werten). Ein weiterer Vorteil der Acetylierung ist die bessere Löslichkeit der Kohlenhydratderivate in organischen Lösungsmitteln, in denen die Auflösung im allgemeinen besser ist als in H_2O oder D_2O. Neben der Acetylierung ist die Methylierung gebräuchlich. Alkohole und Phenole werden mit Trichloracetyl-isocyanat zur Bildung der entsprechenden Carbaminsäureester umgesetzt.

6.3 ^{13}C-NMR-Spektroskopie

6.3.1 Problemstellung

Nehmen wir an, wir hätten die Signale im ^{13}C-NMR-Spektrum des recht komplizierten Neuraminsäurederivates (**5**) zuzuordnen (Abb. 6-1). Da das Molekül 13 C-Atome enthält und keine Symmetrieelemente aufweist, finden wir 13 Singuletts im ^{1}H-BB-entkoppelten ^{13}C-NMR-Spektrum. Die chemischen Verschiebungen lassen sich einfach ablesen.

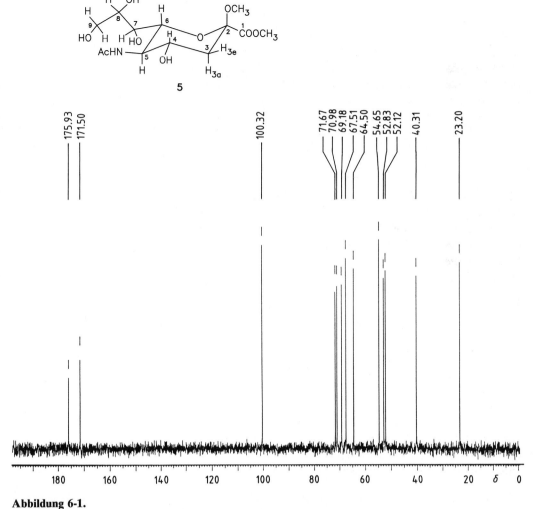

Abbildung 6-1.
100,617 MHz-^{13}C-NMR-Spektrum des Methylketosids des N-Acetyl-β-D-neuraminsäuremethylesters (**5**) in D_2O; 256 NS; 16 K Datenpunkte, 2,441 Hz/Punkt; Delay 1 s.

Welche Hilfsmittel stehen uns für die Zuordnung der Signale zu den einzelnen C-Atomen zur Verfügung? Als erste Möglichkeit bietet sich der Vergleich des gemessenen Spektrums mit Spektren bekannter, ähnlicher Verbindungen an. Der Erfolg dieses Verfahrens hängt von der eigenen Erfahrung und den zur Verfügung stehenden Spektren- und Datensammlungen ab.

Wie in der ^{1}H-NMR-Spektroskopie (Abschn. 6.2.2) gibt es auch in der ^{13}C-NMR-Spektroskopie eine Reihe empirischer Regeln, die ohne großen Aufwand ^{13}C-chemische Verschiebungen abzuschätzen erlauben. Alle anderen Zuordnungsverfahren erfordern zusätzliche Experimente, bei denen man entweder spezielle apparative und methodische Techniken anwendet oder die Substanzen chemisch verändert.

Als erstes behandeln wir die empirischen Korrelationen, danach einige speziellere Techniken. Auf unser Beispiel, das Neuraminsäurederivat (5), kommen wir im letzten Abschnitt dieses Kapitels (6.4.2) noch einmal zurück. Wesentlich ausführlicher werden wir auf die ^{1}H- und ^{13}C-NMR-Spektren dieser Verbindung dann aber in den Kapiteln 8 und 9 eingehen.

6.3.2 Empirische Korrelationen zur Abschätzung chemischer Verschiebungen

Eine allgemeingültige Korrelation zwischen berechneten σ- und π-Elektronendichten und chemischen Verschiebungen gibt es nicht. Auch die Korrelation von chemischen Verschiebungen und Elektronegativitäts-, Hammett- oder Taft-Konstanten ergaben nur in wenigen Fällen einfache lineare Beziehungen. Als Zuordnungshilfe für den Praktiker sind sie alle ungeeignet. Praktische Bedeutung erlangten nur die Beziehungen, bei denen man die chemischen Verschiebungen mit empirisch bestimmten Substituenten-Inkrementen abschätzt. Das setzt voraus, daß die Substituenteneffekte additiv sind. Die nächsten Abschnitte bieten eine Auswahl. Bei den Beispielen stehen die experimentell bestimmten δ-Werte, die aus [4] entnommen wurden, stets unter der Strukturformel.

6.3.2.1 Alkane

Lineare und verzweigte Alkane: Grant und Paul [5] haben die Spektren einer großen Zahl reiner Kohlenwasserstoffe ausgewertet und ein Inkrementensystem entwickelt, mit dem man die chemischen Verschiebungen für die C-Atome in Alkanen vorhersagen kann:

$$\delta_i = -2,3 + 9,1 \cdot n_\alpha + 9,4 \cdot n_\beta - 2,5 \cdot n_\gamma + 0,3 \cdot n_\delta + 0,1 \cdot n_\varepsilon + \Sigma S_{ij}$$
$$(6\text{-}4)$$

δ_i = chemische Verschiebung des interessierenden C-Atoms
n = Zahl der C-Atome in α-, β-, γ-, δ- und ε-Stellung
S_{ij} = sterischer Faktor, der Verzweigungen berücksichtigt.
Die Inkremente S_{ij} sind in Tabelle 6-4 angegeben.

Tabelle 6-4.
Sterische Korrekturfaktoren S_{ij}[1)] zur Abschätzung der ^{13}C-chemischen Verschiebungen von verzweigten Alkanen entsprechend [5]

i \ j	primär	sekundär	tertiär	quartär
primär	0	0	− 1,1	− 3,4
sekundär	0	0	− 2,5	− 7,5
tertiär	0	− 3,7	− 9,5	− 15,0
quartär	− 1,5	− 8,4	− 15,0	− 25,0

i = beobachteter Kern; j = Nachbarkern
[1)] aus [6].

Beispiel: 2-Methylbutan (**6**)

C-1: $n_\alpha = 1$, $n_\beta = 2$, $n_\gamma = 1$
Sterische Korrekturen: primär neben tertiär $\rightarrow$ − 1,1
$$S_{ij} = -1,1$$
δ (C-1) $= -2,3 + 9,1 \cdot 1 + 9,4 \cdot 2 - 2,5 \cdot 1 - 1,1 = \quad$ 22,0

C-2: $n_\alpha = 3$, $n_\beta = 1$
Sterische Korrekturen: 1. tertiär neben primär $\quad \rightarrow \quad$ 0
2. tertiär neben sekundär $\rightarrow$ − 3,7
$$S_{ij} = -3,7$$
δ (C-2) $= -2,3 + 9,1 \cdot 3 + 9,4 \cdot 1 - 3,7 = \quad$ 30,7

C-3: $n_\alpha = 2$, $n_\beta = 2$
Sterische Korrekturen: 1. sekundär neben tertiär $\rightarrow$ − 2,5
2. sekundär neben primär $\rightarrow \quad$ 0
$$S_{ij} = -2,5$$
δ (C-3) $= -2,3 + 9,1 \cdot 2 + 9,4 \cdot 2 - 2,5 = \quad$ 32,2

C-4: $n_\alpha = 1$, $n_\beta = 1$, $n_\gamma = 3$
Sterische Korrekturen: Primär neben sekundär $\quad \rightarrow \quad$ 0
$$S_{ij} = \quad 0$$
δ (C-4) $= -2,3 + 9,1 \cdot 1 + 9,4 \cdot 1 - 2,5 \cdot 2 = \quad$ 11,2

$$CH_3$$
$$|$$
$$\overset{1}{H_3C} - \overset{2}{CH} - \overset{3}{CH_2} - \overset{4}{CH_3}$$
$$21,9 \quad 29,9 \quad 31,6 \quad 11,5$$
6

Die im Spektrum bei $\delta = 21{,}9$ und $11{,}5$ gefundenen Signale lassen sich aufgrund der Berechnung C-1 und C-4 zuordnen. Nicht ganz so eindeutig gelingt dies für die Signale von C-2 und C-3, dafür unterscheiden sich die δ-Werte zu wenig. Hier kann man jedoch mit Hilfe eines Off-Resonanz-Spektrums leicht zwischen den alternativen Zuordnungsmöglichkeiten entscheiden (Abschn. 5.3.3), denn für C-2 erhielte man ein Dublett, für C-3 ein Triplett. Genauso einfach ist die Zuordnung mit Hilfe des DEPT-Spektrums zu treffen (Abschn. 8.5).

Substituierte Alkane (R $\neq$ Alkyl): Für substituierte Alkane berechnet man zuerst nach Beziehung (6-4) die δ-Werte für den entsprechenden unsubstituierten Kohlenwasserstoff und korrigiert diese Werte anschließend mit Hilfe der in Tabelle 6-5 zu findenden Inkremente.

Tabelle 6-5.

Substituenten-Inkremente S [1] zur Abschätzung der ^{13}C-chemischen Verschiebungen von substituierten Alkanen $X - C_\alpha - C_\beta - C_\gamma - C_\delta$

Substituent	S_α	S_β	S_γ	S_δ
$-D$	$-0{,}4$	$-0{,}12$	$-0{,}02$	$-$
$-CH_3$	$9{,}1$	$9{,}4$	$-2{,}5$	$0{,}3$
$-CH=CH_2$	$22{,}3$	$6{,}9$	$-2{,}2$	$0{,}2$
$-C\equiv CH$	$4{,}5$	$5{,}5$	$-3{,}5$	$-$
$-C_6H_5$	$22{,}3$	$8{,}6$	$-2{,}3$	$0{,}2$
$-CHO$	$31{,}9$	$0{,}7$	$-2{,}3$	$-$
$-COCH_3$	$30{,}9$	$2{,}3$	$-0{,}9$	$2{,}7$
$-COOH$	$20{,}8$	$2{,}7$	$-2{,}3$	$1{,}0$
$-CN$	$3{,}6$	$2{,}0$	$-3{,}1$	$-0{,}5$
$-NH_2$	$28{,}6$	$11{,}5$	$-4{,}9$	$0{,}3$
$-NO_2$	$64{,}5$	$3{,}1$	$-4{,}7$	$-1{,}0$
$-OH$ (prim.)	$48{,}3$	$10{,}2$	$-5{,}8$	$0{,}3$
$-OH$ (sek.)	$44{,}5$	$9{,}7$	$-3{,}3$	$0{,}2$
$-OH$ (tert.)	$39{,}7$	$7{,}3$	$-1{,}8$	$0{,}3$
$-OR$	$58{,}0$	$8{,}1$	$-4{,}7$	$1{,}4$
$-OCOCH_3$	$51{,}1$	$7{,}1$	$-4{,}8$	$1{,}1$
$-SH$	$11{,}1$	$11{,}8$	$-2{,}9$	$0{,}7$
$-F$	$70{,}1$	$7{,}8$	$-6{,}8$	$-$
$-Cl$	$31{,}2$	$10{,}5$	$-4{,}6$	$0{,}1$
$-Br$	$20{,}0$	$10{,}6$	$-3{,}1$	$0{,}1$
$-I$	$-6{,}0$	$11{,}3$	$-1{,}0$	$0{,}2$

[1] Auswahl aus [4] und [6].

Beispiel: Isobutanol (**7**)

$$\overset{3}{(CH_3)_2}\overset{2}{CH} - \overset{1}{CH_2} - OH \qquad \textbf{7}$$
$$20{,}4 \quad 32{,}0 \quad 70{,}2$$

Formal leitet sich die Hydroxyverbindung vom Isobutan (**8**) ab.

$$(CH_3)_2CH - CH_3 \qquad \textbf{8}$$
$$24{,}6 \quad 23{,}3 \quad 24{,}6$$

Für **8** berechnet man – wie am Beispiel 2-Methylbutan (**6**) gezeigt – folgende δ-Werte:

$$\delta\,(CH_3) = 24{,}5$$
$$\delta\,(CH) = 25{,}0$$

Mit den in Tabelle 6-5 für die (primäre) OH-Gruppe angegebenen Werten $S_\alpha = 48{,}3$, $S_\beta = 10{,}2$ und $S_\gamma = -5{,}8$ erhält man

$$\delta\,(C\text{-}1) = 24{,}5 + 48{,}3 = 72{,}8$$
$$\delta\,(C\text{-}2) = 25{,}0 + 10{,}2 = 32{,}0$$
$$\delta\,(C\text{-}3) = 24{,}5 - 5{,}8 = 18{,}7$$

Die Abweichungen zwischen berechneten und gemessenen Werten vermitteln einen Eindruck von der Genauigkeit der Methode; die Zuordnung der Signale ist in unserem Beispiel eindeutig.

Für Cycloalkane gelten andere Additionsregeln und Substituenten-Inkremente.

6.3.2.2 Alkene

Ungesättigte Kohlenwasserstoffe: Die chemischen Verschiebungen von Alkenen lassen sich nach der Beziehung (6-5) berechnen [7].

$$C_\gamma - C_\beta - C_\alpha - \overset{1}{C} = \overset{2}{C} - C_{\alpha'} - C_{\beta'} - C_{\gamma'}$$

$\uparrow$

beobachtetes
C-Atom

$$\delta\,(C\text{-}1) = 123{,}3 + 10{,}6 \cdot n_\alpha + 7{,}2 \cdot n_\beta - 1{,}5 \cdot n_\gamma - 7{,}9 \cdot n_{\alpha'}$$
$$- 1{,}8 \cdot n_{\beta'} + 1{,}5 \cdot n_{\gamma'} + \Sigma\,S \qquad (6\text{-}5)$$

n = Zahl der entsprechenden C-Atome
S = sterischer Faktor, wobei
$S = 0$ für C_α und $C_{\alpha'}$ in E-Konfiguration ($\alpha\alpha'$, *trans*)
$S = -1{,}1$ für C_α und $C_{\alpha'}$ in Z-Konfiguration ($\alpha\alpha'$, *cis*)
$S = -4{,}8$ für 2 Alkylgruppen an C-1 ($\alpha\alpha$)
$S = +2{,}5$ für 2 Alkylgruppen an C-2 ($\alpha'\alpha'$)
$S = +2{,}3$ für 2 oder 3 Alkylgruppen an C_β

Beispiel: 2-Methylbut-1-en **(9)**

C-1: $n_{\alpha'} = 2$, $n_{\beta'} = 1$, $S = +2,5$

δ (C-1) $= 123,3 - 7,9 \cdot 2 - 1,8 \cdot 1 + 2,5 = 108,2$

C-2: $n_{\alpha} = 2$, $n_{\beta} = 1$, $S = -4,8$

δ (C-2) $= 123,3 + 10,6 \cdot 2 + 7,2 \cdot 1 - 4,8 = 146,9$

$$\overset{22,5}{\underset{}{CH_3}}$$
$$\overset{}{\underset{109,1}{H_2\overset{1}{C}}} = \overset{}{\underset{147,0}{\overset{2}{C}}} - \overset{}{\underset{31,1}{\overset{3}{C}H_2}} - \overset{}{\underset{12,5}{\overset{4}{C}H_3}}$$

9

Substituierte Alkene werden als Ethylenderivate aufgefaßt, für die Gleichung (6-6) gilt [6].

$$\delta = 123,3 + \Sigma\, S_i \qquad (6\text{-}6)$$

Die Substituenten-Inkremente S_i sind in Tabelle 6-6 zu finden.

Tabelle 6-6.
Substituenten-Inkremente $S_i^{1)}$ zur Abschätzung der ^{13}C-chemischen Verschiebungen der an der Doppelbindung beteiligten C-Atome von Alkenen entsprechend $\delta = 123,3 + \Sigma\, S_i$

$$X - \overset{1}{C}H = \overset{2}{C}H_2 \qquad (6\text{-}6)$$

Substituent	S_1	S_2	Substituent	S_1	S_2
$-H$	0	0			
$-CH_3$	10,6	$-7,9$	$-OCH_3$	29,4	$-38,9$
$-CH_2CH_3$	15,5	$-9,7$	$-OCOCH_3$	18,4	$-26,7$
$-F$	24,9	$-34,3$	$-C_6H_5$	12,5	$-11,0$
$-Cl$	2,6	$-6,1$	$-CH=CH_2$	13,6	$-7,0$
$-Br$	$-7,9$	$-1,4$	$-COOH$	4,2	8,9
$-I$	$-38,1$	7,0			
			$-NO_2$	22,3	$-0,9$

[1] Werte aus [6]

Beispiel: Crotonsäure **(10)**

δ (C-2) $= 123,3 + S_1(\text{COOH}) + S_2(\text{CH}_3)$
$\quad\quad\quad = 123,3 + \quad 4,2 \quad\quad - 7,9 \quad\quad = 119,6$

δ (C-3) $= 123,3 + S_1(\text{CH}_3) \quad + S_2(\text{COOH})$
$\quad\quad\quad = 123,3 + 10,6 \quad\quad + 8,9 \quad\quad = 142,8$

$$\underset{18}{H_3\overset{4}{C}} - \underset{147}{\overset{3}{C}H} = \underset{122}{\overset{2}{C}H} - \underset{172}{\overset{1}{C}OOH}$$

10

6.3.2.3 Benzolderivate

Die chemischen Verschiebungen für die C-Atome in sub-stituiertem Benzol werden nach Beziehung (6-7) berechnet:

$$\delta = 128,5 + \Sigma\, S \qquad (6\text{-}7)$$

Bezugspunkt ist der δ-Wert der ^{13}C-Resonanzen von Benzol. Die Substituenten-Inkremente S sind in Tabelle 6-7 angegeben.

Tabelle 6-7.
Substituenten-Inkremente S[1)] zur Abschätzung der ^{13}C-chemischen Verschiebungen von substituierten Aromaten entsprechend
$$\delta = 128,5 + \Sigma\, S \qquad (6\text{-}7)$$

Substituent	S_1	S_o	S_m	S_p
$-CH_3$	9,2	0,7	$-0,1$	$-3,1$
$-CH_2CH_3$	15,6	$-0,5$	0,0	$-2,7$
$-F$	34,8	$-13,0$	1,6	$-4,4$
$-Cl$	6,3	0,4	1,4	$-1,9$
$-Br$	5,8	3,2	1,6	$-1,6$
$-I$	$-34,1$	8,9	1,6	$-1,1$
$-OH$	26,9	$-12,8$	1,4	$-7,4$
$-OCH_3$	31,4	$-14,4$	1,0	$-7,7$
$-OCOCH_3$	22,4	$-7,1$	0,4	$-3,2$
$-NH_2$	18,2	$-13,4$	0,8	$-10,0$
$-N(CH_3)_2$	22,5	$-15,4$	0,9	$-11,5$
$-C_6H_5$	13,1	$-1,1$	0,4	$-1,1$
$-CHO$	8,4	1,2	0,5	5,7
$-COCH_3$	8,9	0,1	$-0,1$	4,4
$-COOCH_3$	2,0	1,2	$-0,1$	4,3
$-NO_2$	19,9	$-4,9$	0,9	6,1

[1)] Werte aus [4]

Beispiel: p-Nitrophenol (**11**)

11

δ (C-1) = 128,5 + S_1(OH) + S_p (NO$_2$)
  = 128,5 + 26,9 + 6,1 = 161,5 Exp.: 161,5
δ (C-2) = 128,5 + S_o(OH) + S_m (NO$_2$)
  = 128,5 − 12,8 + 0,9 = 116,6 115,9
δ (C-3) = 128,5 + S_m(OH) + S_o (NO$_2$)
  = 128,5 + 1,4 − 4,9 = 125,0 126,4
δ (C-4) = 128,5 + S_p(OH) + S_1 (NO$_2$)
  = 128,5 − 7,4 + 19,9 = 141,0 141,7

6.3.3 Entkopplungs-Experimente

Von den bereits in Kapitel 5 besprochenen Entkopplungs-Techniken dienen als Zuordnungshilfen
- die ^{1}H-Off-Resonanz-Entkopplung und
- die selektive ^{1}H-Entkopplung.

Durch ^{1}H-Off-Resonanz-Entkopplung erfährt man, ob es sich um Signale von primären (CH_3), sekundären (CH_2), tertiären (CH) oder quartären C-Atomen handelt. Wie man durch geschickte Wahl der Off-Resonanz-Frequenz v_2 – am linken oder rechten Rand des zugeordneten ^{1}H-NMR-Spektrums – noch weitere Zuordnungshinweise erhalten kann, wurde in Abschnitt 5.3.3 beschrieben. Aus den beobachteten reduzierten Kopplungskonstanten sind dagegen im allgemeinen keine zusätzlichen Informationen zu gewinnen.

Eine elegante Alternative zur Off-Resonanz-Methode ist das DEPT-Verfahren, das wir in Abschnitt 8.5 kennenlernen werden. Anspruchsvoller und zeitaufwendiger als die ^{1}H-Off-Resonanz-Entkopplung ist die selektive ^{1}H-Entkopplung. Dieses Verfahren wird heute jedoch weitgehend durch zweidimensionale NMR-Experimente ersetzt (Kap. 9).

6.3.4 T_1-Messungen

Die Relaxationszeit T_1 hängt von den molekularen Bewegungen ab. So ist T_1 um so größer, je schneller die Bewegungen ablaufen (Kap. 7). Aufgrund dieses Zusammenhanges konnten zum Beispiel die NMR-Signale von C-Atomen in beweglichen Seitenketten großer Moleküle zugeordnet werden. Ebenso lassen sich die Signale von C-Atomen, die auf einer Molekül-Längsachse liegen, von denen außerhalb dieser Achse unterscheiden, da sich letztere schneller bewegen. Beispiele werden wir in Kapitel 7 kennenlernen.

6.3.5 Lösungsmittel- und Temperatureffekte sowie Verschiebungsreagenzien

Der Einfluß von Lösungsmittel und Temperatur auf die ^{13}C-Resonanzen ist unübersichtlich, und im Gegensatz zur ^{1}H-NMR-Spektroskopie werden derartige Effekte in der Praxis selten zur Zuordnung herangezogen.

Verschiebungsreagenzien setzt man dagegen häufiger ein. Dieses Thema ist so umfangreich, daß wir ihm ein eigenes Kapitel (Kap. 12) widmen.

6.3.6 Chemische Veränderung der Substanzen

Alle bisher besprochenen Zuordnungstechniken sind rein apparativer, methodischer Natur. Wie kann der Chemiker zur Lösung der Zuordnungsprobleme beitragen?

Von den vielen Möglichkeiten, ein Molekül chemisch zu verändern, sind für den NMR-Spektroskopiker drei besonders wichtig, die alle keinen allzu großen Eingriff in die Molekülstruktur bedeuten:

- die *^{13}C-Anreicherung* an bestimmten Stellen des Moleküls durch gezielte Synthese mit markierten Ausgangsverbindungen
- die *spezifische Deuterierung* durch Synthese oder durch H,D-Austausch
- die *Derivatisierung.*

Bei einer ^{13}C-Anreicherung genügen im allgemeinen schon wenige Prozent ($\approx 5\,\%$), und die Intensität der entsprechenden Signale nimmt so stark zu, daß die Zuordnung eindeutig ist.

Die ^{13}C-Markierung spielt außer bei Zuordnungsproblemen bei der Aufklärung von Reaktionsmechanismen und biochemischen Reaktionswegen eine große Rolle (Abschn. 14.1).

Durch gezielte Deuterierung erkennt man im ^{1}H-BB-entkoppelten ^{13}C-NMR-Spektrum das Signal des mit Deuterium verbundenen C-Atoms an seiner Multiplettstruktur, da die C,D-Kopplung nicht eliminiert wird. Aufgrund ihrer Multiplettstruktur sind zum Beispiel in den ^{13}C-NMR-Spektren die Signale des deuterierten Lösungsmittels schnell zuzuordnen. Für CDCl$_3$ erscheint immer ein Triplett mit drei gleichintensiven Signalen bei $\delta = 77{,}0$; das Spektrum von C$_6$D$_6$ zeigt Abbildung 2-6.

Neben der Signalaufspaltung oder der Signalverbreiterung beobachtet man eine Verschiebung des Signales (Abschn. 2.1.2.5 und Abb. 2-6). Dieser *Isotopieeffekt* läßt sich für Zuordnungszwecke ausnutzen [8].

Der Zeit- und Kostenaufwand einer Isotopen-Markierung ist beträchtlich. Häufig lassen sich einfacher Derivate darstellen, wobei besonders die Methylierung von OH, NH und SH zu nennen ist. Die Signale der direkt mit den Substituenten verbundenen C-Atome werden durch die Methylierung um ca. 10 ppm schwächer abgeschirmt, die δ-Werte um diesen Betrag erhöht. Bei einer Acetylierung verringert sich dagegen die Abschirmung nur um 2–3 ppm. Wir erinnern uns: In der ^{1}H-NMR-Spektroskopie war die Verschiebung durch die Acetylierung größer als durch die Methylierung.

6.4 Rechnerunterstützte Spektrenzuordnung in der ^{13}C-NMR-Spektroskopie

6.4.1 Suche nach identischen und ähnlichen Verbindungen

Nur in den seltensten Fällen ist über die Verbindung, deren Spektrum gemessen wurde, gar nichts bekannt. Wir betrachten hier den Normalfall, bei dem ein konkreter Strukturvorschlag vorliegt. Wie geht der Spektroskopiker bei einer Analyse vor?

Als erstes setzt er seine Erfahrung ein, dann studiert er Kataloge, Tabellen, und unter Umständen berechnet er chemische Verschiebungen mit Inkrementen. Einen großen Teil dieser Aufgaben kann ein Rechner schneller und besser erledigen – vorausgesetzt er hat Zugriff zu einer Datenbank und ist richtig programmiert. Wichtig ist also eine Datei. In ihr müssen möglichst viele Referenzspektren mit allen Meßdaten, wie Linienzahl, Linienlagen, Kopplungskonstanten, Multiplizitäten usw. gespeichert sein.

Am Beispiel der C13 Data Bank [9], die jedermann über Datenfernübertragung zugänglich ist, besprechen wir, wie man den Rechner als Hilfe bei der Spektrenzuordnung und Spektreninterpretation einsetzen kann.

Die Aufgabe lautet: Ist das gemessene ^{13}C-NMR-Spektrum mit dem Strukturvorschlag vereinbar? Oder: Welche Alternativen gibt es zu dem vorliegenden Strukturvorschlag?

Wie beim Arbeiten mit klassischen Katalogen kann man den Rechner in der Datei die gewünschte Referenzsubstanz und deren Spektrum nach Namen, Summenformel oder Molekulargewicht suchen lassen. Nur in den seltensten Fällen wird die Datei jedoch diese Verbindung enthalten. Daher verfolgt man von vornherein eine andere Strategie: Man gibt die Lagen aller ^{13}C-NMR-Signale des gemessenen Spektrums in den Rechner ein und läßt ihn mit einem ausgeklügelten Programm als erstes das *identische* Spektrum suchen. Das Suchprogramm muß dabei Abweichungen der Meßgrößen tolerieren, denn auch die Spektren ein und derselben Verbindung können je nach Aufnahmebedingungen und Gerät Unterschiede aufweisen [10].

Findet der Rechner kein identisches Spektrum in der Datei, soll er *ähnliche* Spektren suchen und die Namen der gefundenen ähnlichen Substanzen zusammen mit den Strukturen ausdrucken. Was unter Ähnlichkeit zu verstehen ist, wie stark die Linienlagen zwischen Meß- und Vergleichswert voneinander abweichen dürfen, muß der Spektroskopiker vor der Suche definieren. Er hat dann auch zu entscheiden, welche der gefundenen ähnlichen Verbindungen er berücksichtigen will oder nicht.

Gibt man zu Beginn nicht alle Linien ein, sondern nur eine Auswahl, findet der Rechner voraussichtlich schon bei der Suche nach identischen Verbindungen mehrere Referenzen. Darunter sollte auch die richtige sein, wenn diese in der Datei vorhanden ist.

In den Ausnahmefällen, in denen kein Strukturvorschlag existiert, kann die ausgedruckte Liste ähnlicher Verbindungen vielleicht zur Lösung des Problems beitragen.

6.4.2 Spektrenabschätzung

Chemische Verschiebungen einzelner C-Atome lassen sich mit Inkrementen abschätzen. Vollständige Spektren auf diese Weise vorherzusagen, ist jedoch erst mit Hilfe des Rechners möglich geworden. Von den verschiedenen, auch praktisch eingesetzten Verfahren, skizzieren wir nur eines, um die Möglichkeiten einer *rechnerunterstützten Spektrenabschätzung* aufzuzeigen.

Bei diesem Programm werden für ein vorgegebenes Molekül die chemischen Verschiebungen mit Hilfe gemessener chemischer Verschiebungen abgeschätzt – nicht über Inkremente! Der Rechner verwendet hierbei Werte, die vorher aus den Spektren von Molekülen gewonnen wurden, die gleichartig oder zumindest sehr ähnlich gebundene C-Atome enthalten. Dies setzt als erstes eine Überarbeitung des gesamten in der Datei vorhandenen Referenzmaterials voraus und zwar dergestalt, daß für jede einzelne Verbindung strukturelle Eigenschaften und chemische Verschiebungen miteinander verknüpft sind. Der Rechner arbeitet dann die Spektrendatei auf und erstellt ein Register von Erwartungsbereichen für die chemischen Verschiebungen der verschiedensten C-Atome als Funktion ihrer chemischen Umgebung [11].

Will man jetzt wissen, ob das gemessene Spektrum mit dem Strukturvorschlag übereinstimmt, läßt man den Rechner ein Spektrum abschätzen. Nach einem festen System muß dazu jedes Atom des Moleküls mit seiner Umgebung gemäß der vorgeschlagenen Struktur verschlüsselt (kodiert) werden. Dies ist auch von Hand möglich, aber die Gefahr ist sehr groß, dabei Fehler zu machen [12, 13]. Der Rechner kann dies viel schneller und zuverlässiger. Nach der Kodierung der Struktur sucht der Rechner in der Datei die Erwartungswerte für alle C-Atome in den entsprechenden Umgebungen und druckt die gefundenen δ-Werte oder das Spektrum aus.

Tabelle 6-8.
Experimentell bestimmte und mit Hilfe des Computers abgeschätzte
δ-Werte für das Neuraminsäurederivat **5**

C-Atom	Meßwert	abgeschätzter Wert
C-1	171,50	170,4
C-2	100,32	99,2
C-3	40,31	39,4
C-4	67,51	66,9
C-5	52,83	52,5
C-6	71,67	71,3
C-7	69,18	68,3
C-8	70,98	70,5
C-9	64,50	63,9
OCH_3 (Ester)	54,65	52,7
OCH_3 (Ketosid)	52,12	53,0
$NC=O$ (Ac)	175,93	175,2
CH_3 (Ac)	23,20	22,9

Als Beispiel sind in Tabelle 6-8 die aus dem Spektrum
(Abb. 6-1) abgelesenen sowie die abgeschätzten δ-Werte für
das Methylketorid des N-Acetyl-β-D-neuraminsäuremethyl-
esters (**5**) einander gegenübergestellt. Die Übereinstimmung
zwischen abgeschätztem und experimentellem Spektrum ist
recht gut – nur die Zuordnung der Signale der beiden OCH_3-
Gruppen ist vertauscht.

Die Genauigkeit, mit der eine solche Abschätzung gelingt,
hängt vom Umfang der Datei ab, insbesondere davon, wie oft
das entsprechende Teilstruktur-Element in der Datei vorkommt [14].

Derartige Suchprogramme gibt es auch für die ^{1}H-NMR-
Spektroskopie. Der Aufbau der Spektrendateien ist jedoch
schwieriger und aufwendiger, da die normalen ^{1}H-NMR-Spek-
tren die Information in komplexerer Form enthalten als die
^{13}C-NMR-Spektren [15]. Man denke zum Beispiel nur daran,
wie die ^{1}H-NMR-Spektren höherer Ordnung ihr Aussehen mit
der Meßfrequenz verändern. Die Entwicklung auf diesem
Gebiet ist voll im Gange.

Abschließend sei erwähnt, daß Programme entwickelt werden, die auf der Basis von Teilstrukturen eine Gesamtstruktur
für das Molekül vorschlagen. Dabei werden zum Teil auch
Informationen verwendet, die man über andere spektroskopische Methoden wie IR oder MS gewinnen kann (DENDRAL,
ACCESS u. a. [16, 17]).

6.5 Literatur zu Kapitel 6

[1]   C. Pascual, J. Meier und W. Simon, *Helv. Chim. Acta 48* (1969) 164.

[2]   M. Hesse, H. Meier und B. Zeeh: *Spektroskopische Methoden in der organischen Chemie.* 4. Auflage Georg Thieme Verlag, Stuttgart 1991.

[3]   L. M. Jackman, S. Sternhell: *Application of Nuclear Magnetic Resonance Spectroscopy in Organic Chemistry.* Pergamon Press, Oxford 1969.

[4]   H.-O. Kalinowski, S. Berger, S. Braun: *^{13}C-NMR-Spektroskopie.* Georg Thieme Verlag, Stuttgart 1984.

[5]   D. M. Grant and E. G. Paul, *J. Amer. Chem. Soc. 86* (1964) 2984.

[6]   E. Pretsch, T. Clerc, J. Seibl und W. Simon: *Tabellen zur Strukturaufklärung organischer Verbindungen mit spektroskopischen Methoden*, 2. Auflage. Springer Verlag, Berlin 1981.

[7]   D. E. Dorman, M. Jautelat and J. D. Roberts, *J. Org. Chem. 36* (1971) 2747.

[8]   F. W. Wehrli and T. Wirthlin: *Interpretation of Carbon-13 NMR Spectra.* Heyden, London 1976, S. 107.

[9]   C13 Data Bank; INKA Information System Karlsruhe, Fachinformationszentrum – Energie, Physik, Mathematik. Das Programm und die Datenbank wurden in der BASF, Ludwigshafen, erstellt. In der Datenbank sind zur Zeit (1986) etwa 60 000 ^{13}C-NMR-Spektren verarbeitet. Die Datei wird laufend ergänzt und korrigiert.

[10]   W. Bremser, H. Wagner and B. Franke, *Org. Magn. Reson. 15* (1981) 178.

[11]   W. Bremser, B. Franke and H. Wagner: *Chemical Shift Ranges in Carbon-13 NMR Spectroscopy.* Verlag Chemie, Weinheim 1982.

[12]   W. Bremser, *Nachr. Chem. Tech. Lab. 31* (1983) 456.

[13]   H. Kalchhauser and W. Robien, *J. Chem. Inf. Comput. Sci. 25* (1985) 103.

[14]   W. Bremser, L. Ernst, W. Fachinger, R. Gerhards, A. Hardt and P. M. E. Lewis: *Carbon-13 NMR Spectral Data.* VCH Verlagsgesellschaft, Weinheim 1986.

[15]   W. Bremser, *Chem.-Ztg. 104* (1980) 53.

[16]   W. Bremser and W. Fachinger, *Magn. Reson. Chem. 23* (1985) 1056.

[17]   D. H. Smith, N. A. B. Gray, J. G. Nourse and C. W. Crandell, *Anal. Chim. Acta 133* (1981) 471.

Ergänzende und weiterführende Literatur

N. A. B. Gray: „Computer Assisted Analysis of Carbon-13 NMR Spectral Data" in *Progr. Nucl. Magn. Reson. Spectrosc. 15* (1982) 201.

7 Relaxation

7.1 Einführung

Beim NMR-Experiment wird durch Einstrahlen der Resonanzfrequenz das thermische Gleichgewicht des Spinsystems gestört (Abschn. 1.5). Dadurch
- ändern sich die Besetzungsverhältnisse und
- es entsteht eine Quermagnetisierung (M_x und M_y).

Ist die Störung beendet, relaxiert das System bis der Gleichgewichtszustand wieder erreicht ist.

Man muß zwischen zwei Relaxationsvorgängen unterscheiden:
- der Relaxation in Feldrichtung, charakterisiert durch die *Spin-Gitter-* oder *longitudinale Relaxationszeit T_1* und
- der Relaxation senkrecht zur Feldrichtung, charakterisiert durch die *Spin-Spin-* oder *transversale Relaxationszeit T_2*.

Im Gegensatz zu angeregten Elektronen-, Schwingungs- und Rotationszuständen relaxieren Kernsysteme sehr langsam, besonders wenn die Kerne den Kernspin $I = 1/2$ haben. Bis zur vollständigen Relaxation können Sekunden, Minuten oder auch Stunden vergehen.

Für die Protonen liegen unter den Bedingungen der hochauflösenden NMR-Spektroskopie die Relaxationszeiten T_1 in der Größenordnung von einer Sekunde; sie unterscheiden sich zudem nur wenig für verschiedenartig gebundene Protonen. Dies ist ein Grund, warum relativ selten T_1-Werte für Protonen bestimmt werden. Ein weiterer liegt in der Komplexität der ^{1}H-NMR-Spektren.

Ganz anders bei ^{13}C-Kernen. Hier schwanken die Relaxationszeiten T_1 von Millisekunden in großen Molekülen bis zu einigen hundert Sekunden in kleinen. Wegen dieser großen Unterschiede ist die Spin-Gitter-Relaxationszeit T_1 der ^{13}C-Kerne für den Chemiker zu einem weiteren wichtigen spektralen Parameter geworden.

Die Spin-Spin-Relaxationszeit T_2 ist zwar aus chemischer Sicht von geringerer Bedeutung als T_1, sie wird im folgenden trotzdem ausführlich behandelt, da die Relaxationsvorgänge und das T_2-Meßverfahren die Grundlage für viele, zum Teil recht komplizierte Impuls-Experimente bilden, die wir in den Kapiteln 8 und 9 behandeln.

Wir beschränken uns auf die Relaxation von ^{13}C-Kernen. Auf die Relaxation von Protonen kommen wir nur noch im Zusammenhang mit den Linienbreiten sowie der Unterdrückung des Lösungsmittelsignals zurück. Auch in der MR-Tomographie spielen die Relaxationszeiten T_1 und T_2 von Protonen eine entscheidende Rolle (Abschn. 14.4).

7.2 Spin-Gitter-Relaxation der ^{13}C-Kerne (T_1)

7.2.1 Relaxationsmechanismen

Wie erwähnt, wird der Gleichgewichtszustand des Spinsystems beim NMR-Experiment gestört: Ein $90^\circ_{x'}$-Impuls dreht die makroskopische Magnetisierung M_0 $(= M_z)$ auf die y'-Achse, ein $180^\circ_{x'}$-Impuls auf die $(-z)$-Achse. Nach dem $90^\circ_{x'}$-Impuls ist $M_z = 0$, nach dem 180°-Impuls ist $M_z = -M_0$ (Abb. 7-1a).

In beiden Fällen ändert sich das Besetzungsverhältnis. Durch den 90°-Impuls werden die beiden Energieniveaus gleichbesetzt, der 180°-Impuls kehrt das Besetzungsverhältnis um. Nach der Störung stellt sich der Gleichgewichtswert $M_z = M_0$ wieder ein (Abb. 7-1 b). Wie schnell das vor sich geht, bestimmt die *Spin-Gitter-Relaxationszeit* T_1. Felix Bloch hat diesen Prozeß durch die Differentialgleichung (7-1) beschrieben (Gl. (1-15) in Abschn. 1.5.2.2):

$$\frac{\mathrm{d}M_z}{\mathrm{d}t} = -\frac{M_z - M_0}{T_1} \tag{7-1}$$

Im Sinne der chemischen Kinetik ist T_1^{-1} die Geschwindigkeitskonstante des nach *erster Ordnung* ablaufenden Relaxationsprozesses.

Die Spin-Gitter-Relaxation ist stets mit einer Energieänderung des Spinsystems verbunden, da die von dem Impuls aufgenommene Energie wieder abgegeben werden muß. Sie wird an die Umgebung, an das *Gitter* übertragen, dessen thermische Energie zunimmt. Unter Gitter versteht man hier die Nachbarmoleküle in der Lösung oder auch die Gefäßwand.

Als Ursache für die ^{13}C-Spin-Gitter-Relaxation sind eine Reihe von intra- und intermolekularer Wechselwirkungen bekannt. Man unterscheidet deshalb zwischen verschiedenen *Relaxationsmechanismen* wie:
- Dipolarer Relaxation (DD)
- Spin-Rotations-Relaxation (SR)

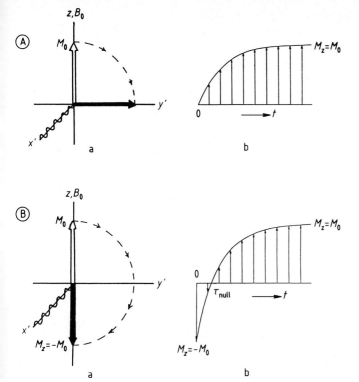

Abbildung 7-1.
Zeitliche Entwicklung der makroskopischen Magnetisierung M_z im rotierenden Koordinatensystem x', y', z.
A: nach einem $90^\circ_{x'}$-Impuls.
B: nach einem $180^\circ_{x'}$-Impuls.
Die Wellenlinie auf der x'-Achse symbolisiert die Richtung des effektiv wirkenden B_1-Feldes.

- Relaxation durch Anisotropie der Abschirmung (CSA)
- Relaxation durch skalare Kopplung (SC)
- Quadrupolrelaxation (EQ) und
- Relaxation durch Wechselwirkungen mit ungepaarten Elektronen in paramagnetischen Verbindungen.

Zur Spin-Gitter-Relaxation der ^{13}C-Kerne trägt am meisten die Dipol-Dipol-Wechselwirkung (DD) bei. Sie ist auch theoretisch am besten untersucht, und – was entscheidend ist – sie kann direkt experimentell über den Kern-Overhauser-Effekt (NOE, Kap. 10) bestimmt werden. Diese Wechselwirkung zwischen Kerndipolen beruht darauf, daß jeder Kern von anderen, sich bewegenden magnetischen Kernen im selben Molekül oder in benachbarten Molekülen umgeben ist. Durch deren Bewegung entstehen fluktuierende magnetische Felder am Ort des beobachteten Kernes. Das Frequenzband ist relativ breit, es wird vor allem von der Viskosität der Lösung beeinflußt. Haben die fluktuierenden Felder Komponenten mit der entsprechenden Frequenz, so können Kernspin-Übergänge erzeugt werden.

Die theoretische Beschreibung der Relaxation führt für Moleküle zu der Proportionalitätsbeziehung $T_1^{-1} \propto \tau_c$, die sich als nützliche Regel formulieren läßt: *Je schneller sich ein Molekül bewegt, desto größer wird T_1.* τ_c ist hierbei die *Korrela-*

tionszeit (correlation time) und entspricht ungefähr der Zeit zwischen zwei Umorientierungen des Moleküls (Schwingungen, Rotationen, Translationen).

Besonders wirksam ist die Dipol-Dipol-Relaxation, wenn an das beobachtete C-Atom direkt H-Atome gebunden sind wie in CH-, CH_2- und CH_3-Gruppen.

Von den anderen Relaxationsprozessen ist vor allem die Dipol-Dipol-Wechselwirkung der Kerne mit ungepaarten Elektronen paramagnetischer Moleküle von praktischer Bedeutung. Diese Wechselwirkung ist wegen des großen magnetischen Momentes des Elektrons sehr stark. So bewirkt zum Beispiel eine hohe Konzentration von paramagnetischen Verunreinigungen in der Probe den vollständigen Verlust des Kern-Overhauser-Effektes (Kap. 10) und führt außerdem zu breiten NMR-Signalen (Abschn. 7.3.3).

7.2.2 Experimentelle Bestimmung von T_1

Von den Verfahren zur Bestimmung der Spin-Gitter-Relaxationszeit T_1 wollen wir nur das grundlegende *Inversion-Recovery-Experiment* besprechen. Bei diesem Verfahren wird eine Reihe von ^{13}C-NMR-Spektren mit der in Abbildung 7-2 graphisch dargestellten Impulsfolge $180^\circ_{x'} - \tau - 90^\circ_{x'} - FID$ aufgenommen, während gleichzeitig die C,H-Kopplungen durch ^{1}H-BB-Entkopplung eliminiert werden.

Abbildung 7-3 zeigt als Beispiel sieben solcher Spektren von Ethylbenzol (**1**), wobei für jedes Spektrum die am rechten Rand angegebene feste Wartezeit τ zwischen dem $180^\circ_{x'}$- und $90^\circ_{x'}$-Impuls eingeschoben wurde. Die Zuordnung der sechs Signale für die sechs chemisch verschiedenen C-Atome im Molekül ist dem obersten Spektrum zu entnehmen. Alle Signale ändern mit τ ihre Amplitude in charakteristischer Weise.

Um die Auswirkung der Impulsfolge auf das Spinsystem und die Amplitudenänderungen besser verstehen zu können, betrachten wir zunächst einen einfacheren Fall, eine Probe mit nur einer Sorte chemisch äquivalenter ^{13}C-Kerne, zum Beispiel die ^{13}C-Kerne in Chloroform (^{13}CHCl$_3$). Nach dem ersten Schritt, dem $180^\circ_{x'}$-Impuls, liegt M_0 auf der $(-z)$-Achse. Während der Zeit τ relaxiert das System mit der Geschwindigkeitskonstante $k = T_1^{-1}$. Für fünf verschiedene Wartezeiten τ sind in Abbildung 7-2 B die durch Relaxation erreichten Entwicklungsstufen des Magnetisierungsvektors M_z aufgezeichnet. Diagramm a entspricht $\tau = 0$ und $M_z = -M_0$; b zeigt die Entwicklung nach kurzer Zeit τ, wenn M_z noch negativ ist. Wichtig für die quantitative Auswertung ist der in Diagramm c angege-

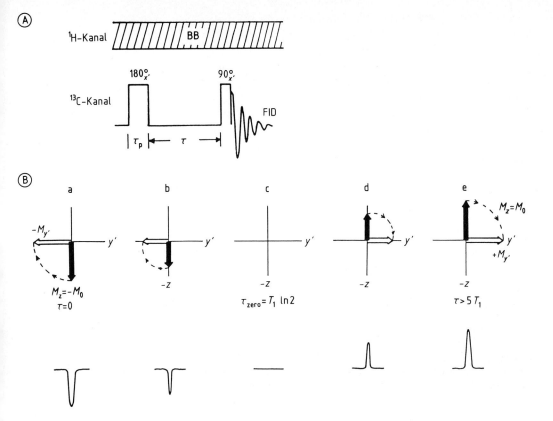

Abbildung 7-2.
A: Impulsfolge zur Bestimmung der Spin-Gitter-Relaxationszeit T_1 von ^{13}C-Kernen nach der *Inversion-Recovery-Methode* bei kontinuierlicher ^{1}H-BB-Entkopplung:
$180^\circ_{x'} - \tau - 90^\circ_{x'}$ – FID. (Die Breite der Impulse ist auf der Zeitachse nicht maßstabsgetreu eingezeichnet: τ_P beträgt für einen 180°-Impuls einige μs, während τ im Bereich von s liegt.)
B: Die Vektordiagramme a–e und die Signale darunter zeigen für fünf τ-Werte, wie sich M_z und die nach dem $90^\circ_{x'}$-Impuls und der FT beobachteten Signalamplituden durch die Spin-Gitter-Relaxation verändern.

bene Zustand; hier ist $M_z = 0$. Für längeres τ wird M_z wieder positiv, und in e hat das System schließlich den Gleichgewichtswert $M_z = M_0$ wieder erreicht.

M_0 und M_z sind keine direkt meßbaren Größen, denn im Empfänger wird nur ein Signal induziert, wenn der Magnetisierungsvektor eine Querkomponente ($M_{x'}$, $M_{y'}$) besitzt. Darum wird im zweiten Schritt der Impulsfolge nach der Zeit τ mit einem $90^\circ_{x'}$-Impuls die M_z-Magnetisierung auf die y'-Achse gedreht, und man erhält so die beobachtbare Quermagnetisierung $M_{y'}$. Die Intensitäten I der nach der Fourier-Transformation (FT) erhaltenen NMR-Signale sind diesen Magnetisierungsvektoren $M_{y'}$ proportional. Da M_z am Anfang noch negativ ist, liegt die Querkomponente nach dem $90^\circ_{x'}$-Impuls in Richtung der $(-y')$-Achse. Dadurch erscheinen im Spektrum

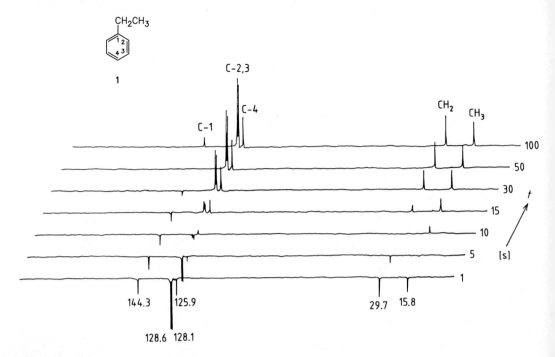

Abbildung 7-3.
22,63 MHz-^{13}C-NMR-Spektren von Ethylbenzol (**1**), aufgenommen nach der Inversion-Recovery-Methode (Abb. 7-2) mit τ = 1, 5, 10, 15, 30, 50 und 100 s [1].

Signale mit negativer Amplitude. Für $M_z = 0$ (τ_{null}) ist kein Signal nachweisbar. Bei größeren τ-Werten ist die Signalamplitude wieder positiv, ihre Größe entspricht der jeweiligen M_z-Komponente.

Die *quantitative Auswertung* der Spektren geht von Gleichung (7-1) aus. Durch Integration erhält man:

$$M_0 - M_z = A\, e^{-t/T_1} \tag{7-2}$$

M_z ist die Magnetisierung in z-Richtung zur Zeit $t = \tau$; A ist eine Konstante, deren Wert von den Ausgangsbedingungen abhängt. In unserem Inversion-Recovery-Experiment ist zum Zeitpunkt $\tau = 0$ nach dem 180°_x-Impuls $M_z = -M_0$ und $A = 2\,M_0$. Somit wird aus Gleichung (7-2)

$$M_0 - M_z = 2M_0\, e^{-t/T_1} \tag{7-3}$$

und durch Logarithmieren folgt

$$\ln(M_0 - M_z) = \ln 2M_0 - \frac{t}{T_1} \tag{7-4}$$

Die Magnetisierungen M ersetzen wir durch die Signalintensitäten I und schreiben Gleichung (7-4) entsprechend

$$\ln(I_0 - I_z) = \ln 2I_0 - \frac{t}{T_1} \tag{7-5}$$

I_0 entspricht der maximal meßbaren Intensität des Signales, I_z der Intensität für $t = \tau$.

Trägt man $\ln (I_0 - I_z)$ gegen t auf, wobei die t-Werte den diskreten Wartezeiten τ entsprechen, erhält man eine Gerade, aus deren Steigung T_1 folgt. Für die Zeit τ_{null}, bei der die Signalintensität I_z gerade Null ist – man spricht deshalb auch vom Nulldurchgang –, vereinfacht sich Gleichung (7-5) zu

$$\tau_{null} = T_1 \ln 2 \qquad (7\text{-}6)$$

Mit (7-6) kann man T_1 für jedes Signal eines ^{13}C-NMR-Spektrums bestimmen oder abschätzen, falls man nicht den ganzen Verlauf der Relaxation experimentell verfolgen will.

Wie stark die T_1-Zeiten für die verschiedenen C-Atome voneinander abweichen, zeigen die unterschiedlichen Nulldurchgänge der ^{13}C-NMR-Signale von Ethylbenzol in Abbildung 7-3. Für das Signal der CH_3-Gruppe ist $\tau_{null} \approx 5\,$s, und mit Gleichung (7-6) berechnet man $T_1\,(CH_3) = 7{,}2\,$s; für das Signal von C-1, des quartären C-Atoms, ist $\tau_{null} \approx 50\,$s und $T_1\,(\text{C-1}) = 72\,$s.

Normalerweise müssen für ein gutes ^{13}C-NMR-Spektrum viele FIDs akkumuliert werden. Vor der Wiederholung einer Impulsfolge (Abb. 7-2) muß man aber jedesmal eine Wartezeit von mindestens $5\,T_1$ einlegen, wobei der T_1-Wert des am langsamsten relaxierenden ^{13}C-Kernes im Molekül berücksichtigt werden muß. Erst nach dieser Zeit ist das Spinsystem wieder im Gleichgewicht, und man mißt richtige Intensitäten und Relaxationszeiten. Die vollständige Impulsfolge lautet also:

$$(5\,T_1 - 180^\circ_{x'} - \tau - 90^\circ_{x'} - \text{FID})_n$$

Da T_1 für quartäre C-Atome $50\,$s oder mehr betragen kann, bedeutet dies Wartezeiten von 4 bis 5 min. Dadurch wird die Meßzeit insgesamt sehr lang. Mit modernen NMR-Spektrometern läßt sich der Meßvorgang automatisieren, so daß diese Experimente über Nacht durchgeführt werden können.

Die Genauigkeit der berechneten T_1-Werte hängt davon ab, wie gut die Intensität I_0 zur Zeit $t = \tau = 0$ gemessen wird. Man bestimmt deshalb I_0 meist zu Beginn, während und am Ende des Experimentes und berechnet dann den Mittelwert.

Eine weitere Fehlerquelle bilden paramagnetische Verunreinigungen, wobei der in der Probe gelöste Sauerstoff an erster Stelle steht. Jede Probe muß daher vor der T_1-Messung sorgfältig entgast werden. Unterbleibt dies oder enthält die Probe noch andere paramagnetische Verunreinigungen, werden alle Relaxationszeiten verkürzt, und die Interpretation der gemessenen Zeiten ist sehr schwierig. Besonders stark macht sich dies bemerkbar, wenn T_1 größer ist als $50\,$s.

7.2.3 T_1 und chemische Struktur

Für organische Moleküle liegen die T_1-Zeiten der ^{13}C-Kerne ungefähr zwischen 0,1 und 300 s. Die kleineren Werte von 0,1 bis 10 s gelten für C-Atome mit direkt gebundenen Protonen, die größeren über 10 s für solche ohne Protonen (quartäre C-Atome) und für kleine, symmetrische Moleküle. Wenn auch längst nicht so viele experimentelle T_1-Daten vorliegen wie etwa chemische Verschiebungen oder Kopplungskonstanten, wurden doch für den Chemiker interessante Zusammenhänge zwischen T_1-Zeiten und Molekülstruktur gefunden und beschrieben.

7.2.3.1 Einfluß der Protonen in CH-, CH$_2$- und CH$_3$-Gruppen

Wenn die Dipol-Dipol-Wechselwirkungen (DD) den wichtigsten Beitrag zur Spin-Gitter-Relaxation liefern, sollten direkt gebundene Protonen den T_1-Wert der entsprechenden ^{13}C-Kerne stark beeinflussen. In der Tat findet man um so kürzere T_1-Werte, je mehr H-Atome an einem C-Atom gebunden sind. Im Idealfall ist T_1 umgekehrt proportional zur Zahl der Protonen. Am Beispiel von Isooctan (**2**) ist dieser Effekt deutlich zu erkennen [2]: Zwar ist das Verhältnis T_1(CH) : T_1(CH$_2$) mit 23 : 13 nicht ganz zwei, aber die Abweichung vom Idealwert ist nicht groß. Gründe dafür könnten sein, daß entfernte Protonen zusätzlich die DD-Relaxation beeinflussen, und andere Mechanismen als die DD-Wechselwirkung zur Relaxation beitragen. In den CH$_3$-Gruppen spielt mit Sicherheit die Spin-Rotations-Relaxation eine Rolle, denn T_1(CH$_3$) ist deutlich größer als $1/3 \cdot T_1$(CH).

Die langen T_1-Zeiten quartärer C-Atome sind dafür verantwortlich, daß deren Signalintensitäten bei den üblichen Aufnahmebedingungen – ^{1}H-BB-Entkopplung und schnelle Impulswiederholungen – sehr klein sind, oder die Signale gar nicht gefunden werden können (Abschn. 1.6.3.2).

Nachbaratome mit einem magnetischen Moment beeinflussen die T_1-Zeiten um so stärker, je größer das magnetische Moment ist und je näher die Kerne einander sind. Dies kann man als Zuordnungshilfe ausnutzen. So substituiert man im Molekül gezielt Protonen durch Deuterium, dessen magnetisches Kernmoment kleiner ist. Damit wird die DD-Wechselwirkung weniger wirksam, und die T_1-Zeiten sollten länger werden. Das Experiment bestätigt diese Annahme. Besonders deutlich macht sich das bei langen Relaxationszeiten bemerkbar, wie man sie für quartäre C-Atome findet.

Beispiel:

○ Im Phenanthren (**3**) liegen die ^{13}C-Resonanzen der beiden C-Atome 11 und 12 mit $\delta = 130{,}1$ bzw. 131,9 eng beieinander, und ihre Zuordnung ist nicht eindeutig. Die T_1-Zeiten unterscheiden sich in der undeuterierten Verbindung **3A** mit 51 und 59 s ebenfalls nicht sehr, wenn auch die kürzere Zeit für C-11 zu erwarten wäre, denn hier können zwei unmittelbar benachbarte H-Atome zur Relaxation beitragen, bei C-12 dagegen nur eines. Substitution von H-4 und H-5 durch Deuterium (**3B**) läßt die beiden T_1-Zeiten auf 59 und 80 s anwachsen. Damit ist die im Formelschema angegebene Zuordnung belegt, da sich T_1 von C-12 am stärksten erhöht. Geringfügig wirkt sich die schwächere DD-Wechselwirkung auch auf den T_1-Wert des weiter entfernteren C-11-Atoms aus [3].

7.2.3.2 Einfluß der Molekülgröße

Die für Cycloalkane gefundenen T_1-Zeiten [4] sind um so kleiner, je größer der Ring ist. So wurden für Cyclopropan 37 s und für Cyclohexan nur noch 20 s gefunden. Bei einer Ringgröße von $n = 20$ erreicht man einen Grenzwert von 1–2 s. Diese Werte spiegeln den Einfluß der Beweglichkeit der Moleküle, denn Cyclopropan ist als Ganzes weit beweglicher als die großen Ringe. Bei den kleinen Ringen ist nicht auszuschließen, daß neben der dominierenden DD-Wechselwirkung auch die Spin-Rotation zur Relaxation beiträgt. In großen Ringen können dagegen die Relaxationszeiten zusätzlich durch innermolekulare Beweglichkeiten einzelner CH_2-Segmente beeinflußt, wenn nicht bestimmt werden.

Für Makromoleküle mißt man meistens T_1-Zeiten unter einer Sekunde, und sie können, wie beispielsweise bei Polystyrol (**4**), auf 10^{-1} bis 10^{-2} s abfallen.

Bei Biopolymeren sind die ^{13}C-NMR-Signale im allgemeinen wenig aufgelöst. Daher sind Relaxationszeiten für die einzelnen C-Atome in den meisten Fällen nicht zu erhalten. Häufig werden nur Gruppen-Relaxationszeiten gemessen, aus denen man auf die Beweglichkeit von Untereinheiten des Moleküls schließen kann.

7.2.3.3 Segmentbeweglichkeiten

Vielfach bewegen sich die einzelnen Teile eines Moleküls unterschiedlich schnell. So sind die Seitenketten von Steroiden oder seitenständige Estergruppen in Polyacrylsäureestern beweglicher als das Ringsystem und die Kohlenstoffkette. Diese starren Molekülteile wirken gleichsam als Anker auf die Seitenketten. Für die flexiblen Alkylgruppen genügt zur Verankerung schon ein Bromatom oder eine Amidgruppe. Ähnlich wirken Hydroxyl- oder Carboxygruppen, da sie Wasserstoffbrücken bilden und damit die Beweglichkeit ganzer Moleküteile herabsetzen. Bei all diesen Verbindungen nimmt vom Anker ausgehend der Wert von T_1 zu. Natürlich wirken sich die strukturellen Eigenarten des Moleküls zusätzlich aus.

Drei Beispiele mögen dies zeigen (T_1-Werte in s):

$$CH_3 - CH_2 - CH_2 - CH_2 - CH_2 - C_5H_{11} \qquad \textbf{5}$$
$$\;\;8{,}7 \quad 6{,}6 \quad 5{,}7 \quad 5{,}0 \quad 4{,}4$$

$$BrCH_2 - CH_2 - (CH_2)_5 - CH_2 - CH_2 - CH_3 \qquad \textbf{6}$$
$$\;\;2{,}8 \quad 2{,}7 \quad 2{,}0 \quad 3{,}1 \quad 3{,}9 \quad 5{,}3$$

$$HOCH_2 - (CH_2)_5 - CH_2 - CH_2 - CH_2 - CH_3 \qquad \textbf{7}$$
$$\;\;0{,}7 \quad 0{,}8 \quad 1{,}1 \quad 1{,}6 \quad 2{,}2 \quad 3{,}1$$

Selbst in unsubstituierten *n*-Alkanen findet man für die CH$_2$-Segmente unterschiedliche T_1-Werte, da die Beweglichkeit im Inneren der Kette kleiner ist als außen [2].

7.2.3.4 Anisotrope molekulare Beweglichkeit

In monosubstituiertem Benzol findet man für ^{13}C-Kerne, die auf der Moleküllängsachse liegen, deutlich kleinere T_1-Werte als für die anderen Ringkohlenstoffe. Meistens unterscheiden sie sich um den Faktor zwei, wie aus den Beispielen Toluol (**8**), Phenylacetylen (**9**), Biphenyl (**10**) und Diphenyldiacetylen (**11**) zu ersehen ist. Dieser Befund weist auf eine anisotrope molekulare Beweglichkeit hin und zwar auf die bevorzugte Rotation des Moleküls um die Längsachse. Bei dieser Rotation werden die außerhalb der Achse liegenden C-Atome schneller bewegt als die auf der Achse liegenden [2].

7.2.4 Unterdrückung des Wassersignals

Häufig läßt sich Wasser als Lösungsmittel nicht vermeiden. Dies gilt vor allem in der Biochemie. Selbst wenn man D$_2$O als Lösungsmittel benutzt, wird das Restsignal von HDO immer um vieles größer sein als die Signale der interessierenden Substanz (Abschn. 5.2.2). Dies führt zu verschiedenen Schwierig-keiten:

- Signale können verdeckt sein
- die Integration in der Nähe des Wassersignals ist nicht mög-lich
- der Rechner hat Probleme, schwache Signale neben sehr starken Signalen zu verarbeiten.

Als Ausweg bietet sich ein Experiment an, das auf einer Be-obachtung beruht, die wir schon bei der T_1-Messung von Ethyl-benzol machten (Abb. 7-3). Das ^{13}C-NMR-Signal von C-1 des Ethylbenzols war bei einer Wartezeit von $\tau_{null} = 50$ s gerade ver-schwunden (Nulldurchgang). Ein Vergleich der drei, nach $\tau =$ 30, 50 und 100 s aufgenommenen Spektren zeigt, daß die ande-ren ^{13}C-Kerne schon nahezu vollständig relaxiert sind und ihre Signalintensitäten die Gleichgewichtswerte erreicht haben. Genauso kann das Wassersignal (H_2O oder HDO) unterdrückt werden. Der T_1-Wert von Wasser beträgt ungefähr 3 s und ist damit größer als die T_1-Zeiten anderer Protonen in orga-nischen Molekülen. Man mißt also das ^{1}H-NMR-Spektrum mit der – auch zur T_1-Bestimmung verwendeten – Impulsfolge: $(180^\circ_{x'} - \tau - 90^\circ_{x'} - FID)_n$.

Dann wählt man τ so, daß das Wassersignal verschwindet. Während dieser Zeit können die Protonen der Substanz voll-ständig relaxieren, und man erhält nur das ^{1}H-NMR-Spektrum der Substanz. Auch die Signale, die ursprünglich unter dem Wassersignal lagen, sind jetzt zu erkennen. (Die optimalen Bedingungen muß man stets in Vorversuchen ermitteln.)

Diese Methode ist leider nur bei Lösungsmitteln anwendbar, deren Relaxationszeiten deutlich länger sind als die der zu un-tersuchenden Substanzen.

7.3 Spin-Spin-Relaxation (T_2)

7.3.1 Relaxationsmechanismen

Wir haben bereits im ersten Kapitel (Abschn. 1.5) gelernt, daß unmittelbar nach einem $90^\circ_{x'}$-Impuls die z-Komponente des makroskopischen Magnetisierungsvektors Null ist ($M_z = 0$) (Abb. 7-4). Dies ist nur möglich, wenn die Besetzungszahlen N_α und N_β gleich geworden sind. Dafür ist jetzt eine transver-sale Magnetisierung $M_{y'}$, eine Quermagnetisierung, ent-standen. In der klassischen Betrachtungsweise präzediert ein kleiner Teil der Kerndipole auf der Oberfläche des Doppelkegels gebündelt, das heißt in Phase (Abb. 1-12). Diesen Zustand bezeichnet man als *Phasenkohärenz*. Die Magnetisierung $M_{y'}$ ergibt sich durch vektorielle Addition der Komponenten aller Einzelspins in y'-Richtung. Für die zeitliche Entwicklung der Quermagnetisierungen gelten im rotierenden Koordinatensystem nach F. Bloch die schon in Abschnitt 1.5.2.2 angegebenen Gleichungen; hier brauchen wir nur die Differentialgleichung für $M_{y'}$, die lautet:

$$\frac{\mathrm{d}M_{y'}}{\mathrm{d}t} = -\frac{M_{y'}}{T_2} \qquad (7\text{-}7)$$

Die Zeitkonstante T_2 ist die *Spin-Spin-* oder die *transversale Relaxationszeit*. Sie bestimmt, wie schnell die Quermagnetisierungen $M_{x'}$ und $M_{y'}$ verschwinden. Im klassischen Bild bedeutet das, daß die gebündelt präzedierenden Kerne ihre Phasenbeziehung verlieren, daß sich das Bündel auffächert. Abbildung 7-4 a bis c zeigt in Form schematischer Vektordiagramme diesen Vorgang, wobei das Koordinatenystem (x', y', z) mit der Larmor-Frequenz rotiert, so daß die durch den $90_{x'}^{\circ}$-Impuls erzeugte Quermagnetisierung $M_{y'}$ immer auf der y'-Achse liegenbleibt (Abschn. 1.5.2). Von den magnetischen Momenten der Einzelspins sind nur die Komponenten in der x', y'-Ebene des Koordinatensystems abgebildet (dünne Pfeile).

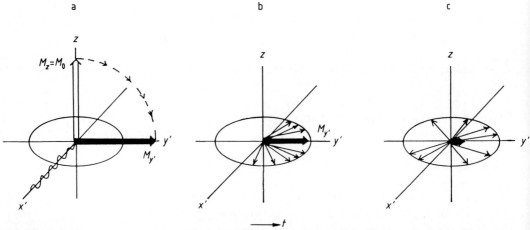

Abbildung 7-4.
Zeitliche Abnahme der Quermagnetisierung $M_{y'}$ (im rotierenden Koordinatensystem x', y', z) nach einem $90_{x'}^{\circ}$-Impuls durch Auffächern der gebündelt präzedierenden Kerne infolge von Magnetfeldinhomogenitäten.

Je weiter die Auffächerung fortschreitet, um so kleiner wird $M_{y'}$ und damit auch das in der Empfängerspule induzierte Signal.

Die Energie des Spinsystems ändert sich nicht durch die *Spin-Spin-Relaxation*, da die Besetzungsverhältnisse nicht betroffen sind. Es geht nur die Phasenbeziehung zwischen den gebündelt präzedierenden Kernspins verloren. Man spricht daher auch von einem *Entropieprozeß*.

Was ist die Ursache der Spin-Spin-Relaxation? Klassisch kann man sich vorstellen, daß über fluktuierende Magnetfelder Energie von einem Kern auf einen anderen übertragen wird. Der eine Kern wechselt dabei vom energiereicheren ins energieärmere Niveau, während ein anderer gleichzeitig vom energieärmeren ins energiereichere gehoben wird. Abgegebene und aufgenommene Energie stimmen überein, nur geht die Phasenbeziehung verloren.

Der Hauptbeitrag zur Spin-Spin-Relaxation ist jedoch ganz anderer Natur. Da die zu messende Probe eine endliche Ausdehnung hat, und über dieses Volumen hinweg das Magnetfeld B_0 nicht homogen ist, befinden sich nicht alle Kerne im gleichen Magnetfeld. Das am Kernort effektiv wirkende Magnetfeld unterscheidet sich für verschiedene Kerne um ΔB_0. Selbst chemisch äquivalente Kerne präzedieren wegen dieser Magnetfeldinhomogenitäten mit etwas unterschiedlichen Larmor-Frequenzen, einige schneller, andere langsamer als die resultierende Quermagnetisierung $M_{y'}$. Dies führt mit der Zeit zu der in Abbildung 7-4 gezeichneten Auffächerung.

Die praktische Bedeutung der T_2-Zeiten liegt vor allem in ihrer Beziehung zur *Linienbreite* der beobachteten NMR-Signale (Abschn. 7.3.3).

Zum Abschluß wollen wir die Spin-Spin- und Spin-Gitter-Relaxationszeiten miteinander vergleichen. Nach allem, was wir bisher über die Relaxationsprozesse erfahren haben, kann T_2 nie größer sein als T_1, denn die Quermagnetisierung $M_{y'}$ kann zwar schon vollständig durch Relaxation abgebaut sein, die Magnetisierung M_z muß aber noch nicht den Gleichgewichtswert M_0 erreicht haben. Umgekehrt gilt jedoch, daß M_z nur dann auf den Gleichgewichtswert M_0 anwachsen kann, wenn vorher die Quermagnetisierung $M_{y'}$ vollständig verschwunden ist. Folglich gilt:

$$T_1 \geq T_2$$

7.3.2 Experimentelle Bestimmung von T_2

T_2 wird, wie im Abschnitt 7.3.1 beschrieben, hauptsächlich durch Feldinhomogenitäten (ΔB_0) bestimmt. Doch ist gerade dieser Beitrag für den Chemiker uninteressant, da es sich um einen apparativen Parameter handelt. E. L. Hahn [5] hat schon 1950 ein elegantes Verfahren zur Bestimmung von T_2 vorge-

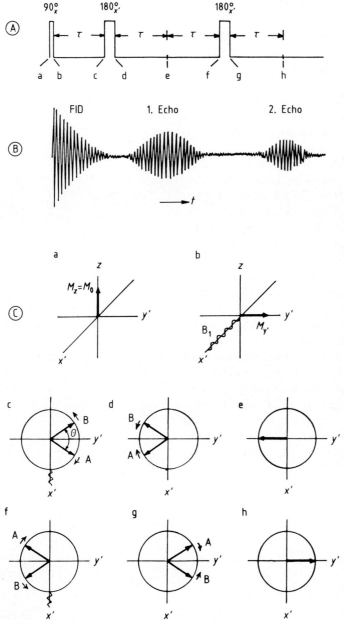

Abbildung 7-5.
Spin-Echo-Experiment nach Carr-Purcell, aufbauend auf dem Experiment von Hahn.
A: Schematische Darstellung der Impulsfolge ($90^{\circ}_{x'} - \tau - 180^{\circ}_{x'} - \tau$ (1. Echo) $- \tau - 180^{\circ}_{x'} - \tau$ (2. Echo) ... usw.). Die Breite der Impulse τ_P ist stark vergrößert, da τ_P nur einige µs beträgt, τ dagegen bis zu einigen hundert ms.
B: Spektrum in der Zeitdomäne, FID und zwei Echos.
C: Schematische Darstellung der einzelnen Entwicklungsstufen des Spinsystems zu den in der Impulsfolge A mit a bis h bezeichneten Zeitpunkten. Die Wellenlinien auf den x'-Achsen der Diagramme b, c und f symbolisieren die Richtungen der effektiv wirkenden B_1-Felder. In den Vektordiagrammen c bis h betrachten wir zwei Vektoren **A** und **B** in der x', y'-Ebene des rotierenden Koordinatensystems. Die resultierende Magnetisierung $M_{y'}$ ist nicht eingezeichnet. Die kleinen Pfeile außen am Kreis geben die Drehrichtung der Vektoren **A** und **B** relativ zum rotierenden Koordinatensystem an.

schlagen, bei dem dieser Anteil eliminiert wird: das *Spin-Echo-Verfahren*. Einfacher zu verstehen und anschaulicher darzustellen ist dieses Verfahren mit Hilfe der von Carr und Purcell [6] angegebenen Variante, bei der auf den $90^\circ_{x'}$-Anregungsimpuls nicht wie bei Hahn wieder ein $90^\circ_{x'}$-, sondern ein $180^\circ_{x'}$-Impuls folgt. Die vollständige Impulsfolge lautet:

$$90^\circ_{x'} - \tau - 180^\circ_{x'} - \tau \,(1.\,\text{Echo}) - \tau - 180^\circ_{x'} - \tau \,(2.\,\text{Echo}) \ldots .$$

Abbildung 7-5 C a-h veranschaulicht, wie sich die einzelnen Schritte dieser Impulsfolge auf das Spinsystem auswirken.

Abbildung 7-5 C a zeigt die Ausgangssituation, in der die makroskopische Magnetisierung in z-Richtung dem Gleichgewichtswert entspricht ($M_z = M_0$). Der $90^\circ_{x'}$-Impuls dreht M_0 auf die y'-Achse ($M_{y'} = M_0$). Diese Quermagnetisierung $M_{y'}$ rotiert nun mit einer mittleren Larmor-Frequenz ν_L, mit der auch das Koordinatensystem x', y', z rotiert (Abb. 7-5 C b). Dadurch zeigt $M_{y'}$ immer in Richtung der y'-Achse.

Aus der Menge der in Phase präzedierenden Kerne greifen wir nur zwei Kerne A und B heraus. Von diesen beiden befindet sich infolge der Feldinhomogenitäten Kern A in einem etwas höheren, Kern B in einem niedrigeren Feld als der Durchschnitt aller anderen Kerne. Gemäß Gleichung (1-6) $\nu_L = \gamma\, B_0$ ist für A die Larmor-Frequenz größer als für B. A rotiert somit schneller als der Durchschnitt, B dagegen langsamer. A läuft also dem mit einer mittleren Frequenz rotierenden Koordinatensystem voraus, während B zurückbleibt. Die relative Drehrichtung der Vektoren gegenüber dem Koordinatensystem ist durch die kleinen Pfeile außerhalb der Kreise gekennzeichnet. Nach einer gewissen Zeit $t = \tau$, die normalerweise im Bereich bis zu einigen hundert ms liegt, bilden die Vektoren **A** und **B** einen Winkel Θ, sie sind phasenverschoben (Abb. 7-5 C c). Der Betrag von $M_{y'}$ nimmt durch dieses Auffächern ab.

Um die Folgen des anschließenden $180^\circ_{x'}$-Impulses zu verstehen, müssen wir den Ausführungen in Abschnitt 8.2 etwas vorgreifen und eine kurze Erläuterung einschieben. Wir beschränken uns dabei auf den Vektor **A** nach der Zeit $t = \tau$, unmittelbar vor dem $180^\circ_{x'}$-Impuls (Abb. 7-5 C c). In Abbildung 7-6 c ist das Vektordiagramm für den Kern A noch einmal vergrößert herausgezeichnet. Die Projektion von **A** auf die y'-Achse sei $A_{y'}$, die auf die x'-Achse sei $A_{x'}$. Ein in x'-Richtung wirkender $180^\circ_{x'}$-Impuls dreht die Komponente $A_{y'}$ in die ($-y'$)-Richtung, während $A_{x'}$ unbeeinflußt bleibt. Durch Vektoraddition von $A_{x'}$ und $-A_{y'}$ erhält man die neue Richtung von **A** nach dem $180^\circ_{x'}$-Impuls. Der Winkel zur y'-Achse ist dem Betrag nach gleich groß wie vorher, auch die Drehrichtung bezüglich des Koordinatensystems ist gleich geblieben (Abb. 7-6 d). Mit anderen Worten: Durch den $180^\circ_{x'}$-Impuls haben wir den Vektor **A** an der x'-Achse gespiegelt, ohne dabei die Drehrichtung des

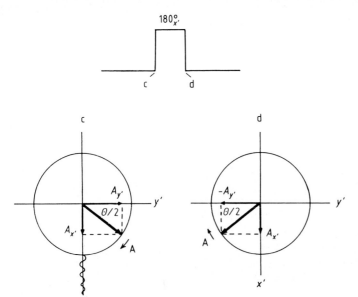

Abbildung 7-6.
Auswirkung eines $180^\circ_{x'}$-Impulses auf den Vektor **A**, der zum Zeitpunkt c (Abb. 7-5 C c) nach τ ms den Winkel $\Theta/2$ mit der y'-Achse des rotierenden Koordinatensystems bildet. $A_{y'}$ wird um $180°$ gedreht, $A_{x'}$ bleibt unbeeinflußt. Die relative Drehrichtung von **A** zum rotierenden Koordinatensystem vor und nach dem $180^\circ_{x'}$-Impuls ist gleich.

Vektors verändert zu haben. Dieselben Überlegungen gelten auch für den Vektor **B**.

Nun zurück zu Abbildung 7-5 C, Vektordiagramm d. Dort ist der Zustand des Spinsystems für die Vektoren **A** und **B** nach dem $180^\circ_{x'}$-Impuls dargestellt. Nach wie vor bewegt sich **A** schneller als **B**, doch jetzt liegt **A** hinter **B**! Nach einer weiteren Wartezeit von genau τ ms hat **A** **B** eingeholt, und **A** und **B** sind wieder in Phase. Dieser Zustand wird exakt 2τ ms nach dem ersten $90^\circ_{x'}$-Impuls erreicht (Abb. 7-5 C e). Was für die Kerne A und B ausführlich besprochen wurde, gilt in der makroskopischen Probe auch für alle anderen Kerne, die als Folge der Feldinhomogenitäten zur Auffächerung beigetragen haben. Nach 2τ ms sind alle Querkomponenten der Spinvektoren wieder refokussiert mit folgenden Konsequenzen: Die resultierende Quermagnetisierung $M_{y'}$ zeigt jetzt in die $(-y')$-Richtung, und ihre Amplitude erreicht erneut ein Maximum. Der Absolutbetrag von $M_{y'}$ ist jedoch nicht mehr ganz so groß wie direkt nach dem ersten $90^\circ_{x'}$-Impuls, da das System gemäß der *wahren* Spin-Spin-Relaxation in der Zeit 2τ mit T_2 relaxieren konnte.

Während den folgenden τ ms fächern die Spins wieder auf (Abb. 7-5 C f), ein erneuter $180^\circ_{x'}$-Impuls zu diesem Zeitpunkt (Abb. 7-5 C g) liefert nach weiteren τ ms ein zweites Echo (Abb. 7-5 C h), dessen Phase sich vom ersten um $180°$ unterscheidet. Man erhält also jeweils nach 2τ ms, das heißt nach 2τ, 4τ, 6τ ms usw. Echos mit wechselnder Phase, wenn $180^\circ_{x'}$-Impulse zu den Zeitpunkten τ, 3τ, 5τ ms angewendet werden. Die Intensitätsabnahme dieser Echos und damit der Signale nach der FT ist nur durch T_2 bestimmt (Abb. 7-5 B).

Zur Ermittlung von T_2 geht man wieder von den Differentialgleichungen (7-7) aus, deren Lösung für $M_{y'}$ lautet:

$$M_{y'} = A \, e^{-t/T_2} \qquad (7\text{-}8)$$

Für $t = 0$ ist $A = M_0$. Durch Logarithmieren folgt:

$$\ln M_{y'} = \ln M_0 - \frac{t}{T_2} \qquad (7\text{-}9)$$

und da $M_{y'}$ proportional zu I ist:

$$\ln I(t) = \ln I_0 - \frac{t}{T_2} \qquad (7\text{-}10)$$

Man mißt also die Intensitäten der Echos oder der Signale und trägt $\ln I(t)$ gegen t auf, wobei $I(t)$ die Intensität der Echos zu den Zeiten $t = 2\tau, 4\tau \ldots$ ist. Dies ergibt eine Gerade mit der Steigung $-1/T_2$. Fehler bei der Messung entstehen hauptsächlich durch ungenaues Einstellen der 90°- und 180°-Impulswinkel.

In Kapitel 14 Abbildung 14-14 ist im Zusammenhang mit der MR-Tomographie die exponentielle Abnahme der Intensitäten $I(t)$ für acht Echos angegeben. (Aufgetragen ist dort direkt $I(t)$, nicht der Logarithmus.)

Natürlich baut das Spinsystem während des Spin-Echo-Experimentes durch die Spin-Gitter-Relaxation T_1 seine Magnetisierung in Feldrichtung wieder auf. Die $180^\circ_{x'}$-Impulse invertieren dann die inzwischen wieder vorhandene M_z-Komponente. Dadurch entsteht aber kein Beitrag zur Quermagnetisierung, das heißt kein Beitrag zum registrierten Signal.

Das beschriebene Beispiel enthielt nur chemisch äquivalente Kerne, die aufgrund von Feldinhomogenitäten mit verschiedenen Larmor-Frequenzen präzedieren. Die Ausführungen gelten aber genauso, wenn man das Spin-Echo-Experiment auf mehrere chemisch nicht-äquivalente Kerne oder auf gekoppelte Kerne anwendet. Liegen zum Beispiel zwei verschiedene Kernsorten A und B vor, dann sind die entsprechenden Magnetisierungsvektoren M_A und M_B nach der Zeit 2τ ebenfalls refokussiert, und in der Empfängerspule wird ein „Echo" induziert. Um dies zu verstehen, braucht man in den Vektordiagrammen von Abbildung 7-5 C nur die Vektoren A und B durch M_A und M_B zu ersetzen. Durch FT des Echos erhält man dann zwei Signale bei ν_A und ν_B.

Die ^{1}H-NMR-Spektren sind meistens wegen der vielen H,H-Kopplungen für T_2-Bestimmungen zu kompliziert, daher beschränkt man solche Messungen fast nur auf ^{13}C-Kerne, weil hier die Kopplung mit den Protonen durch ^{1}H-BB-Entkopplung eliminiert werden kann, das Spektrum also nur aus Singuletts besteht.

Auf das AX-Zweispinsystem mit gekoppelten ^{1}H- und ^{13}C-Kernen werden wir in Abschnitt 8.3 zurückkommen.

7.3.3 Linienbreiten der Resonanzsignale

Eng nebeneinanderliegende Signale sind nur dann getrennt zu sehen, das heißt aufgelöst, wenn die Resonanzlinien scharf sind. Ein Maß für die Auflösung ist die Linienbreite bei halber Signalamplitude (*Halbwertsbreite* $b_{1/2}$). Probleme mit der Auflösung treten vor allem in der ^{1}H-NMR-Spektroskopie auf, weniger in der ^{13}C-NMR-Spektroskopie.

Zur Linienbreite tragen sowohl die Spin-Gitter- als auch die Spin-Spin-Relaxation bei. Beide verkürzen die Lebensdauer eines Kernes in einem Energiezustand. Nach der *Heisenbergschen Unschärfebeziehung* (7-11) ist die Energie eines Zustandes um so „unschärfer", je kürzer die Lebensdauer τ_1 eines Teilchens in diesem Energiezustand ist. In der NMR-Spektroskopie wirkt sich diese Unschärfe auf die Energie des Übergangs δE und damit auf die Übergangs- und Resonanzfrequenzen aus. Als Folge verbreitern sich die Linien und zwar um so mehr, je kürzer T_1 und T_2 sind.

$$\delta E \cdot \tau_1 \geq \frac{h}{2\pi} \qquad (7\text{-}11)$$

Für Kerne mit Spin 1/2 sind in niederviskosen Flüssigkeiten die beiden Relaxationszeiten T_1 und T_2 ungefähr gleich groß und recht lang, so daß sich sehr kleine Linienbreiten ergeben. Diese „natürlichen" Linienbreiten sind für Protonen im allgemeinen kleiner als 0,1 Hz.

In Festkörpern und auch in viskosen Flüssigkeiten liegen die T_1-Zeiten – speziell bei tiefen Temperaturen – manchmal im Bereich von Minuten oder gar Stunden; T_2 ist dagegen sehr kurz, ungefähr 10^{-5} s, weil die magnetische Kopplung zu Nachbarspins sehr groß ist. Die Linienbreite wird somit allein durch T_2 bestimmt.

Normalerweise läßt sich die Resonanzlinie durch eine *Lorentz-Funktion* beschreiben; damit ist die Linienbreite $b_{1/2}$ durch Gleichung (7-12) gegeben:

$$b_{1/2} = \frac{1}{\pi\, T_2{}^*} \qquad (7\text{-}12)$$

Mit dieser Beziehung und der gemessenen Breite eines Signales erhält man eine Spin-Spin-Relaxationszeit $T_2{}^*$, die jedoch nicht interessiert, da sie überwiegend durch Inhomogenitäten des Magnetfeldes ΔB_0 bestimmt wird. (Abschn. 7.3.1). Vielmehr muß der auf die Feldinhomogenitäten zurückzuführende Anteil der Halbwertsbreite abgetrennt werden, um zur wahren, zur natürlichen Relaxationszeit T_2 zu kommen. Dies gelingt mit Hilfe von Gleichung (7-13):

$$\frac{1}{T_2{}^*} = \frac{\gamma\, \Delta B_0}{2} + \frac{1}{T_2} \qquad (7\text{-}13)$$

Außer den Feldinhomogenitäten führt häufig die Wechselwirkung mit Nachbarkernen zu einer Linienverbreiterung, wenn diese Kerne den Kernspin $I \geq 1$ und damit ein elektrisches Quadrupolmoment eQ haben. Besonders zu nennen ist die Wechselwirkung mit ^{14}N-Kernen, deren elektrisches Quadrupolmoment eQ relativ groß ist. Auch Deuterium gehört zu diesen Kernen ($I = 1$), doch ist sein elektrisches Quadrupolmoment kleiner als das von ^{14}N, und dementsprechend werden die Resonanzlinien von Protonen durch die Wechselwirkung mit Deuterium nur unwesentlich verbreitert. Findet man trotzdem breite Signale, geht dies meistens auf nicht-aufgelöste Kopplungen zurück.

Wie bereits erwähnt, verkürzen paramagnetische Verunreinigungen die Relaxationszeiten und führen zu stark verbreiterten Linien. Dies gilt vor allem für den gelösten Sauerstoff. Die beste Auflösung erhält man daher nur mit sorgfältig entgasten Proben.

Wie Austauschprozesse die Linienform beeinflussen, wird in Kapitel 11 ausführlich besprochen.

7.4 Literatur zu Kapitel 7

[1] H. Schneider, Dissertation, Ruhr-Universität Bochum 1975.

[2] R. J. Abraham and P. Loftus: *Proton and Carbon-13 NMR Spectroscopy.* Heyden, London 1978, S. 131.

[3] F. W. Wehrli: „Organic Structure Assignments using ^{13}C Spin-Relaxation Data" in *Topics in Carbon-13 NMR Spectroscopy,* Vol. 2. Wiley & Sons, New York 1976.

[4] H.-O. Kalinowski, S. Berger, S. Braun: *^{13}C-NMR-Spektroskopie.* Georg Thieme Verlag, Stuttgart 1984, S. 576.

[5] E. L. Hahn, *Phys. Rev. 80* (1950) 580.

[6] H. Y. Carr and E. M. Purcell, *Phys. Rev. 94* (1954) 630.

Ergänzende und weiterführende Literatur

J. R. Lyerla, Jr. and G. C. Levy: „Carbon-13 Nuclear Spin Relaxation" in *Topics in Carbon-13 NMR Spectroscopy,* Vol. 1, Kap. 2. Wiley & Sons, New York 1974.

R. Kitamaru: „Carbon-13 Nuclear Spin Relaxation Study as an Aid to Analysis of Chain Dynamics and Conformation of Macromolecules" in Y. Takeuchi and A. P. Marchand (eds.): *Applications of NMR Spectroscopy to Problems in Stereochemistry and Conformational Analysis,* Kap. 3, VCH Publishers, Deerfield Beach 1986.

8 Eindimensionale NMR-Experimente mit komplexen Impulsfolgen

8.1 Einführung [1]

In der Praxis der NMR-Spektroskopie stehen zwei Probleme im Vordergrund: An erster Stelle ist die geringe Empfindlichkeit zu nennen. Sie wirkt sich vor allem bei den unempfindlichen Kernen mit geringer natürlicher Häufigkeit aus. Beispiele sind ^{13}C und ^{15}N. An zweiter Stelle stehen Zuordnungsprobleme. Dabei muß es sich gar nicht um Zuordnungen in Spektren höherer Ordnung oder um Spektren von großen Molekülen handeln, denn Zuordnungsprobleme treten auch oder besonders dort auf, wo nur Singuletts vorhanden sind, wie bei ^1H-BB-entkoppelten ^{13}C-NMR-Spektren.

Die moderne Impuls-Spektroskopie eröffnete durch Verwendung selektiver Impulse und komplexer Impulsfolgen neue Möglichkeiten, um einiger dieser Probleme Herr zu werden. Dieses und das folgende Kapitel beschreiben die wichtigsten Experimente und ihre Vorzüge.

Für die optimale Anwendung der neuen Impuls-Techniken sind neben der apparativen Ausstattung gute Kenntnisse der theoretischen Grundlagen der Impuls-Experimente Voraussetzung. Diese zu erlernen, ist Ziel der nächsten beiden Abschnitte. Es folgen ausführliche Beschreibungen einzelner Experimente.

Wir beginnen mit dem *J-modulierten Spin-Echo*-Verfahren. An diesem Beispiel wollen wir lernen, wie in gekoppelten Spinsystemen die Amplituden und Phasen der Signale von Kopplungskonstanten abhängen. Seine Besprechung dient zum einen als didaktische Vorbereitung für die zweidimensionale *J*-aufgelöste NMR-Spektroskopie (Abschn. 9.3), zum anderen hat dieses Verfahren aber auch als Zuordnungshilfe in der ^{13}C-NMR-Spektroskopie praktische Bedeutung erlangt (*Attached Proton Test*, APT). Es folgt das *SPI*-Experiment, mit dem die Nachweisempfindlichkeit von unempfindlichen Kernen wie ^{13}C und ^{15}N durch Polarisationstransfer vergrößert werden kann. Danach behandeln wir das auf dem gleichen Prinzip beruhende Verfahren mit Namen *INEPT*. Das INEPT-Experiment läßt sich auch *invers* ausführen, bei dem dann die Polarisation vom unempfindlichen Kern auf den empfindlichen übertragen wird. An diesem Beispiel soll gezeigt werden, welche

Vorteile solche inversen Experimente bieten. Den Abschluß bilden das *DEPT*-Verfahren, das große praktische Bedeutung besitzt, sowie das *INADEQUATE*-Verfahren zur Messung von C,C-Kopplungskonstanten. Im Zusammenhang mit diesem müssen wir uns mit dem Phänomen der Doppelquantenkohärenz beschäftigen. Auf die zweidimensionale Variante des INADEQUATE-Experimentes und auf die zweidimensionalen inversen Experimente kommen wir in den Abschnitten 9.5 und 9.4.5 zurück.

Ein Ergebnis soll schon jetzt vorweggenommen werden: Die neuen Experimente liefern uns außer den altvertrauten spektralen Parametern – chemische Verschiebungen und Kopplungskonstanten – neue Informationen, wie Korrelationen zwischen chemischen Verschiebungen und Kopplungskonstanten, zwischen chemischen Verschiebungen von ^{1}H und ^{13}C oder auch anderen Kernen. Sie vermitteln uns über die Nachbarschaftsbeziehungen zwischen koppelnden Kernen (connectivities) neue Einblicke in die Molekülstruktur. Auch chemische Verschiebungen und Kopplungskonstanten erhält man manchmal wegen des Intensitätsgewinnes durch den Polarisationstransfer besser und schneller durch diese Experimente.

8.2 Einfache Impuls-Experimente

Die neuen ein- und zweidimensionalen NMR-Experimente beruhen auf komplexen Impulsfolgen. Man versteht darunter eine Folge hintereinander geschalteter Impulse, die durch feste oder variable Wartezeiten getrennt sind. Bei den meisten Messungen von ^{13}C-Resonanzen werden derartige Impulsfolgen gleichzeitig im Protonen- und im ^{13}C-Frequenzbereich (im ^{1}H- und ^{13}C-Kanal) „eingestrahlt". Außerdem können sich die Impulswinkel und auch die Richtungen verändern, aus denen die Impulse, das heißt die B_1-Felder, auf Einzelspins und makroskopische Magnetisierungsvektoren einwirken. Vor allem werden 90°- und 180°-Impulse aus verschiedenen Richtungen verwendet.

Zur Erklärung der Verfahren benutzen wir – soweit dies möglich ist – anschauliche Bilder, sogenannte Vektordiagramme, die zeigen, was sich unter dem Einfluß der verschiedenen Impulse ereignet. Doch sind ohne Erfahrung auch diese Vektordiagramme manchmal nur schwer zu überblicken. Daher wollen wir in den folgenden Abschnitten lernen und üben, wie sich einige der immer wiederkehrenden Impulse auf einfache Magnetisierungsvektoren auswirken. Dies soll dazu beitragen, die Methoden besser und schneller zu verstehen.

Wie die verschiedenen Impulse erzeugt werden, wie durch Phasenschaltungen die effektiven Einstrahlrichtungen bestimmt werden können, sind technische Probleme, auf die hier nicht eingegangen wird.

8.2.1 Einfluß der Impulse auf die longitudinale Magnetisierung (M_z)

Abbildung 8-1 zeigt, wie sich die longitudinale Magnetisierung M_z, die der Gleichgewichtsmagnetisierung entspricht, unter dem Einfluß von 90°- und 180°-Impulsen dreht; wir verändern dabei die effektive Einstrahlrichtung, so daß im rotierenden Koordinatensystem die Richtung des B_1-Feldes mit der x'-, der y'- oder der $(-x')$-Achse zusammenfällt (s. Abschnitt. 1.5.2.1). Der Magnetisierungsvektor zeigt nach dem $90^\circ_{x'}$-Impuls in die Richtung der y'-Achse, nach dem $90^\circ_{y'}$-Impuls in die der $(-x')$-Achse. Ein $90^\circ_{-x'}$-Impuls dreht M_z in die $(-y')$-Achse. Zum gleichen Zustand wäre man durch einen $270^\circ_{x'}$-Impuls gelangt (Abb. 8-1 a–c). Die Drehung erfolgt stets im Uhrzeigersinn.

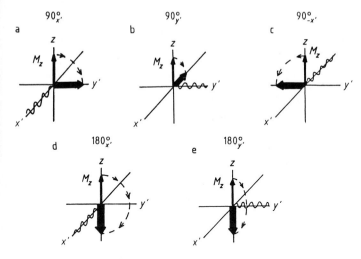

Abbildung 8-1.
90°- und 180°-Impulse wirken auf den longitudinalen Magnetisierungsvektor M_z. Die Wellenlinie gibt die effektive Einstrahlrichtung an, das heißt, die Richtung von B_1 im rotierenden Koordinatensystem x', y', z. Die nach Einwirkung der Impulse resultierenden Vektoren sind dick gezeichnet.

Ein 180°-Impuls kippt M_z in die $(-z)$-Achse. Dabei ist die Einstrahlrichtung, solange sie in der x', y'-Ebene liegt, gleichgültig. Der Endzustand ist immer derselbe, nur dreht sich der Vektor beim $180^\circ_{x'}$-Impuls in der y', z-Ebene, während er beim $180^\circ_{y'}$-Impuls in der x', z-Ebene rotiert. Dies hat aber für uns keine praktische Bedeutung.

In den Spinzuständen nach den 180°-Impulsen sind die Besetzungsverhältnisse invertiert. Darauf werden wir in Abschnitt 8.4 zurückkommen.

8.2.2 Einfluß der Impulse auf die transversalen Magnetisierungen ($M_{x'}$, $M_{y'}$)

In Abbildung 8-2 sind vier Vektordiagramme angegeben, die den Einfluß von 90°- und 180°-Impulsen auf einen auf der y'-Achse liegenden Magnetisierungsvektor $M_{y'}$ verdeutlichen. Die Drehung der Vektoren erfolgt – wie schon bei den bisher besprochenen Experimenten – im Uhrzeigersinn in der zur Einstrahlrichtung senkrecht stehenden Ebene. Abbildung 8-2 b soll zeigen, daß ein $90°_{y'}$-Impuls den Vektor $M_{y'}$ nicht beeinflußt, da dieser keine Querkomponente enthält.

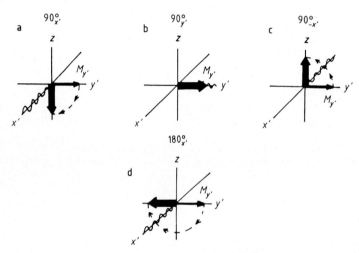

Abbildung 8-2.
90°- und 180°-Impulse wirken auf den transversalen Magnetisierungsvektor $M_{y'}$, wobei die Wellenlinie die Richtung des effektiv wirkenden B_1-Feldes angibt. Die nach Einwirkung der Impulse resultierenden Vektoren sind dick gezeichnet.

Dies wird noch deutlicher in den Beispielen von Abbildung 8-3. Der ursprüngliche Vektor A habe die in Abbildung 8-3 a gezeigte Richtung im vorderen rechten Quadranten. Wir zerlegen A in die zwei Komponenten $A_{x'}$ und $A_{y'}$, die beiden Projektionen auf die Achsen. Der $90°_{x'}$-Impuls beeinflußt nur die Querkomponente $A_{y'}$, nicht aber $A_{x'}$. Der Vektor $\mathfrak{A}$ hat nach dem $90°_{x'}$-Impuls die Komponenten A_{-z} und $A_{x'}$. Durch Vektoraddition ergibt sich damit die neue Richtung von $\mathfrak{A}$ in der x',z-Ebene nach unten vorne.

Der $90°_{y'}$-Impuls beeinflußt dagegen nur die x'-Komponente $A_{x'}$ (Abb. 8-3 d) und dreht diese auf die ($+z$)-Achse. Die vektorielle Addition von $A_{y'}$ und A_z ergibt den neuen Vektor $\mathfrak{A}$ in der y',z-Ebene, der nach oben rechts zeigt.

Abbildung 8-3 enthält auch die Vektordiagramme für den Vektor $\mathfrak{B}$ mit einer anderen Ausgangslage (Abb. 8-3 b und e) sowie für das System mit beiden Vektoren $\mathfrak{A}$ und $\mathfrak{B}$ (Abb. 8-3 c und f). Der in Abbildung 8-3 c angegebene Fall wird bei den Experimenten mit Polarisationstransfer eine Rolle spielen (Abschn. 8.4).

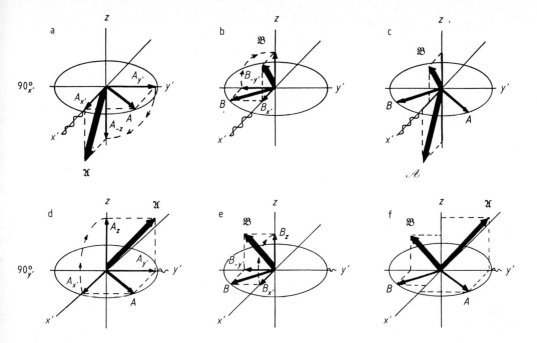

Abbildung 8-3.

$90_{x'}^{\circ}$- und $90_{y'}^{\circ}$-Impulse wirken auf zwei beliebige Vektoren A und B. In den Diagrammen a, b, d und e sind die Vektoren A und B in die x'- und y'-Komponenten zerlegt. $\mathfrak{A}$ und $\mathfrak{B}$ entsprechen den Vektoren nach den Impulsen.

Ein $90_{x'}^{\circ}$-Impuls wirkt a) auf A; b) auf B; c) auf A und B.

Ein $90_{y'}^{\circ}$-Impuls wirkt d) auf A; e) auf B; f) auf A und B.

In den nächsten Beispielen (Abb. 8-4) betrachten wir die Wirkungen von 180°-Impulsen auf A sowie A und B. Dieses Mal ist nur die x',y'-Ebene abgebildet, da die Vektoren vor und nach den Impulsen in dieser Ebene liegen. Außerdem sollen die Achsen x' und y' mit einer mittleren Larmorfrequenz $(\nu_A + \nu_B)/2$ rotieren; der Vektor A rotiere schneller, der Vektor B langsamer als das Koordinatensystem. Die Ursache dafür könnten Feldinhomogenitäten sein oder auch Wechselwirkungen mit Nachbarkernen wie beispielsweise eine Spin-Spin-Kopplung. Die relativen Drehrichtungen der Vektoren gegenüber dem Koordinatensystem sind durch Pfeile am äußeren Kreis angegeben.

Beide Vektoren haben Komponenten in x'- und y'-Richtung. Zunächst betrachten wir nur den Vektor A mit seinen Komponenten $A_{x'}$ und $A_{y'}$ (Abb. 8-4 Mitte oben). Ein in Richtung der x'-Achse wirkender $180_{x'}^{\circ}$-Impuls dreht $A_{y'}$ aus der $(+y')$- in die $(-y')$-Achse; $A_{x'}$ liegt in der Einstrahlrichtung, wird also nicht beeinflußt. Die Vektoraddition von $A_{x'}$ und $A_{-y'}$ führt zum neuen Vektor $\mathfrak{A}$. Nach wie vor wird aber $\mathfrak{A}$ schneller rotieren als das Koordinatensystem, denn durch den Impuls werden weder die Feldinhomogenitäten noch die Spin-Spin-Kopplung beein-

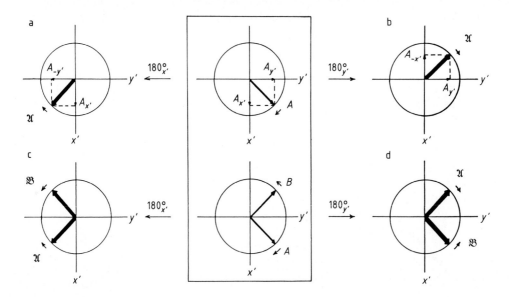

Abbildung 8-4.
$180°_{x'}$- und $180°_{y'}$-Impulse wirken auf die transversalen Magnetisierungsvektoren A (oben) bzw. auf A und B (unten). Das Koordinatensystem x', y', z rotiert mit der mittleren Frequenz $(\nu_A + \nu_B)/2$. $\mathfrak{A}$ und $\mathfrak{B}$ entsprechen den Vektoren nach den Impulsen.
In der Mitte eingerahmt ist der Ausgangszustand, wobei A schneller und B langsamer als das Koordinatensystem rotiert. Dies ist durch die kleinen Pfeile außerhalb der Kreise angedeutet.
a) und c) nach $180°_{x'}$-Impulsen, b) und d) nach $180°_{y'}$-Impulsen.
Die relative Drehrichtung der Vektoren ist vor und nach den Impulsen gleich. Die nach Einwirkung der Impulse resultierenden Vektoren sind dick gezeichnet.

flußt. Die durch den kleinen Pfeil angegebene Drehrichtung bezüglich des Koordinatensystems bleibt folglich erhalten. Die neue Richtung des Vektors $\mathfrak{A}$ nach dem $180°_{x'}$-Impuls entspricht einer Spiegelung an der x'-Achse (Abb. 8-4 a).

Durch den $180°_{y'}$-Impuls wird der Vektor A an der y'-Achse gespiegelt (Abb. 8-4 b) oder anders formuliert, $A_{x'}$ wird um $180°$ von der $(+x')$- auf die $(-x')$-Achse gedreht. Die Vektoraddition von $A_{-x'}$ und $A_{y'}$ ergibt den neuen Vektor $\mathfrak{A}$. Wieder bleibt die relative Drehrichtung zum rotierenden Koordinatensystem erhalten; der kleine Pfeil am äußeren Kreis zeigt in die gleiche Richtung wie vor dem Impuls.

Abschließend wollen wir auch in diesem Beispiel die $180°$-Impulse auf zwei Vektoren A und B einwirken lassen. Wieder soll A etwas schneller und B etwas langsamer als das Koordinatensystem rotieren. Die Zustände nach den $180°_{x'}$- bzw. $180°_{y'}$-Impulsen sind in den Vektordiagrammen der Abbildung 8-4 c und d dargestellt. Der $180°_{x'}$-Impuls spiegelt beide Vektoren unter Beibehaltung ihres Drehsinns an der x'-Achse. Liefen die beiden Vektoren vor dem $180°_{x'}$-Impuls auseinander, so laufen sie danach zusammen (Abb. 8-4 c). Nach einer bestimmten Zeit sind sie dann wieder parallel, und man nimmt das Echo in der Empfängerspule auf. Der $180^\circ_{x'}$-Impuls ist in der Praxis von großer Bedeutung, wir lernten ihn bereits im Zusammenhang mit der Bestimmung der Spin-Spin-Relaxationszeit T_2 kennen (Spin-Echo-Experiment, Abschn. 7.3.2 und Abb. 7-6).

Abbildung 8-4 d gibt den Zustand des Spinsystems nach einem $180^\circ_{y'}$-Impuls wieder. Die Spiegelung an der y'-Achse führt zu einer Vertauschung von A und B. Formal dreht sich nur die Drehrichtung der Vektoren um, und nach dem $180^\circ_{y'}$-Impuls ist der schnellere Vektor $\mathfrak{A}$ hinter dem langsameren $\mathfrak{B}$. Dies führt zu einer Refokussierung von $\mathfrak{A}$ und $\mathfrak{B}$ nach einer bestimmten Zeit, und man beobachtet in der Empfängerspule wieder ein Echo. Ein Spin-Echo-Experiment können wir folglich sowohl mit einem $180^\circ_{x'}$- als auch mit einem $180^\circ_{y'}$-Impuls durchführen. Einziger Unterschied zwischen den Abbildungen 8-4 c und d ist die um 180° verschobene Phase der beiden Echos. Auch bei vielen anderen Experimenten kann man über verschiedene Wege, mit unterschiedlichen Impulsfolgen, zum gleichen Ziel gelangen.

8.3 J-moduliertes Spin-Echo-Experiment

In Abschnitt 7.3.2 lernten wir das Spin-Echo-Experiment und die ihm zugrundeliegende Impulsfolge kennen:

$$90^\circ_{x'} - \tau - 180^\circ_{x'} - \tau \ (\text{Echo})$$

Ziel dieses Experimentes war, Spinvektoren zu refokussieren, die aufgrund von Feldinhomogenitäten oder unterschiedlicher Larmor-Frequenzen (chemische Verschiebungen) in der Zeit τ auffächerten. Es bleibt zu klären, welchen Einfluß die skalare Kopplung auf das Spin-Echo hat. Dazu betrachten wir ein AX-Zweispinsystem mit A = ^{1}H und X = ^{13}C, wobei die Resonanzen von ^{13}C gemessen werden sollen. Ein konkretes Beispiel für ein solch heteronukleares System ist Chloroform, ^{13}CHCl$_3$.

Zum Verständnis sei folgende Betrachtung eingeschoben: In Abschnitt 1.5.2.1 wurde gezeigt, daß ein $90^\circ_{x'}$-Impuls eine Bündelung eines kleinen Teiles der Kerne bewirkt (Abb. 1-12). Die Quermagnetisierung $M_{y'}$ entsteht dann durch vektorielle Addition aller Querkomponenten der gebündelt präzedierenden Einzelspins, wobei $M_{y'}$ wie die Einzelspins mit der Larmor-Frequenz um die z-Achse rotiert.

Im Zweispinsystem gibt es durch die C,H-Kopplung zwei unterschiedliche Larmor-Frequenzen: eine für ^{13}C-Kerne in Molekülen mit Protonen im α-Zustand, $\nu(^{13}\text{CH}_\alpha\text{Cl}_3)$, und eine für die mit Protonen im β-Zustand, $\nu(^{13}CH_\beta Cl_3)$. Diese beiden Frequenzen betragen (8-1):

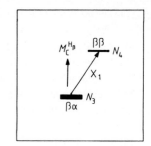

$$\nu(^{13}CH_\alpha Cl_3) = \nu_C - J(C,H)/2$$
$$\nu(^{13}CH_\beta Cl_3) = \nu_C + J(C,H)/2 \qquad (8\text{-}1)$$

ν_C ist hierbei die Larmor-Frequenz der ^{13}C-Kerne ohne C,H-Kopplung (z. B. bei ^1H-BB-Entkopplung). Das ^{13}C-NMR-Spektrum von Chloroform besteht somit aus zwei Signalen im Abstand der C,H-Kopplungskonstante von $^1J(C,H) = 209$ Hz und der chemischen Verschiebung $\delta = 77,7$ (Mitte des Dubletts).

Eine makroskopische Probe enthält ungefähr gleich viel $^{13}CH_\alpha Cl_3$- und $^{13}CH_\beta Cl_3$-Moleküle (siehe Abschn. 1.3.3 und 4.3.1). Deshalb gibt es zwei nahezu gleich große Magnetisierungen $M_C^{H_\alpha}$ und $M_C^{H_\beta}$. Dabei stammt $M_C^{H_\alpha}$ von der Hälfte aller Chloroform-Moleküle, in denen sich das Proton im α-Zustand befindet, $^{13}CH_\alpha Cl_3$, und $M_C^{H_\beta}$ von der anderen Hälfte der Moleküle mit Protonen im β-Zustand, $^{13}CH_\beta Cl_3$ (Abb. 8-5). Auf diese beiden ^{13}C-Magnetisierungsvektoren M_C beschränken wir uns, wenn wir im folgenden die Entwicklung des Zweispinsystems anhand von Vektordiagrammen verstehen wollen.

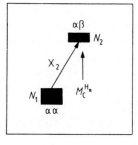

Doch nun zurück zum Spin-Echo-Experiment. Der $90°_{x'}$-Impuls dreht die beiden Magnetisierungsvektoren $M_C^{H_\alpha}$ und $M_C^{H_\beta}$ auf die $(+y')$-Achse, wo sie um die z-Achse zu rotieren beginnen. Da die Kopplungskonstante $^1J(C,H)$ stets positiv ist, rotiert $M_C^{H_\alpha}$ langsamer als $M_C^{H_\beta}$, denn es gilt:

$$\nu(^{13}CH_\alpha Cl_3) < \nu(^{13}CH_\beta Cl_3)$$

Der Unterschied entspricht genau der Kopplungskonstante $^1J(C,H)$. Somit bilden die beiden Vektoren nach der Zeit τ den Phasenwinkel Θ (8-2):

$$\Theta = 2\pi J(C,H)\tau \qquad (8\text{-}2)$$

Das weitere gleicht vollständig der Beschreibung zu den Vektordiagrammen c,d und e in Abbildung 7-5 im Abschnitt 7.3.2, wir müssen nur die dort mit A und B bezeichneten Vektoren durch $M_C^{H_\beta}$ bzw. $M_C^{H_\alpha}$ ersetzen: Der $180°_{x'}$-Impuls spiegelt die Vektoren an der x'-Achse, ohne dabei die relative Drehrichtung der Vektoren gegenüber dem rotierenden Koordinatensystem x', y', z zu verändern. Nach der Zeit τ sind $M_C^{H_\alpha}$ und $M_C^{H_\beta}$ wieder parallel und in Richtung der $(-y')$-Achse. Daraus folgt, daß im Spin-Echo-Experiment auch solche Vektoren nach der Zeit 2τ refokussiert sind, die aufgrund einer Spin-Spin-Kopplung auffächerten.

Wir haben bei unserer Betrachtung der Einfachheit halber Feldinhomogenitäten vernachlässigt. Auf diese zusätzliche Komplikation gehen wir später ein (Abschn. 9.3.1). An dieser

Abbildung 8-5.
Energieniveauschema für das AX-Zweispinsystem mit A = ^1H und X = ^{13}C (Beispiel: $^{13}CHCl_3$). Für die Besetzungszahlen gilt: $N_1 > N_2 > N_3 > N_4$. $M_C^{H_\alpha}$ entspricht dem makroskopischen ^{13}C-Magnetisierungsvektor für die $N_1 + N_2$ Chloroform-Moleküle mit Protonen im α-Zustand ($^{13}CH_\alpha Cl_3$), $M_C^{H_\beta}$ für die $N_3 + N_4$ Moleküle mit Protonen im β-Zustand ($^{13}CH_\beta Cl_3$).

Stelle genügt es zu wissen, daß nach der Zeitperiode 2τ wieder alle Spins in Phase sind, gleichgültig, ob für die Auffächerung Feldinhomogenitäten, chemische Verschiebungen oder skalare Kopplungen verantwortlich waren.

Eine vollständig neue Situation entsteht, wenn wir nach dem $180^\circ_{x'}$-Impuls und während der Detektion den ^{1}H-BB-Entkoppler einschalten. In Abbildung 8-6 A ist die Impulsfolge eines derart modifizierten Spin-Echo-Experimentes angegeben. Vektordiagramme (Abb. 8-6 B) veranschaulichen wieder den Einfluß der Impulsfolge auf die ^{13}C-Magnetisierungsvektoren $M_C^{H\alpha}$ und $M_C^{H\beta}$. Wir verwenden wie in Abbildung 7-5 ein mit ν_C rotierendes Koordinatensystem x', y', z und betrachten die Vektoren in der x', y'-Ebene. In dieser Ebene rotieren die beiden Vektoren $M_C^{H\alpha}$ und $M_C^{H\beta}$ nach dem $90^\circ_{x'}$-Impuls mit den Frequenzen $\nu_C - J(C,H)/2$ bzw. $\nu_C + J(C,H)/2$ (Gl. (8-1)), das heißt, $M_C^{H\beta}$ dreht sich um $J(C,H)/2$ schneller, $M_C^{H\alpha}$ um den gleichen Betrag langsamer als das Koordinatensystem. Die kleinen Pfeile in den Vektordiagrammen geben die Drehrichtungen der Vektoren an, bezogen auf das Koordinatensystem. Nach einer beliebigen Zeit τ bilden die beiden Vektoren den nach Gleichung (8-2) berechenbaren Phasenwinkel Θ. In Tabelle 8-1 sind für fünf charakteristische τ-Werte die entsprechenden Phasenwinkel angegeben. Für diese Winkel wurden in Abbildung 8-6 B die Vektordiagramme gezeichnet, und zwar jeweils für die Zeitpunkte, die in der Impulsfolge mit a–e markiert sind.

Vektordiagramm a gibt den Ausgangszustand wieder, b den nach dem $90^\circ_{x'}$-Impuls. In der darauffolgenden Zeit τ entwickeln sich $M_C^{H\alpha}$ und $M_C^{H\beta}$ (c), sie bilden den Phasenwinkel Θ. Durch den $180^\circ_{x'}$-Impuls werden die Vektoren an der x'-Achse gespiegelt (d). Schaltet man den ^{1}H-BB-Entkoppler ein, wird die Spin-Spin-Kopplung und somit die Ursache für die unterschiedlichen Rotationsgeschwindigkeiten der beiden Vektoren aufgehoben, sie rotieren jetzt beide mit ν_C. Durch Vektoraddition erhalten wir den Vektor M_C (e), dessen Richtung je nach der gewählten Zeit τ mit der positiven oder negativen y'-Achse zusammenfällt, sofern sein Betrag nicht gerade Null ist. Die Detektion beginnt nach der Zeit 2τ, das heißt, man nimmt die 2. Hälfte des Echos auf.

Da im Empfänger ein Signal induziert wird, dessen Intensität proportional der Länge des Vektors in der y'-Achse (in positiver oder negativer Richtung) ist, erhält man nach der Fourier-Transformation (FT) ein Absorptionssignal mit positiver oder negativer Amplitude; bei $\tau = [2J(C,H)]^{-1}$ ist die Amplitude gerade Null. Die Amplitude des detektierten Absorptionssignals, das in der rechten Spalte von Abbildung 8-6 B schematisch eingezeichnet ist, hängt also von $J(C,H)$ und somit von der gewählten Zeit τ ab. Es bleibt die Frage, warum man erst das Echo abwartet und nicht sofort das Signal nach der Zeit τ bei gleichzeitiger ^{1}H-BB-Entkopplung aufnimmt. In der Tat

Tabelle 8-1.
J-moduliertes Spin-Echo-Experiment. Phasenwinkel Θ für fünf charakteristische τ-Werte, berechnet mit Gleichung (8-2).

τ	Θ
0	0°
$[4J(C,H)]^{-1}$	90°
$[2J(C,H)]^{-1}$	180°
$3[4J(C,H)]^{-1}$	270°
$[J(C,H)]^{-1}$	360°

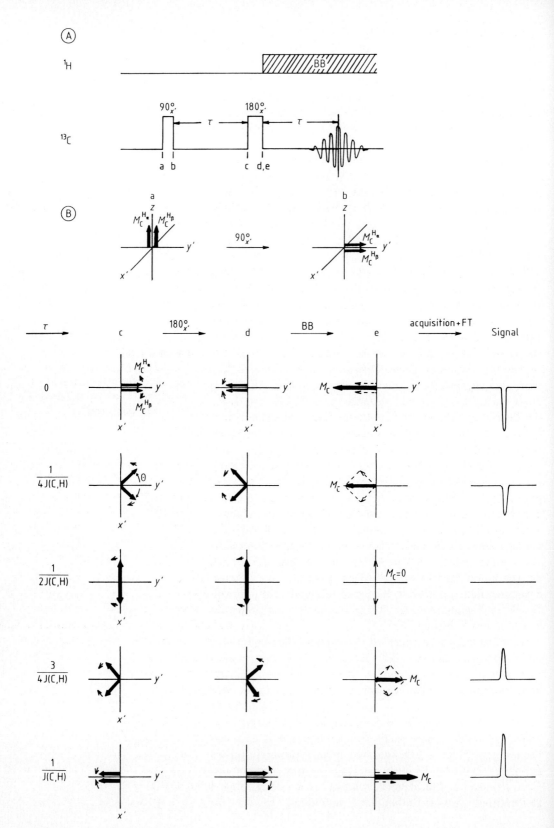

könnte man im gewählten Beispiel Chloroform, das nur eine Sorte von X-Kernen enthält, auf den 180_x°-Impuls und die zweite Wartezeit τ verzichten. Betrachten wir jedoch mehrere ^{13}C-Kerne mit unterschiedlichen Larmor-Frequenzen und C,H-Kopplungskonstanten, so werden sich die Magnetisierungsvektoren dieser Kerne in der Zeit τ mit anderen Frequenzen entwickeln. In Abbildung 8-7 B sind als Beispiele die Vektordiagramme für drei verschiedene CH-Gruppen (*I, II, III*) aufgezeichnet. Insgesamt gibt es sechs Vektoren I_+, I_-, II_+, II_-, III_+ und III_-, die in der Zeit τ nach dem 90_x°-Impuls auffächern, da sich ihre Rotationsfrequenzen entsprechend der unterschiedlichen Larmor-Frequenzen ν und C,H-Kopplungskonstanten ^1J unterscheiden:

$$\nu(I_+, I_-) \quad = \nu_I \pm {}^1J_I$$
$$\nu(II_+, II_-) \ = \nu_{II} \pm {}^1J_{II}$$
$$\nu(III_+, III_-) = \nu_{III} \pm {}^1J_{III}$$

Für die zwei Diagramme c in Abbildung 8-7 (c entspricht dem in der Impulsfolge A angegebenen Zeitpunkt) wurde angenommen, daß $\nu_I < \nu_{II} < \nu_{III}$ und $^1J_I < {}^1J_{III} < {}^1J_{II}$. Außerdem soll das Koordinatensystem mit ν_I rotieren, das heißt, der Vektor I_+ dreht sich schneller als das Koordinatensystem und I_- um denselben Betrag langsamer, II_+ und II_- sind beide schneller als das Koordinatensystem und III_+ und III_- am schnellsten entsprechend der höchsten Larmor-Frequenz. Die drei Phasenwinkel Θ hängen nach Gleichung (8-2) außer von den C,H-Kopplungskonstanten noch von τ ab.

Schaltet man direkt nach der Zeit τ den BB-Entkoppler ein, verkürzt also die Impulsfolge, erhält man nur noch die drei Vektoren *I, II* und *III* (c'), da die C,H-Kopplung aufgehoben ist. Der Betrag (das heißt die Länge) der Vektoren ist eine Funktion der C,H-Kopplungskonstanten, die Richtungen sind durch die Larmor-Frequenzen bestimmt.

Nach Detektion und FT weist das Spektrum drei Signale S_I, S_{II} und S_{III} auf, deren Amplituden proportional den y'-Komponenten der Vektoren *I, II* und *III* sind (Abb. 8-7 B). Die Amplituden und Vorzeichen der Absorptionssignale hängen also

◄

Abbildung 8-6.
J-moduliertes Spin-Echo-Experiment.
A: Impulsfolge im ^{13}C-Kanal; die Impulse sind in der Zeitachse stark verbreitert gezeichneten. Im ^{1}H-Kanal wird nur der BB-Entkoppler ein- und ausgeschaltet.
B: Vektordiagramme für das AX-Zweispinsystem mit A = ^{1}H und X = ^{13}C im rotierenden Koordinatensystem x', y', z. Die Diagramme a–e geben jeweils an, wie sich die ^{13}C-Magnetisierungsvektoren $M_C^{H\alpha}$ und $M_C^{H\beta}$ bis zu den in der Impulsfolge A angegebenen Zeitpunkten entwickelt haben. Für die Diagramme c–e, in denen nur die x', y'-Ebene abgebildet ist, wurden fünf charakteristische τ-Werte ausgewählt. Die rechte Spalte zeigt schematisch die ^{13}C-NMR-Signale nach Aufnahme der Daten (acquisition) und Fourier Transformation (FT).

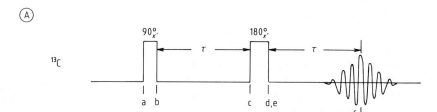

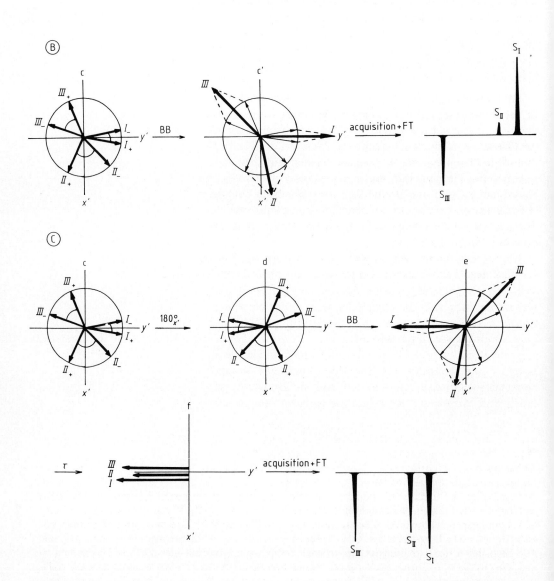

nicht nur – wie gewünscht – von den C,H-Kopplungskonstanten, sondern auch noch von den Larmor-Frequenzen (den chemischen Verschiebungen) ab.

Dieser unerwünschte Effekt läßt sich ausschließen, indem man die vollständige Spin-Echo-Impulsfolge anwendet (Abb. 8-7 A). In Abbildung 8-7 C ist wie schon in B für die drei CH-Gruppen das Vektordiagramm zum Zeitpunkt c aufgezeichnet. Durch den folgenden $180_{x'}^{\circ}$-Impuls werden alle Vektoren an der x'-Achse gespiegelt (d). Nach Einschalten des BB-Entkopplers gibt es noch die drei Vektoren I, II und III (e), die in der zweiten Wartezeit τ refokussieren (f). Dadurch ist der Einfluß der unterschiedlichen Larmor-Frequenzen eliminiert, während der Einfluß der C,H-Kopplungen auf die Entwicklung des Spinsystems in der Zeit zwischen dem $90_{x'}^{\circ}$- und $180_{x'}^{\circ}$-Impuls erhalten bleibt. Die detektierten Absorptionssignale S_I, S_{II} und S_{III} haben alle das gleiche Vorzeichen, sie haben jedoch unterschiedliche, von $J(C,H)$ abhängige Amplituden.

Bis jetzt betrachteten wir nur CH-Gruppen, also Zweispinsysteme. Wie sieht aber das ^{13}C-NMR-Signal aus für ein quartäres C-Atom (C_q), für eine CH_2- oder eine CH_3-Gruppe? Im Gegensatz zur CH-Gruppe gibt es im Falle eines quartären C-Atoms nur einen Magnetisierungsvektor, für eine CH_2-Gruppe dagegen drei und für eine CH_3-Gruppe sogar vier (Abb. 8-8, Spalte a). Wie sich diese Vektoren unter dem Einfluß der in Abbildung 8-6 A wiedergegebenen Impulsfolge entwickeln und zwar nur für den Spezialfall $\tau = J(C,H)^{-1}$, zeigen die Vektordiagramme b–e in Abbildung 8-8.

Der $90_{x'}^{\circ}$-Impuls kippt die Vektoren in die y'-Achse (Spalte b); dort beginnen sie mit folgenden Frequenzen zu rotieren:

C_q: $\quad \nu_C$
CH: $\quad \nu_C \pm J(C,H)/2$
CH_2: $\quad \nu_C, \nu_C \pm J(C,H)$
CH_3: $\quad \nu_C \pm 3J(C,H)/2; \nu_C \pm J(C,H)/2$

◄

Abbildung 8-7.
J-moduliertes Spin-Echo-Experiment für drei verschiedene CH-Gruppen (I, II und III), wobei für die Larmor-Frequenzen ν und die C,H-Kopplungskonstanten ^1J gilt: $\nu_I < \nu_{II} < \nu_{III}$ und $^1J_I < {}^1J_{III} < {}^1J_{II}$.
A: Impulsfolge (wie in Abb. 8-6).
B: Vektordiagramme und Spektrum (schematisch) für ein Experiment ohne den zweiten $180_{x'}^{\circ}$-Impuls im ^{13}-Kanal und ohne die zweite Wartezeit τ: $90_x^{\circ} - \tau(BB)$ – Detektion. Diagramm c gibt an, wie sich die sechs mit unterschiedlichen Frequenzen rotierenden ^{13}C-Magnetisierungsvektoren I_+, I_-, II_+, II_-, III_+ und III_- in der Zeit τ bis zum Zeitpunkt c in der x',y'-Ebene des rotierenden Koordinatensystems entwickelt haben. BB-Entkopplung führt zu den drei Vektoren I, II und III (Diagramm c'). Detektion der y'-Komponente (acquisition) und FT ergibt die Signale S_I, S_{II} und S_{III}.
C: Vektordiagramme und Spektrum (schematisch). In den Diagrammen c–f ist die Entwicklung der sechs ^{13}C-Magnetisierungsvektoren (I_+, I_-, II_+, II_-, III_+ und III_-) unter dem Einfluß der vollständigen Impulsfolge A angegeben. Detektion der 2. Hälfte des Echos nach der Zeit 2τ (Diagramm f) ergibt nach der FT drei Absorptionssignale mit negativer Amplitude.

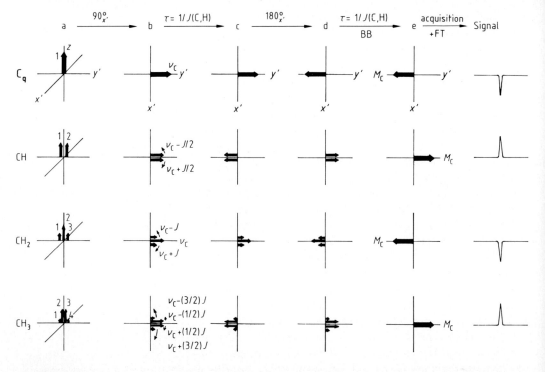

Abbildung 8-8.
J-moduliertes Spin-Echo-Experiment für ^{13}C-Kerne mit 0, 1, 2 oder 3 direkt gebundenen Protonen. Die Impulsfolge ist dieselbe wie in den Abbildungen 8-6 und 8-7, hier wird jedoch nur der Spezialfall mit $\tau = [J(C,H)]^{-1}$ betrachtet. Die Vektordiagramme a bis e zeigen die Entwicklung der ^{13}C-Magnetisierungs-vektoren für quartäre C-Atome (C_q), CH, CH_2 und CH_3. Detektion (acquisition) der zweiten Hälfte des Echos und FT ergeben die rechts schematisch gezeichneten Signale.

Nach der Zeit $\tau = J(C,H)^{-1}$ sind die Vektoren für die verschiedenen C-Atome aufgrund der Frequenzunterschiede wieder exakt parallel, sie liegen für CH und CH_3 in Richtung der $(-y')$-Achse und für CH_2 und C_q in Richtung der $(+y')$-Achse des mit ν_C rotierenden Koordinatensystems x', y', z (Spalte c). Der folgende $180^\circ_{x'}$-Impuls spiegelt alle Vektoren an x' (Spalte d). Durch BB-Entkopplung wird die Kopplung eliminiert, und wir haben in allen vier Fällen nur noch einen mit ν_C rotierenden Vektor M_C, der für C_q und CH_2 in Richtung der $(-y')$-Achse, für CH und CH_3 in Richtung der $(+y')$-Achse zeigt (Spalte e). Dies führt nach Detektion und FT für C_q und CH_2 zu Signalen mit negativen und für CH und CH_3 zu solchen mit positiven Amplituden.

In Abbildung 8-9 B ist ein solches Spektrum für das uns schon aus Kapitel 6 bekannte Methylketosid des N-Acetyl-D-neuraminsäuremethylesters **1** angegeben, zusammen mit dem BB-entkoppelten ^{13}C-NMR-Spektrum (Abb. 8-9 A). Wir erkennen fünf Signale mit negativer Amplitude, die quartären

C-Atomen oder CH$_2$-Gruppen zuzuordnen sind, und acht mit positiver Amplitude für die CH- oder CH$_3$-Gruppen.

Wie dieses Beispiel zeigt, läßt sich das *J*-modulierte Spin-Echo-Experiment als Routine-Meßmethode bei der Signalzuordnung einsetzen, denn man kann mit *einem* Experiment schnell entscheiden, ob an die C-Atome null oder zwei bzw. ein oder drei H-Atome gebunden sind. Das Experiment bekam deswegen auch den Namen *Attached Proton Test* (APT) [2].

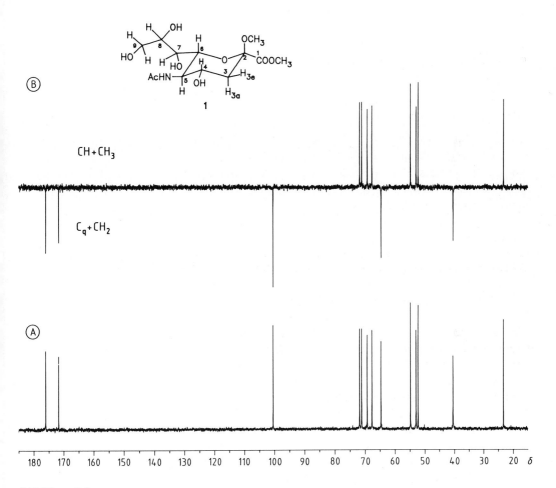

Abbildung 8-9.
Beispiel für ein *J*-moduliertes Spin-Echo-Experiment.
A: 50.3 MHz-^{13}C-NMR-Spektrum des Neuraminsäurederivates **1** mit ^{1}H-BB-Entkopplung.
B: 50.3 MHz-^{13}C-NMR-Spektrum, aufgenommen mit der Impulsfolge für das *J*-modulierte Spin-Echo-Experiment (Abb. 8-7 A). Signale mit positiver Amplitude sind CH- und CH$_3$-Gruppen zuzuordnen, Signale mit negativer Amplitude quartären C-Atomen (C$_q$) und CH$_2$-Gruppen.
(*Experimentelle Bedingungen für B:*
20 mg Substanz in 0,5 ml D$_2$O; 5 mm-Probe; 224 NS; 32 K Datenpunkte; $\tau = 7{,}14$ ms; Gesamtmeßzeit ca. 5 min.)

8.4 Intensitätsgewinn durch Polarisationstransfer

8.4.1 SPI-Experiment [3]

Wie erwähnt, ist die geringe Nachweisempfindlichkeit der Kerne ein Hauptproblem der NMR-Spektroskopie. In Abschnitt 1.4.1 lernten wir den wichtigsten Grund dafür kennen: Die Intensität ist proportional $N_\alpha - N_\beta$, dem Unterschied der Besetzungszahlen der beiden Energieniveaus, zwischen denen der Übergang erfolgt – und dieser Unterschied ist klein.

Das Verhältnis der Besetzungszahlen ist nach den Gleichungen (1-9) und (1-10) wie folgt gegeben:

$$\frac{N_\beta}{N_\alpha} \approx 1 - \frac{\gamma \, \hbar \, B_0}{k_B T} \qquad (8\text{-}3)$$

$N_\alpha - N_\beta$ wird somit um so größer, je höher die verwendete magnetische Flußdichte B_0 ist. Dies ist einer der Gründe, warum die Tendenz bei der Geräteentwicklung in Richtung immer höherer Magnetfeldstärken geht.

Der Besetzungsunterschied und damit die Signalintensität hängt aber auch vom gyromagnetischen Verhältnis γ ab. Da die Kerne ^{1}H, ^{19}F und ^{31}P ein großes γ haben, lassen sich ihre Kernresonanzen relativ gut nachweisen, weit besser als die von ^{13}C- und ^{15}N-Kernen (Tab. 1-1). Man unterscheidet daher aufgrund der unterschiedlichen γ-Werte zwischen den empfindlichen ^{1}H-, ^{19}F-, ^{31}P- und den unempfindlichen ^{13}C-, ^{15}N-Kernen. Oft kommen die unempfindlichen Kerne zusätzlich mit geringer natürlicher Häufigkeit vor, und die Nachteile addieren sich.

Durch spezielle Experimente mit selektiven Impulsen gelingt es bei gekoppelten Systemen, die Signalintensitäten der unempfindlichen Kerne zu vergrößern. Auf welchem Prinzip beruhen diese Experimente?

Betrachten wir ein skalar gekoppeltes AX-Zweispinsystem, das aus einem empfindlichen A-Kern, einem Proton, und einem unempfindlichen X-Kern, einem ^{13}C-Kern, bestehen soll. Ein konkretes Beispiel ist Chloroform (^{13}CHCl$_3$).

Im ^{13}C-NMR-Spektrum, das uns im Augenblick allein interessiert, erscheint durch Kopplung mit dem Proton ein Dublett im Abstand von ^1J(C,H) = 209 Hz. Bei ^{1}H-BB-Entkopplung wäre nur ein Signal zu sehen.

Abbildung 8-10 A zeigt das Spektrum sowie das zugrundeliegende Energieniveauschema. Die Übergänge X_1 und X_2 entsprechen den beiden im ^{13}C-NMR-Spektrum beobachteten

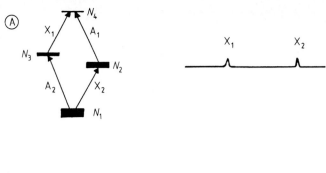

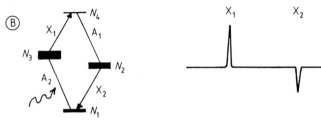

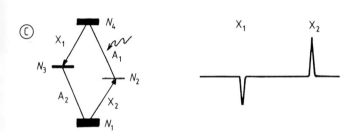

Abbildung 8-10.
Energieniveauschema für das AX-Zweispinsystem von $^{13}CHCl_3$ mit A = ^{1}H und X = ^{13}C und die (schematischen) ^{13}C-NMR-Spektren.

A: Normalfall.

B: Durch einen selektiven, nur den Übergang A_2 betreffenden 180°-Impuls werden die Besetzungszahlen N_1 und N_3 im Vergleich zu A umgekehrt; dies deutet die Dicke der Balken im Energieniveau-Schema an. Für den Übergang X_1 erhält man ein verstärktes Absorptionssignal, für X_2 ein verstärktes Emissionssignal.

C: Der selektive 180°-Impuls auf den Übergang A_1 kehrt die Besetzungszahlen N_2 und N_4 um. Dies führt im ^{13}C-NMR-Spektrum zu zwei verstärkten Signalen, für den Übergang X_2 zu einem Absorptions- und für X_1 zu einem Emissionssignal.

(Das Experiment läßt sich auch numerisch mit den Besetzungszahlen $N_1 = 6$, $N_2 = 5$, $N_3 = 2$ und $N_4 = 1$ durchspielen. Mit diesen Zahlen ergeben sich zwangsläufig die Verstärkungsfaktoren von +5 und –3 für das ^{1}H,^{13}C-Zweispinsystem.)

Resonanzlinien. Die Protonenübergänge A_1 und A_2 erscheinen im ^{1}H-NMR-Spektrum als ^{13}C-Satelliten des Hauptsignals, wenn man für die Messung normales, nicht mit ^{13}C angereichertes Chloroform verwendet (Abb. 1-27).

Gleichung (8-3) läßt Rückschlüsse auf die relativen Besetzungszahlen von N_1 bis N_4 und damit auf die Signalintensitäten zu. Wir müssen nur wissen, daß γ (^{1}H) etwa viermal so groß ist wie γ (^{13}C). Die Unterschiede zwischen N_1 und N_2 sowie N_3 und N_4 sind klein, da sie durch das gyromagnetische Verhältnis γ von ^{13}C bestimmt werden. Dagegen ist für den Unterschied zwischen N_1 und N_3 bzw. N_2 und N_4 das viermal größere γ der Protonen verantwortlich. Demzufolge sind die Niveaus 1 und 2 viel stärker besetzt als 3 und 4. In Abbildung 8-10 A ist dies durch die Dicke der Balken angedeutet.

Ein selektiver, nur auf den Übergang A_2 wirkender 180°-Impuls kehrt das Besetzungsverhältnis von Niveau 1 und 3 exakt um! N_3 ist dann größer als N_1, dementsprechend ist im

Energieniveauschema (Abb. 8-10 B) der Balken von Niveau 3 dicker als der von 1.

Für die ^{13}C-Übergänge X_1 und X_2 hat sich die Situation dadurch völlig geändert. Die Intensität des X_1 entsprechenden Signals nimmt zu, da der Besetzungsunterschied zwischen N_3 und N_4 durch den *Polarisations-* oder besser *Magnetisierungstransfer* größer geworden ist. Für den Übergang X_2 gilt $N_2 > N_1$. Die Signalintensität nimmt ebenfalls zu, doch beobachtet man ein Emissionssignal.

Analoge Überlegungen lassen sich für einen selektiv auf den Übergang A_1 wirkenden 180°-Impuls anstellen. Dieser invertiert die Besetzungszahlen von Niveau 2 und 4, und man registriert für X_1 ein verstärktes Emissions- sowie für X_2 ein verstärktes Absorptionssignal (Abb. 8-10 C). Der Theorie zufolge hängt die Signalverstärkung gemäß (8-4) vom Quotienten der gyromagnetischen Verhältnisse ab:

$$1 + \frac{\gamma_A}{\gamma_X} \quad \text{und} \quad 1 - \frac{\gamma_A}{\gamma_X} \qquad (8\text{-}4)$$

Für Chloroform ist wegen $\gamma\,(^1H) : \gamma\,(^{13}C) \approx 4$ die Intensität des Absorptionssignals fünfmal größer als normal und das Emissionssignal dreimal größer.

Wegen der selektiven Umkehrung von Besetzungsverhältnissen heißt dieses Experiment im Angelsächsischen *Selective Population Inversion-Experiment* (SPI).

Die Durchführung des SPI-Experimentes ist nicht einfach. Als erstes sind die Frequenzen der ^1H-Übergänge (A_1 und A_2) zu messen. Dies sind – wie schon erwähnt – nicht die Hauptsignale, sondern die häufig komplexen ^{13}C-Satelliten. Als zweites muß ein selektiver 180°-Impuls erzeugt und angewandt werden – ebenfalls ein nicht ganz triviales Unterfangen [1]. Daher haben inzwischen neue Verfahren mit speziellen Impulsfolgen das alte SPI-Experiment abgelöst. Doch beruhen auch sie auf dem Prinzip des Polarisationstransfers. In den folgenden Abschnitten werden zwei Verfahren – das INEPT- und DEPT-Verfahren – näher beschrieben.

8.4.2 INEPT-Experiment [4]

Das unter dem Namen INEPT (*Insensitive Nuclei Enhanced by Polarization Transfer*) bekannte Verfahren hat gegenüber dem in Abschnitt 8.4.1 beschriebenen SPI-Verfahren den großen Vorteil, daß der Polarisationstransfer mit unselektiven Impulsen erreicht wird. Abbildung 8-11 A zeigt die Impulsfolge für das INEPT-Experiment. Es wird zwischen Impulsen im

^{1}H- und ^{13}C-Kanal unterschieden, das heißt, zwischen Impulsen, die nur auf die Protonen und solchen, die nur auf die zu beobachtenden ^{13}C-Kerne einwirken.

Das Prinzip des Experimentes ist anhand des AX-Zweispinsystems ^{13}CHCl$_3$ mit A = ^{1}H und X = ^{13}C zu verstehen. Vektordiagramme a–h in Abbildung 8-11 B veranschaulichen, welchen Einfluß die Impulsfolge auf dieses heteronukleare Zweispinsystem hat. Wir betrachten zunächst nur die Magnetisierungsvektoren der Protonen M_H. Hierbei übertragen wir die in Abschnitt 8.3 für die makroskopischen ^{13}C-Magnetisierungsvektoren M_C angestellten Überlegungen entsprechend auf M_H. Danach stammt $M_H^{C\alpha}$ von der Hälfte aller Chloroform-Moleküle, in denen sich die ^{13}C-Kerne im α-Zustand befinden, ^{13}C$_\alpha$HCl$_3$, und $M_H^{C\beta}$ von der anderen Hälfte der Moleküle mit ^{13}C-Kernen im β-Zustand, ^{13}C$_\beta$HCl$_3$.

Das erste Vektordiagramm (a) zeigt den Ausgangszustand. Für die weiteren Betrachtungen verwenden wir ein mit der Frequenz $\nu_H = [\nu(^{13}C_\alpha HCl_3) + \nu(^{13}C_\beta HCl_3)]/2$ rotierendes Koordinatensystem x', y', z, wobei ν_H der Larmor-Frequenz der Protonen in Chloroform, ^{12}CHCl$_3$, entspricht.

Ein $90^\circ_{x'}$-Impuls dreht die beiden Magnetisierungsvektoren auf die y'-Achse (b), wo sie mit folgenden Frequenzen um die z-Achse zu rotieren beginnen (Gl. (8-5)):

$$\nu(^{13}C_\alpha HCl_3) = \nu_H - J(C,H)/2$$
$$\nu(^{13}C_\beta HCl_3) = \nu_H + J(C,H)/2 \tag{8-5}$$

Demgemäß rotiert der Magnetisierungsvektor $M_H^{C\beta}$ um $J(C,H)/2$ schneller, $M_H^{C\alpha}$ um den gleichen Betrag langsamer als das Koordinatensystem, da die Kopplungskonstante $^1J(C,H)$ positiv ist. Die kleinen Pfeile in den Diagrammen c–e geben jeweils die Drehrichtung der Vektoren bezogen auf das rotierende Koordinatensystem an; außerdem betrachten wir in den Diagrammen c–f nur die x', y'-Ebene.

Nach der Zeit $\tau = [4J(C,H)]^{-1}$ beträgt nach Gleichung (8-2) die Phasendifferenz Θ genau 90° (c). In diesem Augenblick läßt man sowohl auf die ^{1}H- wie auf die ^{13}C-Kerne einen 180°-Impuls einwirken. Die Phase des 180°-Impulses im ^{1}H-Kanal wird so gewählt, daß die Einstrahlrichtung mit der x'-Achse übereinstimmt. Dagegen ist es gleichgültig, ob man im ^{13}C-Kanal einen $180^\circ_{x'}$- oder $180^\circ_{y'}$-Impuls verwendet, denn M_C wird stets aus der $(+z)$- in die $(-z)$-Richtung gedreht.

Die Folgen für $M_H^{C\beta}$ und $M_H^{C\alpha}$ lassen sich in zwei Schritten erklären. Der $180^\circ_{x'}$-Impuls im ^{1}H-Kanal spiegelt die beiden Vektoren an der x'-Achse unter Beibehaltung ihrer Drehrichtung (d). Nach der Zeit $\tau = [4J(C,H)]^{-1}$ wären die beiden Komponenten refokussiert, was dem in Abschnitt 7.3.2 besprochenen Spin-Echo-Experiment entsprechen würde.

Die Situation ändert sich jedoch grundlegend durch den 180°-Impuls im ^{13}C-Kanal. Dieser Impuls invertiert die Beset-

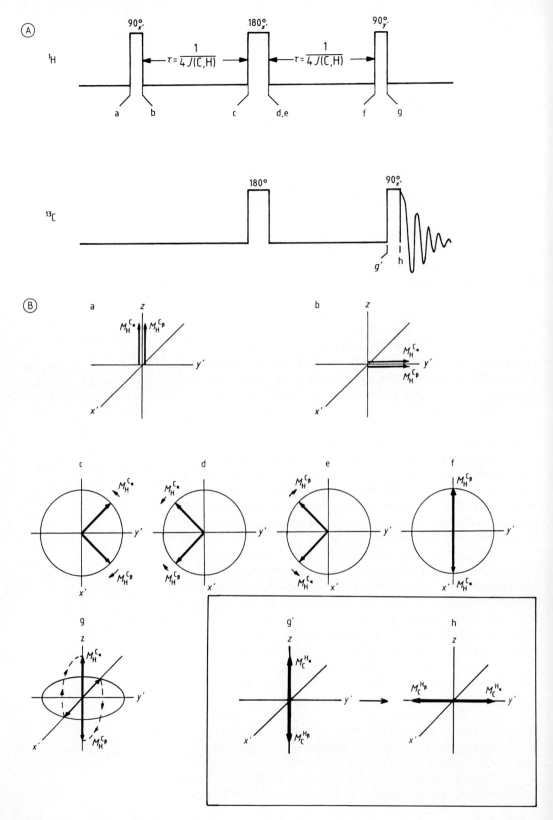

zungszahlen, sowohl von N_1 und N_2 als auch von N_3 und N_4. Damit werden aus Chloroform-Molekülen mit ^{13}C-Kernen im α-Zustand solche im β-Zustand und umgekehrt. Das bedeutet: Aus $M_H^{C\alpha}$ wird $M_H^{C\beta}$ und aus $M_H^{C\beta}$ wird $M_H^{C\alpha}$. Im Vektordiagramm tauschen folglich langsamer und schneller Vektor ihre Positionen. Die Pfeile weisen jetzt in die andere Richtung (e). Nach einer weiteren Wartezeit von $\tau = [4J(C,H)]^{-1}$ beträgt die Phasendifferenz Θ genau 180° (f). Im nächsten Schritt der Impulsfolge dreht der $90°_{y'}$-Impuls $M_H^{C\alpha}$ auf die $(+z)$-Achse, $M_H^{C\beta}$ auf die $(-z)$-Achse (g). Im Vergleich zum Ausgangszustand (a) ist der Magnetisierungsvektor für alle Chloroform-Moleküle mit ^{13}C-Kernen im β-Zustand (^{13}C$_\beta$HCl$_3$) um 180° gedreht, das heißt, die Besetzung der Niveaus ist invertiert, während für den anderen Teil (^{13}C$_\alpha$HCl$_3$) alles unverändert ist. Abbildung 8-12 verdeutlicht dies. Das Verhältnis der Besetzungszahlen entspricht genau dem von Abbildung 8-10 C, jedoch wurde dieser Zustand dort durch einen selektiven, nur A$_1$ betreffenden 180°-Impuls erreicht.

Wie aus Abbildung 8-12 weiter zu ersehen ist, hat die Besetzungsänderung Folgen für die Richtung der ^{13}C-Magnetisierungsvektoren: $M_C^{H\alpha}$ hat die ursprüngliche Richtung in der $(+z)$-Achse, $M_C^{H\beta}$ zeigt dagegen in Richtung der $(-z)$-Achse. Vektordiagramm g' in Abbildung 8-11 B gibt diesen Zustand wieder. (Die Vektordiagramme g' und h wurden eingerahmt, da hier ^{13}C-Magnetisierungsvektoren M_C abgebildet sind, in a–g dagegen ^{1}H-Magnetisierungsvektoren M_H!). Der $90°_x$-Impuls im ^{13}C-Kanal dient nur noch dazu, beobachtbare Quermagnetisierungen zu erzeugen (h). Nach Detektion und Fourier-Transformation (FT) erhält man durch Polarisationstransfer von den *empfindlichen* Protonen auf die *unempfindlichen* ^{13}C-Kerne zwei verstärkte Absorptionssignale wie beim SPI-Verfahren, das eine mit positiver, das andere mit negativer Amplitude (Abschn. 8.4.1, Abb. 8-10 C). Für die Verstärkung ist beim INEPT- wie beim SPI-Experiment der Quotient der gyromagnetischen Verhältnisse $\gamma(^{1}H) : \gamma(^{13}C)$ verantwortlich (Gl. (8-4)). Die INEPT-Impulsfolge hat aber zwei entscheidende Vorteile:

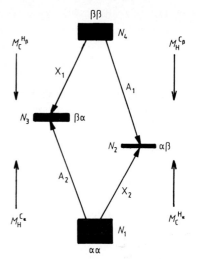

Abbildung 8-12.
Energieniveauschema für das AX-Zweispinsystem mit A = ^{1}H und X = ^{13}C (Beispiel: ^{13}CHCl$_3$). Beim INEPT-Experiment werden die Besetzungszahlen N_2 und N_4 invertiert. Dadurch kehren sich die Richtungen der makroskopischen Magnetisierungsvektoren $M_H^{C\beta}$ und $M_C^{H\beta}$ gegenüber dem Gleichgewichtszustand um. Im ^{13}C-NMR-Spektrum beobachtet man wie beim SPI-Verfahren zwei verstärkte Signale, das eine mit positiver, das andere mit negativer Amplitude (vergl. Abb. 8-10 C).

◀

Abbildung 8-11.
INEPT-Experiment.
A: Impulsfolge im ^{1}H- und ^{13}-Kanal.
B: Vektordiagramme für das AX-Zweispinsystem mit A = ^{1}H und X = ^{13}C (Beispiel: ^{13}CHCl$_3$).
Die Diagramme a–g geben den Entwicklungszustand der ^{1}H-Magnetisierungsvektoren $M_H^{C\alpha}$ und $M_H^{C\beta}$ im rotierenden Koordinatensystem x', y', z zu den Zeitpunkten a–g wieder; in den Diagrammen c–f ist nur die x', y'-Ebene gezeichnet. In den Diagrammen g' und h (eingerahmt) sind ^{13}C-Magnetisierungsvektoren M_C abgebildet.

- Die Signalverstärkung wird durch unselektive Impulse erreicht. Dadurch entfällt die genaue Frequenzmessung der ^{13}C-Satelliten.
- Verstärkt werden die Signale aller ^{13}C-Kerne eines Moleküls, die gleiche oder eine ähnliche skalare Kopplungskonstante $^{1}J(C,H)$ zu einem Nachbarproton aufweisen. Dies ergibt sich unmittelbar aus der Impulsfolge, in der als Variable nur die Zeit $\tau = [4J(C,H)]^{-1}$ vorkommt.

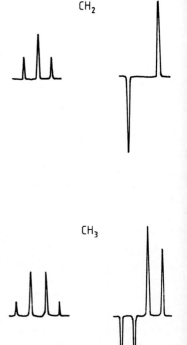

CH$_2$

CH$_3$

Bisher betrachteten wir nur CH-Gruppen, also Zweispinsysteme. Wie ändert sich das ^{13}C-NMR-Spektrum, wenn wir die INEPT-Impulsfolge auf CH$_2$- und CH$_3$-Gruppen anwenden, das heißt auf Drei- oder Vierspinsysteme? Während man für eine CH$_2$-Gruppe im eindimensionalen ^{13}C-NMR-Spektrum ein Triplett mit der Intensitätsverteilung 1 : 2 : 1 erhält, ist beim INEPT-Experiment im Idealfall die Intensität der mittleren Linie gleich Null (Abb. 8-13). Die äußeren Linien werden dagegen um den Faktor $2\gamma(^{1}H)/\gamma(^{13}C)$ verstärkt – die eine mit positiver, die andere mit negativer Amplitude. Für eine CH$_3$-Gruppe bekommt man beim INEPT-Experiment vier etwa gleich-intensive Linien – zwei mit positiver, zwei mit negativer Amplitude –, die jeweils um den Faktor $3\gamma(^{1}H)/\gamma(^{13}C)$ verstärkt sind [5]. Da die C,H-Kopplungskonstanten in CH-, CH$_2$- und CH$_3$-Gruppen von gesättigten Verbindungen sehr ähnlich sind (125–150 Hz, Abschn. 3.3.1), genügt meistens ein einziges INEPT-Experiment mit einem mittleren τ-Wert, um optimale Ergebnisse zu erzielen.

Abbildung 8-14 C zeigt das INEPT-Spektrum des Neuraminsäurederivates **1**. Zum Vergleich sind das ^{1}H-BB-entkoppelte und das gekoppelte ^{13}C-NMR-Spektrum mit abgebildet (Abb. 8-14 A und B). Deutlich zu erkennen ist das Quartett für eine CH$_3$-Gruppe bei $\delta \approx 23$ mit zwei positiven und zwei negativen Absorptionslinien sowie die zwei Signale für eine CH$_2$-Gruppe bei $\delta \approx 40$, eines mit positiver, das andere mit negativer Amplitude; die Amplitude des mittleren Signals des Tripletts ist Null!

Abbildung 8-13.
Multipletts im ^{13}C-NMR-Spektrum für CH$_2$- und CH$_3$-Gruppen (schematisch).
Links: nicht-entkoppelte ^{13}C-NMR-Spektren. Rechts: INEPT-Spektren.

Abbildung 8-14. ▶
INEPT-Experimente.
A: 50.3 MHz ^{1}H-BB-entkoppeltes ^{13}C-NMR-Spektrum des Neuraminsäurederivates **1** (Ausschnitt von $\delta = 10–110$).
B: Spektrum mit C,H-Kopplungen, aufgenommen nach dem Gated-Decoupling-Verfahren (Abschn. 5.3.2).
C: INEPT-Spektrum, aufgenommen mit der in Abbildung 8-11 angegebenen Impulsfolge.
D: Refokussiertes INEPT-Spektrum, aufgenommen mit der in Abbildung 8-15 angegebenen Impulsfolge (ohne BB-Entkopplung während der Detektion!).
E: Refokussiertes INEPT-Spektrum mit BB-Entkopplung während der Detektion. Signale mit positiver Amplitude sind CH- oder CH$_3$-Gruppen zuzuordnen, Signale mit negativer Amplitude CH$_2$Gruppen. Quartäre C-Atome ergeben keine Signale.
(*Experimentelle Bedingungen:*
20 mg Substanz in 0,5 ml D$_2$O; 5 mm-Probe; 32 K Datenpunkte; A: 1680 NS; Gesamtmeßzeit ca. 1 h.
B: 5008 NS; Gesamtmeßzeit ca. 3 h. C: 976 NS; $\tau = 1,79$ ms; Gesamtmeßzeit ca. 66 min. D: 1080 NS; $\Delta = 2,68$ ms; Gesamtmeßzeit ca. 72 min. E: 408 NS; $\tau = 1,79$ ms; $\Delta = 2,68$ ms; Gesamtmeßzeit ca. 27 min.)

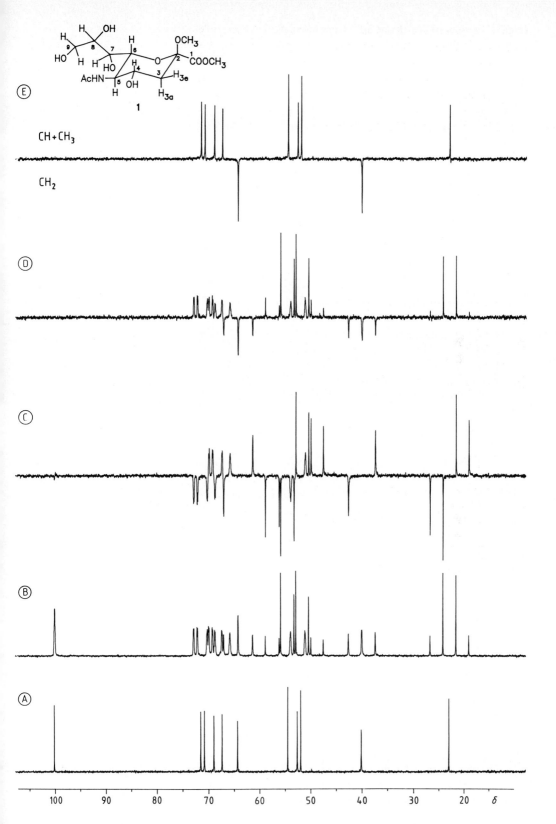

In gleicher Weise läßt sich der Spektrenbereich von $\delta = 50$ bis 75 analysieren. Für quartäre C-Atome erhält man kein Signal, daher wurde nur der Bereich von $\delta = 10$ bis 110 abgebildet. (Es fehlen die Signale der beiden quartären C-Atome von C_1 und der Carbamidgruppe bei $\delta = 171.50$ und 175.93; vergleiche Abb. 8-9 A).

Eine ^{1}H-BB-Entkopplung während der Detektion zur Vereinfachung des Spektrums ist wegen der entgegengesetzten Signalamplituden innerhalb der Multiplets nicht möglich, die Signale würden sich auslöschen. Einen Ausweg bietet das *refokussierte* INEPT-Experiment, das sich vom *normalen* INEPT-Experiment dadurch unterscheidet, daß die Detektion erst nach einer Wartezeit von $2\Delta = 2[4J(C,H)]^{-1}$ erfolgt, wobei nach der halben Zeit Δ noch jeweils ein 180°-Impuls im ^{1}H- und ^{13}C-Kanal eingeschoben wird (vollständige Impulsfolge s. Abb. 8-15 A). Diese beiden 180°-Impulse haben nur die Funktion, den Einfluß unterschiedlicher chemischer Verschiebungen auf das Spinsystem im Zeitintervall 2Δ zu eliminieren (Abschn. 7.3.2 und 8.3 sowie Abb. 8-7).

Vektordiagramme lassen uns diese Erweiterung der Impulsfolge verstehen (Abb. 8-15 B). Bis zum Zeitpunkt g' (das ist direkt nach dem $90°_{y'}$-Impuls im ^{1}H-Kanal) entwickeln sich die Magnetisierungsvektoren M_C und M_H wie in Abbildung 8-11 a–g bzw. g' gezeigt. Im folgenden betrachten wir nur $M_{C^\alpha}^{H}$ und $M_{C^\beta}^{H}$, Ausgangspunkt ist somit das Vektordiagramm g', das direkt in Abbildung 8-15 übernommen wurde. In diesem Diagramm liegt $M_{C^\alpha}^{H}$ auf der $(+z)$-Achse, $M_{C^\beta}^{H}$ auf der $(-z)$-Achse, das heißt, die beiden Vektoren sind in *anti*-Phase. Der $90°_{y'}$-Impuls im ^{13}C-Kanal dreht $M_{C^\alpha}^{H}$ auf die $(-x')$-Achse und $M_{C^\beta}^{H}$ auf die $(+x')$-Achse. Die Phasenbeziehung bleibt dabei erhalten (h). Da sich die Rotationsfrequenzen der beiden Vektoren um $J(C,H)$ unterscheiden (Gl. (8-1)), bewegen sie sich aufeinander zu, und nach der Zeit $\Delta = [4J(C,H)]^{-1}$ beträgt die Phasendifferenz Θ nur noch 90° (i). Wie die beiden gleichzeitig wirkenden $180°_{x'}$-Impulse im ^{1}H- und ^{13}C-Kanal das Spinsystem beeinflussen, betrachten wir der Einfachheit halber in zwei aufeinanderfolgenden Schritten. Der $180°_{x'}$-Impuls im ^{1}H-Kanal vertauscht die Vektoren $M_{C^\alpha}^{H}$ und $M_{C^\beta}^{H}$, das heißt, sie bewegen sich jetzt auseinander (k). Der $180°_{x'}$-Impuls im ^{13}C-Kanal spiegelt die beiden Vektoren an der x'-Achse, ohne die Drehrichtung zu beeinflussen (l). In der folgenden Wartezeit Δ laufen die Vektoren wieder zusammen (m). Nimmt man jetzt das Spektrum (ohne BB-Entkopplung!) auf, erhält man nach der FT zwei Absorptionssignale mit positiver Amplitude. Da durch die Refokussierung die beiden Linien des Dubletts gleiche Phase haben, kann der BB-Entkoppler während der Detektion eingeschaltet werden, so daß sich das Spektrum vereinfacht. Das ^{13}C-NMR-Spektrum enthält nur noch ein einziges Absorptionssignal mit positiver Amplitude, das durch den Polarisa-

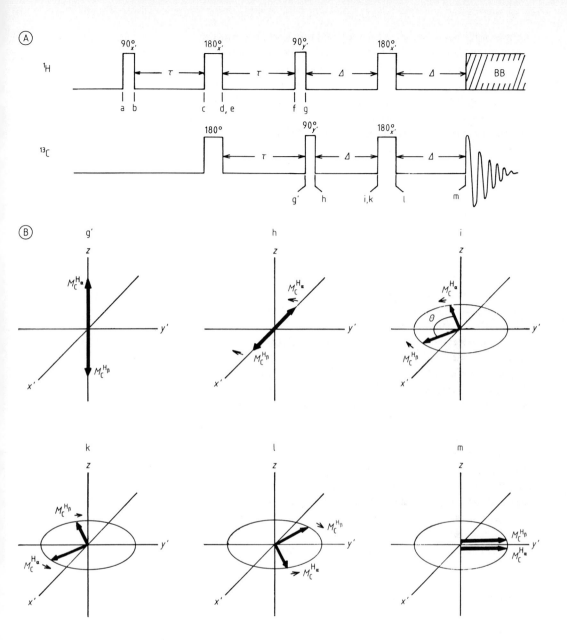

Abbildung 8-15.

Refokussiertes INEPT-Experiment.

A: Impulsfolge im ^{1}H- und ^{13}-Kanal.

B: Vektordiagramme für das AX-Zweispinsystem mit A = ^{1}H und X = ^{13}C (Beispiel: ^{13}CHCl$_3$). Die Entwicklung der ^{1}H- und ^{13}C-Magnetisierungsvektoren bis zum Zeitpunkt g′ ist in Abbildung 8-11 B gezeigt. Diagramm g′ wurde hier unverändert übernommen. Wie sich die Vektoren $M_{C^\alpha}^H$ und $M_{C^\beta}^H$ bis zur Detektion entwickeln, verdeutlichen die Diagramme h−m.

tionstransfer verstärkt ist. Das Experiment führt aber nur bei einer gewählten Wartezeit von $\Delta = [4J(C,H)]^{-1}$ für CH-Gruppen zur Refokussierung und optimalen Signalverstärkung. Im Falle einer CH_2-Gruppe ist eine Wartezeit $\Delta = [8J(C,H)]^{-1}$ erforderlich. Bei einer CH_3-Gruppe lassen sich die vier M_C-Vektoren nicht mehr exakt refokussieren; ein Optimum an Refokussierung und Verstärkung erhält man mit ungefähr dem gleichen Δ-Wert wie für die CH_2-Gruppe. Enthält also eine Verbindung CH-, CH_2- und CH_3-Gruppen, stellt die Wahl von Δ grundsätzlich einen Kompromiß dar, zumal neben den verschiedenen Refokussierungszeiten sich zusätzlich die Kopplungskonstanten $J(C,H)$ unterscheiden. Abbildung 8-14 D zeigt das refokussierte INEPT-Spektrum des Neuraminsäurederivats **1** ohne BB-Entkopplung. Deutlich sind die Tripletts für die beiden CH_2-Gruppen mit negativer Amplitude zu erkennen. Die CH- und CH_3-Gruppen ergeben Dubletts bzw. Quartetts mit positiver Amplitude. Im BB-entkoppelten refokussierten INEPT-Spektrum (Abb. 8-14 E) lassen sich sofort die beiden Signale mit negativer Amplitude den CH_2-Gruppen zuordnen, während die Signale mit positiver Amplitude entweder von CH- oder von CH_3-Gruppen herrühren. Diese INEPT-Experimente mit und ohne BB-Entkopplung können somit wie das J-modulierte Spin-Echo-Experiment als Hilfsmittel benützt werden, die Signale von CH-, CH_2- und CH_3-Gruppen im Spektrum zu erkennen. Quartäre C-Atome ergeben kein Signal.

Wie eingangs erwähnt, ist das INEPT-Verfahren nicht auf das $^1H/^{13}C$-System beschränkt. Besonders schöne Ergebnisse erhält man bei der Aufnahme von ^{15}N-NMR-Spektren mit ^1H-BB-Entkopplung, da dort der Faktor $\gamma(^1H)/\gamma(^{15}N) \approx 10$ ist.

Für den Erfolg des INEPT-Experimentes ist es wichtig, daß die Relaxationszeiten der empfindlichen Kerne – meistens der Protonen – nicht zu kurz sind, das heißt, die Magnetisierungen M_H dürfen nicht zu schnell abklingen, da sonst kein oder nur ein schwächerer Polarisationstransfer erfolgen kann. Die Relaxationszeiten von Protonen sind jedoch im allgemeinen so lang, daß die INEPT-Experimente problemlos durchgeführt werden können.

8.4.3 Inverses, protonendetektiertes INEPT-Experiment [6]

Mit dem INEPT-Experiment lassen sich die Signale der unempfindlichen Kerne (z. B. ^{13}C oder ^{15}N) verstärken und dadurch der Messung besser zugänglich machen. Außerdem wird bei geeigneter Versuchsführung die Signalzuordnung erleichtert. Nach Gleichung (8-4) ist der Faktor γ_A/γ_X besonders groß, wenn die Magnetisierung von den *empfindlichen* A- auf die *unempfindlichen* X-Kerne übertragen wird, das heißt, von Kernen mit großem γ (^{1}H) auf solche mit kleinem γ (^{13}C oder ^{15}N). Die im vorhergehenden Abschnitt beschriebenen Experimente sind daher der „Normalfall". Das INEPT-Experiment läßt sich jedoch genausogut umgekehrt, *invers*, führen, indem man die Impulsfolge im Kanal der unempfindlichen Kerne beginnt, und Signale der empfindlichen Kerne detektiert. Der Faktor γ_A/γ_X ist dann im Fall von ^{13}C/^{1}H nur 0,25 gegenüber 4 beim normalen INEPT! Trotz dieses wesentlich kleineren Wertes bieten das *inverse* INEPT-Experiment und auch eine Reihe anderer Experimente (s. Abschn. 9.4.5) den Vorteil, daß man die Resonanzen der empfindlichen Protonen nachweist, denn für die im Spektrum schließlich beobachtete Signalintensität ist nicht allein der Faktor γ_A/γ_X verantwortlich, sondern ganz wesentlich das gyromagnetische Verhältnis γ und die Resonanzfrequenz der beobachteten Kerne. Das invers geführte INEPT-Experiment hat zwar keine große praktische Bedeutung, es läßt sich jedoch noch gut mit Vektordiagrammen darstellen und ist daher aus didaktischen Gründen geeignet, die Unterschiede von normalem und inversem INEPT-Experiment herauszuarbeiten. Wir wählen für die Erklärung wieder das Zweispinsystem AX mit A = ^{1}H und X = ^{13}C und als konkretes Beispiel Chloroform, wobei wir jetzt besonders berücksichtigen müssen, daß Chloroform nur 1,1 % ^{13}CHCl$_3$ enthält, der Hauptanteil dagegen aus ^{12}CHCl$_3$ besteht!

Die Impulsfolge (s. Abb. 8-16 I) ist die gleiche wie in Abbildung 8-11 A, nur daß ^{1}H- und ^{13}C-Kanal vertauscht sind. Während die Impulsfolge beim normalen INEPT mit $\tau = [4J(C,H)]^{-1}$ zu einer antiparallelen Einstellung der Magnetisierungsvektoren $M_H^{C\alpha}$ und $M_H^{C\beta}$ führt, sind es beim inversen Experiment die Vektoren $M_C^{H\alpha}$ und $M_C^{H\beta}$. Es ist daher nicht notwendig, alle Vektordiagramme neu zu erstellen, vielmehr können wir direkt Diagramm g von Abbildung 8-11 übernehmen, indem wir nur die Vektoren umbenennen.

Um zu verstehen, wie sich die antiparallele Stellung von $M_C^{H\alpha}$ und $M_C^{H\beta}$ auf die Vektoren $M_H^{C\alpha}$ und $M_H^{C\beta}$ auswirkt, betrachten wir das Energieniveauschema für das Zweispinsystem AX zum Zeitpunkt g. Die Dicke der Balken soll wie schon früher (Abb. 8-10 und 8-12) ein Maß für die Besetzungszahlen sein.

Im Gleichgewicht stehen alle Vektoren, $M_H^{C\alpha}$, $M_H^{C\beta}$ und $M_C^{H\alpha}$ und $M_C^{H\beta}$ parallel zur ($+z$)-Achse. Wie oben erwähnt, führt die Impulsfolge jedoch bis zum Zeitpunkt g zu einer Störung dieses Gleichgewichts mit einer antiparallelen Einstellung der M_C-Vektoren, wobei $M_C^{H\alpha}$ in der ($+z$)- und $M_C^{H\beta}$ in der ($-z$)-Achse liegen. Das heißt, die Besetzungszahlen von Niveau 1 und 2 haben sich gegenüber denjenigen im Gleichgewicht nicht verändert, während die der Niveaus 3 und 4 invertiert sind. Vor dem $90_{x'}^\circ$-Beobachtungsimpuls im ^{1}H-Kanal gilt somit zum

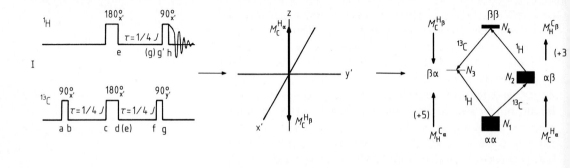

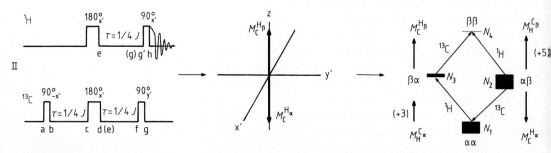

Abbildung 8-16.

Inverses INEPT-Experiment.

Impulsfolgen, Vektordiagramme und Energieniveauschemata zum Zeitpunkt g der Impulsfolgen. I und II unterscheiden sich durch den 1. $90°_{x'}$-Impuls im ^{13}C-Kanal. Bei I ist die Richtung des effektiv wirkenden B_1-Feldes die $(+x')$-Achse, bei II die $(-x')$-Achse. Die Vektordiagramme und Energieniveauschemata gelten für den Zeitpunkt g der Impulsfolge. Durch die Inversion der Besetzungszahlen N_3 und N_4 (I) bzw. N_1 und N_2 (II) werden die M_H-Vektoren nicht antiparallel, sondern nur unterschiedlich lang. (Verwendet man – wie in Abbildung 8-10 – folgende Zahlenwerte für den Gleichgewichtszustand: $N_1 = 6$, $N_2 = 5$, $N_3 = 2$ und $N_4 = 1$, dann ergeben sich die in den Klammern angegebenen Besetzungsunterschiede, die wiederum proportional zur Länge der Magnetisierungsvektoren M_H sind. (Nähere Einzelheiten siehe Text.)

Zeitpunkt g' $(= g)$ das in Abbildung 8-16 I wiedergegebene Energieniveauschema!

Wie aus diesem Schema leicht zu erkennen ist, führt der Magnetisierungstransfer entsprechend dem Faktor $\gamma_A/\gamma_X = \pm 0{,}25$ (Gl. 8-4) nicht zu einer antiparallelen Stellung der M_H-Vektoren, sondern nur zu einer Längenänderung von 1 nach 1,25 bzw. 0,75. Verwenden wir das Zahlenbeispiel mit den Besetzungszahlen 6,5,2 und 1 für N_1 bis N_4 wie in Abbildung 8-10, dann betragen die Längen der Vektoren im Normalfall zweimal +4 und nach der INEPT-Impulsfolge +3 und +5 (Werte in Abb. 8-16 in Klammern)! Mit diesen unterschiedlich langen M_H-Vektoren müssen wir im folgenden unsere Vektordiagramme erstellen.

Bisher haben wir stillschweigend nur den kleinen Anteil der Chloroform-Moleküle mit ^{13}C betrachtet (1,1 %), der Hauptanteil, ^{12}CHCl$_3$, blieb unberücksichtigt, denn die Impulsfolge im ^{13}C-Kanal hat auf ihn keinerlei Einfluß. Von allen Impulsen im ^{1}H-Kanal sind jedoch die Protonen dieser ^{12}CHCl$_3$-Moleküle ebenfalls betroffen, und wir müssen folglich neben den beiden für die ^{13}C-Satelliten verantwortlichen Vektoren $M_H^{C\alpha}$ und $M_H^{C\beta}$ stets die makroskopische Magnetisierung M_H der 98,9 % ^{12}CHCl$_3$ berücksichtigen. Dieser Magnetisierungsvektor M_H zeigt zum Zeitpunkt g' in Richtung der (−z)-Achse, denn er wurde vom („isotopenselektiven") 180°-Impuls im ^{1}H-Kanal dorthin gedreht. Für das Experiment ist von besonderer Bedeutung. daß M_H ungefähr 200mal so lang ist wie $M_H^{C\alpha}$ und $M_H^{C\beta}$. Nach dem Energieniveauschema (Abb. 8-16 I) ist $M_H^{C\alpha}$ der längere und $M_H^{C\beta}$ der kürzere Vektor. Beide Vektoren sind parallel und in (+z)-Richtung ausgerichtet, das heißt, sie stehen vor dem $90°_{x'}$-Beobachtungsimpuls im ^{1}H-Kanal antiparallel zu M_H (Abb. 8-17 I). Mit dem $90°_{x'}$-Impuls werden sie in die (+y')-Achse gedreht, M_H dagegen in die (−y')-Achse und dann detektiert. Dies ergibt nach der FT das starke Hauptsignal (HS) mit negativer Amplitude und die zwei ^{13}C-Satelliten mit positiver Amplitude (s. Abbildung 8-17 I). Der schwerwiegende Nachteil dieses Experimentes ist, daß wir uns ausschließlich für die zwei schwachen, sich nur in den Intensitäten unterscheidenden ^{13}C-Satelliten interessieren und nicht für das starke Hauptsignal. Durch eine geschickte Schaltung der Phasen der Impulse läßt sich jedoch das Hauptsignal entfernen, so daß nur die Satelliten übrigbleiben.

Dies gelingt, indem man abwechselnd den ersten 90°-Impuls im ^{13}C-Kanal aus der (+x')-Richtung einwirken läßt, dann

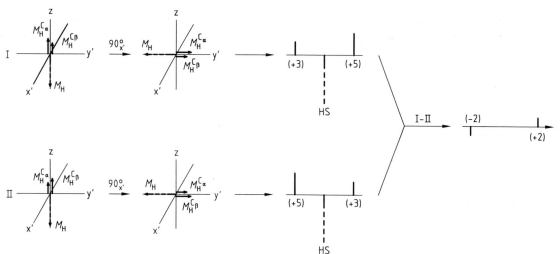

Abbildung 8-17.

Inverses INEPT-Experiment.

Entwicklungszustand der M_H-Vektoren unmittelbar vor (g') und nach (h) dem $90°_{x'}$-Beobachtungsimpuls im ^{1}H-Kanal und die entsprechenden ^{1}H-NMR-Spektren (schematisch) für die beiden in Abbildung 8-16 angegebenen Experimente I und II. Konkretes Beispiel: *normales* Chloroform, das zu 98,9 % aus ^{12}CHCl$_3$ und 1,1 % ^{13}CHCl$_3$ besteht. Im Differenzspektrum (I−II) ist das Hauptsignal (HS) der ^{12}CHCl$_3$-Moleküle gelöscht, während die beiden ^{13}C-Satelliten der 1,1 % ^{13}CHCl$_3$ in *anti*-Phase übrigbleiben.

beim nächsten Durchlauf aus der $(-x')$-Richtung, das heißt, die Phase dieses 90°-Impulses um 180° dreht (*Phasencyclus*). Die Impulsfolge sieht also folgendermaßen aus, wobei die in der Klammer angegebene Phase, für den zweiten Durchlauf des Phasencyclus gilt:

^{1}H: $180^\circ_{x'} - \tau - 90^\circ_{x'} - \text{FID}_{+(-)}$
^{13}C: $90^\circ_{x'(-x')} - \tau - 180^\circ_{x'} - \tau - 90^\circ_{y'}$

Beim 1. Cyclus mit einem $90^\circ_{x'}$-Impuls, in den Abbildungen 8-16 und 8-17 mit I bezeichnet, führte die Impulsfolge zu den oben ausführlich beschriebenen Veränderungen der Besetzungszahlen und den ^{3}C-Satelliten mit unterschiedlichen Intensitäten. Verwendet man einen $90^\circ_{-x'}$-Impuls (2. Cyclus, II), dann sind zum Zeitpunkt g $M_{C^\beta}^H$ positiv und $M_{C^\alpha}^H$ negativ. Diese Tatsache führt dazu, daß die Besetzungszahlen N_1 und N_2 invertiert, N_3 und N_4 dagegen unverändert gegenüber dem Gleichgewichtszustand sind. Daraus folgt, daß jetzt von den beiden M_H-Vektoren $M_{H^\beta}^{C_\beta}$ der längere ist (s. Energieniveauschema, Abb. 8-16 II).

Subtrahiert man die in Abbildung 8-17 für die beiden Cyclen I und II skizzierten ^{1}H-NMR-Spektren voneinander (I–II), wird das Hauptsignal (HS) ausgelöscht, während von den beiden unterschiedlich großen Satelliten zwei gleich intensive Signale in *anti*-Phase (mit den Intensitäten –2 und +2) übrigbleiben. In der Praxis werden jedoch wie üblich zunächst die Differenzen der FID's vieler solcher Phasencyclen im Computer gespeichert (FID$_{+(-)}$), und erst zum Schluß wird dann die FT durchgeführt.

Wie schon in Abschnitt 8.4.2 gezeigt, ist die Zeit $\tau = [4J(\text{C,H})]^{-1}$ nur für CH-Gruppen (AX-Spinsysteme) exakt richtig, nicht dagegen für CH$_2$- und CH$_3$-Gruppen. Als guten Kompromiß verwendet man in der Praxis einen Wert von $\tau = [6J(\text{C,H})]^{-1}$.

Eine kleine Erweiterung der Impulsfolge führt wie beim normalen INEPT-Experiment zu Spektren mit den zwei Satellitensignalen *in*-Phase. Ein solches Experiment ist dann interessant, wenn die C,H-Kopplung durch Breitband-Entkopplung im ^{13}C-Kanal während der Detektion entfernt werden soll. Die Impulsfolge lautet:

^{1}H: $180^\circ_{x'} - \tau - 90^\circ_{y'} - \Delta - 180^\circ_{x'} - \Delta - \text{FID}_{+(-)}$
^{13}C: $90^\circ_{x'(-x')} - \tau - 180^\circ_{x'} - \tau - 90^\circ_{y'} - \Delta - 180^\circ_{x'} - \Delta - \text{BB-Entkopplung}$

Als Kompromiß wählt man $\tau = [6J(\text{C,H})]^{-1}$ und $\Delta = [4J(\text{C,H})]^{-1}$. Die Breitband-Entkopplung im ^{13}C-Kanal ist jedoch wegen des großen Frequenzbereiches der ^{13}C-Resonanzen nicht trivial. Gleiches gilt für das Experiment mit ^{15}N/^{1}H.

Das störende Hauptsignal läßt sich, wie hier am Beispiel des *inversen* INEPT-Experimentes gezeigt, mit geschickt geschalteten Phasencyclen entfernen. Es gibt außerdem noch mehrere andere

Möglichkeiten, um zum gleichen Ziel zu gelangen; das Prinzip von zwei Verfahren sei kurz skizziert.

- Man kann die ^{1}H-Resonanzen sättigen, bevor man die Impulsfolge auf das Spinsystem einwirken läßt (*presaturation*). Dadurch verschwinden die Hauptsignale, während sich die ^{13}C-Satelliten entsprechend der Impulsfolge entwickeln. Ein Vorteil dieser Technik ist, daß die ^{13}C-Signale durch den Kern-Overhauser-Effekt (NOE) verstärkt sind.

- Man nützt Relaxationsprozesse aus, wie es durch die dem eigentlichen Experiment vorgeschaltete BIRD-Sequenz [7] geschieht:

$$90^\circ_{x'}(^1H) - 1/2J(C,H) - 180^\circ_{x'}(^1H, ^{13}C) - 1/2J(C,H) - 90^\circ_{-x'}(^1H)$$

Durch diese Impulsfolge wird M_H in die $(-z)$-Achse gedreht, die beiden Vektoren $M_H^{C\alpha}$ und $M_H^{C\beta}$ dagegen in die $(+z)$-Achse. Das Experiment beginnt dann nach einem Relaxationsdelay in dem Augenblick, in dem der M_H-Vektor durch Relaxation gerade durch Null geht.

Bei vielen inversen Experimenten verwendet man solche Verfahren zur Minimierung der starken Hauptsignale, häufig sogar auch bei solchen, bei denen gar keine Hauptsignale im Spektrum auftreten dürften. In dem in Abschnitt 9.4.5 beschriebenen Experiment wurde zum Beispiel die Bird-Impulsfolge angewandt.

Abschließend sei erwähnt, daß man durch die inverse Versuchsführung des INEPT-Experiments beim System ^{13}C/^{1}H ungefähr den Faktor 8 an Intensität gegenüber der direkten Detektion der ^{13}C-Signale gewinnt, was bei gleicher Qualität der Spektren (S : N) einem Zeitgewinn von einem Faktor 64 entspricht. Vergleicht man allerdings mit dem normalen INEPT-Experiment ^{1}H/^{13}C, gewinnt man nur ungefähr den Faktor 2 an Empfindlichkeit. Dies entspricht aber immerhin noch einem Zeitgewinn von 4. Beim System ^{15}N/^{1}H ist der Intensitäts- und Zeitgewinn noch wesentlich günstiger als bei ^{13}C/^{1}H.

8.5 DEPT-Experiment [8]

Eine große Hilfe bei der Zuordnung von Signalen in den ^{13}C-NMR-Spektren ist es, wenn man weiß, welche Signale quartären C-Atomen, CH-, CH_2- oder CH_3-Gruppen zuzuordnen sind. Zwar erhält man diese Information in vielen Fällen aus den Off-Resonanz-Spektren, dem *J*-modulierten Spin-Echo- oder dem refokussierten INEPT-Experiment, jedoch hat jedes dieser Verfahren seine Schwächen. So versagt das Off-Resonanz-Verfahren bei nahe beieinanderliegenden Signalen und bei Spektren höherer Ordnung. Beim *J*-modulierten Spin-Echo-Verfahren kann man nicht zwischen Signalen von quartären C-Atomen und CH_2-Gruppen einerseits und CH- und CH_3-Gruppen andererseits unterscheiden. Beim refokussierten

INEPT-Verfahren ohne BB-Entkopplung ist häufig die Spektrenanalyse schwierig, wenn sich Signale überlagern, während sich im BB-entkoppelten refokussierten INEPT-Spektrum die Signale von CH- und CH$_3$-Gruppen nicht unterscheiden lassen.

Derartige Schwierigkeiten treten beim DEPT-Verfahren *(Distortionless Enhancement by Polarization Transfer)* nicht auf. Deshalb gehört es zu den für den Praktiker wichtigsten Entwicklungen.

In Abbildung 8-18 sind vier ^{13}C-NMR-Spektren (Ausschnitte von $\delta \approx 10$ bis 110) vom Methylketosid des N-Acetyl-D-neuraminsäuremethylesters (**1**) gezeigt. A entspricht dem ^{1}H-BB-entkoppelten ^{13}C-NMR-Spektrum; die Spektren B bis D wurden mit der DEPT-Impulsfolge aufgenommen. Man erkennt, daß es sich dabei um Teil- oder Subspektren von A handelt, deren Summe – bis auf das C-2-Signal – wieder Spektrum A ergibt. So erscheinen im Subspektrum B nur Signale von CH-Gruppen, in C die von CH$_2$-Gruppen und in D die von CH$_3$-Gruppen. Signale, die in allen Subspektren fehlen, sind quartären C-Atomen zuzuordnen – in unserem Beispiel ist es das Signal von C-2 bei $\delta = 100,32$.

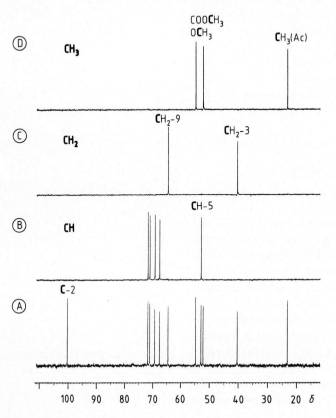

Abbildung 8-18.
DEPT-Experiment, durchgeführt mit der im Text angegebenen Impulsfolge. A: 100,6 MHz-^{1}H-BB-entkoppeltes ^{13}C-NMR-Spektrum des Neuraminsäurederivates **1** (Ausschnitt von $\delta = 10-110$). B: CH-Subspektrum. C: CH$_2$-Subspektrum. D: CH$_3$-Subspektrum.
(Experimentelle Bedingungen: 167 mg Substanz in 2,3 ml D$_2$O; 10 mm-Probe; 32 NS für $\Theta_1 = 45°$ und $\Theta_3 = 135°$, 64 NS für $\Theta_2 = 90°$; $\tau = 3,57$ ms; Gesamtmeßzeit ca. 12 min.)

Die Impulsfolge für das DEPT-Experiment lautet:

^{1}H-Kanal : $90^\circ_{x'} - \tau - 180^\circ_{x'} - \tau - \Theta_{y'} \ - \tau -$ BB-Entkopplung

^{13}C-Kanal: $\qquad 90^\circ_{x'} - \tau - 180^\circ - \tau -$ FID (t_2)

Sie stimmt im ersten Teil, im ^{1}H-Kanal, mit der des INEPT-Experimentes überein, wobei die Wartezeiten τ für das AX-Zweispinsystem aber $[2J(C,H)]^{-1}$ betragen. Neu ist der letzte Impuls im ^{1}H-Kanal, $\Theta_{y'}$. Die Auswirkungen dieser Impulsfolge auf das Spinsystem lassen sich mit Vektordiagrammen nur noch für Teilschritte bildlich wiedergeben. Insbesondere gelingt es nicht mehr zu erklären, wie der Impuls mit dem variablen Winkel Θ wirkt. Es wurde daher vollständig auf eine Darstellung verzichtet.

Wie man mit Hilfe von drei Experimenten, mit den Winkeln $\Theta_1 = 45^\circ$, $\Theta_2 = 90^\circ$ und $\Theta_3 = 135^\circ$, die Subspektren von Abbildung 8-18 erhält, wird aus den in Abbildung 8-19 aufgezeichneten Kurven für die Winkelabhängigkeit der Signalintensitäten I von CH, CH$_2$ und CH$_3$ klar [7].

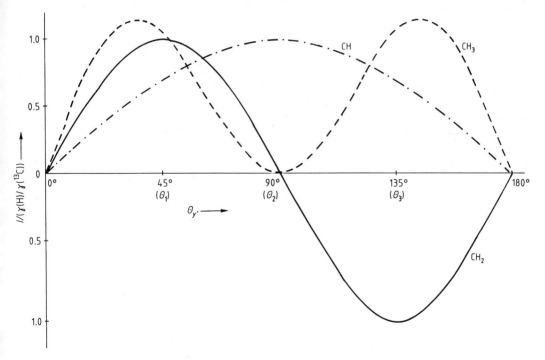

Abbildung 8-19.
DEPT-Experiment. ^{13}C-Signalintensitäten von CH-, CH$_2$- und CH$_3$-Gruppen in Abhängigkeit vom Impulswinkel $\Theta_{y'}$. CH: ·—··—··—·, CH$_2$ ——, CH$_3$: – – –.
Die Kurven wurden mit folgenden Gleichungen berechnet [7]:
CH: $I = (\gamma(^1\mathrm{H})/\gamma(^{13}\mathrm{C}))\sin\Theta$; CH$_2$: $I = (\gamma(^1\mathrm{H})/\gamma(^{13}\mathrm{C}))\sin2\Theta$; CH$_3$: $I = [3\gamma(^1\mathrm{H})/4\gamma(^{13}\mathrm{C})](\sin\Theta + \sin3\Theta)$.

Man erkennt, daß bei einem Winkel $\Theta_2 = 90°$ die Kurven für CH_2 und CH_3 durch Null gehen, die Kurve für CH dagegen ein Maximum besitzt. Das Experiment mit $\Theta_2 = 90°$ ergibt somit direkt das CH-Subspektrum (Abb. 8-18 B):

CH-Subspektrum: DEPT(90)

Das CH_2-Subspektrum erhält man aus der Differenz der mit $\Theta_1 = 45°$ und $\Theta_3 = 135°$ aufgenommenen Spektren (Abb. 8-18 C):

CH$_2$-Subspektrum: DEPT(45) – DEPT(135).

Das CH_3-Subspektrum bekommt man schließlich durch Kombination aller drei Experimente, wobei beim Experiment mit $\Theta_2 = 90°$ doppelt solange akkumuliert werden muß, um vergleichbare absolute Intensitäten zu erhalten (Abb. 8-18 D):

CH$_3$-Subspektrum:

$$DEPT(45) + DEPT(135) - 0.707 \cdot DEPT(90)$$

Bei allen Experimenten ist während der Datenaufnahme der BB-Entkoppler eingeschaltet.

Durch Vergleich der Subspektren B bis D mit A lassen sich auch die Signale der quartären C-Atome C_q zuordnen. Da nur die Spektrenausschnitte von $\delta = 10 - 110$ für **1** wiedergegeben sind, fehlen die Signale der beiden quartären C-Atome, von C-1 und der Acetamidgruppe bei $\delta = 171,50$ bzw. 175,93 (vergl. Abb. 8-9).

Für das Experiment muß man die ^1J(C,H)-Kopplungskonstante(n) kennen, um die Zeit τ in der Impulsfolge bestimmen zu können. Dies ist in der Praxis meist nicht der Fall. Doch haben viele Messungen ergeben, daß die Ergebnisse des Experimentes nicht so sehr von einer genauen τ-Einstellung abhängen, und die DEPT-Impulsfolge also auch auf Systeme angewendet werden kann, bei denen die Kopplungskonstanten weit streuen.

Für die abgebildeten Spektren von **1** verwendeten wir zum Beispiel $\tau = 3,57$ ms. Dies entspricht einer Kopplungskonstanten ^1J(C,H) von 140 Hz, einem typischen Wert für die C,H-Kopplung mit sp^3-hybridisierten C-Atomen (s. Abschn. 3.3.1). Aus Abbildung 8-19 geht ferner hervor, daß für die praktische Anwendung im Routinebetrieb auch schon zwei Experimente mit $\Theta_2 = 90°$ und $\Theta_3 = 135°$ genügen: Aus dem DEPT(90)-Spektrum erhält man die Signale für die CH-Gruppen und aus dem DEPT(135)-Spektrum die für CH_2-Gruppen (Signale mit negativer Amplitude). Da aus dem DEPT(90)-Spektrum bereits die Signale von CH-Gruppen bekannt sind, lassen sich die restlichen Signale des DEPT(135)-Spektrums mit positiver Amplitude CH_3-Gruppen zuordnen.

Abbildung 8-20 zeigt das mit $\Theta_3 = 135°$ aufgenommene

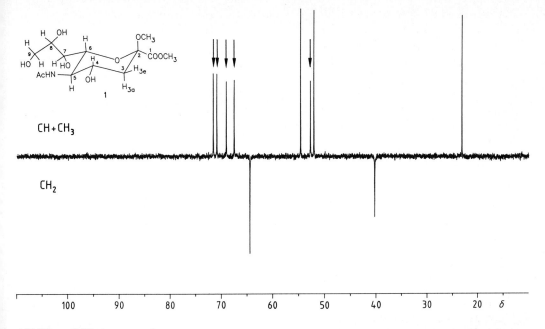

Abbildung 8-20.
DEPT(135)-Spektrum ($\Theta_{y'} = 135°$) des Neuraminsäurederivates **1**. Die Signale der fünf CH-Gruppen, die mit Hilfe des DEPT(90)-Spektrums ($\Theta_{y'} = 90°$) zugeordnet wurden, sind mit Pfeilen markiert. Die anderen drei Signale mit positiver Amplitude sind CH₃-Gruppen, die beiden Signale mit negativer Amplitude CH₂-Gruppen zuzuordnen.
(*Experimentelle Bedingungen:*
20 mg Substanz in 0,5 ml D₂O; 5 mm-Probe; 32 K Datenpunkte; 300 NS; $\tau = 3,57$ ms; Gesamtmeßzeit ca. 20 min.)

DEPT(135)-Spektrum von Verbindung **1**. Die fünf Signale für CH-Gruppen sind mit Pfeilen markiert.

Das Ergebnis des DEPT-Experimentes ist in Tabelle 8-2 festgehalten.

Wir kennen jetzt die chemischen Verschiebungen von drei CH₃-, zwei CH₂-, fünf CH-Signalen und zusätzlich die der drei quartären C-Atome. Mit den in Kapitel 6.3 angegebenen Regeln können wir einige dieser Signale ohne Schwierigkeiten zuordnen, das Ergebnis ist in Abbildung 8-18 und in der letzten Spalte von Tabelle 8-2 eingetragen. Mit Erfahrung und Vergleichsverbindungen ließen sich sicherlich noch einige weitere Signale zuordnen, wir unterlassen dies, da im nächsten Kapitel Experimente besprochen werden, die eine Zuordnung ohne irgendwelche Annahmen ermöglichen.

Selbstverständlich können mit dem DEPT-Experiment auch andere Spinsysteme untersucht werden, zum Beispiel Systeme mit gekoppelten ¹H- und ¹⁵N-Kernen.

$$\text{1}$$

Tabelle 8-2.
Teilzuordnung der ^{13}C-NMR-Signale für **1** aufgrund des DEPT-Experimentes.

δ	CH$_3$	CH$_2$	CH	C	Zuordnung
23,2	×				CH$_3$ (Ac)
40,31		×			C-3
52,12	×				
52,83			×		C-5
54,65	×				
64,50		×			C-9
67,51			×		
69,18			×		
70,98			×		
71,67			×		
100,32				×	C-2
171,50[a]				×	
175,93[a]				×	

[a] Aus dem Übersichtsspektrum (Abb. 8-9 A).

8.6 Eindimensionales INADEQUATE-Experiment [9]

Experimente zum Nachweis von C,C-Kopplungskonstanten sind in doppelter Hinsicht interessant, da sie Auskunft geben
- über die Struktur des Molekülgerüstes und
- darüber, welche C-Atome miteinander koppeln, das heißt über Nachbarschaftsbeziehungen.

Für die Strukturaufklärung braucht man die exakten J(C,C)-Werte, während zum Aufspüren von Nachbarschaftsbeziehungen schon der einfache Nachweis der Kopplung genügt. Leider sind C,C-Kopplungen nur schwer zu messen. Die Ursache dafür ist die geringe natürliche Häufigkeit des ^{13}C-Isotops mit nur 1,1 %. Dies ließe sich durch die Synthese ^{13}C-angereicherter Substanzen überwinden; Ziel der neuen spektroskopischen Verfahren ist es jedoch, ohne aufwendige chemische Methoden auszukommen.

Machen wir uns noch einmal klar, was wir normalerweise im ^{1}H-BB-entkoppelten ^{13}C-NMR-Spektrum beobachten: es sind Singuletts! Sie stammen von den 1,1 % der C-Atome des Moleküls, die einen ^{13}C-Kern enthalten. Singuletts findet man, weil die benachbarten Kohlenstoffatome mit 98,9 % Wahrscheinlichkeit ^{12}C-Isotope sind. Eine C,C-Kopplung beobachten wir nur dann, wenn zwei ^{13}C-Kerne über eine, zwei oder drei Bindungen miteinander verknüpft sind: ^1J: ^{13}**C** – ^{13}**C**, ^2J: ^{13}**C** – C – ^{13}**C** und ^3J: ^{13}**C** – C – C – ^{13}**C**. Ist schon die Wahrscheinlichkeit nur 1 : 100, einen ^{13}C-Kern an einer bestimmten Stelle im Molekül anzutreffen, dann ist die, zwei benachbarte ^{13}C-Kerne im Molekül zu finden, nur 1 : 10 000! Entsprechend dieser geringen Wahrscheinlichkeit werden die Signale gekoppelter C-Atome die Hauptsignale nur als Satelliten begleiten (Abschn. 1.6.2.9 und 3.7). Im einfachsten Fall eines Moleküls mit zwei C-Atomen bestehen diese Satelliten aus einem Dublett mit der Intensität von 1,1 % des Hauptsignals, des Singuletts.

Spektren höherer Ordnung sind nicht zu erwarten, denn die Wahrscheinlichkeit, drei koppelnde ^{13}C-Kerne in direkter Nachbarschaft anzutreffen, ist nochmals um den Faktor 10^2 kleiner.

Das ^{13}C-NMR-Spektrum eines C-Atoms, das mit zwei weiteren verbunden ist, zum Beispiel C-2 im Molekülfragment $C^1 – \mathbf{C}^2 – C^3$, besteht aus einem Singulett für $^{12}C^1 – ^{13}\mathbf{C}^2 – ^{12}C^3$ mit der Intensität $\sim$ 98 % sowie zwei Dubletts für $^{13}\mathbf{C}^1 – ^{13}\mathbf{C}^2 – ^{12}C^3$ und $^{12}C^1 – ^{13}\mathbf{C}^2 – ^{13}\mathbf{C}^3$ jeweils mit der Intensität von 1,1 % der Gesamtintensität. Für ein quartäres C-Atom, das mit vier weiteren C-Atomen verbunden ist, kann man also bis zu vier sich überlagernde Dubletts als ^{13}C-Satelliten finden, die aber nur dann getrennt sind, wenn die Kopplungskonstanten J (C,C) verschieden groß sind.

Die ^1J (C,C)-Werte liegen zwischen 30 und 70 Hz, das heißt, die ^{13}C-Satelliten sind gut getrennt vom Hauptsignal. Die Kopplungskonstanten über zwei und drei Bindungen sind jedoch um eine Größenordnung kleiner, so daß die Satelliten mit dem Fuß des Hauptsignals verschmelzen und sich dadurch dem Nachweis entziehen. Zusätzliche Schwierigkeiten können durch Seitenbanden auftreten, die durch die Rotation des Probenröhrchens im Magnetfeld entstehen. Aus diesen Gründen scheitert eine Analyse der ^{13}C-Satelliten in den normalen ^{13}C-NMR-Spektren in den meisten Fällen.

Ganz anders wäre es, wenn man das Hauptsignal unterdrücken könnte – und genau dies wird mit dem INADEQUATE-Experiment *(Incredible Natural Abundance Double Quantum Transfer)* erreicht. Dabei wird folgende Impulssequenz angewendet:

$$90^\circ_{x'} – \tau – 180^\circ_{y'} – \tau – 90^\circ_{x'} – \Delta – 90^\circ_{\phi'} – \text{FID}\,(t_2)$$

Wie schon der Name andeutet, spielt ein Doppelquanten-transfer eine Rolle. Da die zugrundeliegenden physikalischen Vorgänge nicht durch ein anschauliches Bild beschrieben werden können, verzichten wir darauf, Vektordiagramme für die Impulsfolge zu zeichnen, denn die entscheidenden Schritte würden fehlen. Erinnern wir uns an die Auswahlregel (Abschn. 1.4.1): Übergänge zwischen Energieniveaus sind verboten, wenn $\Delta m \neq 1$ ist, das heißt Null-, Doppel- und Mehrquantenübergänge sind nicht erlaubt und nicht beobachtbar. Theoretisch und experimentell wurde jedoch gezeigt, daß Mehrquantenübergänge zwar nicht beobachtbar sind, doch daß Kaskaden selektiver Impulse oder beispielsweise die Impulsfolge $90° - \tau - 90°$ im Zweispinsystem eine *Doppelquanten-kohärenz* erzeugen. Dafür gibt es kein anschauliches Bild mehr, der Zustand ist nur noch mathematisch über die Nebendiagonalelemente der Dichtematrix zu definieren. (Unter *Einquantenkohärenz* verstanden wir die Bündelung präzedierender Einzelspins infolge gleicher Phase (Abb. 1-12).)

Beim eindimensionalen INADEQUATE-Experiment wird die Doppelquantenkohärenz durch die Impulsfolge $90°_{x'} - 2\,\tau - 90°_{x'}$ angeregt. Der dazwischenliegende $180°_{y'}$-Impuls dient nur der Refokussierung von Spins, die infolge von chemischen Verschiebungen und Feldinhomogenitäten während der Zeit τ auffächerten. Mit dem $90°_{\phi'}$-Impuls, der nach einer kurzen Schaltzeit Δ von einigen µs folgt, werden die den einzelnen ^{13}C-Kernen und den AX-Spinsystemen entsprechenden Magnetisierungen in beobachtbare Signale, den FID, umgewandelt. Die FT ergibt das aus Haupt- und Satellitensignalen bestehende Frequenzspektrum. Als Folge der Doppelquantenkohärenz unterscheiden sich die Phasen von Haupt- und Satellitensignalen. Durch eine bestimmte Phasenschaltung der Impulse und des Empfängers, auf die hier nicht näher eingegangen wird, kann das Hauptsignal vollständig unterdrückt werden, zu sehen sind nur die AX- oder AB-Satellitenspektren. Von den beiden Signalen des A- bzw. X-Teiles weist eines eine positive, das andere eine negative Amplitude auf.

Abbildung 8-21 B zeigt das eindimensionale INADEQUATE-Spektrum des uns aus verschiedenen Experimenten bereits bekannten Neuraminsäurederivates **1**, zusammen mit dem ^{1}H-BB-entkoppelten ^{13}C-NMR-Spektrum (Abb. 8-21 A). Für die Wiedergabe wurde der gleiche Spektrenausschnitt verwendet wie in Abbildung 8-18. Einzelheiten sieht man jedoch erst, wenn man die Satellitensignale spreizt (Abb. 8-21 C), wie dies für den Bereich von $\delta = 64$ bis 72 geschehen ist. In diesem kleinen Ausschnitt erkennt man jeweils die zwei Satelliten, während die Hauptsignale vollständig unterdrückt sind.

Wir wissen vom DEPT-Experiment, daß das Signal bei $\delta = 64,5$ von einem ^{13}C-Kern in einer CH$_2$-Gruppe (C-9) herrührt, die anderen vier von ^{13}C-Kernen aus CH-Gruppen (C-4,

6, 7, 8). Da jede der vier CH-Gruppen zwei weitere C-Atome als Nachbarn hat, sollten grundsätzlich zwei Dubletts als Satelliten zu sehen sein. Offensichtlich sind die C,C-Kopplungskonstanten zu beiden Nachbarn gleich oder beinahe gleich groß, so daß sich die beiden Dubletts überlagern. Ähnliches gilt auch für die anderen, nicht vergrößert herausgeschriebenen Dubletts in Abbildung 8-21 B. In Tabelle 8-3 sind die gemessenen C,C-Kopplungskonstanten angegeben. Dabei setzen wir die Zuordnung der Signale voraus, obwohl wir aus den bisherigen Experimenten diese noch nicht in allen Fällen kennen. Man beachte, wie klein die Unterschiede zwischen den C,C-Kopplungskonstanten sind (40,1 ± 3,5 Hz).

Tabelle 8-3.
Aus dem eindimensionalen INADEQUATE-Spektrum von **1** entnommene C,C-Kopplungskonstanten.

J(C,C)	J [Hz]
J(2,3)	36,9 ± 0,2
J(3,4)	37,1 ± 0,2
J(4,5)	38,1 ± 0,8
J(5,6)	39,7 ± 0,7
J(6,7)	43,7 ± 0,7
J(7,8)	44,0 ± 0,5
J(8,9)	41,1 ± 0,2

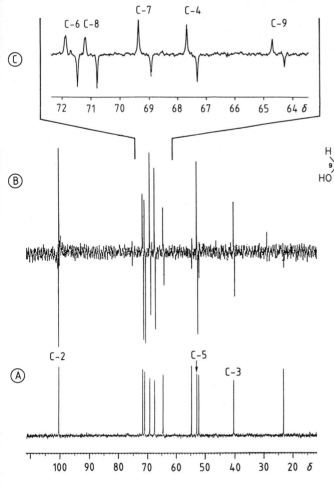

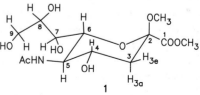

Abbildung 8-21.
Eindimensionales INADEQUATE-Experiment
A: ^{1}H-BB-entkoppeltes 100,6 MHz-^{13}C-NMR-Spektrum des Neuraminsäurederivates **1** (Ausschnitt von δ = 10 bis 110).
B: 100,6 MHz eindimensionales INADEQUATE-^{13}C-NMR-Spektrum. C: Ausschnitt aus B: von δ = 64–72.
(*Experimentelle Bedingungen:* 167 mg Substanz in 2,3 ml D$_2$O; 10 mm-Probe; τ = 5 ms; 16 K Datenpunkte; 16384 NS; Gesamtmeßzeit 14,2 h.)

217

Für den Erfolg des Experimentes ist die richtige Wahl der Zeit τ entscheidend. Nach der Theorie erreicht man eine optimale Anregung der Doppelquantenkohärenz mit

$$\tau = \frac{2n + 1}{4\,J\,(\mathrm{C,C})} \qquad n = 0, 1, 2, 3 \qquad (8\text{-}7)$$

Will man stark unterschiedliche C,C-Kopplungskonstanten wie zum Beispiel ^1J und ^2J oder ^3J messen, dann sind zum Nachweis der Satelliten am besten mehrere Experimente mit verschiedenen τ-Werten durchzuführen, es sei denn, Gleichung (8-7) ist für mehrere C,C-Kopplungskonstanten mit anderen n-Werten erfüllt.

Neben der Ermittlung von Kopplungskonstanten hilft das INADEQUATE-Verfahren auch, die Signale der miteinander koppelnden Kerne zuzuordnen. Dieses mehr unter qualitativen Gesichtspunkten angestrebte Ziel erreicht man aber eleganter über die zweidimensionale Version des INADEQUATE-Verfahrens (Abschn. 9.5). In unserem Beispiel ist eine Zuordnung nur in einigen Fällen möglich, da sich die Kopplungskonstanten zu wenig voneinander unterscheiden (Tab. 8-3).

Mit dem INADEQUATE-Experiment ist leider kein Polarisationstransfer verbunden wie bei den in den Abschnitten 8.4 und 8.5 beschriebenen Verfahren. Ein Spektrum aufzunehmen, dauert deshalb selbst mit Hochfeldspektrometern und hochkonzentrierten Proben (mit 100–200 mg Substanz in 2 ml Lösungsmittel) mindestens eine Nacht. In unserem Beispiel waren es ca. 14 h. Wegen dieser langen Zeiten werden derartige Messungen kaum zu Routine-Methoden werden können.

8.7 Literatur zu Kapitel 8

[1] R. Benn und H. Günther, *Angew. Chem.* 95 (1983) 381.

[2] S. L. Patt and J. N. Shoolery, *J. Magn. Reson.* 46 (1982) 535.

[3] K. G. R. Pachler and P. L. Wessels, *J. Magn. Reson.* 12 (1973) 337.

[4] G. A. Morris and R. Freeman, *J. Amer. Chem. Soc.* 101 (1979) 760.

[5] R. K. Harris: *Nuclear Magnetic Resonance Spectroscopy. A Physicochemical View.* Pitman, London 1983.

[6] M. R. Bendall, D. T. Pegg, D. M. Doddrell and J. Field, *J. Magn. Reson.* 51 (1983) 520.

[7] A. Bax und S. Subramanian, *J. Magn. Reson.* 67 (1986) 565.

[8]   D.M. Doddrell, D.T. Pegg and M.R. Bendall, *J. Magn. Reson. 48* (1982) 323.

[9]   A. Bax, R. Freeman and S.P. Kempsell, *J. Amer. Chem. Soc. 102* (1980) 4849.

Ergänzende und weiterführende Literatur

J.K.M. Sanders and B.K. Hunter: *Modern NMR-Spectroscopy. A Guide for Chemists.* Oxford University Press, Oxford 1987.

A.E. Derome: *Modern NMR Techniques for Chemistry Research.* Pergamon Press, Oxford 1987.

9 Zweidimensionale NMR-Spektroskopie

9.1 Einführung

Jedes der bisher beschriebenen NMR-Spektren hat zwei Dimensionen: Die Abszisse entspricht der Frequenzachse, auf der die chemischen Verschiebungen abzulesen sind, die Ordinate gibt die Signalintensitäten wieder. Unter einem zweidimensionalen (2 D) NMR-Spektrum versteht man jedoch, daß es zwei Frequenzachsen hat – Abszisse *und* Ordinate, die Intensitäten entsprechen der dritten Dimension.

Werden dabei auf der einen Frequenzachse chemische Verschiebungen aufgetragen und auf der anderen Kopplungskonstanten, so spricht man von *zweidimensionalen J-aufgelösten NMR-Spektren.* Sind es dagegen auf beiden Achsen chemische Verschiebungen, handelt es sich um *zweidimensionale (verschiebungs)korrelierte NMR-Spektren.* Bei den für den Praktiker wichtigsten Verfahren sind zweimal ^{1}H- oder ^{1}H- und ^{13}C-chemische Verschiebungen miteinander verknüpft.

Die zweidimensionalen Verfahren setzen eine Kopplung von Kerndipolen voraus. Dabei muß es sich nicht unbedingt um eine skalare Kopplung handeln, wie wir sie in Kapitel 3 besprochen haben. Die Wechselwirkung kann wie beim Kern-Overhauser-Effekt auch dipolarer Natur sein, das heißt, sie erfolgt durch den Raum. Damit ist eine Möglichkeit eröffnet, die räumliche Struktur von Molekülen aufzuklären. Ein weiteres zweidimensionales Verfahren, mit dem man dynamische Prozesse untersuchen kann, beruht auf dem Magnetisierungstransfer durch chemischen Austausch.

Diese Meßverfahren stellen – wie in der Einführung zu Kapitel 8 bereits erwähnt – eine neue Generation von NMR-Experimenten dar. Um ihre Vorteile und die große praktische Bedeutung kennenzulernen, besprechen wir im folgenden die Grundlagen der augenblicklich wichtigsten Methoden.

Wir werden uns dabei wie bisher auf die ^{1}H- und ^{13}C-Kerne beschränken, doch sind die Methoden grundsätzlich auch auf andere Kerne und Kernkombinationen übertragbar.

Zunächst machen wir uns mit der Idee vertraut, die der zweidimensionalen NMR-Spektroskopie zugrunde liegt. Die ersten Anregungen gehen auf J. Jeener zurück (1971). Praktisch realisierbar ist die zweidimensionale NMR-Spektroskopie aber erst durch die Arbeiten von R. R. Ernst et al. und R. Freeman et al. geworden. In ihren Arbeitskreisen wurden viele weitergehende, zum Teil auch vereinfachte Experimente entwickelt.

Auf die exakte mathematische Ableitung des Phänomens werden wir nicht eingehen, hier sei auf die Literatur verwiesen [1].

9.2 Zweidimensionales NMR-Experiment

9.2.1 Präparation, Evolution und Mischung, Detektion

Beim normalen Impuls-Experiment (Abschn. 1.5) beginnt unmittelbar nach dem Beobachtungsimpuls die *Detektionsphase,* in der das Interferogramm, der FID, aufgenommen und gespeichert wird. Bei den in Kapitel 8 beschriebenen Verfahren mit komplexen Impulsfolgen (INEPT, DEPT, INADEQUATE) wird das Spinsystem vor der Detektion präpariert, das heißt eine *Präparationsphase* vorgeschaltet. Diese beiden Phasen sind bei den zweidimensionalen NMR-Experimenten noch durch eine dritte, die *Evolutions- und Mischphase* getrennt. Welchen Einfluß diese Phase auf ein Spinsystem hat, und warum dadurch aus dem ein- ein zweidimensionales NMR-Experiment entsteht, gilt es zunächst zu verstehen.

Das Prinzip wird anhand eines einfachen Experimentes klar. Dazu betrachten wir das ^{13}C-NMR-Spektrum eines Zweispinsystems AX mit A=H und X=^{13}C, zum Beispiel von ^{13}CHCl$_3$. Im Unterschied zum normalen Meßvorgang schieben wir bei unserer Betrachtung zwischen den Beobachtungsimpuls und die Detektion des FID eine variable Wartezeit t_1. Außerdem soll der ^{1}H-BB-Entkoppler nur während der Detektion des FID eingeschaltet sein und ein genau eingestellter $90^\circ_{x'}$-Impuls als Beobachtungsimpuls verwendet werden. (Normalerweise ist der Impulswinkel meist kleiner als $30^\circ_{x'}$.) In Abbildung 9-1 ist die Impulsfolge angegeben.

Nehmen wir an, wir machen n Experimente mit verschiedenen t_1-Werten, beginnend mit $t_1 = 0$. Dabei soll t_1 von Experiment zu Experiment immer um den gleichen Betrag (einige ms) zunehmen. Die Fourier-Transformation (FT) der n Interferogramme bezüglich t_2 liefert n Frequenzspektren F_2, die in unserem konkreten Beispiel, Chloroform, aus einem Singulett bestehen, so wie wir es vom normalen Spektrum her kennen. Würde man während der gesamten Messung entkoppeln, dann wären alle n F_2-Spektren gleich – mit Ausnahme eines Intensitätsverlustes, der auf Relaxation während der Zeit t_1

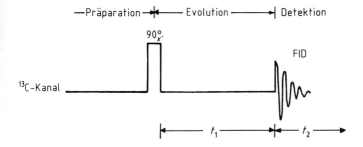

Abbildung 9-1.
Prinzip eines zweidimensionalen
^{13}C-NMR-Experiments. Variable
ist die Zeit t_1. Sie liegt im Bereich
von ms bis s. In dieser Zeit t_1
„entwickelt" sich das Spinsystem.

zurückzuführen ist. Da aber der BB-Entkoppler nur während
der Detektion eingeschaltet ist, koppeln die ^{13}C-Kerne und die
Protonen in der Evolutionsphase. Die Vektordiagramme (Abb.
9-2 A) verdeutlichen, wie diese C,H-Kopplung das Singulett im
Spektrum beeinflußt.

Nach dem $90^{\circ}_{x'}$-Impuls ($t_1 = 0$; Abb. 9-2 a) liegt die makroskopische Magnetisierung der ^{13}C-Kerne M_C in y'-Richtung.
Wir teilen M_C in die zwei Anteile $M_C^{H\alpha}$ und $M_C^{H\beta}$, die den
Magnetisierungen der ^{13}C-Kerne in Chloroform-Molekülen
mit Protonen im α- bzw. β-Zustand entsprechen (^{13}CH$_\alpha$Cl$_3$ und
^{13}CH$_\beta$Cl$_3$). Die Erklärung für dieses Vorgehen wurde ausführlich in Abschnitt 8.3 gegeben. Der einzige Unterschied ist, daß
wir nun die Magnetisierung der ^{13}C-Kerne (M_C) betrachten.

Die beiden Vektoren $M_C^{H\alpha}$ und $M_C^{H\beta}$ rotieren mit unterschiedlichen Larmor-Frequenzen

$$M_C^{H\alpha} \quad \text{mit} \quad \nu_C - \frac{1}{2} J(\text{C},\text{H}) \quad \text{und}$$
$$M_C^{H\beta} \quad \text{mit} \quad \nu_C + \frac{1}{2} J(\text{C},\text{H}) \tag{9-1}$$

Vorausgesetzt, das Koordinatensystem x', y' rotiert mit dem
Mittelwert der beiden Larmor-Frequenzen, ν_C, dann rotiert
$M_C^{H\beta}$ um $J(\text{C},\text{H})/2$ schneller, $M_C^{H\alpha}$ um denselben Betrag langsamer als das Koordinatensystem, da $^1J(\text{C},\text{H})$ stets positiv ist.
Die Drehbewegungen der Vektoren relativ zum Koordinaten-
system sind in der Abbildung durch die kleinen Pfeile ange-
zeigt. Die beiden Magnetisierungsvektoren $M_C^{H\alpha}$ und $M_C^{H\beta}$
überstreichen in der Zeit t_1 gemäß Gleichung (9-2) die Winkel
φ_α und φ_β:

$$\varphi_\alpha = 2\pi \left(\nu_C - \frac{1}{2} J(\text{C},\text{H})\right) t_1$$
$$\varphi_\beta = 2\pi \left(\nu_C + \frac{1}{2} J(\text{C},\text{H})\right) t_1 \tag{9-2}$$

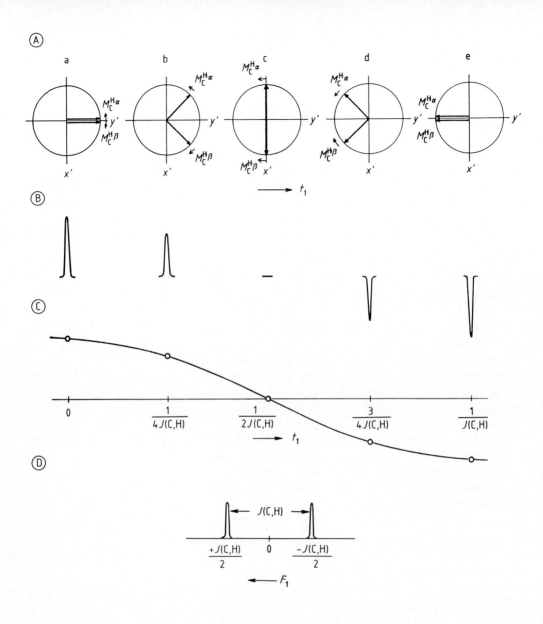

Abbildung 9-2.

A: Vektordiagramme für die ^{13}C-Magnetisierungsvektoren eines AX-Zweispinsystems (mit A = ^{1}H und X = ^{13}C) für verschiedene t_1-Zeiten. Das Koordinatensystem x', y', z rotiert mit ν_C.

a: $t_1 = 0$;

b: $t_1 = [4J(C,H)]^{-1}$;

c: $t_1 = [2J(C,H)]^{-1}$;

d: $t_1 = 3[4J(C,H)]^{-1}$ und

e: $t_1 = [J(C,H)]^{-1}$.

B: Das ^{13}C-NMR-Spektrum besteht nach der FT bezüglich t_2 (bei ^{1}H-BB-Entkopplung) aus Singuletts, deren Amplituden von t_1 abhängen.

C: Die Amplitude ist mit $J(C,H)$ moduliert.

D: Durch FT bezüglich t_1 erhält man zwei Signale im Abstand von $J(C,H)$.

Damit läßt sich die Phasendifferenz Θ entsprechend Gleichung (9-3) berechnen:

$$\Theta = \varphi_\beta - \varphi_\alpha = 2\,\pi\,J\,(\text{C,H})\,t_1 \qquad (9\text{-}3)$$

Nach der Zeit $t_1 = [4\,J\,(\text{C,H})]^{-1}$, die in der Größenordnung von ms liegt, beträgt die Phasendifferenz zwischen beiden Vektoren gerade 90° (Abb. 9-2 b), nach $t_1 = [2\,J\,(\text{C,H})]^{-1}$ 180° (Abb. 9-2 c) und nach der Zeit von $t_1 = [J\,(\text{C,H})]^{-1}$ sind die beiden Komponenten wieder in Phase, ihre Vektoren zeigen aber in die $(-y')$-Richtung (Abb. 9-2 e).

Wie sehen aber die entsprechenden Frequenzspektren F_2 aus? Durch das Einschalten des BB-Entkopplers während der Datenaufnahme ist in allen Fällen die C,H-Kopplung eliminiert, und die F_2-Spektren bestehen nur aus Singuletts. Doch die Wechselwirkung zwischen A- und X-Kern während t_1 wird dadurch nicht beeinflußt.

Um dies zu verstehen, betrachten wir den Zustand nach $t_1 = [4\,J\,(\text{C,H})]^{-1}$, wenn die Phasendifferenz nach Gleichung (9-3) 90° beträgt. Mit dem Einschalten des BB-Entkopplers heben wir die C,H-Kopplung auf, dadurch verschwindet auch die Ursache für die unterschiedlichen Rotationsfrequenzen von $M_\text{C}^{\text{H}\alpha}$ und $M_\text{C}^{\text{H}\beta}$. Beide rotieren jetzt gleich schnell mit der mittleren Larmor-Frequenz ν_C. Wohlgemerkt, sie rotieren gleich schnell, aber die Phasendifferenz von 90° bleibt erhalten. Im Empfänger wird ein Signal induziert, dessen Amplitude proportional ist der Vektorsumme der beiden Komponenten $M_\text{C}^{\text{H}\alpha}$ und $M_\text{C}^{\text{H}\beta}$. Zur Zeit $t_1 = 0$ sind die beiden Vektoren parallel, die Vektorsumme ist also am größten, und die Signalamplitude erreicht ihren Maximalwert. Bei $t_1 = [2\,J\,(\text{C,H})]^{-1}$ ist die Komponente in y'-Richtung gerade 0, damit ist auch kein Signal nachweisbar. Ist $t_1 = [J\,(\text{C,H})]^{-1}$, wird das Signal bis auf die Relaxationsverluste gleich groß sein wie zu Beginn – nur mit negativer Amplitude. Schematisch sind die Signale in Abbildung 9-2 B unter den entsprechenden Vektordiagrammen aufgezeichnet. Qualitativ können wir daraus entnehmen, daß die F_2-Spektren durch die Kopplungskonstante $J\,(\text{C,H})$ amplitudenmoduliert sind (Abb. 9-2 C). Eine zweite FT der n F_2-Spektren bezüglich t_1 liefert zwei Frequenzen, deren Differenz genau der C,H-Kopplungskonstante $J\,(\text{C,H})$ entspricht.

Das F_2-Spektrum enthält also die chemischen Verschiebungen $\delta\,(^{13}\text{C})$ und das F_1-Spektrum die Kopplungskonstanten $J\,(\text{C,H})$. Im Falle des Chloroforms bestehen alle F_2-Spektren aus einem Singulett, das F_1-Spektrum aus einem Dublett mit dem Abstand der Kopplungskonstante $J\,(\text{C,H}) = 209$ Hz bei den Frequenzen $+\,104,5$ und $-\,104,5$ Hz (Abb. 9-2 D).

$$S\,(t_1,\,t_2) \xrightarrow{\quad \text{FT bezüglich } t_2 \quad} S\,(t_1,\,F_2) \xrightarrow{\quad \text{FT bezüglich } t_1 \quad} S\,(F_1,\,F_2)$$

Wie viele Experimente mit verschiedenen t_1-Werten notwendig sind – eine Frage von großer praktischer Bedeutung – kann nicht allgemeingültig beantwortet werden. Doch sollte ein Experiment normalerweise in einer Nacht beendet sein.

Im Prinzip stellt das in Abbildung 9-2 vorgestellte Beispiel schon ein einfaches zweidimensionales *J*-aufgelöstes NMR-Experiment dar.

Die Mischphase folgt auf die Evolutionsphase oder unterbricht sie auch – oft nach der Zeit $t_1/2$. Sie besteht aus zusätzlichen Impulsen und einer konstanten Mischzeit, wobei diese Mischzeit selbst aus verschiedenen definierten Zeitintervallen bestehen kann. Während der Mischphase kann sich zwar das Spinsystem ebenfalls wie in der Evolutionsphase entwickeln, der Beitrag zur „Gesamtentwicklung" ist jedoch für alle mit verschiedenen t_1-Zeiten durchgeführten Experimente konstant.

9.2.2 Graphische Darstellung

Wir haben gesehen, daß bei einer doppelten FT ein Spektrum mit zwei Frequenzachsen entsteht. Wie bildet man ein solches Spektrum $S(F_1, F_2)$ ab?

Zwei Arten der graphischen Darstellung sind üblich:
- das *gestaffelte Diagramm* (stacked plot) und
- das *Konturdiagramm* (contour plot).

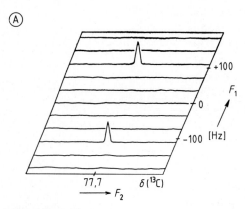 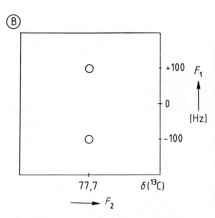

Abbildung 9-3.
Schematische Darstellung eines zweidimensionalen Spektrums. A: *gestaffeltes Diagramm* (stacked plot). Die F_2-Achse entspricht der normalen Frequenzachse mit der δ-Skala des eindimensionalen NMR-Spektrums. Die F_2-Spektren sind für die verschiedenen F_1-Werte übereinander aufgetragen. Zur besseren Übersicht sind die einzelnen Spuren um konstante Beträge gegeneinander versetzt.
B: *Konturdiagramm* (contour plot). Es zeigt einen Schnitt entlang einer Höhenlinie durch das Signalgebirge des gestaffelten Diagrammes. Da die Spuren nicht versetzt sind, stehen F_1 und F_2 senkrecht zueinander.

Im *gestaffelten Diagramm* ist ein Reihe von F_2-Spektren für verschiedene F_1-Werte übereinander aufgetragen. Die einzelnen Spuren sind dabei der Übersichtlichkeit wegen jeweils um konstante Beträge versetzt.

Abbildung 9-3 A zeigt schematisch das zweidimensionale ^{13}C-NMR-Spektrum von Chloroform als gestaffeltes Diagramm. (Wie man zu diesem Spektrum kommt, siehe Abschn. 9-3.) Eine Projektion der Signale auf die F_2-Achse (Abszisse) ergibt in unserem Beispiel direkt den δ-Wert für Chloroform (^{13}CHCl$_3$) von 77,7. Projiziert man die Signale auf die F_1-Achse, erhält man die entsprechenden Multipletts, hier ein Dublett mit dem Abstand J(C,H) = 209 Hz, der Kopplungskonstante im Chloroform. Die mittlere Spur der Abbildung entspricht $F_1 = 0$ Hz.

Bei der zweiten Darstellungsart, dem *Konturdiagramm,* betrachtet man das Signalgebirge des gestaffelten Diagramms von oben, macht einen Schnitt entlang einer Höhenlinie (parallel zur F_1, F_2-Ebene) und bildet die Schnittfläche ab. In Abbildung 9-3 B ist dies für das Chloroformspektrum geschehen. In vielen Fällen ist, wie wir noch sehen werden, das Konturdiagramm leichter zu interpretieren als das gestaffelte Diagramm.

Die einzelnen Spuren in Abbildung 9-3 A entsprechen nicht etwa den verschiedenen Experimenten. Wir müssen vielmehr das gestaffelte Diagramm (A) als eine Einheit betrachten; es handelt sich – und das gleiche gilt auch für das Konturdiagramm (B) – um das Ergebnis der doppelten Fourier-Transformation.

9.3 Zweidimensionale *J*-aufgelöste NMR-Spektroskopie

9.3.1 Heteronukleare zweidimensionale *J*-aufgelöste ^{13}C-NMR-Spektroskopie [2]

Bei dem im vorigen Abschnitt 9.2 beschriebenen Experiment erhält man durch doppelte FT die chemischen Verschiebungen δ auf der F_2-Achse und die C,H-Kopplungskonstanten auf der F_1-Achse. Da die Kopplung zwischen Heterokernen erfolgt, handelt es sich um den einfachsten Fall der heteronuklearen zweidimensionalen *J*-aufgelösten NMR-Spektroskopie (oder – in einer anderen Nomenklatur – der heteronuklearen *J*, δ-Spektroskopie).

Von den verschiedenen Varianten dieses Experiments wollen

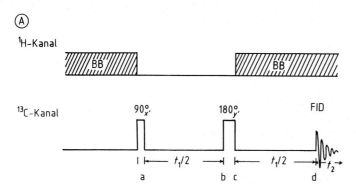

Ⓐ

¹H-Kanal

¹³C-Kanal $90^\circ_{x'}$ $180^\circ_{y'}$ FID

$\vdash\!\!\longleftarrow t_1/2 \longrightarrow\!\!\vdash\!\!\longleftarrow t_1/2 \longrightarrow\!\!\vdash\!\! t_2\!\!\rightarrow$

a   b c   d

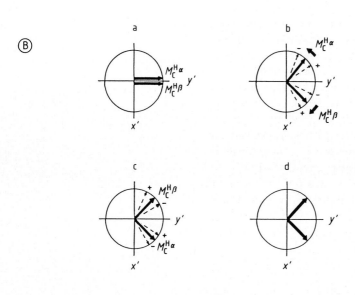

Ⓑ

Abbildung 9-4.
Heteronukleare zweidimensionale
J-aufgelöste ¹³C-NMR-Spektro-
skopie. A: Impulsfolge. B: Entwicklung der transversalen
¹³C-Magnetisierungsvektoren M_C
für ein AX-Zweispinsystem mit
A = ¹H und X = ¹³C im rotierenden Koordinatensystem
(x', y'-Ebene). $M_C^{H\alpha}$ und $M_C^{H\beta}$ entsprechen den ¹³C-Magneti-
sierungsvektoren für die Moleküle
mit einem Proton im α- bzw.
β-Zustand. Die Diagramme a
bis d gelten für die in A angegebenen Zeitpunkte.
Das Spinsystem „entwickelt" sich
mit der Kopplungskonstanten
J(C,H) und fächert durch Feldinhomogenitäten auf. Die Pfeile
am Kreis (in Diagramm b) zeigen
in die Drehrichtung des Fächers
relativ zum rotierenden Koordinatensystem; die Vorzeichen geben
an, welche Spins eines Fächers
durch die Feldinhomogenitäten
schneller bzw. langsamer als der
Durchschnitt rotieren. (In der Praxis wird der BB-Entkoppler in der
ersten Hälfte der Entwicklungsphase $t_1/2$ und während der
Detektion eingeschaltet. Die Konsequenzen für das Spektrum sind
exakt die gleichen. Die Änderung
wurde aus didaktischen Gründen
vorgenommen.).

wir die Gated-Decoupling-Methode [3] besprechen, deren Impulsfolge in Abbildung 9-4 A angegeben ist. Um zu verstehen,
wie diese Impulsfolge auf ein Spinsystem wirkt, betrachten wir
wieder das AX-Zweispinsystem von Chloroform (¹³CHCl₃).

Dem Experiment liegt die Spin-Echo-Impulsfolge zugrunde
($90^\circ_{x'} - \tau - 180^\circ_{y'} - \tau$ (Echo); Abschn. 7.3.2). Gegenüber der in
Abbildung 9-1 angegebenen Impulsfolge unterscheidet sie sich
durch den $180^\circ_{y'}$-Impuls nach der halben Evolutionszeit $t_1/2$
und durch die ¹H-BB-Entkopplung während der zweiten
Hälfte der Evolutionsphase. Anschauliche Vektordiagramme
sollen helfen, die einzelnen Entwicklungsphasen zu verstehen
(Abb. 9-4 B). Wir verwenden dabei wieder ein Koordinatensystem x', y', z, das mit der mittleren Frequenz ν_C rotiert.

Wie in Abbildung 9-2 gezeigt, dreht der $90^\circ_{x'}$-Impuls im
¹³C-Kanal die beiden Magnetisierungsvektoren $M_C^{H\alpha}$ und $M_C^{H\beta}$
auf die y'-Achse (Abb. 9-4 a). Während der Zeit $t_1/2$ laufen die

beiden Vektoren auseinander. Dabei rotiert $M_C^{H\beta}$ schneller als das Koordinatensystem, $M_C^{H\alpha}$ langsamer. Die Pfeile außen am Kreis symbolisieren die relativen Bewegungsrichtungen der Vektoren. Gleichzeitig fächern die Spins durch die unvermeidlichen Feldinhomogenitäten auf. (Wir betrachten dabei für die einzelnen Spins nur die Komponenten in der x', y'-Ebene.) Innerhalb der Fächer gibt es schnellere und langsamere Spins. In Abbildung 9-4 b ist mit + und − gekennzeichnet, auf welcher Seite der Fächer sich die schnelleren bzw. langsameren Spins befinden.

Durch den in y'-Richtung wirkenden $180°_{y'}$-Impuls tritt eine Spiegelung aller Vektoren an der y'-Achse ein. (Formal kehren sich die Pfeilrichtungen und die Plus- und Minuszeichen um; Abb. 9-4 c.) Nach weiteren $t_1/2$ ms wären alle Spins wieder in der y'-Achse refokussiert (Spin-Echo), wenn nicht der ^{1}H-BB-Entkoppler eingeschaltet würde. Dadurch ist die Ursache der unterschiedlichen Frequenzen – die C,H-Kopplung – beseitigt, und die bisherigen Vektoren $M_C^{H\alpha}$ und $M_C^{H\beta}$ rotieren jetzt beide mit ν_C und damit auch gleich schnell wie das Koordinatensystem. Der Phasenunterschied bleibt aber erhalten.

Die auf Feldinhomogenitäten zurückzuführenden Frequenzunterschiede einzelner Spins innerhalb der Fächer werden durch die BB-Entkopplung nicht aufgehoben, so daß die Fächer in den zweiten $t_1/2$ ms „zusammenklappen" (Abb. 9-4 d).

Nach der Zeit t_1 ist dieser Prozeß abgeschlossen, und die Daten können aufgenommen werden. Im Empfänger wird ein Signal induziert, das proportional ist der Summe der beiden Vektoren. Der Betrag dieser Vektorsumme hängt vom Phasenunterschied ab und dieser wiederum von der Größe der C,H-Kopplungskonstanten J (C,H). Damit ist das ^{13}C-NMR-Signal mit J (C,H) moduliert.

Die FT des FID bezüglich t_2 liefert für das von uns als Beispiel gewählte Chloroform-Molekül ein mit J (C,H) moduliertes Singulett. Eine zweite FT bezüglich t_1 ergibt auf der F_1-Achse ein Dublett mit dem Abstand der halben Kopplungskonstanten J (C,H) – nur der halben Kopplungskonstanten, weil sich das System auch nur die halbe Zeit ($t_1/2$) entwickeln konnte.

Für andere Moleküle erhält man im F_2-Spektrum soviele Singuletts wie verschiedene C-Atome im Molekül vorhanden sind, wobei alle Signale $S(t_1, F_2)$ auf der t_1-Zeitskala mit den entsprechenden C,H-Kopplungskonstanten moduliert sind. Parallel zur F_1-Achse bekommt man dann die durch die Kopplung hervorgerufenen Multipletts: Singuletts für quartäre Kohlenstoffe, Dubletts für CH-, Tripletts für CH_2- und Quartetts für CH_3-Gruppen. Alle Signale sind jeweils um die Frequenz 0 zentriert.

Ein nach dieser Methode aufgenommenes zweidimensionales J-aufgelöstes 100,6 MHz-^{13}C-NMR-Spektrum unseres

schon in Kapitel 8 verwendeten Testmoleküls, dem Methylketosid des N-Acetyl-D-neuraminsäuremethylesters (**1**) ist in
Abbildung 9-5 als gestaffeltes Diagramm und in Abbildung 9-6
als Konturdiagramm abgebildet.

Das parallel zur F_2-Achse jeweils am oberen Rand der zweidimensionalen NMR-Spektren abgebildete Spektrum stellt die
Projektion der Multipletts dar. Es entspricht dem ^{1}H-BB-ent-
koppelten eindimensionalen ^{13}C-NMR-Spektrum.

Betrachten wir für jedes einzelne Signal die Multiplettstruktur in Richtung der F_1-Achse, können wir sofort entscheiden,
ob die Signale von CH$_3$-, CH$_2$-, CH-Gruppen oder von quartären C-Atomen herrühren. Im F_2-Spektrum sind die Signale

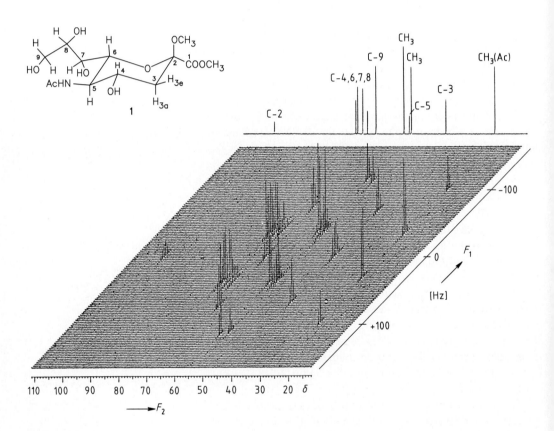

Abbildung 9-5.
Gestaffeltes Diagramm (stacked plot) des heteronuklearen zweidimensionalen *J*-aufgelösten 100,6 MHz-
^{13}C-NMR-Spektrums von **1**. Am oberen Rand ist die Projektion der Multipletts abgebildet. Dieses Spektrum entspricht dem ^{1}H-BB-entkoppelten ^{13}C-NMR-Spektrum. Die Multipletts parallel zur F_1-Achse lassen
erkennen, wie viele H-Atome direkt an das betreffende C-Atom gebunden sind. Der Abstand der Signale
in den Multipletts entspricht J(C,H)/2, da sich das Spinsystem nur t_1/2 ms entwickeln konnte. Die Signale
der beiden quartären C-Atome der Carboxy- und Acetamidgruppe sind nicht abgebildet, sie liegen bei
$\delta = 171,5$ und $175,93$.
(*Experimentelle Bedingungen:* 167 mg Substanz in 2,3 ml D$_2$O; 10 mm Probe; 128 Experimente mit jeweils
um 1,56 ms verlängerten t_1-Zeiten; jeweils 48 NS und 4 *K* Datenpunkte; Gesamtmeßzeit 4,5 h).

zugeordnet, soweit dies bis jetzt gesichert ist (siehe auch Tab. 8-2). Aus dem Abstand zweier Linien eines jeden Multipletts erhält man die halbe Kopplungskonstante ^1J (C,H). Eine qualitative Auswertung des Konturdiagramms bestätigt die bereits im Abschnitt 8.4.2 gemachte Aussage, daß die C,H-Kopplungskonstanten einander sehr ähnlich sind.

Vergleicht man die beiden Darstellungsmöglichkeiten, wird deutlich, daß das Konturdiagramm übersichtlicher und leichter auswertbar ist als das gestaffelte Diagramm.

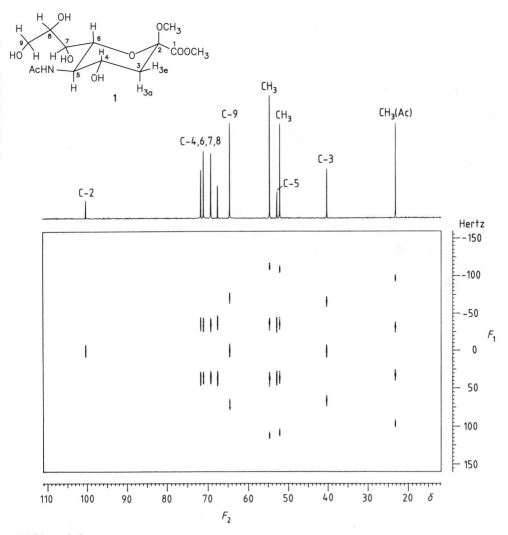

Abbildung 9-6.
Konturdiagramm (contour plot) zu Abbildung 9-5.

231

9.3.2 Homonukleare zweidimensionale *J*-aufgelöste ^{1}H-NMR-Spektroskopie

^{1}H-NMR-Spektren von großen Molekülen, wie Steroiden, Peptiden, Oligosacchariden oder auch von Gemischen aus Substanzen ähnlicher Struktur, sind häufig wegen starker Signalüberlagerung nicht mehr analysierbar – auch nicht mit den in Kapitel 6 beschriebenen Methoden. Die Informationen sind aber in den spektralen Parametern, wie den chemischen Verschiebungen und Kopplungskonstanten, enthalten. Daß man für komplexe Verbindungen wie **1** diese Parameter über das zweidimensionale heteronukleare NMR-Experiment erhalten kann, zeigte der Abschnitt 9.3.1. Es stellen sich die Fragen, ob es ähnliche Verfahren für homonukleare Spinsysteme gibt, und wie sich ein Spinsystem verhält, das nur aus koppelnden Protonen besteht, wenn wir analog zum heteronuklearen Experiment die Spin-Echo-Impulsfolge (Abb. 9-4) anwenden. Da ein der BB-Entkopplung entsprechendes Experiment im homonuklearen System nicht möglich ist, ist die H,H-Kopplung während des ganzen Experimentes wirksam.

Wir diskutieren das Experiment am Beispiel des AX-Zweispinsystems. In Abbildung 9-7 A ist die verwendete Spin-Echo-Impulsfolge skizziert [4]:

$$90^\circ_{x'} - t_1/2 - 180^\circ_{x'} - t_1/2 - \text{FID}\,(t_2)$$

Die Variable ist t_1. Abbildung 9-7 B zeigt anhand der Vektordiagramme, wie sich die Impulsfolge auf das Spinsystem und seine Magnetisierungsvektoren auswirkt.

Der $90^\circ_{x'}$-Impuls dreht die makroskopischen Magnetisierungsvektoren M_A und M_X der Protonen A und X auf die y'-Achse. Von diesen beiden Magnetisierungsvektoren betrachten wir nur die Magnetisierung M_A. Wie wir es schon mehrfach geübt haben, teilen wir M_A in die zwei Anteile $M_A^{X\alpha}$ (Proton X im α-Zustand) und $M_A^{X\beta}$ (Proton X im β-Zustand) auf (Abb. 9-7 B a).

Beide Vektoren rotieren wie die Einzelspins mit unterschiedlichen Frequenzen um die z-Achse:

$$\nu_A^{X\alpha} = \nu_A - \frac{1}{2}\,J\,(A,X) \quad \text{und} \quad \nu_A^{X\beta} = \nu_A + \frac{1}{2}\,J\,(A,X)$$

ν_A entspricht dabei der Larmor-Frequenz der Protonen A ohne Kopplung mit X. Mit dieser Frequenz soll auch das Koordinatensystem rotieren. Welcher Vektor schneller rotiert, hängt allein vom Vorzeichen der Kopplungskonstanten $J\,(A,X)$ ab. Wir nehmen für unser Beispiel ein positives Vorzeichen an, das heißt, $M_A^{X\beta}$ rotiert schneller als das Koordinatensystem und als $M_A^{X\alpha}$. Nach der Zeit $t_1/2$ hat sich eine Phasendifferenz zwischen den beiden Magnetisierungsvektoren ausgebildet (Abb. 9-7 B b). Zusätzlich fächert jeder der Magnetisierungsvektoren infolge der Feldinhomogenitäten auf. Die Plus- und Minuszeichen geben an, auf welcher Seite des Fächers sich die schnelleren bzw. die langsameren Spins befinden.

Der jetzt erfolgende $180^\circ_{x'}$-Impuls spiegelt die Magnetisierungsvektoren an der x'-Achse. Läge ein heteronukleares System vor, bei dem X nicht auch ein Proton wäre, dann blieben die relativen Drehrichtungen bezüglich des Koordinatensystems gleich (Abschn. 7.3.2). So aber – im homonuklearen Fall – werden die X-Protonen durch den $180^\circ_{x'}$-Impuls ebenfalls beeinflußt.

Um diesen Schritt zu verstehen, betrachten wir ausnahmsweise einmal einen einzelnen Kern X und nicht den Magnetisierungsvektor M_X. Jeder einzelne Kern hat stets eine Komponente seines magnetischen Momentes in z-Richtung, μ_z. Der

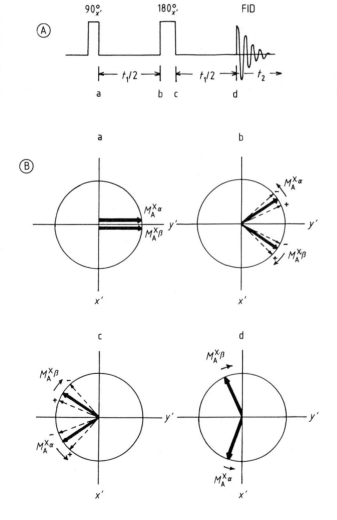

Abbildung 9-7.
Homonukleare zweidimensionale J-aufgelöste NMR-Spektroskopie. A: Impulsfolge. B: Entwicklung der Magnetisierungsvektoren im rotierenden Koordinatensystem für ein AX-Zweispinsystem, wobei A und X Protonen sind. Abgebildet sind nur die Magnetisierungsvektoren der Kerne A $M_A^{X\alpha}$ und $M_A^{X\beta}$. Diese Vektoren fächern durch Feldinhomogenitäten auf, wobei die schnelleren Spins mit $+$, die langsameren mit $-$ gekennzeichnet sind. Der Pfeil am Kreis gibt die Drehrichtung des gesamten Fächers relativ zum Koordinatensystem an. Die Vektordiagramme gelten für die in der Impulsfolge A angegebenen Zeiten.

233

$180^\circ_{x'}$-Impuls kehrt diese z-Komponente um, aus einem X-Kern im α-Zustand wird ein solcher im β-Zustand und umgekehrt. Auf die makroskopische Probe übertragen heißt das: Unter dem Einfluß des $180^\circ_{x'}$-Impulses wird aus $M_A^{X\alpha}$ $M_A^{X\beta}$ und aus $M_A^{X\beta}$ wird $M_A^{X\alpha}$. Aus dem Vektordiagramm c der Abbildung 9-7 B erkennen wir, daß sich auch nach dem $180^\circ_{x'}$-Impuls die beiden Vektoren in die entgegengesetzten Richtungen bewegen und weiter auseinanderlaufen. Nach noch einmal $t_1/2$ ms ist die Phasendifferenz doppelt so groß geworden.

Der $180^\circ_{x'}$-Impuls hat aber noch einen zusätzlichen, positiven Effekt. Die Auffächerung infolge von Feldinhomogenitäten wird während der zweiten $t_1/2$ ms wieder rückgängig gemacht. Denn der $180^\circ_{x'}$-Impuls dreht zwar die Drehrichtung der Magnetisierungsvektoren relativ zum Koordinatensystem um, doch bleiben innerhalb eines Fächers die schnelleren Spins die schnelleren, da ihre höhere Frequenz auf das äußere Feld und nicht auf die Kopplung zurückzuführen ist. Abbildung 9-7 B d gibt den Endzustand des Zweispinsystems vor der Detektion an.

Die Phasendifferenz der beiden Magnetisierungsvektoren hängt zum einen vom experimentell gewählten t_1-Wert ab, zum anderen aber – und das ist das entscheidende – von der Größe der Kopplungskonstante $J(A,X)$.

In der Praxis mißt man die Interferogramme (FIDs) für verschiedene t_1-Zeiten mit konstanten Schrittweiten von einigen ms. Die FT eines jeden FID liefert das Frequenzspektrum F_2, mit der Information über chemische Verschiebungen und Kopplungskonstanten. Eine zweite FT bezüglich t_1 ergibt das Frequenzspektrum F_1, das wie im heteronuklearen Fall nur die durch Kopplungen bewirkten Multipletts enthält, das heißt die Kopplungskonstanten. Allerdings liegen die Multipletts auf Geraden, die um 45° gegenüber der F_2-Achse gedreht sind, wenn der Maßstab in beiden Dimensionen derselbe ist. Durch Datenmanipulation kann man aber erreichen, daß alle Signale eines Multipletts, die zu einem Proton der chemischen Verschiebung δ gehören, senkrecht zur F_2-Achse erscheinen. Eine Projektion auf F_2 ergibt nur Signale bei den chemischen Verschiebungen der verschiedenen Protonen des untersuchten Moleküls. Das Spektrum besteht also ausschließlich aus Singuletts und entspricht einem vollständig ^{1}H-entkoppelten ^{1}H-NMR-Spektrum, ganz analog zu einem ^{1}H-BB-entkoppelten ^{13}C-NMR-Spektrum. Bei großen Molekülen kann ein derartiges Spektrum eine Hilfe bei der Zuordnung oder bei der δ-Bestimmung sein.

Abbildung 9-8 zeigt als Beispiel das zweidimensionale J-aufgelöste ^{1}H-NMR-Spektrum des uns inzwischen vertrauten Neuraminsäurederivates (1).

Am oberen Rand des Konturdiagramms (Abb. 9-8 A) ist die Projektion der Multipletts auf die F_2-Achse abgebildet sowie

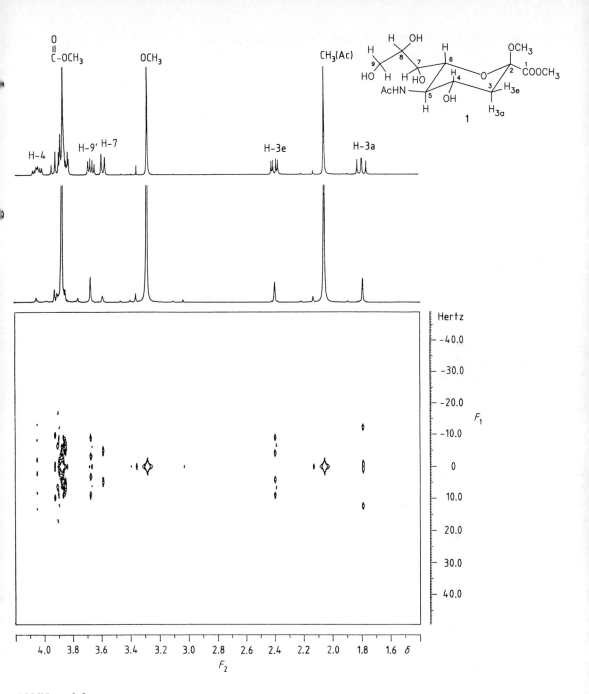

Abbildung 9-8.

Konturdiagramm des homonuklearen zweidimensionalen J-aufgelösten 400 MHz-^{1}H-NMR-Spektrums von **1**. A: Projektion des 2 D-Spektrums auf die F_2-Achse. Das Spektrum entspricht dem „entkoppelten" ^{1}H-NMR-Spektrum. B: 400 MHz-^{1}H-NMR-Spektrum von **1**.

(*Experimentelle Bedingungen:* 20 mg Substanz in 0,5 ml D_2O; 5 mm-Probe; 128 Experimente mit jeweils um 5,06 ms verlängerten t_1-Zeiten; jeweils 48 NS und 4 K Datenpunkte; Gesamtmeßzeit 4,2 h).

zum Vergleich das normale 400 MHz-^{1}H-NMR-Spektrum (Abb. 9-8 B). In diesem sind die Signale – soweit möglich – aufgrund ihrer Lage und ihres Kopplungsmusters zugeordnet.

Im Konturdiagramm erkennt man in Richtung der F_1-Achse die gleiche Multiplettstruktur wie im eindimensionalen Vergleichsspektrum. Noch deutlicher ist dies zu erkennen, wenn die einzelnen Multipletts getrennt ausgeschrieben werden, wie es in Abbildung 9-9 in fünf Fällen geschehen ist. Die Auflösung unterscheidet sich – nach diesen Ausschnitten zu urteilen – kaum von der des eindimensionalen 400 MHz-Spektrums.

Der Bereich um $\delta = 3.9$ wurde ausgespart, hier sind die Verhältnisse unübersichtlich, weil sich das intensive Methylsignal der Estergruppe und die Multipletts von vier Protonen überlagern.

Ein weites Anwendungsfeld findet dieses Experiment bei der Analyse von Spektren, in denen sich viele Multipletts (möglichst solche von erster Ordnung) überlagern. Das Verfahren hat aber auch seine Grenzen, wie wir an unserem Beispiel mit dem intensiven, überlappenden Methylsignal im Bereich von $\delta \approx 3,8$ bis 4,0 erfahren mußten. Wir werden in den folgenden Abschnitten weitere Verfahren kennenlernen, die eine Zuordnung auch in solchen Fällen ermöglichen.

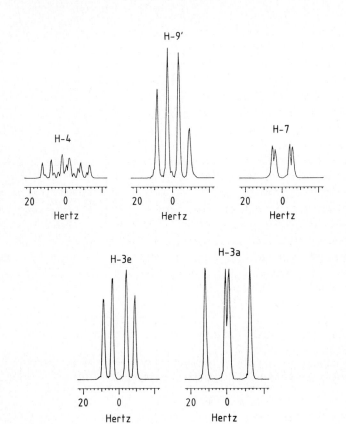

Abbildung 9-9.
Querschnitte durch das 2 D-Spektrum von Abbildung 9-8 parallel zur F_1-Achse für die Multipletts von H-3a, H-3e, H-4, H-7 und H-9′.

9.4 Zweidimensionale korrelierte NMR-Spektroskopie

Elegant lassen sich viele Zuordnungsprobleme mit Hilfe der zweidimensionalen *(verschiebungs)korrelierten* NMR-Spektroskopie lösen. Im folgenden machen wir uns zunächst am Beispiel eines einfachen Experimentes mit den Grundlagen vertraut, danach wird die Versuchsanordnung so verfeinert, wie es die praktische Anwendung erfordert. Als erstes behandeln wir den heteronuklearen Fall (H,C), da er noch mit einfachen, klassischen Vektordiagrammen wiedergegeben werden kann. Die Besprechung des homonuklearen Falles (H,H) schließt sich an. Der Einfachheit halber werden Relaxations- und Feldinhomogenitätseinflüsse vernachlässigt.

9.4.1 Zweidimensionale heteronuklear (H,C)-korrelierte NMR-Spektroskopie (H,C-COSY)

Gehen wir wieder vom AX-Zweispinsystem des Chloroform-Moleküls ($^{13}CHCl_3$) aus und lassen die in Abbildung 9-10 A angegebene Impulsfolge einwirken [5–7].

Wie die im ^{1}H-Kanal eingestrahlte Impulsfolge $90^{\circ}_{x'} - t_1 - 90^{\circ}_{x'}$ die makroskopischen ^{1}H-Magnetisierungsvektoren $M_H^{C\alpha}$ und $M_H^{C\beta}$ beeinflußt, ist in den Vektordiagrammen der Abbildung 9-10 B entwickelt. $M_H^{C\alpha}$ und $M_H^{C\beta}$ entsprechen dabei den Magnetisierungen jeweils des Anteils von Chloroform-Molekülen mit ^{13}C-Kernen im α- bzw. β-Zustand. (Die Auftrennung in diese beiden Vektoren wurde in Abschnitt 8.4.2 ausführlich beschrieben.)

Der erste $90^{\circ}_{x'}$-Impuls dreht die beiden Magnetisierungsvektoren aus der z-Achse auf die y'-Achse (Abb. 9-10 b). In der folgenden Entwicklungsphase t_1 rotieren die beiden Vektoren mit den Larmor-Frequenzen:

$$\nu_H - \frac{1}{2} J(C,H) \quad \text{und} \quad \nu_H + \frac{1}{2} J(C,H) \qquad (9\text{-}4)$$

ν_H ist die Larmor-Frequenz ohne Kopplung, also die Protonenresonanz in den Molekülen $^{12}CHCl_3$.

$M_H^{C\alpha}$ legt in der Zeit t_1 den Winkel φ_α, $M_H^{C\beta}$ den Winkel φ_β zurück:

$$\varphi_\alpha = 2\pi \left(\nu_H - \frac{1}{2} J(C,H) \right) t_1$$
$$\varphi_\beta = 2\pi \left(\nu_H + \frac{1}{2} J(C,H) \right) t_1 \qquad (9\text{-}5)$$

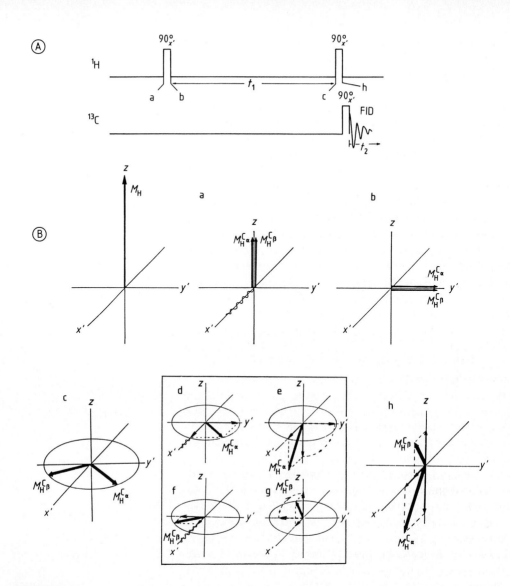

Abbildung 9-10.
Zweidimensionale H,C-korrelierte NMR-Spektroskopie. A: Impulsfolge. B: Vektordiagramme, die veran-schaulichen, wie sich die ^{1}H-Magnetisierungsvektoren $M_H^{C\alpha}$ und $M_H^{C\beta}$ eines AX-Zweispinsystems
(A = ^{1}H und X = ^{13}C) im rotierenden Koordinatensystem x', y', z entwickeln. Die Vektordiagramme a bis c gelten für die in A angegebenen Zeiten. Die Diagramme d und e bzw. f und g zeigen – getrennt für $M_H^{C\alpha}$ und $M_H^{C\beta}$ – den Einfluß des zweiten $90°_{x'}$-Impulses im ^{1}H-Kanal. Das Vektordiagramm h entspricht dem Zustand vor dem $90°_{x'}$-Detektionsimpuls im ^{13}C-Kanal.

Die Phasendifferenz Θ hängt außer von der Zeit t_1 nur von $J(C,H)$ ab:

$$\Theta = \varphi_\beta - \varphi_\alpha = 2\pi J(C,H) t_1 \qquad (9\text{-}6)$$

Für $t_1 = [4J(C,H)]^{-1}$ ist $\Theta = 90°$ und
für $t_1 = [2J(C,H)]^{-1}$ ist $\Theta = 180°$.

Die Gleichungen (9-4) bis (9-6) entsprechen – abgesehen davon, daß es sich hier um ^{1}H- und nicht um ^{13}C-Resonanzen handelt – vollständig den Gleichungen (9-1) bis (9-3).

Abbildung 9-10 c zeigt eine Momentaufnahme der Entwicklung nach einer (beliebigen) Zeit t_1, die im Bereich von einigen ms liegen möge. Da die Frequenzen der beiden Vektoren nicht mit der des rotierenden Koordinatensystems übereinstimmen, bilden $M_{\text{H}}^{\text{C}\alpha}$ und $M_{\text{H}}^{\text{C}\beta}$ einen von der Frequenzdifferenz abhängigen Winkel mit der y'-Achse. Konzentrieren wir uns zunächst nur auf den Vektor $M_{\text{H}}^{\text{C}\alpha}$. Er hat Komponenten in der $(+y')$- und der $(+x')$-Achse (Abb. 9-10 d). Der zweite $90_{x'}^\circ$-Impuls im ^{1}H-Kanal dreht jetzt die y'-Komponente in die $(-z)$-Achse, während die x'-Komponente unbeeinflußt bleibt. Die neue Richtung des Gesamtmagnetisierungsvektors $M_{\text{H}}^{\text{C}\alpha}$ wird durch die beiden Komponenten in x'- und $(-z)$-Richtung bestimmt; in unserem Beispiel liegt er im unteren, vorderen Quadranten der x', z-Ebene (Abb. 9-10 e). Gleiches geschieht mit der y'-Komponente von $M_{\text{H}}^{\text{C}\beta}$. Nur wird diese auf die $(+z)$-Achse gedreht, und $M_{\text{H}}^{\text{C}\beta}$ liegt nach dem $90_{x'}^\circ$-Impuls im oberen, vorderen Quadranten der x', z-Ebene, wie sich durch Vektoraddition der x'- und z-Komponenten ergibt (Abb. 9-10 f und g). Für unsere weitere Betrachtung sind jedoch nicht die Vektoren $M_{\text{H}}^{\text{C}\alpha}$ und $M_{\text{H}}^{\text{C}\beta}$ entscheidend, sondern nur ihre Komponenten in der z-Achse (Abb. 9-10 h)! Diese longitudinalen Magnetisierungen sind den Besetzungsunterschieden zwischen Energieniveau 1 und 3 ($M_{\text{H}}^{\text{C}\alpha}$) bzw. 2 und 4 ($M_{\text{H}}^{\text{C}\beta}$) proportional. Zwei Schlußfolgerungen lassen sich ziehen:

- Durch die Impulsfolge $90_{x'}^\circ - t_1 - 90_{x'}^\circ$ haben sich die Besetzungsverhältnisse gegenüber dem Ausgangszustand geändert, ja, zu dem Zeitpunkt, der in Abbildung 9-10 gewählt wurde, ist Niveau 3 sogar stärker besetzt als das energieärmste Niveau 1. Im Extremfall wird der Zustand zur Zeit t_1 genau durch das in Abbildung 8-10 B gezeichnete Energieniveauschema wiedergegeben.
- Der Entwicklungszustand des Spinsystems hängt von der Zeit t_1 ab, das heißt von den zurückgelegten Winkeln φ_α und φ_β (Gl. 9-5). Diese wiederum sind durch die Larmor-Frequenz ν_{H} und die Kopplungskonstante $J(\text{C,H})$ bestimmt.

Bis jetzt beschränkten wir uns auf die Magnetisierung der Protonen M_{H}. Wie wird aber durch die im ^{1}H-Kanal angewandte Impulsfolge das ^{13}C-NMR-Spektrum beeinflußt? Betrachten wir noch einmal den in Abbildung 9-10 h angegebenen Zustand, der durch ein Energieniveauschema wie in Abbildung 8-10 B anschaulich beschrieben werden kann. Für die Amplitude des ^{13}C-NMR-Signals sind die Besetzungsverhältnisse nach dem zweiten $90_{x'}^\circ$-Impuls verantwortlich, das heißt, es handelt sich um nichts anderes als um einen Polarisations- oder Magnetisierungstransfer, wie er uns vom SPI- und INEPT-

Experiment her bekannt ist (Abschn. 8-4). Das ^{13}C-NMR-Signal ist jedoch nicht um einen festen Betrag verstärkt wie bei den dort beschriebenen Experimenten, sondern es ist als Funktion von t_1 mit den Larmor-Frequenzen der Protonen moduliert. Eine anschauliche Darstellung ist dafür leider nicht mehr möglich. Wie die mathematische Behandlung ergibt, werden die Magnetisierungsvektoren $M_{H^\alpha}^C$ und $M_{H^\beta}^C$ – und damit die ^{13}C-Signalintensitäten – stets um den gleichen Betrag, nur mit entgegengesetztem Vorzeichen beeinflußt.

Der 90_x°-Beobachtungsimpuls im ^{13}C-Kanal kippt diese beiden longitudinalen Vektoren auf die ($+\,y'$)- bzw. ($-\,y'$)-Achse; während der Detektionsphase t_2 präzedieren sie mit den entsprechenden Übergangsfrequenzen X_2 und X_1 und induzieren in der Empfängerspule das Interferogramm. Die FT bezüglich t_2 ergibt zwei ^{13}C-Signale auf der F_2-Achse, deren Modulation von t_1 und den Resonanzfrequenzen der Protonen abhängt. Nimmt man n Spektren mit verschiedenen t_1-Zeiten auf und macht eine zweite FT bezüglich t_1, erhält man ein zweidimensionales Spektrum mit vier Signalen, davon zwei mit negativer Amplitude (Abb. 9-11). In diesem sind auf der F_1-Achse die ^{1}H-Resonanzen und auf der F_2-Achse die ^{13}C-Resonanzen abgebildet. Die Koordinaten der vier Signale sind: (A_1, X_1); (A_1, X_2); (A_2, X_1); (A_2, X_2). A und X sind die Frequenzen der entsprechenden ^{1}H- bzw. ^{13}C-Übergänge, doch werden meistens die δ-Werte angegeben.

Das Spektrum parallel zur F_2-Achse entspricht dem gekoppelten eindimensionalen ^{13}C-NMR-Spektrum, das auf der F_1-Achse dem gekoppelten ^{1}H-NMR-Spektrum. In einem so einfachen Molekül wie Chloroform mit nur zwei koppelnden Kernen sind die Spektren noch übersichtlich. Bei größeren Molekülen wird eine Auswertung viel schwieriger oder gar unmöglich. Für die praktische Anwendung muß daher das Experiment modifiziert werden.

Die erste Frage könnte lauten: Kann man während der Datenaufnahme den ^{1}H-BB-Entkoppler einschalten, damit aus den Dubletts im ^{13}C-NMR-Spektrum (F_2) Singuletts werden? Leider ist dies nicht möglich! Die interessierenden Signale würden durch die Entkopplung genau gelöscht. Denn erinnern wir uns: Bei jedem Experiment sind nach dem 90_x°-^{13}C-Beobachtungsimpuls die Vektoren $M_{C^\alpha}^H$ und $M_{C^\beta}^H$ gleich groß, sie haben aber entgegengesetzte Amplituden. Nur ohne BB-Entkopplung findet man zwei Signale, weil die Frequenzen verschieden sind. Schaltet man jedoch den BB-Entkoppler ein, wird die Ursache der unterschiedlichen Frequenzen, die Kopplung, aufgehoben. Dadurch kompensieren sich die beiden Magnetisierungen vollständig, und im Empfänger wird kein Signal induziert.

Eine andere Lage ergibt sich, wenn wir zwischen dem 90_x°-Beobachtungsimpuls im ^{13}C-Kanal und der Detektion des

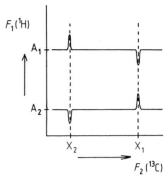

Abbildung 9-11.
Schematisches zweidimensionales H,C-korreliertes NMR-Spektrum eines AX-Zweispinsystems (Impulsfolge siehe Abbildung 9-10). Die beiden Signale parallel zur F_2-Achse entsprechen dem gekoppelten eindimensionalen ^{13}C-NMR-Spektrum, wobei die beiden Signale entgegengesetzte Amplituden haben. In Richtung der F_1-Achse beobachtet man das Dublett des ^{1}H-NMR-Spektrums mit C,H-Kopplungen (^{13}C-Satelliten, ebenfalls mit entgegengesetzter Amplitude).

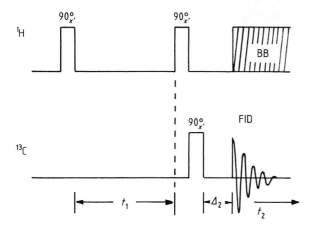

Abbildung 9-12.
Erweiterte Impulsfolge zur Vereinfachung des zweidimensionalen
H,C-korrelierten NMR-Spektrums von Abbildung 9-11. Nach
dem $90°_{x'}$-Impuls im ^{13}C-Kanal
wird erst nach einer Wartezeit von
$\Delta_2 = [2J(C,H)]^{-1}$ bei gleichzeitiger ^{1}H-BB-Entkopplung der FID
aufgenommen.

FID eine Wartezeit $\Delta_2 = [2J(C,H)]^{-1}$ einschieben (Abb. 9-12).
In dieser Zeit Δ_2 legt der schnellere Magnetisierungsvektor
$M_{C^\beta}^{H^\beta}$ genau 180° mehr zurück als $M_{C^\alpha}^{H^\alpha}$, und die beiden Vektoren sind wieder in Phase, obwohl sie immer noch unterschied-
lich schnell präzedieren. Schaltet man in diesem Augenblick
den BB-Entkoppler ein, so präzedieren von nun an beide Vektoren gleich schnell. Nach der FT des FID bezüglich t_2 findet
man im ^{13}C-NMR-Spektrum (F_2) nur ein Signal bei ν_C. Im
modifizierten Experiment nimmt man auf diese Weise Spektren für n verschiedene t_1-Werte auf. Dabei ist die Schrittweite
von Experiment zu Experiment konstant und liegt im Bereich
von einigen ms. Die n ^{13}C-NMR-Signale sind entsprechend
dem Polarisationstransfer durch die Impulsfolge im ^{1}H-Kanal
mit den Protonenresonanzen moduliert. Nach der zweiten FT
bezüglich t_1 besteht das zweidimensionale Spektrum nur mehr
aus zwei Signalen mit den Koordinaten (A_1,X) und (A_2,X)
(Abb. 9-13).

Schließlich gelingt es mit der in Abbildung 9-14 A angegebenen Impulsfolge, das in unserem Beispiel noch aus zwei Linien
bestehende zweidimensionale Spektrum auf ein einziges Signal
zu reduzieren. Neu sind der 180°-Impuls im ^{13}C-Kanal nach genau $t_1/2$ ms und die Zeit Δ_1 vor dem zweiten $90°_{x'}$-Impuls im
^{1}H-Kanal.

Versuchen wir wieder soweit wie möglich das Experiment
anhand von Vektordiagrammen in einem rotierenden Koordinatensystem zu verfolgen und zu verstehen (Abb. 9-14 B). Der
erste $90°_{x'}$-Impuls kippt die beiden ^{1}H-Magnetisierungsvektoren
$M_{H^\alpha}^C$ und $M_{H^\beta}^C$ auf die y'-Achse (Abb. 9-14 a). Entsprechend
ihrer Larmor-Frequenzen $\nu_H - J(C,H)/2$ und $\nu_H + J(C,H)/2$
laufen die Vektoren auseinander. Nach der Zeit $t_1/2$ beträgt die
Phasendifferenz $\Theta = \pi J(C,H) t_1$ (Gl. (9-6); Abb. 9-14 b).
Durch den 180°-Impuls im ^{13}C-Kanal werden aus ^{13}C-Kernen
im α-Zustand solche im β-Zustand und umgekehrt, das heißt,

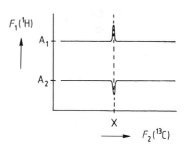

Abbildung 9-13.
Schematisches zweidimensionales
H,C-korreliertes NMR-Spektrum
eines AX-Zweispinsystems
(Impulsfolge siehe Abbildung
9-12). Das 2D-Spektrum ist auf
zwei Signale mit entgegengesetzter Amplitude reduziert, wobei ihr
Abstand auf der F_1-Frequenzachse
der C,H-Kopplungskonstante
$J(C,H)$ entspricht.

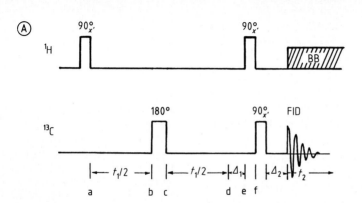

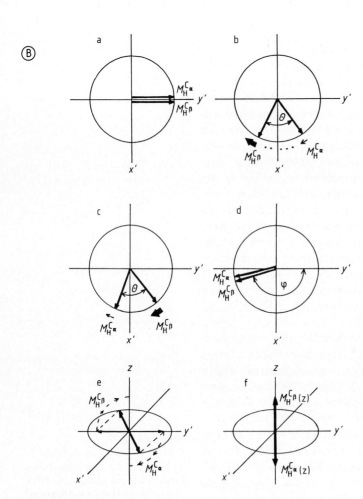

Abbildung 9-14.
A: Impulsfolge für das zweidimensionale H,C-korrelierte
NMR-Experiment, mit der das
2 D-Spektrum eines AX-Zweispinsystems auf *ein* Signal reduziert
wird. B: Die Vektordiagramme a
bis f geben die Positionen der
^{1}H-Magnetisierungsvektoren $M_{\mathrm{H}}^{C_\alpha}$
und $M_{\mathrm{H}}^{C_\beta}$ bzw. deren z-Komponen-
ten (f) zu den in A gegebenen
Zeitpunkten an; in den Diagrammen a bis d ist nur die x', y'-Ebene
abgebildet.

aus $M_\mathrm{H}^{C_\alpha}$ wird $M_\mathrm{H}^{C_\beta}$ und aus $M_\mathrm{H}^{C_\beta}$ wird $M_\mathrm{H}^{C_\alpha}$. Jetzt ist im Vektordiagramm der schneller rotierende Vektor (dicker Pfeil am äußeren Kreis) hinter dem langsameren (dünner Pfeil; Abb. 9-14 c)! Nach weiteren $t_1/2$ ms wird $M_\mathrm{H}^{C_\beta}$ den Vektor $M_\mathrm{H}^{C_\alpha}$ eingeholt haben, und beide sind wieder in Phase (Abb. 9-14 d). Der insgesamt zurückgelegte Winkel und der Winkel φ hängen nur von der Larmor-Frequenz der Protonen (ohne Kopplung mit den ^{13}C-Kernen) ab.

Den gleichen Zustand hätte man auch durch eine kontinuierliche C,H-Entkopplung erreichen können, zum Beispiel durch ^{13}C-BB-Entkopplung im ^{13}C-Kanal – nicht wie bisher im ^{1}H-Kanal –, doch hätte dieses Vorgehen verschiedene experimentelle Nachteile, auf die hier nicht eingegangen werden kann.

Ein unmittelbar nach der Zeit t_1 angelegter $90^\circ_{x'}$-Impuls im ^{1}H-Kanal hätte keine Polarisation und damit auch keine Modulation des ^{13}C-NMR-Signals zur Folge. Schiebt man jedoch vor dem zweiten $90^\circ_{x'}$-Impuls im ^{1}H-Kanal noch die Zeit $\varDelta_1$ ein, fächern $M_\mathrm{H}^{C_\alpha}$ und $M_\mathrm{H}^{C_\beta}$ wieder auf. Nach $\varDelta_1 = [2J(\mathrm{C,H})]^{-1}$ ms ist die Phasendifferenz 180°. Der jetzt folgende $90^\circ_{x'}$-Impuls im ^{1}H-Kanal dreht die y'-Komponenten der beiden Vektoren auf die $(+z)$- bzw. $(-z)$-Achse (Abb. 9-14 e und f). Dieser Schritt bewirkt die Polarisation. Wie groß diese ist, hängt nur vom Winkel φ ab: Liegen die Vektoren gerade auf der y'-Achse, ist die Polarisation maximal; liegen sie auf der x'-Achse, dann ist die Polarisation Null. Der in der Zeit t_1 zurückgelegte Winkel φ ist eine Funktion der Larmor-Frequenz ν_H der „entkoppelten" Protonen. Die Entwicklung geht in der Zeit $\varDelta_1$ weiter, doch ist dieser Beitrag bei allen, mit verschiedenen t_1-Werten aufgenommenen Spektren konstant. Somit wird der für die ^{13}C-Signalamplituden verantwortliche Polarisationszustand ausschließlich durch die ^{1}H-Larmor-Frequenz ν_H bestimmt.

Der weitere Ablauf ist analog dem des vorhergehenden Experimentes (Abb. 9-12). Der $90^\circ_{x'}$-Impuls im ^{13}C-Kanal kippt die ^{13}C-Magnetisierungsvektoren in die $(+y')$- bzw. $(-y')$-Richtung, und nach weiteren $\varDelta_2 = [2J(\mathrm{C,H})]^{-1}$ ms sind $M_\mathrm{C}^{H_\alpha}$ und $M_\mathrm{C}^{H_\beta}$ in Phase. Durch die zu diesem Zeitpunkt eingeschaltete ^{1}H-BB-Entkopplung wird während der Detektion die C,H-Kopplung aufgehoben. Die erste FT bezüglich t_2 gibt ein Signal bei ν_C. Wurden die Spektren mit verschiedenen t_1-Zeiten und $\varDelta_1 = \varDelta_2 = [2J(\mathrm{C,H})]^{-1}$ ms aufgenommen, dann sind die Signalintensitäten mit ν_H moduliert. Eine zweite FT bezüglich t_1 liefert folglich ein zweidimensionales Spektrum (F_1, F_2), das nur ein Signal mit den Koordinaten (ν_H, ν_C) enthält (Abb. 9-15). Nach der Theorie ist die Signalhöhe für $\varDelta_1 = [2J(\mathrm{C,H})]^{-1}$ maximal. Sie ist außerdem durch die Übertragung der Magnetisierung vom empfindlichen ^{1}H-Kern auf den unempfindlichen ^{13}C-Kern verstärkt.

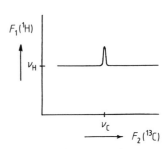

Abbildung 9-15.
Schematisches zweidimensionales H,C-korreliertes NMR-Spektrum eines AX-Zweispinsystems (Impulsfolge siehe Abbildung 9-14). Man erhält ein 2 D-Spektrum, das nur mehr aus einem Signal mit den Koordinaten (ν_H, ν_C) besteht.

Die Zeitperiode zwischen t_1 und dem Beginn der Datenaufnahme (t_2) wird als *Mischzeit* (mixing) bezeichnet. Das gleiche Experiment läßt sich auch auf Mehrspinsysteme anwenden.

Abbildung 9-16 zeigt das zweidimensionale (H,C)-korrelierte NMR-Spektrum des Neuraminsäurederivates **1**. Am oberen Rand ist das ^{13}C-NMR-Spektrum abgebildet, das durch Projektion der Peaks auf die F_2-Achse entsteht. Man erkennt die zehn Signale aller C-Atome, die direkt mit Protonen verknüpft sind. Die drei quartären C-Atome ergeben keine Korrelationspeaks. Am linken Rand ist das eindimensionale 400 MHz-^1H-NMR-Spektrum aufgezeichnet.

Aufgrund von charakteristischen chemischen Verschiebungen und Multiplizitäten können wir einige Zuordnungen in den ^1H- und ^{13}C-NMR-Spektren als gesichert voraussetzen. Im ^1H-NMR-Spektrum sind dies die drei Methylsignale sowie H-3a, H-3e und – mit gewisser Vorsicht – H-4 und H-7. Im ^{13}C-NMR-Spektrum: das Methylsignal der NAc-Gruppe sowie C-3, C-5, C-9. Bekannt sind auch die chemischen Verschiebungen der beiden OCH$_3$-Signale, ihre eindeutige Zuordnung fehlt jedoch.

Gehen wir bei der Analyse von den sicher zugeordneten ^1H-Resonanzen aus, finden wir über die Korrelationspeaks problemlos die entsprechenden ^{13}C-Resonanzen. Zusätzlich zu den schon bekannten Signalen sind dies diejenigen der beiden OCH$_3$-Gruppen sowie von C-4 und C-7.

Beginnen wir mit den zugeordneten ^{13}C-NMR-Signalen, erkennen wir neben den bereits bekannten ^1H-Resonanzen auch die von H-5, H-9 und H-9'. Für C-3 und C-9 erhalten wir jeweils zwei Korrelationspeaks, weil diese C-Atome mit zwei diastereotopen H-Atomen verknüpft sind.

Beispiele:

○ In Abbildung 9-16 ist der Gang der Analyse nur an zwei Beispielen gezeigt, um das Spektrum nicht unübersichtlich zu machen. Im ersten Beispiel gehen wir vom ^1H-NMR-Signal der OCH$_3$-Gruppe aus und finden so das entsprechende ^{13}C-NMR-Signal dieser Methylgruppe, im zweiten beginnen wir mit dem ^{13}C-NMR-Signal von C-9 und erhalten die Lagen der ^1H-NMR-Signale der beiden Methylenprotonen an C-9.

Mit den neu zugeordneten Signalen ist das ^1H- und ^{13}C-NMR-Spektrum fast vollständig analysiert. Es fehlen nur noch die Zuordnungen für H-6 und H-8 bzw. C-6 und C-8. Darüber gibt auch das zweidimensionale (H,C)-korrelierte NMR-Spektrum keine Auskunft, da sich die Resonanzlagen der entsprechenden Kerne sowohl im ^1H- als auch im ^{13}C-NMR-Spektrum zu wenig unterscheiden. In der Praxis dürfte im Normalfall die Aufgabe gelöst sein, denn niemand wird einen Strukturbeweis auf solch kleine Unterschiede gründen. In Tabelle 9-1 sind die Ergebnisse zusammengefaßt.

Tabelle 9-1.
Zusammenfassung der Analyse des zweidimensionalen (H,C)-korrelierten NMR-Spektrums von **1**.

Ausgehend von	wurden zugeordnet
H-4	C-4
H-7	C-7
OCH$_3$ (Ketosid)	OCH$_3$
OCH$_3$ (Ester)	OCH$_3$
C-5	H-5
C-9	H-9
C-9	H-9'

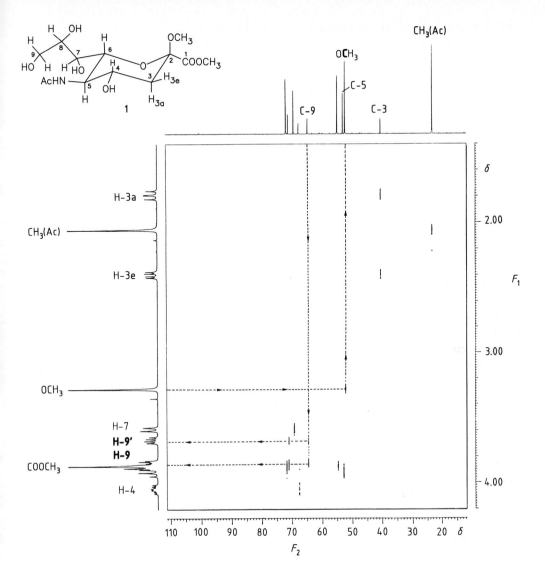

Abbildung 9-16.

Zweidimensionales H,C-korreliertes 100,6 MHz-NMR-Spektrum des Neuraminsäurederivates **1**. Am linken Rand ist das eindimensionale ^{1}H-, am oberen Rand die Projektion des zweidimensionalen Spektrums auf die F_2-Achse – das ^{13}C-NMR-Spektrum – abgebildet, wobei die sicher zugeordneten Signale eingetragen sind. Durch die gestrichelten Hilfslinien ist der Gang der Analyse an zwei Beispielen aufgezeigt. Die auf diese Weise neu zugeordneten Atome sind durch Fettdruck gekennzeichnet.

Anmerkung: Im 2 D-Spektrum erscheint ein Peak mit den Koordinaten 3,7/71, der auf eine Korrelation zwischen H-9′ und C-8 über eine Fernkopplung zurückzuführen sein könnte. Dies ist bis jetzt aber noch nicht gesichert, da die Kopplungskonstante J (H-9′, C-8) nur 4,3 Hz beträgt.

(*Experimentelle Bedingungen:* 167 mg Substanz in 2,3 ml D_2O; 10 mm-Probe; 330 Experimente mit jeweils um 316 μs verlängerten t_1-Zeiten; jeweils 32 NS und 4 K Datenpunkte; Gesamtmeßzeit 6,3 h).

Weite Anwendung findet das auch als H,C-COSY-Experiment (**co**rrelated **s**pectroscopy) bezeichnete Verfahren bei Untersuchungen großer und kompliziert aufgebauter Moleküle, wie sie in der Biochemie und der Naturstoffchemie häufig vorkommen. Als Vorteil dieses Verfahrens wirkt sich besonders aus, daß die Korrelationspeaks auch bei komplizierten Molekülen wenig überlappen, da man die großen chemischen Verschiebungen der ^{13}C-NMR-Spektroskopie mit denen der ^{1}H-NMR-Spektroskopie kombiniert.

In Abschnitt 9.4.5 werden wir erfahren, daß sich das H,C-COSY-Experiment auch *invers* durchführen läßt.

9.4.2 Zweidimensionale homonuklear (H,H)-korrelierte NMR-Spektroskopie (H,H-COSY)

Das zweidimensionale homonuklear (H,H)-korrelierte NMR-Experiment liefert NMR-Spektren, bei denen auf beiden Frequenzachsen ^{1}H-chemische Verschiebungen miteinander korreliert sind [8]. Dieses Verfahren wurde unter dem Namen COSY (*correlated spectroscopy*) bekannt. Es beruht auf der Impulsfolge $90^\circ_{x'} - t_1 - \Theta_{x'}$ (Abb. 9-17).

Wir wollen zunächst das COSY-Experiment mit $\Theta_{x'} = 90^\circ$ besprechen und ein AX-Zweispinsystem mit der Kopplungskonstanten $J(A,X)$ betrachten, wobei A- und X-Kerne Protonen sind. Die Impulsfolge lautet also: $90^\circ_{x'} - t_1 - 90^\circ_{x'}$.

Gegenüber dem heteronuklearen Fall besteht ein wesentlicher Unterschied, denn der erste $90^\circ_{x'}$-Impuls kippt sowohl die Magnetisierungsvektoren der A- als auch der X-Kerne, M_A und M_X, auf die y'-Achse. Wegen der Kopplung $J(A,X)$ gibt es für die A-Kerne zwei makroskopische Magnetisierungsvektoren, $M_A^{X\alpha}$ und $M_A^{X\beta}$, je nachdem ob sich der X-Kern im α- oder β-Zustand befindet. Entsprechend müssen wir auch zwei M_x-Vektoren betrachten: $M_X^{A\alpha}$ und $M_X^{A\beta}$. Diese vier Vektoren rotieren in der x', y'-Ebene mit den Frequenzen $\nu_A \pm J(A,X)/2$ und $\nu_X \pm J(A,X)/2$ um die z-Achse.

Während der Zeit t_1, der Variablen im COSY-Experiment, fächern die vier Magnetisierungsvektoren aufgrund ihrer unterschiedlichen Frequenzen in der x', y'-Ebene auf.

Jeder dieser vier Vektoren hat zum Zeitpunkt t_1 eine Komponente in x'- und y'-Richtung. Der jetzt folgende zweite $90^\circ_{x'}$-Impuls bringt die jeweilige y'-Komponente auf die z-Achse, in $(+z)$- oder $(-z)$-Richtung. Dieser Schritt ist mit einem Polarisationstransfer verknüpft. Wieviel Magnetisierung transferiert wird, hängt vom Zustand des Spinsystems

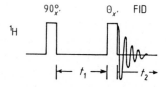

Abbildung 9-17.
Impulsfolge für das zweidimensionale homonuklear (H,H)-korrelierte NMR-Experiment COSY. Die Variable ist t_1. $\Theta = 90^\circ_{x'}$ oder $45^\circ_{x'}$, manchmal auch $60^\circ_{x'}$.

zum Zeitpunkt t_1 ab und damit von den Larmor-Frequenzen ν_A und ν_X sowie von $J(A,X)$.

Die x'-Anteile der Magnetisierungsvektoren, die ja in gleicher Weise vom Entwicklungszustand abhängen und auch weiter in der x', y'-Ebene rotieren, liefern einen FID, der nach der FT bezüglich t_2 zu einem Vierlinienspektrum vom AX-Typ führt mit den Frequenzen:

$$\nu_A + \frac{1}{2}\,J(A,X) \quad (A_1) \qquad \nu_A - \frac{1}{2}\,J(A,X) \quad (A_2)$$

$$\nu_X + \frac{1}{2}\,J(A,X) \quad (X_1) \qquad \nu_X - \frac{1}{2}\,J(A,X) \quad (X_2)$$

Diese Frequenzen entsprechen den in Abbildung 8-10 mit A_1, A_2, X_1 und X_2 bezeichneten Übergängen.

Die Signale sind als Funktion von t_1 mit diesen vier Frequenzen moduliert. Die zweite FT bezüglich t_1 führt deshalb zu einem zweidimensionalen Spektrum mit vier Gruppen zu je vier Signalen. Zwei dieser Gruppen sind um $(\nu_A,\ \nu_A)$ und $(\nu_X,\ \nu_X)$, die sogenannten *Diagonalpeaks,* zentriert und zwei um $(\nu_A,\ \nu_X)$ sowie $(\nu_X,\ \nu_A)$, die sogenannten *Kreuz-* oder *Korrelationspeaks* (cross peaks). Diagonal- und Korrelationspeaks bilden somit die Ecken eines Quadrates. Die für uns wichtige Erkenntnis ist, daß Korrelationspeaks immer dann auftreten, wenn zwei Kerne, hier A und X, über eine *skalare Kopplung* miteinander verknüpft sind.

Innerhalb einer Gruppe unterscheiden sich zwei benachbarte Signale in jeder Dimension (F_1 und F_2) gerade um die Kopplungskonstante $J(A,X)$. Die Projektion eines solchen COSY-Spektrums auf die F_1- oder F_2-Achse entspricht deshalb dem eindimensionalen ^{1}H-NMR-Spektrum.

In Abbildung 9-18 ist für das AX-Zweispinsystem ein solches Spektrum als Konturdiagramm schematisch gezeichnet und

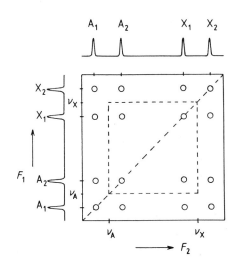

Abbildung 9-18.
Schematisches COSY-Spektrum eines AX-Zweispinsystems mit A und X = H. Abgebildet sind die Absolutwerte der Signale. Im realen Spektrum liegen auf der Diagonalen Dispersionssignale, die Korrelationspeaks entsprechen Absorptionssignalen mit wechselndem Vorzeichen der Amplitude. Die Diagonalpeaks miteinander koppelnder Kerne und die Korrelationspeaks bilden die Ecken eines Quadrates.

zwar mit den Absolutwerten der Signale. Man erhält so das *Magnitudenspektrum*, (s. Abschn. 1.5.2.3 und Abb. 1-17). In der Praxis verwendet man meistens diese Art der Darstellung, weil sich beim COSY-Experiment die Phasen von Diagonal- und Kreuzpeaks grundsätzlich um 90° unterscheiden. Korrigiert man die Phasen der Kreuzpeaks so, daß sie Absorptionssignalen entsprechen, dann erhält man die Diagonalpeaks in Dispersion.

Betrachten wir nur die Kreuzpeaks, so finden wir, daß sich sowohl in der Horizontalen wie in der Vertikalen Absorptionssignale mit positiver und negativer Amplitude abwechseln, benachbarte Signale sind also in *anti*-Phase. Auch in den Kreuzpeaks von Mehrspinsystemen gibt es Signale mit positiver oder negativer Amplitude. Dies kann dazu führen, daß sich überlappende Signale mit entgegengesetzter Phase auslöschen. Aus der Phasenbeziehung der Signale kann man bestimmen, welche Kopplung für den Kreuzpeak verantwortlich ist. Da man jedoch in den meisten Fällen nur an Korrelationen interessiert ist, verzichtet man im allgemeinen darauf, COSY-Spektren *phasen-empfindlich* (*phase sensitive*) aufzunehmen und die Signale phasenrichtig darzustellen, vielmehr werden, wie oben bereits ausgeführt, nur die Absolutwerte der Signale angegeben (s. z. B. die Abb. 9.19 bis 9-21).

Koppelt ein Proton mit mehr als einem Nachbarproton, dann bildet der Diagonalpeak die Ecke von mehreren Quadraten. Auf diese Weise lassen sich auch die Resonanzlagen koppelnder Kerne in komplizierten Spektren erkennen. Das COSY-Experiment ist damit eine wesentliche Hilfe bei der Zuordnung der ^{1}H-Resonanzen. Es ist den Entkopplungs-Experimenten weit überlegen, denn man erhält mit *einem* Experiment die Nachbarschaftsbeziehungen *aller* koppelnden Kerne.

Als einfaches Beispiel ist in Abbildung 9-19 das 500 MHz-COSY-90-Spektrum von Glutaminsäure (**2**) wiedergegeben. Am linken und oberen Rand sind jeweils die eindimensionalen 500 MHz-^{1}H-NMR-Spektren abgebildet. Man findet drei Multipletts, von denen das bei $\delta \approx 3,8$ aufgrund seiner Lage und Intensität dem Proton an C-2 zugeordnet werden kann.

$$\underset{\underset{\textbf{2}}{NH_2}}{\overset{1}{HOOC}-\overset{2}{CH}-\overset{3}{CH_2}-\overset{4}{CH_2}-\overset{5}{COOH}}$$

Im COSY-Spektrum finden wir auf der Diagonalen drei Signale, die den drei Multipletts im Normalspektrum entsprechen. Mit diesen Diagonalpeaks und den Korrelationspeaks lassen sich zwei Quadrate zeichnen, über die man sofort erfährt, welche Multipletts zu den miteinander koppelnden Protonen gehören. Da die Protonen an C-3 sowohl mit dem Proton an C-2 als auch mit den beiden Protonen an C-4 koppeln, bildet das ihm zuzuordnende Multiplett die Ecke von zwei Quadraten.

Durch eine geeignete Wahl der experimentellen Bedingungen sind oft auch weitreichende, kleine Kopplungen zu erkennen.

Ein Nachteil des Verfahrens ist, daß bei größeren Molekülen das COSY-Konturdiagramm unübersichtlich wird. Vor allem die Korrelationspeaks in der Nähe der Diagonalen sind bei kleinen Verschiebungsunterschieden ($\Delta\delta$) der koppelnden Kerne nur schwer zu erkennen, da in diesem Bereich vor allem die intensiven Diagonalpeaks mit ihren weitausladenden Signalfüßen stören.

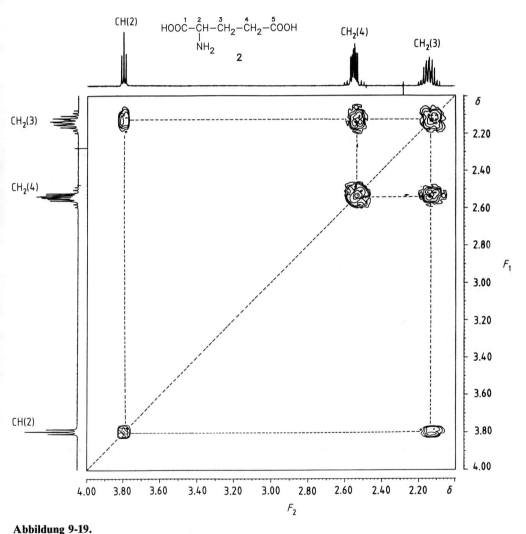

Abbildung 9-19.
500 MHz-COSY-90-Spektrum von Glutaminsäure (**2**) (Konturdiagramm). Am linken und oberen Rand sind die zugeordneten 500 MHz-^{1}H-NMR-Spektren abgebildet. Die durch Hilfslinien verbundenen Diagonal- und Korrelationspeaks zeigen an, welche Protonen skalar gekoppelt sind. Der Diagonalpeak der beiden Protonen an C-3 bildet die Ecke von zwei Quadraten, da die Protonen sowohl mit dem Proton an C-2 als auch mit den Protonen an C-4 koppeln.
(*Experimentelle Bedingungen:* 10 mg Substanz in 0,5 ml D_2O; 5 mm-Probe; 256 Experimente mit verschiedenen Zeiten t_1, jeweils 16 NS; digitale Auflösung 2,639 Hz/Datenpunkt).

Wählt man anstelle des zweiten $90^\circ_{x'}$-Impulses einen Impuls mit kleinerem Winkel Θ, vereinfacht sich das Spektrum. Die Magnetisierung wird bevorzugt so transferiert, daß einige Signale innerhalb der Korrelations- und Diagonalpeaks stärker abgeschwächt werden als andere. Der kleinere Impulswinkel wirkt sich aber nachteilig auf die Empfindlichkeit aus. Einen guten Kompromiß stellt ein Winkel von $\Theta_{x'} = 45^\circ$ dar, manchmal auch von 60°.

Als Beispiel betrachten wir das 400 MHz-COSY-45-Spektrum unseres Testmoleküles, des Neuraminsäurederivates **1**. In Abbildung 9-20 ist der Bereich von $\delta = 1,4$ bis 4,2 wiedergegeben und in Abbildung 9-21 der Ausschnitt von $\delta = 3,4$ bis 4,2. Die Projektionen der Signale auf die F_2-Achse sind jeweils am oberen Rand abgebildet; am linken Rand (F_1-Achse) sind die eindimensionalen 400 MHz-^{1}H-NMR-Spektren aufgetragen. Die Auflösung im projizierten Spektrum ist, wie der Vergleich ergibt, nur unwesentlich schlechter als die im Normalspektrum.

Für die Analyse des COSY-Spektrums müssen wir aus Diagonal- und Korrelationspeaks Quadrate bilden. Ausgehend von den eindeutig zugeordneten Signalen von H-3a und H-3e findet man über die Korrelationspeaks (Abb. 9-20) sofort das Multiplett für H-4 im Bereich von $\delta = 4,0$ bis 4,05. Dieses Multiplett bildet den Eckpunkt eines weiteren Quadrates (Abb. 9-21), über das sich die Lage des Signals von H-5 ausmachen läßt. Das nächste Quadrat zu zeichnen bereitet Schwierigkeiten; nach dem Ausschnittsspektrum darf aber die chemische Verschiebung von H-6 nur wenig von der des Protons H-5 verschieden sein.

Am besten beginnt man bei der weiteren Analyse mit einem anderen, sicher zugeordneten Signal. In unserem Fall eignet sich das H-7 zugeordnete Dublett bei $\delta = 3,6$. Über die Korrelationspeaks findet man die Lage eines weiteren koppelnden Nachbarn; dies könnte grundsätzlich H-6 oder H-8 sein. Zwischen ihnen können wir nicht ohne weiteres entscheiden. Wir wissen jedoch aus anderen Experimenten, daß die Kopplungskonstante $J(6, 7)$ sehr klein ist. Daher dürfte der Korrelationspeak zum Signal von H-8 führen. Von H-8 aus findet man H-9' und dann H-9.

Wie dieses Beispiel zeigt, benötigt man als Ausgangspunkt für die Spektrenanalyse einige zugeordnete Signale. In unserem Beispiel waren dies die Signale von H-3 und H-7. Die Signale aller anderen Protonen ließen sich damit lokalisieren, wobei eine gewisse Unsicherheit im Bereich von $\delta = 3,85$ bis 3,95 bleibt, weil sich hier die Multipletts für H-5, 6, 8, 9 und das Methylsignal des Esters überlagern.

Als weiteres Ergebnis folgt aus diesem Spektrum, daß man für nicht-koppelnde Protonen – hier die der Methylgruppen – nur die Signale auf der Diagonalen findet.

Vom COSY-Experiment gibt es viele Varianten. Fügt man

zum Beispiel jeweils nach dem $90_{x'}^{\circ}$-Impuls eine feste Wartezeit (Delay) Δ ein, dann werden *die* Kreuzpeaks verstärkt, die auf kleine Kopplungskonstanten zurückzuführen sind, während die anderen an Intensität verlieren. Auf diese Verfahren können wir jedoch hier nicht eingehen (s. „Ergänzende und weiterführende Literatur" am Ende des Kapitels).

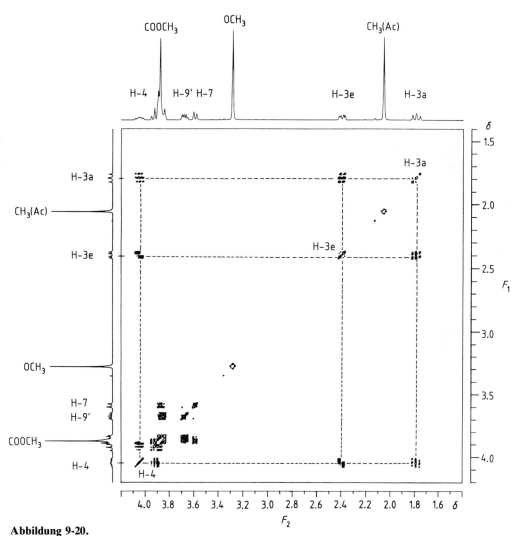

Abbildung 9-20.
400 MHz-COSY-45-Spektrum des Neuraminsäurederivates **1**. Am oberen Rand ist die Projektion des 2 D-Spektrums auf die F_2-Achse abgebildet, am linken Rand das eindimensionale 400 MHz-^{1}H-NMR-Spektrum. Der Übersichtlichkeit wegen sind nur drei Quadrate eingezeichnet, die die Signale von H-3a, H-3e und H-4 miteinander verbinden.
(*Experimentelle Bedingungen:* 20 mg Substanz in 0,5 ml D_2O; 5 mm-Probe; 512 Experimente mit jeweils um 632 μs verlängerten t_1-Zeiten; jeweils 32 NS und 2 K Datenpunkte; Gesamtmeßzeit 15,4 h).

251

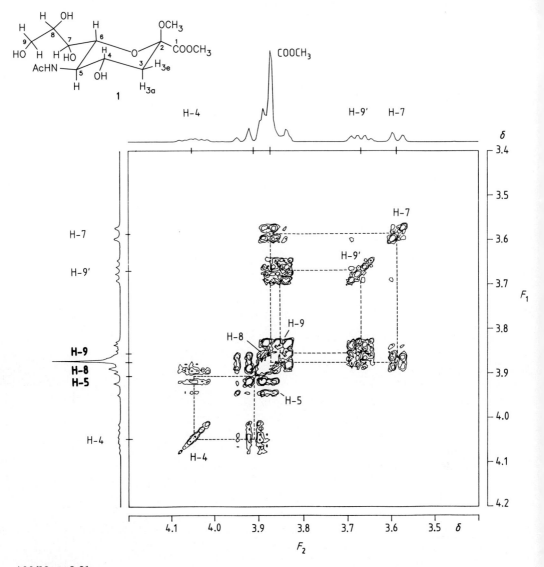

Abbildung 9-21.
Ausschnitt aus Abbildung 9-20. Ausgehend von den sicher zugeordneten und im oberen Spektrum eingetragenen Signalen für H-4, H-7 und H-9' findet man über die Korrelationspeaks die Verschiebungen von **H-5, H-8** und **H-9**.

9.4.3 Zweidimensionale Relayed-NMR-Spektroskopie

In den zwei vorhergehenden Abschnitten lernten wir Verfahren kennen, mit denen man auch in komplizierten Spektren die Resonanzlagen skalar gekoppelter Kerne über die Korrelationspeaks im zweidimensionalen Spektrum erhalten kann. Dies gelang sowohl für hetero- wie auch für homoskalar gekoppelte Kerne. Aus diesen Experimenten und durch ihre Kombination entwickelte sich eine vielversprechende neue Methode, die sogenannte zweidimensionale *Relayed Coherence Transfer Spectroscopy* oder Relayed-NMR-Spektroskopie. Dabei wird die Magnetisierung nicht wie beim H,H- oder H,C-COSY direkt von einem der koppelnden Kerne auf den anderen übertragen, sondern ein weiterer Kern ist als „Relais" dazwischengeschaltet. Wir wollen im folgenden nur Fälle betrachten, bei denen dieser, als Relais dienende Kern, ein Proton ist. Zwei Experimente müssen wir unterscheiden:

- Die Magnetisierung wird von einem Proton über ein Proton als Relais auf einen ^{13}C-Kern übertragen und
- die Magnetisierung wird von einem Proton über ein Proton auf ein weiteres Proton übertragen.

Die homonukleare Variante geht auf das COSY-Experiment zurück, man bezeichnet das Verfahren daher als H-Relayed (H,H)-COSY.

Die heteronukleare Variante entstand aus der Kombination der homo- mit der heteronuklear korrelierten zweidimensionalen NMR-Spektroskopie und heißt H-Relayed (H,C)-COSY.

Was bringen diese Verfahren Neues? Welche Theorie liegt ihnen zugrunde? Nutzen sie dem Praktiker? Die erste und letzte Frage werden durch die Beispiele beantwortet. Die Frage nach dem theoretischen Hintergrund ist im Rahmen dieses Buches nicht zu beantworten; dazu muß auf die Spezialliteratur verwiesen werden [1,9–12]. Wir wollen jedoch die dem Experiment zugrundeliegende Idee zu verstehen versuchen, wobei wir zunächst das heteronukleare, dann das homonukleare Experiment besprechen.

9.4.3.1 H-Relayed-(H,C)-COSY-Experiment

Betrachten wir ein Dreispinsystem, zum Beispiel das folgende hypothetische Molekülfragment: $H^A – C – {}^{13}C^X – H^M$.

Im ersten Schritt wird – wie beim COSY-Experiment – durch die Jeener-Impulsfolge $(90^\circ_{x'} – t_1 – 90^\circ_{x'})$ Magnetisierung vom Proton H^A auf H^M übertragen, wodurch H^M polarisiert wird. Da H^M mit dem Kern C^X skalar gekoppelt ist, wird – wie beim zweidimensionalen heteronuklear korrelierten NMR-Experiment (Abb. 9-14) – auch das ^{13}C-Signal beeinflußt, und zwar wird es mit den Larmor-Frequenzen der Protonen $\nu(H^A)$ und $\nu(H^M)$ sowie mit der Kopplungskonstanten $J(A,M)$ moduliert.

Im Experiment ist t_1 wieder die Variable, und die Mischzeiten Δ hängen jetzt von den H,H- und C,H-Kopplungskonstanten ab. Die FT bezüglich t_2 liefert das ^{13}C-NMR-Spektrum mit den modulierten Signalen, in unserem Beispiel ein Signal bei $\nu(C^X)$. Die zweite FT bezüglich t_1 ergibt dann das zweidimensionale Spektrum, in dem auf der F_2-Achse ^{13}C-Resonanzen, auf der F_1-Achse ^{1}H-Resonanzen aufgetragen sind. In Abbildung 9-22 ist ein solches zweidimensionales Spektrum als Konturdiagramm für das von uns als Modell verwendete Molekülfragment skizziert. Man findet zwei Signale mit den Koordinaten $(\nu(H^A),\ \nu(C^X))$ und $(\nu(H^M),\ \nu(C^X))$. Eine eventuell vorhandene Feinstruktur infolge der H,H-Kopplung vernachlässigen wir.

Von diesen beiden Signalen liefert uns das bei $(\nu(H^A),\ \nu(C^X))$ eine neue Information, denn es belegt die Verknüpfung von einem Proton zu einem nicht direkt gebundenen C-Atom. So kommt man gegenüber dem in Abschnitt 9.4.1 beschriebenen Zuordnungsverfahren einen Schritt weiter.

Abbildung 9-23 zeigt das zweidimensionale H-Relayed-(H,C)-COSY-Spektrum unseres Testmoleküls, des Neuraminsäurederivates **1**. Am oberen Rand ist das eindimensionale ^{13}C-, am linken Rand das eindimensionale ^{1}H-NMR-Spektrum abgebildet, unten und rechts sind jeweils die entsprechenden δ-Skalen angegeben. Bei der Auswertung des Spektrums setzen wir die chemischen Verschiebungen der Kerne H-3a, H-3e, H-7 und C-3, C-9 als bekannt voraus.

An zwei Beispielen lernen wir den Gang einer solchen Auswertung, wobei auf die aus den bisher besprochenen zweidimensionalen Verfahren gewonnenen Ergebnisse nicht zurückgegriffen wird.

1. Beispiel:

○ Wir konzentrieren uns auf das Molekülfragment H-3e, C-3, C-4 und H-4 der Verbindung **1**. Von diesen vier Atomen sind die Resonanzen von H-3e bei $\delta \approx 2,4$ (F_1-Achse) und C-3 bei $\delta \approx 40,3$ (F_2-Achse) eindeutig zugeordnet. Die Frage lautet: Wo liegen die Signale von H-4 und C-4?

Im zweidimensionalen Relayed-Spektrum erwarten wir neben einem Signal bei $(\delta(\text{H-3e}),\ \delta(\text{C-3}))$ zwei weitere bei $(\delta(\text{H-3e}),\ \delta(\text{C-4}))$ und $(\delta(\text{H-4}),\ \delta(\text{C-3}))$. Man findet diese beiden Signale leicht. Bei $\delta \approx 2,4$ (F_1-Achse) liegen im zweidimensionalen Spektrum zwei Peaks, von denen der eine die Korrelation H-3e/C-3 anzeigt, der zweite die gesuchte Korrelation zwischen H-3e und C-4. In Abbildung 9-23 ist dieser Peak mit ① bezeichnet. Damit ist im F_2-Spektrum das Signal von C-4 eindeutig identifiziert.

Um das Signal von H-4 zuzuordnen, sucht man im zweidimensionalen Spektrum die Korrelationspeaks von C-3. Wir finden bei $\delta = 40,3$ (F_2-Achse) drei solcher Peaks. Zwei davon entsprechen Korrelationspeaks mit H-3a und H-3e und interessieren uns nicht. Der dritte aber, im Spektrum mit ② bezeichnet, gibt die Korrelation mit H-4 wieder, womit wir die Lage des H-4-Signals ($\delta = 4,04$) kennen.

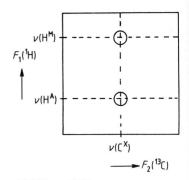

Abbildung 9-22.
Schematisches zweidimensionales H-Relayed-(H,C)-COSY-Spektrum des AMX-Dreispinsystems
$\mathbf{H^A - C - {}^{13}C^X - H^M}$.
Im Spektrum erscheinen zwei Signale. Das mit den Koordinaten $(\nu(H^M),\ \nu(C^X))$ zeigt die Korrelation zwischen dem C^X-Kern und dem direkt gebundenen Proton H^M an, das andere bei $(\nu(H^A),\ \nu(C^X))$ die Korrelation von C^X und Proton H^A.

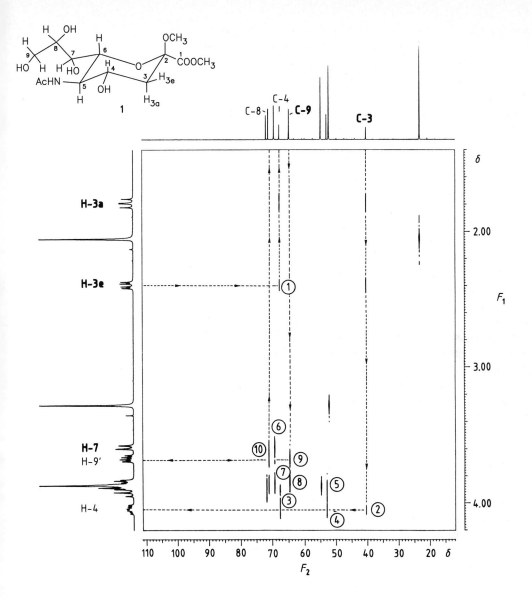

Abbildung 9-23.
Zweidimensionales 100,6 MHz-H-Relayed-(H,C)-COSY-Spektrum des Neuraminsäurederivates **1**. Am oberen Rand ist das ^{13}C-, am linken Rand das eindimensionale 400 MHz-^{1}H-NMR-Spektrum abgebildet. Für die Analyse wird die Zuordnung der Signale von H-3a, H-3e, H-7 und C-3, C-9 – im Spektrum durch Fettdruck markiert – vorausgesetzt. Die Hilfslinien geben an, wie man den Pfeilspitzen folgend einige ^{1}H- und ^{13}C-Resonanzen zuordnen kann (C-4, C-8, H-4, H-9′). Die Korrelationspeaks ⑥, ⑧ und ⑨ entsprechen den im H,C-COSY-Spektrum gefundenen Korrelationspeaks.
(*Experimentelle Bedingungen:* 167 mg Substanz in 2,3 ml D$_2$O; 10 mm-Probe; 128 Experimente mit jeweils um 316 µs verlängerten t_1-Zeiten; jeweils 160 NS und 4 K Datenpunkte; Gesamtmeßzeit 11 h).

2. Beispiel:

○ Mit den bisher besprochenen Methoden konnten wir nicht entscheiden, welches der beiden ^{13}C-NMR-Signale bei $\delta = 70{,}98$ und 71,67 C-6 und welches C-8 zuzuordnen ist. Doch auch das gelingt über das zweidimensionale Relayed-(H,C)-Spektrum. Der Lösungsweg führt vom eindeutig zugeordneten Signal C-9 über den im Spektrum mit ⑨ bezeichneten Korrelationspeak zum Signal vom H-9′ bei $\delta = 3{,}65$. H-9′ bildet nun seinerseits mit C-8 einen Korrelationspeak, der im Spektrum mit ⑩ bezeichnet ist. Damit sind die beiden Signale zugeordnet: $\delta\,(\text{C-8}) = 70{,}98$ und $\delta\,(\text{C-6}) = 71{,}67$.

C-9 $\longrightarrow$ ⑨ $\longrightarrow$ H-9′

H-9′ $\longrightarrow$ ⑩ $\longrightarrow$ C-8

Das Ergebnis der vollständigen Spektrenanalyse ist Tabelle 9-2 zu entnehmen.

Ein großer Vorteil des heteronuklearen Relayed-Verfahrens ist die geringe Signalüberlappung – eine Folge der großen ^{13}C-chemischen Verschiebungen.

Tabelle 9-2.
Ergebnis der Analyse des zweidimensionalen H-Relayed-(H,C)-COSY-Spektrums von **1** (Abb. 9-23).

Ausgehend von	wurden zugeordnet	Nummer der Korrelationspeaks
H-3a,e[a]	C-4	1
C-3[a]	H-4	2
C-4	H-5	3
H-4	C-5	4
C-5	H-6	5
H-7	C-7	6[c]
C-7	H-8[b]	7
C-9	H-9[b]	8[c]
C-9	H-9′	9[c]
H-9′	C-8	10

[a] Die Zuordnung dieser Signale wird als bekannt vorausgesetzt.
[b] Das Experiment liefert nur die ungefähren Signallagen.
[c] Die Signale 6, 8 und 9 geben jeweils die Korrelation zwischen zwei direkt miteinander verbundenen Atomen an (wie im normalen H,C-COSY-Experiment).

9.4.3.2 H-Relayed-(H,H)-COSY-Experiment

Von vielleicht noch größerer Bedeutung als das heteronukleare Experiment ist die homonukleare Version, das *homonukleare zweidimensionale Relayed-Coherence-Transfer-Experiment.*

256

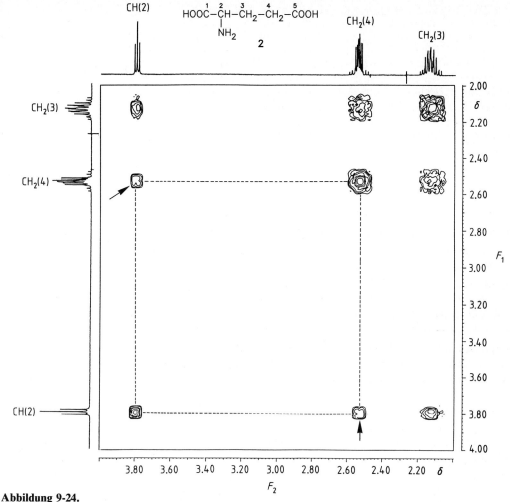

Abbildung 9-24.

500 MHz-H-Relayed-(H,H)-COSY-Spektrum von Glutaminsäure (**2**). Am oberen und linken Rand sind die eindimensionalen 500 MHz-^{1}H-NMR-Spektren abgebildet. Gegenüber dem COSY-90-Spektrum (Abb. 9-19) treten zwei neue, mit einem Pfeil markierte Signale auf. Sie belegen eine Korrelation zwischen den Protonen an C-2 und C-4, für die im normalen 500 MHz-Spektrum keine skalare Kopplung mehr nachgewiesen werden kann.

(*Experimentelle Bedingungen:* 10 mg Substanz in 0,5 ml D$_2$O; 5 mm-Probe; 256 Experimente mit verschiedenen Zeiten t_1; jeweils 32 NS; digitale Auflösung 2,639 Hz/Datenpunkt; Gesamtmeßzeit ungefähr 3 h).

Wir wollen am Beispiel von Glutaminsäure (**2**) sehen, welche Informationen wir aus dem H-Relayed-(H,H)-COSY-Spektrum erhalten (Abb. 9-24), die über das normale COSY-Experiment hinausgehen. Erinnern wir uns: Im COSY-Spektrum (Abb. 9-19) findet man außer den Diagonalpeaks nur dann Korrelationspeaks, wenn die Protonen skalar gekoppelt sind. Vergleicht man die Abbildungen 9-19 und 9-24, fallen im H-Relayed-(H,H)-COSY-Spektrum zwei neue Peaks bei

257

$\delta = (3,8; 2,5)$ und $\delta = (2,5; 3,8)$ auf. Sie zeigen eine Korrelation zwischen dem Proton an C-2 und den beiden Protonen an C-4 an. Wie läßt sich dieser experimentelle Befund erklären, wo doch diese Kopplung im normalen 500 MHz-^{1}H-NMR-Spektrum nicht zu beobachten ist?

Qualitativ können wir uns dies relativ einfach klarmachen: Wie beim heteronuklearen Fall besprochen (Abschn. 9.4.3.1), wird zunächst Magnetisierung vom Proton an C-2 auf die Methylenprotonen an C-3 weitergegeben. Da diese beiden Protonen wiederum mit den Methylenprotonen an C-4 koppeln, also gemeinsame Niveaus im Energieniveauschema haben, werden auch sie in einem weiteren Schritt polarisiert.

Durch Variation der experimentellen Bedingungen und der Impulsfolgen läßt sich die Polarisation stufenweise noch weiter übertragen, die Reichweite noch vergrößern. Im Augenblick ist man bei einem Experiment mit drei Relayed-Schritten angelangt, so daß man Korrelationspeaks zwischen Protonen im Abstand von bis zu sechs Bindungen (δ-Stellung) nachweisen kann.

Für die Relayed-Experimente, besonders für die mehrstufigen, ist die Impulsfolge länger als beim normalen COSY-Experiment. Dadurch wird die Zeitspanne, bis das Signal gemessen wird, immer länger. Dies führt zu Polarisationsverlusten durch Relaxation, so daß der Nachweis des Magnetisierungstransfers schwieriger und langwieriger wird. Die Relaxation stellt somit eine natürliche Grenze für derartige Experimente dar.

Hauptanwendungsgebiete der Relayed-Methode sind derzeit die Strukturaufklärung von Oligosacchariden, Peptiden, Proteinen. Aber auch Substanzgemische lassen sich untersuchen, da man in den Spektren gut erkennen kann, welche Signale zu den einzelnen Komponenten gehören.

Abschließend sei erwähnt, daß man mit einem anderen, von Braunschweiler und Ernst eingeführten Verfahren [13], der *total correlation spectroscopy* (TOCSY), zum gleichen Ergebnis wie mit der Relayed-Spektroskopie kommt. Kreuzpeaks im zweidimensionalen TOCSY-Spektrum zeigen Korrelationen zwischen Protonen an, die zu einem gemeinsamen Spinsystem gehören. Man erkennt zum Beispiel auf diese Weise, welche Signale den Protonen der einzelnen Aminosäuren in einem Peptid zuzuordnen sind, oder, um ein weiteres Anwendungsgebiet aufzuzeigen, den Protonen der Monosaccharideinheiten in einem Oligosaccharid.

9.4.4 Zweidimensionale Austausch-NMR-Spektroskopie [14–16]

Bei allen bisher besprochenen zweidimensionalen NMR-Verfahren erfolgte der Magnetisierungstransfer zwischen skalar gekoppelten Kernen. Daneben gibt es zwei weitere Mechanismen, durch die Magnetisierung übertragen werden kann:

- Dipol-Dipol-Wechselwirkungen durch den Raum; dieser Effekt ist als Kern-Overhauser-Effekt bekannt (NOE; Kap. 10).
- Chemische Austauschprozesse (Kap. 11), wie

$$A \xrightarrow{k} X.$$

Sind die A-Kerne polarisiert, wird die Polarisation mit der Geschwindigkeitskonstanten k von A auf X übertragen.

Beide Mechanismen können im homonuklearen Fall (A=X=H) mit der Impulsfolge

$$90^\circ_{x'} - t_1 - 90^\circ_{x'} - \Delta - 90^\circ_{x'} - FID\,(t_2)$$

nachgewiesen werden. Ihr erster Teil, $90^\circ_{x'} - t_1 - 90^\circ_{x'}$, entspricht dem COSY-Experiment. Wie beschrieben (Abschn. 9.4.2), sind dabei die A-Kerne direkt nach dem zweiten $90^\circ_{x'}$-Impuls polarisiert. In dem folgenden Zeitintervall Δ wird die Polarisation über den NOE oder chemischen Austausch von A auf X übertragen (Mischung). Mit einem weiteren $90^\circ_{x'}$-Impuls nach der Mischzeit Δ mißt man das Interferogramm, den FID. Dies wiederholt man für verschiedene t_1-Zeiten. Durch FT bezüglich t_2 erhält man für die X-Kerne Signale, die in Abhängigkeit von t_1 mit der Larmor-Frequenz der A-Kerne moduliert sind. Die zweite FT bezüglich t_1 liefert dann – wie beim COSY-Experiment – Korrelationspeaks bei (ν_A, ν_X) und (ν_X, ν_A).

Für den Erfolg solcher Experimente ist die richtige Wahl der Mischzeit Δ entscheidend: Beim NOE-Experiment, dem sogenannten NOESY, ist Δ in der Größenordnung der Spin-Gitter-Relaxationszeit T_1, beim chemischen Austausch im Bereich der reziproken Geschwindigkeitskonstanten.

Im allgemeinen beschränkt man sich auf den qualitativen Nachweis des Austausches. Quantitative Ergebnisse, wie zum Beispiel die Bestimmung von Geschwindigkeitskonstanten, sind kaum zu bekommen, dafür sind die Verhältnisse zu kompliziert, denn

- in der Entwicklungsphase „entwickeln" sich nicht nur die A-Kerne, sondern auch die X-Kerne
- in der Mischphase Δ relaxiert das Spinsystem
- zur Modulation der X-Signale trägt nur der Anteil bei, der von A in der Zeit Δ auf X übertragen wird.

Von größter praktischer Bedeutung ist der Nachweis von H,H-Wechselwirkungen durch den Raum, diese Experimente geben somit wertvolle Aufschlüsse über die stereochemischen Verhältnisse. Sie wurden – vor allem auch im Zusammenhang mit anderen zweidimensionalen Experimenten – auf dem Gebiet der Strukturaufklärung von Peptiden, Proteinen und Oligosacchariden mit Erfolg eingesetzt.

9.4.5 Inverse zweidimensionale heteronukleare (C,H)-korrelierte NMR-Spektroskopie

Verfahren, bei denen die *unempfindlichen* Kerne detektiert werden, sind normalerweise langwierig. Dies gilt auch für die in der Praxis so wertvolle zweidimensionale heteronukleare (H,C)-korrelierte NMR-Spektroskopie (Abschn. 9.4.1). Wir haben im vorhergehenden Kapitel (8.4.3) gelernt, daß die *inverse* Versuchsführung beim INEPT-Experiment, bei dem die *empfindlichen* Kerne, ^{1}H, nachgewiesen werden, zu einer drastischen Reduzierung der benötigten Substanzmengen bzw. zu kürzeren Meßzeiten führt. Charakteristisch für alle diese *inversen* Verfahren ist, daß Kohärenzen im Kanal der unempfindlichen Kerne (^{13}C, ^{15}N) erzeugt und dann auf die empfindlichen Kerne (i. allg. ^{1}H) übertragen werden, deren Resonanzen man dann auch mißt. *Inverse, protonendetektierte* Experimente gibt es auch für die Aufnahme von (C,H)-korrelierten Spektren. Schon jetzt sei gesagt, daß die Spektren im Vergleich mit dem normalen (H,C)-COSY keine neuen Informationen liefern, jedoch die Nachweisempfindlichkeit beträchtlich gesteigert wird, so daß man mit weniger Substanz und/oder Meßzeit auskommt. Wir wollen im folgenden ein von Bodenhausen und Ruben [17] vorgeschlagenes zweidimensionales *inverses* (C,H)-korreliertes Experiment näher betrachten, bei dem ein doppelter INEPT-Transfer stattfindet. Die Impulsfolge lautet:

^{1}H: $90^\circ_{x'}-\tau-180^\circ_{x'}-\tau-90^\circ_{y'}-t_1/2-180^\circ_{y'}-t_1/2-90^\circ_{x'}-\tau-180^\circ_{x'}-\tau-$FID

$$(\mathrm{t_2})$$

^{13}C: $\tau-180^\circ_{x'}-\tau-90^\circ_{x'}$ – t_1 – $90^\circ_{x'}-\tau-180^\circ_{x'}-\tau-$BB

Die Strategie dieses Experiments besteht darin, daß im ersten Schritt ^{1}H-Magnetisierung M_H durch eine normale INEPT-Impulsfolge auf die ^{13}C-Magnetisierung M_C unter Verstärkung übertragen wird. Die Magnetisierungsvektoren M_C sollen sich dann im zweiten Schritt in der (inkrementierten) Zeit t_1 entwickeln, worauf im letzten Schritt diese Magnetisierung (Kohärenz) durch ein *inverses* INEPT-Experiment auf die

Protonen zurücktransferiert wird. Abschließend werden die [1]H-Resonanzen detektiert. Dieses Experiment hat gegenüber dem ebenfalls gebräuchlichen von Bax und Mitarbeitern beschriebenem Experiment [18], aus didaktischen Gründen den Vorteil, daß wir mit unseren bisherigen Kenntnissen anhand von Vektordiagrammen die Wirkung der Impulsfolge auf ein Zweispinsystem vom Typ AX verstehen können. Um mit dem (H,C)-COSY-Experiment vergleichen zu können, betrachten wir im folgenden das aus [13]C- und [1]H-Kernen bestehende Spinsystem (Chloroform), nicht wie in der Originalliteratur [17] beschrieben, ^{15}N/[1]H.

Abschließend soll das Verfahren wieder am Neuraminsäurederivat **1** getestet werden.

Bei inversen Experimenten ist stets eine der wichtigsten Fragen: Wie läßt sich das störende Hauptsignal entfernen, damit man nur die Signale *der* Protonen erhält, die mit ^{13}C gekoppelt sind, das heißt, die ^{13}C-Satelliten? Um diese Frage im Fall unseres Experimentes als erstes zu klären, betrachten wir zunächst den Magnetisierungsvektor M_H der Protonen in den 98,9 % Chloroform [12]CHCl$_3$, also der Protonen, die nicht mit ^{13}C gekoppelt sind. Diese Protonen sind für das Hauptsignal im Spektrum verantwortlich. Mit den in Abschnitt 8.2 angegebenen Regeln läßt sich leicht zeigen, daß am Ende der Impulsfolge keine detektierbare Magnetisierung von M_H vorhanden ist. Wir brauchen bei dieser Betrachtung nur die Impulse im [1]H-Kanal zu berücksichtigen, denn solche im ^{13}C-Kanal haben keinerlei Einfluß auf M_H: Der erste $90°_{x'}$-Impuls dreht M_H in die y'-Achse des mit der Frequenz ν_H rotierenden Koordinatensystems. Der $180°_{x'}$-Impuls spiegelt dann M_H in die $(-y')$-Achse. Die beiden folgenden Impulse, $90°_{y'}$ und $180°_{y'}$, lassen M_H unbeeinflußt; der sich anschließende $90°_{x'}$-Impuls dreht M_H in die z-Achse und der $180°_{x'}$-Impuls nach der Zeit τ in die $(-z)$-Achse. Somit ist im Idealfall keine nachweisbare Quermagnetisierung vorhanden. Wichtig sind exakt eingestellte 90°- und 180°-Impulse mit der richtigen Phase. Wir können uns also bei der Diskussion der oben angegebenen Impulsfolge ganz auf die Vektoren $M_C^{H\alpha}$ und $M_C^{H\beta}$ konzentrieren.

Der erste Teil der Impulsfolge bis zum ersten $90°_{x'}$-Impuls im ^{13}C-Kanal stimmt mit dem des normalen INEPT-Experiments überein. Daraus folgt, daß die beiden Vektoren $M_C^{H\alpha}$ und $M_C^{H\beta}$ sich unmittelbar vor diesem Impuls mit *anti*-Phase in der $(+z)$- und $(-z)$-Achse, nach dem $90°_{x'}$-Impuls ebenfalls mit *anti*-Phase in der $(+y')$- und $(-y')$-Achse befinden (vergl. Abschn. 8.4.2, Abb. 8-11, Vektordiagramme a–h). In der variablen Zeit t_1 entwickeln sich die beiden M_C-Vektoren so, wie wir in Abschnitt 9.4.1 für die M_H-Vektoren gelernt haben, nur daß sie entgegengesetzt orientiert sind. Durch den $180°_{y'}$-Impuls im [1]H-Kanal sind die beiden mit unterschiedlicher Frequenz rotierenden Vektoren $M_C^{H\alpha}$ und $M_C^{H\beta}$ nach der Zeit t_1 wieder exakt antiparallel. Der Entwicklungszustand des Spinsystems bzw. die Stellungen der beiden antiparallelen Vektoren $M_C^{H\alpha}$ und $M_C^{H\beta}$ in der x',y'-Ebene des rotierenden Koordinatensystems hängen von der Zeit t_1 und den Larmor-Frequenzen der ^{13}C-Kerne ab. Der zweite $90°_{x'}$-Impuls im ^{13}C-Kanal nach der Zeit t_1 dreht diese von t_1 abhängigen y'-Komponenten von $M_C^{H\alpha}$ und $M_C^{H\beta}$ in die z-Achse. Dadurch ändern sich die Besetzungszahlen und folglich auch die Vektoren $M_H^{C\alpha}$ und $M_H^{C\beta}$. Es wurde also Polarisation von ^{13}C auf ^{1}H zurücktransferiert. Dieser Teil der Impulsfolge entspricht somit einem *inversen* INEPT-Schritt. Die beiden M_H-Vektoren, $M_H^{C\alpha}$ und $M_H^{C\beta}$, sind wie die M_C-Vektoren in *anti*-Phase und, was von besonderer Bedeutung ist, mit den ^{13}C-Resonanzen moduliert. Der $90°_{x'}$-Beobachtungsimpuls im ^{1}H-Kanal kippt $M_H^{C\alpha}$ und $M_H^{C\beta}$ in die $(+y')$- bzw. $(-y')$-Achse, wo sie in der Zeit 2τ refokussieren, vorausgesetzt, τ ist gleich $[4J]^{-1}$. Die beiden gleichzeitig angewandten 180°-Impulse im ^{1}H- und ^{13}C-Kanal nach der Zeit τ dienen dazu, frequenzabhängige Phasenverschiebungen sowie Verluste der Signalintensitäten aufgrund von Feldinhomogenitäten rückgängig zu machen. Da $M_H^{C\alpha}$ und $M_H^{C\beta}$ zum Zeitpunkt der Detektion *in*-Phase sind, kann man während der Detektion den Breitbandentkoppler einschalten und so die C,H-Kopplung eliminieren.

In der Praxis macht man wie bei allen anderen zweidimensionalen Verfahren einzelne Experimente mit verschiedenen t_1-Zeiten, wobei man t_1 in konstanten Schritten von einigen μs, ausgehend von Null bis in den ms-Bereich vergrößert. Die FT eines jeden FID bezüglich t_2 ergibt jeweils das Frequenzspektrum F_2 mit der Information über ^{1}H-chemische Verschiebungen und Kopplungskonstanten. Eine zweite FT bezüglich t_1 liefert dann das zweidimensionale Spektrum mit den Korrelationspeaks bei ν_C/ν_H. In Abbildung 9-25 ist das mit dieser Methode aufgenommene zweidimensionale C,H-korrelierte Spektrum des Neuraminsäurederivats **1** abgebildet. Es zeigt am linken Rand das eindimensionale 400 MHz-^{1}H-NMR-Spektrum und am oberen Rand die Projektion des 2D-Spektrums. Die Lagen der projezierten Signale entsprechen denjenigen des eindimensionalen ^{13}C-NMR-Spektrums. Ein Vergleich mit Abbildung 9-16 läßt die vollständige Übereinstimmung des *normalen* und *inversen* zweidimensionalen Spektrums erkennen. Der wesentliche Unterschied betrifft vor allem die praktische Durchführung des Experimentes, denn die Meßzeit wurde auf ca. ein Sechstel reduziert bei gleichzeitiger Verringerung der Konzentration auf weniger als ein Drittel! Verzichtet man auf eine gute Auflösung, kann man von der gleichen Substanzmenge sogar schon in 5 Minuten ein gut interpretierbares C,H-korreliertes NMR-Spektrum erhalten.

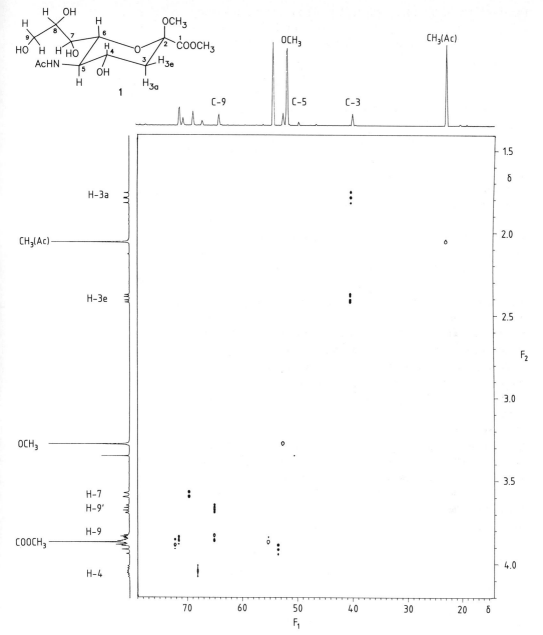

Abbildung 9-25.

Inverses zweidimensionales C,H-korreliertes 400 MHz-NMR-Spektrum des Neuraminsäurederivates **1**. Am linken Rand ist das eindimensionale ^{1}H-NMR-Spektrum, am oberen Rand die Projektion des zweidimensionalen Spektrums auf die F_1-Achse – das ^{13}C-NMR-Spektrum – abgebildet. Das Spektrum ist direkt vergleichbar mit dem von Abbildung 9-16, wobei hier die Ordinate der F_2-Achse (^{1}H-Resonanzen) und die Abszisse der F_1-Achse (^{13}C-Resonanzen) entspricht.

(*Experimentelle Bedingungen:* 9,6 mg Substanz in 0,5 ml D_2O; 5 mm-Probe; 512 Experimente mit jeweils um 38 μs verlängerten t_1-Zeiten, jeweils 4 NS und 1 K Datenpunkte; Gesamtmeßzeit 1 h. Die Experimente wurden phasensensitiv (TPPI) aufgenommen. Zur besseren Unterdrückung des Hauptsignals wurde vor jedem Durchlauf eine „BIRD"-Sequenz angewandt (s. Abschn. 8.4.3); die Zeit dafür betrug insgesamt ungefähr 1,2 s/Scan als Ersatz für den Relaxationsdelay.)

9.5 Zweidimensionales INADEQUATE-Experiment

[19–21]

In Abschnitt 8.6 wurde das eindimensionale INADEQUATE-Verfahren ausführlich behandelt. Es empfiehlt sich, diesen Abschnitt an dieser Stelle zu wiederholen, denn alles, was dort über Problemstellung, theoretische Grundlagen, praktische Durchführung und Resultate geschrieben wurde, gilt auch hier. Der Unterschied zwischen der ein- und zweidimensionalen INADEQUATE-Impulsfolge besteht darin, daß man bei der zweidimensionalen Version anstelle der kurzen Schaltzeit Δ eine variable Zeit t_1 einschiebt:

$$1\,\mathrm{D}: \quad 90°_{x'} - \tau - 180°_{y'} - \tau - 90°_{x'} - \Delta - 90°_{\phi'} - \mathrm{FID}\,(t_2)$$

$$2\,\mathrm{D}: \quad 90°_{x'} - \tau - 180°_{y'} - \tau - 90°_{x'} - t_1 - 90°_{\phi'} - \mathrm{FID}\,(t_2)$$

Der erste Teil der Impulsfolge (bis einschließlich dem $90°_x$-Impuls) dient wieder der Anregung der Doppelquantenkohärenz. Während t_1 „entwickelt" sich diese Doppelquantenkohärenz, die dann durch den dritten $90°_\phi$-Impuls in beobachtbare Einquantenübergänge, die den ^{13}C-Satelliten entsprechen, umgewandelt wird. Bei der richtigen Wahl von τ erhält man durch FT des FID bezüglich t_2 wie beim eindimensionalen Experiment das Satellitenspektrum, das heißt, für jedes Paar direkt benachbarter ^{13}C-Kerne A und X zwei Dubletts. Die Hauptsignale, die den isolierten ^{13}C-Kernen entsprechen, sind unterdrückt. Die mathematische Beschreibung ergibt, daß die Satellitensignale als Funktion von t_1 mit der Summe der zwei Resonanzfrequenzen der beiden koppelnden ^{13}C-Kerne $(\nu_A + \nu_X)$ moduliert sind. (Dies läßt sich nicht mehr anschaulich darstellen.)

Das zweidimensionale Experiment umfaßt n Messungen mit n verschiedenen t_1-Werten, wobei die Schrittweite einige μs beträgt. Durch die zweite FT aller F_2-Spektren bezüglich t_1 erhält man im zweidimensionalen Spektrum Signale, deren Koordinaten auf der F_1-Achse den Doppelquanten-Frequenzen $(\nu_A + \nu_X)$ entsprechen und auf der F_2-Achse den Frequenzen ν_A und ν_X. Bedingt durch das Verfahren mißt man jedoch auf der F_1-Achse nicht direkt die Frequenz $(\nu_A + \nu_X)$, sondern eine Frequenz, die auf die Impulsgenerator-Frequenz ν_1 bezogen ist ($\nu_{gem} = \nu_A + \nu_X - 2\,\nu_1$) und im Bereich von maximal einigen kHz liegt. Da uns diese Doppelquanten-Frequenzen nicht interessieren, gehen wir hier nicht weiter darauf ein. Wichtig ist, daß für *einen* bestimmten F_1-Wert die Satellitenspektren der *beiden* gekoppelten ^{13}C-Kerne zu erkennen sind, das heißt, man findet beim gleichen F_1-Wert zwei Dubletts. Dabei ist im allgemeinen der Wert der C,C-Kopplungskonstanten J(C,C) Nebensache, Ziel des Experimentes ist, die Nachbarschaftsbeziehungen *(connectivities)* aufzuklären, die Signale koppelnder Kerne zu erkennen und im ^{13}C-NMR-Spektrum zuzuordnen. Besser als Worte zeigt dies folgendes Beispiel.

In Abbildung 9-26 ist das zweidimensionale 100,6 MHz-^{13}C-INADEQUATE-Spektrum des Neuraminsäurederivates **1** im Bereich von δ = 10 bis 110 wiedergegeben. Das Spektrum am oberen Rand entspricht der Projektion des zweidimensionalen Spektrums auf die F_2-Achse. Für jedes C-Atom erscheint ein Dublett, die zwei Satellitensignale. Die Hauptsignale lägen in der Mitte dieser Dubletts.

○ Gehen wir bei der Analyse vom Signal bei δ = 100,32 aus, das eindeutig dem quartären C-Atom C-2 zugeordnet und in Abbildung 9-26 mit ② bezeichnet ist. Beim gleichen F_1-Wert finden wir ein weiteres Signal ③ bei δ = 40,31 (auf der F_2-Achse), das die Verknüpfung mit C-3 anzeigt. Im Spektrum sind ② und ③ durch eine gestrichelte, waagerechte Linie verbunden. Damit ist das Signal bei δ = 40,31 C-3 zugeordnet.

Beim gleichen δ-Wert (auf der F_2-Achse), nur bei einer anderen F_1-Frequenz, erkennen wir ein weiteres Dublett, das uns zum Signal von C-4 führt ④. Dieses Verfahren können wir fortsetzen und so sämtliche Signale zweifelsfrei zuordnen. Selbst die Problemfälle C-6 und C-8 lassen sich lösen: Das Dublett für C-6 findet man leicht über die Kopplung mit C-5 ($\delta \approx$ 53) und das für C-8 über die Kopplung mit C-9.

Die Interpretation läßt sich noch vereinfachen, wenn man die AB- bzw. AX-Satellitenspektren für die entsprechenden F_1-Werte getrennt ausschreibt, wie dies in Abbildung 9-27 geschehen ist. Man erkennt, daß die Auflösung in der F_1-Achse nicht ganz ausreicht, um die Satelliten der drei Paare 2/3, 6/7 und 7/8 vollständig zu trennen. Doch läßt sich das Paar 2/3 aufgrund der chemischen Verschiebungswerte sofort problemlos zuordnen, und auch die anderen beiden Paare sind gut anhand der Intensitätsunterschiede zwischen den zusammengehörenden AX-Spektren zu identifizieren.

Als weitere Zuordnungshilfe dient die Tatsache, daß die Zentren aller in Abbildung 9-26 durch die waagerechten Linien verbundenen Dublett-Paare auf einer Geraden liegen.

Bei der bisherigen Diskussion des zweidimensionalen INADEQUATE-Verfahrens blieben nahezu alle experimentellen Einzelheiten unerwähnt; denn es sollte nur die Aussagekraft dieser Methode herausgestellt werden. Abschließend muß aber – bei allen Vorteilen, die diese neue Methode bietet – auch ihr großer Nachteil erwähnt werden. Nicht zuletzt, weil es keinen Intensitätsgewinn durch Polarisationstransfer wie bei anderen zweidimensionalen Experimenten gibt, sind 2 D-INADEQUATE-Experimente außerordentlich zeitinten-

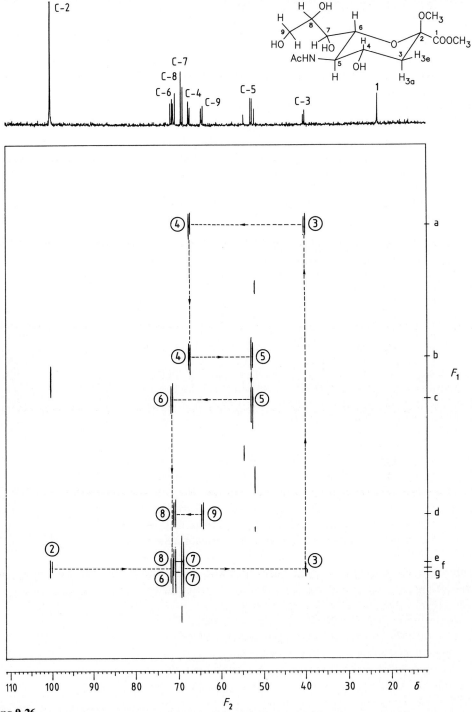

Abbildung 9-26.
Ausschnitt aus dem zweidimensionalen ¹H-BB-entkoppelten 100,6 MHz-¹³C-INADEQUATE-Spektrum des Neuraminsäurederivates **1** ($\delta = 10$–110). Am oberen Rand ist die Projektion des 2 D-Spektrums auf die F_2-Achse abgebildet. Die waagerechten Hilfslinien verbinden die Dubletts von Paaren koppelnder ¹³C-Kerne. Die Zahlen an den Signalen entsprechen der Numerierung der C-Atome in **1**. Ausgehend von C-2 lassen sich – den waagerechten und senkrechten Linien in Pfeilrichtung folgend – alle ¹³C-Resonanzen eindeutig zuordnen.

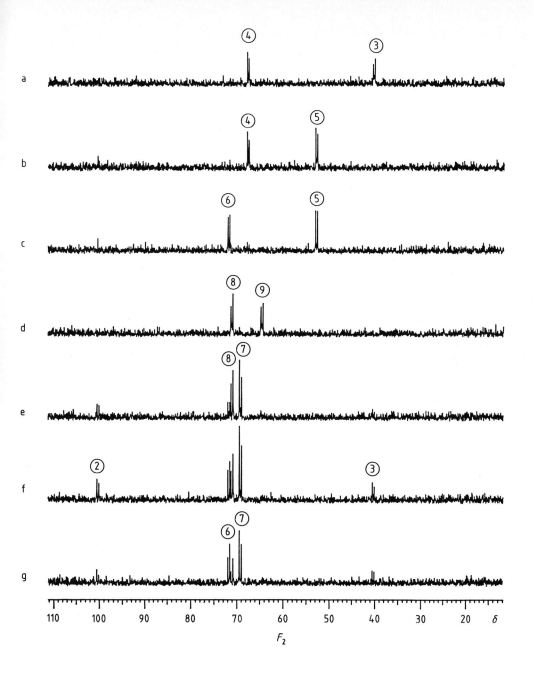

Abbildung 9-27.

Darstellung einzelner F_2-Spektren für definierte F_1-Werte aus dem 2 D-INADEQUATE-Experiment für **1**. Die abgebildeten Spuren a bis g wurden so gewählt, daß immer ein AB- bzw. AX-Satellitenspektrum für ein Paar koppelnder ^{13}C-Kerne zu sehen ist. In Abbildung 9-26 sind die F_1-Werte eingezeichnet, die a bis g entsprechen. Wie den Spuren e, f und g zu entnehmen ist, reicht die Auflösung in der F_1-Achse nicht ganz aus, um die Paare 2/3, 6/7 und 7/8 vollständig zu trennen.

(*Experimentelle Bedingungen:* 167 mg Substanz in 2,3 ml D_2O; 10 mm-Probe; 128 Experimente mit jeweils um 50 µs verlängerten t_1-Zeiten; jeweils 576 NS; Gesamtmeßzeit 66 h).

siv. Selbst mit den empfindlichsten Geräten und hohen Konzentrationen (200–500 mg in 2 ml Lösungsmittel!) braucht man bei optimal eingestellten Parametern (90°-, 180°-Impuls, τ) mindestens eine Nacht pro Messung. Über das zweidimensionale INADEQUATE-Spektrum lassen sich dann aber mit diesem einen Experiment oft alle Signale zuordnen, wie unser Beispiel zeigte.

Auch hier ist die Entwicklung noch lange nicht abgeschlossen.

9.6 Zusammenfassung der Kapitel 8 und 9

In Tabelle 9-3 ist zusammengefaßt, welche Informationen man mit Hilfe der in den Kapiteln 8 und 9 besprochenen Verfahren gewinnen kann. Dies soll den Vergleich der verschiedenen Verfahren erleichtern.

In den Tabellen 9-4 und 9-5 sind die Ergebnisse aller Experimente zusammengefaßt, die dazu beigetragen haben, die ^{1}H- und ^{13}C-NMR-Spektren des in den Kapiteln 8 und 9 als Testmolekül verwendeten Neuraminsäurederivates **1** vollständig zuzuordnen.

Tabelle 9-3.
Welches Experiment liefert welche Information?

Experiment	Untersuchte Kerne	Information und Anwendung
Eindimensionale Verfahren (1 D)		
J-moduliertes Spin-Echo (Attached Proton Test, APT)	^{13}C	CH- und CH_3-Gruppen ergeben Signale mit positiver, quartäre C und CH_2-Gruppen solche mit negativer Amplitude. Zuordnungshilfe
INEPT – Refokussiertes INEPT – – ohne BB-Entkopplung	^{13}C	CH- und CH_3-Gruppen ergeben Dubletts bzw. Quartetts mit positiver Amplitude, CH_2-Gruppen Tripletts mit negativer Amplitude; für quartäre C gibt es kein Signal.
– – mit BB-Entkopplung	^{13}C	Für CH- und CH_3-Gruppen Singuletts mit positiver, für CH_2-Gruppen solche mit negativer Amplitude. Zuordnungshilfe
– inverses INEPT	$^{13}C/^{1}H$	^{13}C-Satelliten
DEPT	^{13}C	Zahl der direkt an C gebundenen H-Atome: CH, CH_2, CH_3 Vorteil gegenüber der Off-Resonanz-Technik: Keine Probleme bei eng zusammenliegenden Signalen; Intensitätsgewinn durch Polarisationstransfer
1 D-INADEQUATE	^{13}C	C,C-Kopplungskonstanten
Zweidimensionale Verfahren (2 D)		
Heteronukleare *J*-aufgelöste ^{13}C-NMR-Spektroskopie	^{13}C	C,H-Kopplungskonstanten, Zahl der direkt gebundenen H-Atome (wie bei DEPT)
Homonukleare *J*-aufgelöste ^{1}H-NMR-Spektroskopie	^{1}H	Bestimmung von δ-Werten in komplizierten Spektren, Auffinden von Linien eines Multipletts
(H,C)-korrelierte NMR-Spektroskopie (H,C-COSY)	^{1}H, ^{13}C	Zuordnung von Signalen im ^{1}H- und ^{13}C-NMR-Spektrum, ausgehend von bekannten Signalen
(H,H)-korrelierte NMR-Spektroskopie (H,H-COSY)	^{1}H	Zuordnung in komplizierten Spektren
H-Relayed-(H,C)-COSY	^{1}H, ^{13}C	Zuordnung über Korrelationen von Kernen, die *nicht skalar* gekoppelt sind
H-Relayed-(H,H)-COSY	^{1}H	Zuordnung *nicht skalar* miteinander koppelnder Protonen über vier bis sechs Bindungen hinweg
Inverse (C,H)-korrelierte NMR-Spektroskopie (*inverses* C,H-COSY)	$^{13}C/^{1}H$	Wie H,C-COSY
Austausch-Spektroskopie; NOESY	^{1}H	Qualitativer Nachweis des Austauschs; Nachweis der räumlichen Nachbarschaft von Kernen
2 D-INADEQUATE	^{13}C	Zuordnung über den Nachweis benachbarter, koppelnder ^{13}C-Kerne

Tabelle 9-4.

^{1}H-chemische Verschiebungen für **1** und Überblick über die für die Zuordnung der Signale verwendeten ein- und zweidimensionalen NMR-Experimente (×: sicher zugeordnet; (×): Zuordnung sehr wahrscheinlich).

H-Atom	δ-Wert[a]	δ, M[b]	(H,H)-COSY	(H,C)-COSY	(H,C)-Relayed
H-3a	1,787	×	×	×	×
H-3e	2,385	×	×	×	×
H-4	4,040	(×)	×	×	×
H-5	3,918		×	×[e]	×
H-6	3,873				×[f]
H-7	3,586	(×)		×	
H-8	3,861		×[c]		×[f]
H-9	3,843		×[d]	×	×[f]
H-9′	3,669	(×)		×	×
CH$_3$ (Ac)	2,053	×			
OCH$_3$ (Ketosid)	3,279	×			
OCH$_3$ (Ester)	3,872	×			

[a] Die in der Tabelle angegebenen δ-Werte wurden durch eine exakte Spektrenanalyse und Spektrensimulation ermittelt (Abschn. 4.6). [b] Zugeordnet aufgrund der chemischen Verschiebungen (δ) und der Multiplizitäten (M). [c]–[e] Folgende Zuordnungen müssen als richtig vorausgesetzt werden: c) H-7; d) H-9′; e) C-5. [f] Das Experiment liefert nur die ungefähren Lagen der entsprechenden Signale.

Tabelle 9-5.

^{13}C-chemische Verschiebungen für **1** und Überblick über die für die Zuordnung verwendeten ein- und zweidimensionalen NMR-Experimente (×: sicher zugeordnet; (×): Zuordnung sehr wahrscheinlich).

C-Atom	δ-Wert[a]	δ[b]	DEPT; C,H-J-aufgel. ^{13}C-NMR	(H,C)-COSY	H-Relayed-(H,C)-COSY	2D-INADEQUATE
C-1	171,70	(×)		—	—	
C-2	100,32	×		—	—	×
C-3	40,31	×		×	×	×
C-4	67,51			×[c]	×	×
C-5	52,83	×	×		×	×
C-6	71,67				×[e]	×
C-7	69,18			×[d]	×	×
C-8	70,98				×	×
C-9	64,50		×	×	×	×
C=O (Ac)	175,93	(×)				
CH$_3$ (Ac)	23,20	×		×		
OCH$_3$ (Ketosid)	52,12			×		
OCH$_3$ (Ester)	54,65			×		

[a] Experimentelle Werte. [b] Zugeordnet aufgrund der chemischen Verschiebungen (δ). [c]–[d] Folgende Zuordnungen müssen als richtig vorausgesetzt werden: c) H-4; d) H-7. [e] Indirekt bestimmt, da C-8 eindeutig zugeordnet.

9.7 Literatur zu Kapitel 9

[1]   R.R. Ernst, G. Bodenhausen and A. Wokaun: *Principles of Nuclear Magnetic Resonance in One and Two Dimensions.* Clarendon Press, Oxford 1986.

[2]   L. Müller, A. Kumar and R.R. Ernst, *J. Chem. Phys. 63* (1975) 5490.

[3]   G. Bodenhausen, R. Freeman and D.L. Turner, *J. Chem. Phys. 65* (1976) 839.

[4]   W.P. Aue, J. Karhan and R.R. Ernst, *J. Chem. Phys. 64* (1976) 4226.

[5]   A.A. Maudsley, L. Müller and R.R. Ernst, *J. Magn. Reson. 28* (1977) 463.

[6]   G. Bodenhausen and R. Freeman, *J. Magn. Reson. 28* (1977) 471.

[7]   R. Freeman and G.A. Morris, *J. Chem. Soc. Chem. Commun. 1978*, 684.

[8]   A. Bax and R. Freeman, *J. Magn. Reson. 44* (1981) 542.

[9]   G. Eich, G. Bodenhausen and R.R. Ernst, *J. Amer. Chem. Soc. 104* (1982) 3731.

[10]   P.H. Bolton, *J. Magn. Reson. 48* (1982) 336.

[11]   P.H. Bolton and G. Bodenhausen, *Chem. Phys. Lett. 89* (1982) 139.

[12]   H. Kessler, M. Bernd, H. Kogler, J. Zarbock, O.W. Sorensen, G. Bodenhausen and R.R. Ernst, *J. Amer. Chem. Soc. 105* (1983) 6944.

[13]   L. Braunschweiler and R.R. Ernst, *J. Magn. Reson. 53* (1983) 521.

[14]   J. Jeener, B.H. Meier, P. Bachmann and R.R. Ernst, *J. Chem. Phys. 71* (1979) 4546.

[15]   A. Kumar, R.R. Ernst and K. Wüthrich, *Biochem. Biophys. Res. Commun. 95* (1980) 1.

[16]   A. Kumar, G. Wagner, R.R. Ernst and K. Wüthrich, *Biochem. Biophys. Res. Commun. 96* (1980) 1156.

[17]   G. Bodenhausen and D.J. Ruben, *Chem. Phys. Lett. 69* (1980) 185.

[18]   A. Bax, R.H. Griffey and B.L. Hawkins, *J. Magn. Reson. 55* (1983)301.

[19]   A. Bax, R. Freeman and S.P. Kempsell, *J. Amer. Chem. Soc. 102* (1980) 4849.

[20]   A. Bax, R. Freeman, T.A. Frenkiel and M.H. Levitt, *J. Magn. Reson. 43* (1981) 478.

[21]   A. Bax, R. Freeman and T.A. Frenkiel, *J. Amer. Chem. Soc. 103* (1981) 2102.

Ergänzende und weiterführende Literatur:

A. Bax: *Two-Dimensional Nuclear Magnetic Resonance in Liquids.* Reidel, Dordrecht 1982.

R. Benn und H. Günther: „Moderne Pulsfolgen in der hochauflösenden NMR-Spektroskopie" in *Angew. Chem. 95* (1983) 381.

W. R. Croasmun and R. M. K. Carlson (eds.): *Two-Dimensional NMR-Spectroscopy Applications for Chemists and Biochemists.* VCH Publishers, Deerfield Beach 1987.

R. R. Ernst, G. Bodenhausen and A. Wokaun: *Principles of Nuclear Magnetic Resonance in One and Two Dimensions.* Clarendon Press, Oxford 1986.

W. McFarlane and D. S. Rycroft: „Multiple Resonance" in G. A. Webb (ed.): *Annual Reports on NMR Spectroscopy 16* (1985) 293.

R. Freeman and G. A. Morris, *Bull. Magn. Reson. 1* (1979) 5. Academic Press New York 1985.

H. Kessler, M. Gehrke und C. Griesinger: „Zweidimensionale NMR-Spektroskopie, Grundlagen und Übersicht über die Experimente" in *Angew. Chem. 100* (1988) 507.

D. Neuhaus and M. Williamson: *The Nuclear Overhauser Effect in Structural and Conformational Analysis.* VCH Publishers, New York 1989.

10 Kern-Overhauser-Effekt

10.1 Einführung

Im Zusammenhang mit den ^{1}H-Entkopplungstechniken in der ^{13}C-NMR-Spektroskopie wurde bereits verschiedentlich auf den Kern-Overhauser-Effekt, kurz den NOE *(Nuclear Overhauser Effect)*, hingewiesen. Durch ihn können ^{13}C-NMR-Signale bis zu 200 % an Intensität zunehmen, wenn man die C,H-Kopplung durch ^{1}H-BB-Entkopplung unterdrückt. Diese positive Begleiterscheinung der Entkopplung trägt wesentlich dazu bei, daß ^{13}C-NMR-Spektren routinemäßig aufgenommen werden können.

Keineswegs aber läßt sich der NOE nur an heteronuklearen Systemen beobachten, vielmehr sind gerade die Ergebnisse von NOE-Messungen an homonuklearen Systemen, besonders in der ^{1}H-NMR-Spektroskopie, für die Strukturaufklärung von großer Bedeutung. Drei Beispiele sollen dies belegen.

○ Anet und Bourn [1] beschrieben 1965 folgendes Entkopplungsexperiment: In Verbindung **1**, einem „Halbkäfig", sind sich die beiden Protonen H^A und H^B räumlich sehr nahe. Sättigt man die Resonanz von H^A, nimmt die Signalintensität von H^B um 45 % zu. (Hier und in allen weiteren Beispielen zeigt in den Formelbildern der Pfeil stets vom gesättigten zum beobachteten Kern.)
○ Das zweite Beispiel betrifft Dimethylformamid (**2**), in dem die beiden Methylgruppen infolge gehinderter Drehbarkeit um die Amidbindung nicht äquivalent sind (Abb. 11-1; Kap. 11). Man beobachtet daher zwei Methylsignale bei $\delta = 2,79$ und 2,94 und zusätzlich ein Singulett für das Formylproton bei $\delta \approx 8,0$. Es ist jedoch nicht eindeutig, welches Methylsignal welcher Methylgruppe zuzuordnen ist. Sättigt man durch Einstrahlen das bei $\delta = 2,94$ liegende Methylsignal, so nimmt die Intensität des Signals des Formylprotons um 18 % zu. Sättigt man das andere Methylsignal, nimmt sie um 2 % ab.
○ Für 3-Methylcrotonsäure (**3**) erhält man ganz ähnliche Werte wie für Dimethylformamid (**2**).

Worauf beruht dieser Effekt? Warum ändern sich die Signalintensitäten unter diesen experimentellen Bedingungen? Sind quantitative Aussagen möglich? Wo liegen die Anwendungsmöglichkeiten?

Diese Fragen werden in den folgenden Abschnitten beantwortet.

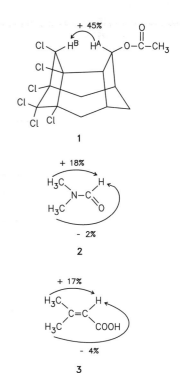

10.2 Theoretische Grundlagen

Eine Erklärung für die experimentellen Befunde bietet die Theorie des Overhauser-Effektes, eine Theorie, die ursprünglich für die wechselseitige Beeinflussung der magnetischen Momente von Kernen und Elektronen entwickelt wurde. Um das Prinzip zu verstehen und die Verhältnisse möglichst anschaulich wiedergeben zu können, beschränken wir uns bei der Ableitung zunächst auf das Zweispinsystem.

10.2.1 Zweispinsystem

Durch den NOE ändern sich die Signalintensitäten! Das ist kurz zusammengefaßt das Ergebnis aller Experimente. Erinnern wir uns daran, wovon die Intensität eines NMR-Signals abhängt. Abschnitt 1.4.1 zeigte, daß sie proportional zum Besetzungsunterschied der beiden Energieniveaus ist, zwischen denen der Kernresonanzübergang erfolgt. Zur Veranschaulichung ist in Abbildung 10-1 A das Energieniveauschema für ein Zweispinsystem AX wiedergegeben; bei A und X kann es sich um Protonen – wie in unseren Beispielen – oder auch um verschiedene Kerne handeln. Sie sollen aber nicht skalar gekoppelt sein, das heißt, $J_{AX} = 0$. Im Prinzip ist diese Annahme nicht notwendig, doch der Effekt läßt sich so einfacher erklären und verstehen.

Die Übergänge zwischen den Niveaus 1 und 3 sowie 2 und 4 sind solche der A-Kerne, zwischen 1 und 2 sowie 3 und 4 solche der X-Kerne. Diese Übergänge sind erlaubt und meßbar

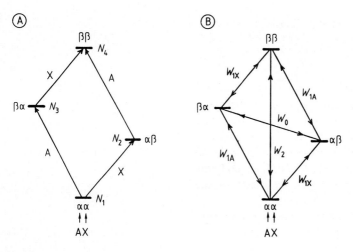

Abbildung 10-1.
Energieniveauschemata für ein AX-Zweispinsystem mit $J_{AX} = 0$. A: Die Frequenzen für die beiden A-Übergänge sind gleich; dasselbe gilt für die beiden X-Übergänge. (N_1 bis N_4 Besetzungszahlen der Energieniveaus). B: In das Energieniveauschema sind die Wahrscheinlichkeiten W für die sechs erlaubten Übergänge durch Relaxationsvorgänge eingezeichnet, wobei W_1 Einquantenübergängen, W_0 Null- und W_2 Doppelquantenübergängen entsprechen.

(Abschn. 4.3). Da nach Voraussetzung J_{AX} gleich Null ist, beobachtet man im NMR-Spektrum für A- und X-Kerne je ein Singulett, deren Intensitäten von den entsprechenden Besetzungsunterschieden im Gleichgewichtszustand bestimmt werden.

Beim NOE-Experiment, bei dem man kontinuierlich die Übergänge eines Kernes sättigt (zum Beispiel von A), werden offensichtlich Besetzungsverhältnisse geschaffen, die nicht mehr dem Gleichgewicht entsprechen, denn sonst dürften sich die Signalintensitäten für den X-Kern nicht ändern. Wie bei jeder Störung strebt das System danach, durch Spin-Gitter-Relaxation möglichst den Gleichgewichtszustand wieder herzustellen. Wie in Abschnitt 7.2.1 ausgeführt, relaxiert das Spinsystem bevorzugt nach einem dipolaren Mechanismus. Die Theorie besagt nun, daß der NOE und die DD-Relaxationsprozesse eng zusammenhängen.

Doch betrachten wir das Energieniveauschema B in Abbildung 10-1. Im Unterschied zu A sind zwischen den Energieniveaus nicht Übergänge eingezeichnet, sondern Übergangswahrscheinlichkeiten W für die möglichen und nach der Theorie auch erlaubten Relaxationsvorgänge.

Die vier Wahrscheinlichkeiten W_1 entsprechen Einquantenübergängen, sie gelten für die Relaxationsprozesse, die wir bisher im NMR-Experiment als Spin-Gitter-Relaxation (T_1) beobachteten. Neu sind die beiden Übergänge $4-1$ und $3-2$; W_2 und W_0 geben die Wahrscheinlichkeiten an, mit denen das Zweispinsystem über Doppel- bzw. Nullquantenübergänge relaxiert. Diese Übergänge, für die Δm Zwei bzw. Null ist, lassen sich nicht durch elektromagnetische Wellen anregen, sie sind verboten und daher auch nicht im NMR-Spektrum beobachtbar (Abschn. 1.4.1). Bei der Relaxation sind dagegen beide erlaubt. Laut Theorie kann sogar W_2 größer sein als W_1! Außerdem werden W_2 und W_0 nahezu ausschließlich durch die DD-Relaxation bestimmt. Sollten noch andere Mechanismen außer den dipolaren zur Relaxation beitragen, beeinflussen diese vor allem W_1.

Nach diesen grundsätzlichen Ausführungen wollen wir anhand von Abbildung 10-2 versuchen, den NOE rein qualitativ am Beispiel des Zweispinsystems AX (A = ^{1}H; X = ^{13}C) zu verstehen.

In Abbildung 10-2 ist die Balkenstärke ein Maß für die Besetzung der Niveaus. Schema A stellt den Ausgangszustand dar, die Besetzungszahlen N_1 bis N_4 entsprechen den Gleichgewichtswerten. Sättigt man die A-Übergänge, deren Frequenzen gleich sind (da $J_{AX} = 0$), werden die Niveaus 1 und 3 und auch 2 und 4 gleichbesetzt: $N_{1'} = N_{3'}$ und $N_{2'} = N_{4'}$. Im Schema B sind formal die Anteile durch schwarze Balken markiert, die von N_1 und N_2 auf N_3 und N_4 übertragen wurden.

Die Änderungen der Besetzungszahlen haben keinen Einfluß auf die Gesamtintensität des Signals von X, da die Intensi-

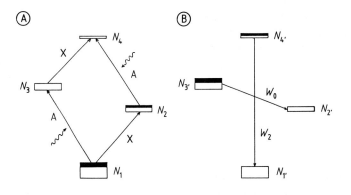

Abbildung 10-2.
Änderung der Besetzungsverhältnisse beim NOE-Experiment. Das
Energieniveauschema A gibt den
Ausgangszustand an, B den
Zustand bei Sättigung der energie-
gleichen A-Übergänge. Die Bal-
kenstärken stellen ein Maß für die
Besetzungszahlen N_1 bis N_4 bzw.
N_1' bis N_4' dar. Eingezeichnet sind
nur W_2 und W_0, die Übergangswahrscheinlichkeiten für Doppel-
und Nullquantenübergänge durch
Relaxation.

tät nur von der Gesamtmagnetisierung M_X abhängt, und M_X
wird nicht beim Sättigen der A-Übergänge betroffen. Durch
die erlaubten Relaxationswege gemäß W_2 und W_0 stellt sich
ein neues Gleichgewicht mit einer neuen Besetzungsverteilung
ein. Vergleichen wir die beiden Schemata A und B, so läßt sich
rein qualitativ verstehen, wie die beiden Relaxationsprozesse
W_2 und W_0 die Signalintensitäten beeinflussen. Es fällt auf:
$N_1' < N_1$ und $N_4' > N_4$. Daraus folgt: Das Besetzungsverhältnis
N_1'/N_4' ist kleiner als das Gleichgewichtsverhältnis N_1/N_4.
Die Relaxation gemäß W_2 wird versuchen, N_1' auf Kosten
von N_4' zu vergrößern. Dadurch werden die für die Intensität
der X-Übergänge verantwortlichen Besetzungsunterschiede
$N_1' - N_2'$ und $N_3' - N_4'$ vergrößert. Dies ist gleichbedeutend
mit einem Intensitätsgewinn, einer Signalverstärkung. Die
Relaxation gemäß W_0 versucht dagegen, N_2' auf Kosten von
N_3' zu erhöhen. Dadurch werden die Differenzen $N_1' - N_2'$ und
$N_3' - N_4'$ verkleinert, was zu kleineren Intensitäten führt. Beide
Relaxationsprozesse zusammen ergeben die Verstärkung
durch den Kern-Overhauser-Effekt. Je nachdem wie groß die
Beiträge von W_2 und W_0 sind, kann somit die Intensität zu-
oder abnehmen. Aber wann wird W_2, wann W_0 überwiegen?

Bei kleinen Molekülen mit kurzen Korrelationszeiten τ_C
dominiert W_2, das heißt, man findet einen positiven NOE. In
Molekülen mit längeren Korrelationszeiten τ_C – zum Beispiel
in Makromolekülen – wird dagegen W_0 effektiver. Diese
Abhängigkeit der Übergangswahrscheinlichkeiten W_2 und W_0
von den Korrelationszeiten wird verständlich, wenn man
bedenkt, daß die fluktuierenden magnetischen Felder für den
Doppelquantenübergang Frequenzen mit der Summe der
Larmor-Frequenzen von ν_A und ν_X enthalten müssen, während
für den Nullquantenübergang viel kleinere Frequenzen ausreichen. Diese Aussage hat eine wichtige praktische Konsequenz:
Die Signalverstärkung durch den NOE ist vom Magnetfeld
abhängig! Seit in der NMR-Spektroskopie die Hochfeldspek-
trometer eingeführt sind, beobachtet man weit häufiger „negative Verstärkungen" als früher.

Der enge Zusammenhang zwischen DD-Relaxation und NOE läßt uns verstehen, warum der NOE vom Abstand abhängt, denn DD-Wechselwirkungen nehmen mit der sechsten Potenz des Abstandes ab.

10.2.2 Verstärkungsfaktor

Unter der vernünftigen Annahme, daß sich die Kerne rasch umorientieren (kurzes τ_C), und daß sie zu 100 % nach einem dipolaren Mechanismus relaxieren, liefert die Theorie einen Faktor η (Gl. (10-1)), der angibt, um wieviel ein Signal durch den NOE verstärkt wird:

$$\eta = \frac{\gamma_A}{2\,\gamma_X} \quad \begin{array}{l} \leftarrow \text{A gesättigt} \\ \leftarrow \text{X beobachtet} \end{array} \qquad (10\text{-}1)$$

Im Experiment wird der X-Kern beobachtet und die Resonanzen des A-Kernes gesättigt. γ ist das gyromagnetische Verhältnis. Für die Gesamtintensität I gilt Gleichung (10-2):

$$I = (1 + \eta)\,I_0 \qquad (10\text{-}2)$$

I_0 entspricht der Signalintensität ohne NOE, und $(1 + \eta)$ ist der Verstärkungsfaktor.

Mit den in Tabelle 1-1 (Kap. 1) angegebenen gyromagnetischen Verhältnissen kann man nach Gleichung (10-1) für verschiedene Kernkombinationen die Faktoren η ausrechnen. Die so ermittelten Werte stellen Maximalwerte dar, die praktisch nie erreicht werden.

Beispiele:
○ Wie groß ist der Faktor η für ^{13}C-NMR-Signale, wenn sie unter ^{1}H-BB-Entkopplung gemessen werden?
Aus Tabelle 1-1 entnehmen wir: $\gamma(^1\text{H}) \approx 4\,\gamma(^{13}\text{C})$. Damit wird $\eta \approx 2$ (genau 1,98). Das heißt, die ^{13}C-NMR-Signale nehmen, wie bereits erwähnt, um maximal 200 % zu, ihre Intensität wächst von 1 auf 3 an.
○ Welcher Faktor wäre zu erwarten, wenn man die ^{1}H-NMR-Signale beobachten wollte und gleichzeitig die Resonanzen der ^{13}C-Kerne sättigen würde? In der Praxis ist ein solches Experiment unrealistisch, es sei denn, wir würden eine ^{13}C-angereicherte Probe messen. Nach Gleichung (10-1) berechnen wir: $\eta = 0{,}125$; die ^{1}H-Signale nähmen um 12,5 % zu.

Aus diesen beiden Experimenten – ^{13}C$\{^1$H$\}$ und ^{1}H$\{^{13}$C$\}$ – schließen wir:
Beim heteronuklearen NOE-Experiment soll möglichst der empfindliche Kern, der Kern mit dem großen γ, gesättigt und der unempfindliche Kern beobachtet werden.

○ Wie groß ist der maximale Faktor η im homonuklearen NOE-Experiment? Von praktischer Bedeutung sind fast ausschließlich Experimente in der ^{1}H-NMR-Spektroskopie. Mit $\gamma_A = \gamma_X$ ergibt sich nach Gleichung (10-1) $\eta = 0,5$. Die Intensität kann maximal um 50 % zunehmen.

○ Wie wirkt sich ein negatives Vorzeichen von γ aus? In der Praxis tritt dieser Fall ein, wenn man ^{15}N-Resonanzen bei gleichzeitiger ^{1}H-BB-Entkopplung mißt. Da sich die γ-Werte von ^{1}H und ^{15}N um nahezu den Faktor 10 unterscheiden, ist nach Gleichung (10-1) auch der maximale Faktor η mit ungefähr -5 besonders groß und zudem negativ! Das negative Vorzeichen kann zu Komplikationen führen. Sollte zufällig infolge molekularer oder experimenteller Gegebenheiten der Faktor η gerade gleich -1 sein, verschwindet im ^{15}N-NMR-Spektrum das Signal (Gl. 10-2)! Das negative Vorzeichen ist auch der Grund dafür, warum in vielen ^{15}N-NMR-Spektren die Signale mit einer negativen Amplitude abgebildet sind, obwohl sie phasenrichtig aufgenommen wurden.

10.2.3 Mehrspinsysteme

Es bleibt noch zu klären, welchen Einfluß der NOE auf die Signalintensitäten von Mehrspinsystemen hat. Dabei sind zwei Ergebnisse erwähnenswert:

● Im homonuklearen Fall – der allein von praktischer Bedeutung ist – kann der Faktor η maximal 0,5 sein.

● In Mehrspinsystemen sind negative Beiträge zum NOE möglich, Beiträge, die nichts mehr mit dem oben besprochenen Relaxationsprozeß gemäß W_0 zu tun haben.

Wie ist das möglich? Es sei noch einmal daran erinnert: Ein Signal wird dann verstärkt – oder geschwächt –, wenn durch irgendeinen Vorgang im Spinsystem andere, vom Gleichgewicht abweichende Besetzungsverhältnisse geschaffen werden. In unserem Fall geschah dies durch die Entkopplung. Nehmen wir an, wir hätten ein Dreispinsystem A−B−C. Jeweils die beiden benachbarten Kerne sollen über DD-Wechselwirkungen gekoppelt sein, nicht aber Kern A mit Kern C. Sättigen wir die A-Übergänge, werden für die B-Übergänge über den NOE die Besetzungsverhältnisse verändert, und zwar werden die Intensitäten der Signale von B verstärkt. Für die DD-Wechselwirkungen von B mit C gilt jetzt aber der neue, vom Gleichgewicht abweichende Spinzustand. Folglich ändert sich bei Sättigung von A durch den NOE auf indirektem Weg über B auch die Intensität von C. Dieser *indirekte NOE* ist negativ. Wir werden im nächsten Abschnitt ein Beispiel kennenlernen.

In diesem Zusammenhang sei auf einen bisher unerwähnten Aspekt hingewiesen: Jedes Spinsystem braucht Zeit, um den NOE auf- und auch abzubauen. Wie schnell das geht, bestimmen die Relaxationszeiten. Diese Tatsache muß man bei allen Experimenten berücksichtigen, bei denen der Intensitätsgewinn durch den NOE ausgenutzt werden soll (Kap. 8 und 9). Der indirekte NOE in Mehrspinsystemen baut sich erst auf, wenn sich der *direkte* NOE bereits entwickelt hat, in unserem Beispiel also zwischen den Kernen A und B. Diese zeitliche Differenz im Auftreten von direktem und indirektem NOE ist manchmal ein Hilfsmittel bei der Lösung von Strukturproblemen.

Durch NOE-Experimente können über den Faktor η Abstände bestimmt werden. Doch sind diese quantitativen Auswertungen des NOE sehr schwierig. Gelegentlich wird auch die Möglichkeit ausgenutzt, über das NOE-Experiment den dipolaren Anteil der Spin-Gitter-Relaxationszeit T_{1DD} zu bestimmen.

10.3 Anwendungen

Als Ergebnis des vorhergehenden Abschnitts halten wir fest: Die Verstärkung durch den NOE hängt vom Abstand der über DD-Wechselwirkungen verknüpften Kerne und von der Korrelationszeit τ_c ab. Aufgrund dieser Tatsache zeichnen sich folgende Anwendungsgebiete ab:
- Aufklärung der Konstitution und Konformation
- Hilfe bei der Zuordnung
- Untersuchungen über die Beweglichkeit von Molekülen.

Die zuletzt aufgeführten Beweglichkeitsstudien klammern wir im folgenden aus. Sie setzen eine ins einzelne gehende quantitative Analyse des gefundenen NOE voraus, ein mit vielen Problemen verbundenes Unterfangen. Mit derartigen Experimenten werden meistens Makromoleküle untersucht, wobei ^{13}C-Resonanzen beobachtet und ^{1}H-Resonanzen gesättigt werden.

Wir beschränken uns auf die beiden ersten Punkte und dabei auf Beispiele aus der ^{1}H-NMR-Spektroskopie mit intramolekularem NOE.

Drei Fälle lernten wir bereits in der Einführung zu diesem Kapitel (10.1) kennen. Der gemessene positive NOE zeigte die räumliche Nachbarschaft von Protonen und Methylgruppen an. In Verbindung **1** wird mit $+45\%$ sogar fast die maximal mögliche Verstärkung von 50% erreicht. Offensichtlich ist in diesem Halbkäfig die DD-Wechselwirkung besonders groß. Beim Dimethylformamid (**2**) und bei der 3-Methylcrotonsäure (**3**) führten die NOE-Experimente zur richtigen Zuordnung der Methylsignale. Da das Signal des isolierten Protons nur dann verstärkt wird, wenn das eine der beiden Methylsignale gesättigt wird, muß dieses jeweils der *cis*-ständigen Methylgruppe zugeordnet werden.

Hatte man bei diesen schon vor langer Zeit mit dem CW-Verfahren durchgeführten NOE-Experimenten noch die Verstärkung der Signale quantitativ angegeben, begnügt man sich bei den neueren Arbeiten zur Strukturaufklärung meistens mit dem qualitativen Nachweis des NOE. Dies hängt mit der beim Impulsverfahren leicht durchführbaren *Differenzspektroskopie* zusammen (Abschn. 10.4). Die weiteren Beispiele machen die vielseitigen Anwendungsmöglichkeiten der NOE-Experimente noch deutlicher.

1. Beispiel:

○ Chlorprothixen (**4**), ein Psychopharmakum, metabolisiert im menschlichen und tierischen Organismus. Wie chemische und massenspektroskopische Untersuchungen ergaben [2], ist im Hauptmetaboliten ein H-Atom an einem der beiden Phenylringe durch eine Hydroxylgruppe substituiert. Nach Analyse des 300 MHz-^{1}H-NMR- Spektrums (Abb. 10-3) muß diese OH-Gruppe in 5- oder 8-Position gebunden sein. Das NOE-Experiment ergab, daß C-5 die richtige Verknüpfungsstelle ist. Sättigen der Resonanzen von H-1′ ($\delta = 5{,}84$), einem Proton der Seitenkette, führte zu einem positiven NOE bei dem Dublett von Dubletts bei $\delta \approx 7{,}02$, das wir aufgrund der chemischen Verschiebung und des Kopplungsmusters nur H-5 oder H-8 zuordnen konnten (Aufspaltung durch eine *o*- und eine *m*-Kopplung).

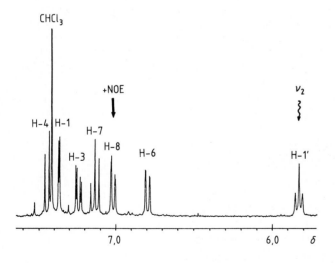

Abbildung 10-3.
Ausschnitt aus dem zugeordneten 300 MHz-^{1}H-NMR-Spektrum von Chlorprothixen (**4**) in CDCl$_3$. Durch Sättigen der Resonanzen von H-1′ ($\delta = 5{,}84$) nimmt die Intensität des Dubletts von Dubletts bei $\delta = 7{,}02$ durch den NOE zu.

Das Experiment bewies außerdem die *Z*-Konfiguration der Seitenkette. Läge das Molekül in der *E*-Konfiguration vor, dann sollte die Intensität des H-1-Signales zunehmen. Diesen Effekt findet man beim synthetischen 6-Hydroxy-chlorprothixen (**5**), das von der Synthese her in der *E*-Konfiguration vorliegen sollte. Das Sättigen der H-1′-Resonanz führt tatsächlich zu einer Signalverstärkung des Protons an C-1.

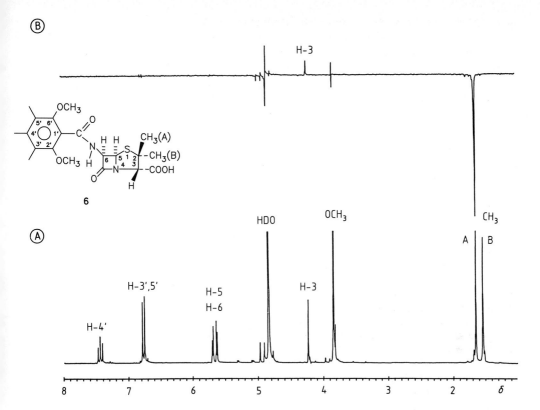

Abbildung 10-4.

A: Zugeordnetes 250 MHz-^{1}H-NMR-Spektrum von Methicillin (**6**) in einer Natriumacetat-Pufferlösung (D$_2$O; pD 7.0). B: NOE-Differenzspektrum von **6**. Beim Sättigen des Methylsignals A ($\delta \approx 1,7$) findet man im NOE-Differenz-Spektrum eine Intensitätszunahme des Signals von H-3 ($\delta \approx 4,25$). Das Signal mit negativer Amplitude im NOE-Differenz-Spektrum zeigt an, welche Frequenz eingestrahlt wurde. Starke Signale, wie die Restsignale vom Lösungsmittel (HDO) oder von Methylgruppen, werden häufig bei der Differenzbildung nicht exakt zu Null.

2. Beispiel:

○ In Abbildung 10-4 A ist das 250 MHz-^{1}H-NMR-Spektrum von Methicillin (**6**) zu sehen. Bis auf die Methylsignale A und B lassen sich alle Signale relativ leicht durch ihre chemischen Verschiebungen und Kopplungsmuster zuordnen. Sättigen des Methylsignals bei $\delta \approx 1,7$ führte zu einem positiven NOE beim Signal von H-3 ($\delta \approx 4,25$). Dies ist im NOE-Differenzspektrum (Abb. 10-4 B) deutlich zu erkennen. (Bei Differenzspektren lassen sich häufig Restsignale der starken Lösungsmittel- und Methylsignale nicht ganz vermeiden. Außerdem findet sich stets bei der Einstrahlfrequenz ein starkes Signal mit negativer Amplitude (Abschn. 10.4)).

3. Beispiel:

○ Eine interessante Strukturaufklärung beschrieben Hunter et. al. [3]. Bei der Polymerisation von Styrol in Gegenwart von 4-Methoxyphenol entsteht neben den Polymeren auch ein 1 : 1-

Addukt (**7**). Diese Verbindung wird formal durch Anlagerung eines Styrol-Moleküls an *4*-Methoxyphenol gebildet. Die Verknüpfungsstelle – C-2 oder C-3 – ließ sich jedoch weder über das ^{1}H- noch das ^{13}C-NMR-Spektrum bestimmen. Das NOE-Experiment brachte die Entscheidung zugunsten der angegebenen Struktur. Beim Einstrahlen der OCH$_3$-Resonanz verstärkten sich die Signale der Ringprotonen H^A und H^B. Wir müssen daraus schließen, daß die beiden zur OCH$_3$-Gruppe *o*-ständigen Protonen nicht substituiert sind. Die Signale des dritten Ringprotons (H^C) zeigen dagegen einen negativen NOE! Es handelt sich hier um den in Abschnitt 10.2 besprochenen indirekten NOE in einem Mehrspinsystem.

Ein zusätzliches NOE-Experiment ergab: Durch Sättigung der OH-Resonanz wird das Signal des Protons H^C verstärkt, was den Substitutionsort zusätzlich bestätigt.

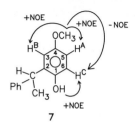

7

Waren die ersten mit NOE-Experimenten untersuchten Moleküle relativ klein, so lassen heute auch große Moleküle aller Substanzklassen positive Ergebnisse erwarten. Bei der Strukturaufklärung von Naturstoffen sind NOE-Experimente nicht mehr wegzudenken.

Einen wesentlichen Fortschritt brachte die Entwicklung des zweidimensionalen Experimentes NOESY. Auf dieses Verfahren und seine praktische Bedeutung sind wir bereits in Abschnitt 9.4.4 kurz eingegangen.

10.4 Experimentelle Aspekte

Bei allen NOE-Experimenten müssen Änderungen von Signalintensitäten gemessen werden. Zwar kommt es im allgemeinen nicht auf den genauen Verstärkungsfaktor an, doch allein schon der qualitative Nachweis birgt viele Fehlermöglichkeiten. Deshalb müssen beim (alten) CW-Verfahren vor allem bei kleinen Intensitätsänderungen die Integrationen häufig wiederholt werden, um zu einigermaßen gesicherten Werten zu kommen. Mit der Impulstechnik weist man den NOE weit eleganter nach. Man mißt zunächst das normale Spektrum, dann das Spektrum mit NOE und subtrahiert beide voneinander. Im Differenzspektrum treten nur dort Signale auf, wo zwischen den beiden Spektren mit oder ohne NOE Intensitätsunterschiede vorhanden sind. An der Stelle der eingestrahlten Frequenz erscheint immer ein Signal mit negativer Amplitude, denn im Spektrum mit NOE wird dieses Signal gesättigt und fehlt, während bei der Spektrenaufnahme ohne Sättigung an dieser Stelle das Signal liegt, so daß sich bei der Differenzbildung die Amplitude umkehrt.

Da man in der Praxis möglichst schwach konzentrierte Proben verwendet, müssen für ein Differenzspektrum mit vernünftigem S : N-Verhältnis viele FIDs addiert werden. In solchen Fällen mißt man die Spektren immer wechselweise, zum Beispiel achtmal ohne, dann achtmal mit NOE und bildet anschließend die Differenz. Auf diese Weise wirken sich die Änderungen, die während der Messung auftreten, gleichmäßig auf die Spektren mit und ohne NOE aus, so daß einwandfreie Differenzspektren auch bei Langzeitmessungen zu erhalten sind. Nach diesem Verfahren wurde das Differenzspektrum in Abbildung 10-4 B aufgenommen.

Der NOE beruht – wie besprochen – auf der DD-Relaxation. Andere intra- und intermolekulare Relaxationseffekte verkleinern den Verstärkungsfaktor, er kann sogar Null werden. Man muß daher beim Experiment einige Regeln beachten, vor allem bei der Präparation der Probe:

- Die Probe darf keine paramagnetischen Zusätze oder paramagnetische Verunreinigungen enthalten; zum Beispiel muß Sauerstoff durch sorgfältiges Entgasen entfernt werden.
- Das Lösungsmittel soll möglichst keine Protonen enthalten – am besten verwendet man deuterierte Lösungsmittel.
- Die Proben sollen schwach konzentriert und niederviskos sein.
- Will man den NOE zwischen einer CH_3-Gruppe und einem einzelnen Proton nachweisen, dann sättigt man immer die CH_3-Resonanzen und mißt die Signalintensität des einen Protons und nicht umgekehrt. Warum? Die Relaxation der Protonen einer Methylgruppe wird hauptsächlich durch die Methylprotonen selbst bestimmt, so daß die Signalverstärkung durch den NOE kleiner ist – meist nur wenige Prozent –, oder er verschwindet ganz.

Abschließend sei bemerkt: Ein NOE ist im allgemeinen nur dann festzustellen, wenn der Abstand der über DD-Wechselwirkungen gekoppelten Kerne kleiner ist als 3 Å – besser noch kleiner als 2,5 Å.

10.5 Literatur zu Kapitel 10

[1] F. A. L. Anet and A. J. R. Bourn, *J. Amer. Chem. Soc. 87* (1965) 5250.

[2] U. Breyer-Pfaff, E. Wiest, A. Prox, H. Wachsmuth, M. Protiva, K. Sindelar, H. Friebolin, D. Krauß and P. Kunzelmann, *Drug Metab. Disp. 13* (1985) 479.

[3] B. K. Hunter, K. E. Russell and A. K. Zaghloul, *Can. J. Chem. 61* (1983) 124.

Ergänzende und weiterführende Literatur

D. Neuhaus and M. Williamson: *The Nuclear Overhauser Effect in Structural and Conformational Analysis.* VCH Publishers, New York 1989.

J. H. Noggle and R. E. Schirmer: *The Nuclear Overhauser Effect, Chemical Applications.* Academic Press, New York 1971.

J. K. M. Sanders and J. D. Mersh: „Nuclear Magnetic Double Resonance; The Use of Difference Spectroscopy" in *Prog. Nucl. Magn. Reson. Spectrosc.* 15 (1982) 353.

11 Dynamische NMR-Spektroskopie (DNMR)

11.1 Einführung [1–3]

Wie ändert sich ein NMR-Spektrum, wenn die Kerne zwischen zwei unterschiedlich abgeschirmten Positionen A und B hin- und herwechseln?

Ein Beispiel aus der Anfangszeit der dynamischen NMR-Spektroskopie macht uns mit der Problematik vertraut und vermittelt einen Eindruck, warum die DNMR-Spektroskopie eines der wichtigsten Anwendungsgebiete der NMR-Spektroskopie ist.

Für Dimethylformamid (1) beobachtet man im ^{1}H-NMR-Spektrum bei $+ 22,5°$C zwei Methylsignale bei $\delta = 2,79$ und 2,94 (Abb. 11-1). Diese beiden Signale verbreitern sich oberhalb von $+ 100°$C und koaleszieren dann bei $+ 120°$C zu einer breiten Bande. Bei weiterer Temperaturerhöhung wird diese wieder scharf, wobei ihre Lage genau der Mitte der beiden ursprünglichen Signale entspricht.

Aus dem Temperaturverhalten der ^{1}H-Resonanzen ergibt sich, daß die beiden Methylgruppen bei Raumtemperatur unterschiedlich abgeschirmt sind, bei hoher Temperatur aber äquivalent werden. Die Ursache dafür ist längst bekannt und verstanden. Die C,N-Bindung enthält einen hohen Doppelbindungsanteil, wodurch die Rotation gehindert ist, und sich die beiden Methylgruppen A und B in verschiedener magnetischer Umgebung befinden. Die Beschreibung mit mesomeren Grenzstrukturen macht dies deutlich (Formelschema I A und B).

Formelschema I

Erhöht man die Temperatur, wird die Rotationsbarriere überwunden, und bei genügend großer Zahl von Platzwechseln

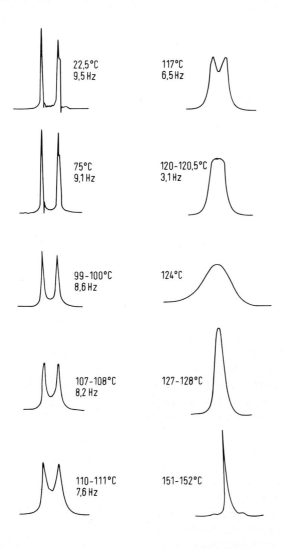

Abbildung 11-1.
¹H-NMR-Signale der Methylprotonen von Dimethylformamid (**1**),
aufgenommen bei verschiedenen
Temperaturen (Meßfrequenz
56,4 MHz). Bei langsamem Platzwechsel erscheinen zwei Signale,
bei raschem nur eines. Im Bereich
dazwischen sind die Signale verbreitert.
120° C entspricht der Koaleszenztemperatur T_C.

sind die beiden Metylgruppen NMR-spektroskopisch nicht
mehr unterscheidbar. Man beobachtet dann im Spektrum nur
ein Signal bei

$$\bar{\nu} = \frac{\nu_A + \nu_B}{2}$$

Die beiden Extremfälle – den langsamen und schnellen
Austausch – können wir noch verstehen, doch wieso werden
im Zwischenbereich die Signale breit? Eine Erklärung kann
nur die Theorie liefern, auf deren Ergebnis wir im nächsten
Abschnitt eingehen werden.

Der am Beispiel des Dimethylformamids (**1**) betrachtete
dynamische Vorgang ist der einfachste Fall einer *reversiblen
Reaktion 1. Ordnung,* der durch zwei Geschwindigkeitskonstanten beschrieben wird:

$$I \underset{k_{II}}{\overset{k_{I}}{\rightleftharpoons}} II \quad \text{mit} \quad k = k_I = k_{II}$$

Die Geschwindigkeitskonstanten k_I und k_{II} für die Hin- und Rückreaktion sind gleich groß, da die beiden am Gleichgewicht beteiligten Rotamere I und II energiegleich sind.

Ersetzt man eine Methylgruppe des Dimethylformamids durch einen anderen Substituenten, zum Beispiel durch eine Benzylgruppe (Formelschema II), dann sind die beiden Rotamere nicht mehr energiegleich, und die beiden Geschwindigkeitskonstanten unterscheiden sich für die Hin- und Rückreaktion ($k_I \neq k_{II}$).

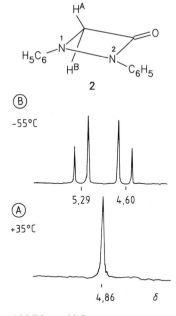

Formelschema II

Bei langsamer Rotation ($k \approx 0\,\text{s}^{-1}$) beobachtet man folglich zwei Methylsignale, deren Intensitäten von den im Gleichgewicht vorliegenden Mengen an I und II abhängen. Temperaturerhöhung führt zu schnellen Platzwechseln, die zwei Signale koaleszieren. Das Signal liegt aber nicht mehr in der Mitte, sondern im gemeinsamen Schwerpunkt:

$$\overline{\nu} = x_I \nu_A + x_{II} \nu_B \qquad x_I, x_{II}: \text{Stoffmengenanteile}$$

$$\overline{\nu} = x_I \nu_A + (1 - x_I) \nu_B \qquad x_I + x_{II} = 1$$

Bisher betrachteten wir den Platzwechsel von Methylgruppen, deren ^{1}H-Resonanzsignale nicht durch Spin-Spin-Kopplung zu Multipletts aufgespalten waren. Abbildung 11-2 zeigt zwei Spektren von 1,2-Diphenyl-diazetidinon (**2**), einem Molekül, in dem zwei miteinander koppelnde Protonen H^A und H^B ihre Position wechseln. In dem bei -55°C aufgenommenen Spektrum erkennt man für die beiden geminalständigen Protonen H^A und H^B die vier Linien eines AB-Spektrums. Aber bereits bei einer Temperatur von $+35^\circ$C sind die vier Linien zu einer koalesziert, die Abschirmung der Kerne ist also im zeitlichen Mittel gleich geworden. In Abschnitt 11.3.3 werden wir auf den Mechanismus dieses Vorgangs zurückkommen.

Nicht immer führen schnelle dynamische Prozesse zu Singuletts wie bei den bis jetzt behandelten Systemen, doch vereinfachen sich stets die Spektren. Ein komplizierteres Beispiel ist in Abbildung 11-3 gezeigt.

Das bei -54°C aufgenommene 90 MHz-^{1}H-NMR-Spektrum von Benzofuroxan (**3**) ist vom ABCD-Typ, alle vier Protonen sind chemisch verschieden (Abb. 11-3 A). Bei $+53^\circ$C

Abbildung 11-2.
^{1}H-NMR-Signale der Ringprotonen H^A und H^B von 1,2-Diphenyl-diazetidinon (**2**) (Meßfrequenz 60 MHz). A: Meßtemperatur $+35^\circ$C in [D$_6$]-Aceton. B: Meßtemperatur -55°C in CDCl$_3$; J_{AB} = 14 Hz.

287

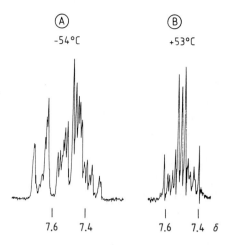

Abbildung 11-3.
90 MHz-^{1}H-NMR-Spektrum von
Benzofuroxan (**3**). A: Meßtemperatur $-54°$ C in CDCl$_3$.
B: Meßtemperatur $+53°$ C in
[D$_6$]-Aceton. Bei höherer Temperatur erhält man ein symmetrisches AA'BB'-Spektrum ([AB]$_2$),
bei tiefer Temperatur ist das Spektrum unsymmetrisch (ABCD).

(Abb. 11-3 B) ist aus dem komplexen ABCD-Spektrum ein
symmetrisches Spektrum vom Typ AA'BB' oder [AB]$_2$ geworden. Dies ist nur möglich, wenn durch einen dynamischen
Prozeß die Protonen paarweise chemisch äquivalent werden.
Formelschema III veranschaulicht den Vorgang [4].

Mit der dynamischen NMR-Spektroskopie lassen sich in
gleicher Weise auch *intermolekulare Austauschreaktionen* verfolgen. Die Konsequenzen in den NMR-Spektren sind für
intra- und intermolekulare Vorgänge jedoch gleich.

Klassische Beispiele für intermolekulare Prozesse sind der
Protonenaustausch in wäßrigen Lösungen von Säuren, Alkoholen, Thioalkoholen und Aminen. In einem Methanol-Was-
ser-Gemisch beobachtet man zum Beispiel nur ein gemeinsames Signal für das OH-Proton von Methanol und für die Protonen des Wassers:

$$CH_3\mathbf{OH} + \mathbf{HOH} \rightleftharpoons CH_3\mathbf{OH} + \mathbf{HOH}$$

Analoge Ergebnisse findet man für alle Substanzen, die
leicht austauschbare Protonen besitzen.

Zur Untersuchung dynamischer Prozesse setzt man vorwiegend die ^{1}H-NMR-Spektroskopie ein, doch lassen sich auch die
Resonanzen anderer Kerne verwenden wie die von ^{19}F, ^{31}P oder
vor allem ^{13}C. Diese Messungen werden häufig als Ergänzung
zu ^{1}H-NMR-Untersuchungen durchgeführt, da sich aufgrund
des größeren chemischen Verschiebungsbereichs die Koales-
zenzen bei anderen, höheren Temperaturen beobachten lassen.

3

Formelschema III

11.2 Quantitative Auswertung

Die Abbildungen 11-1 bis 11-3 belegten qualitativ durch die Veränderung der Spektren mit der Meßtemperatur, daß in den untersuchten Proben dynamische Prozesse ablaufen. Aber auch die quantitative Auswertung ist möglich. Aus der Temperaturabhängigkeit der Resonanzlinien erhält man Geschwindigkeitskonstanten und Aktivierungsparameter. Der wesentliche Fortschritt, den wir der DNMR-Spektroskopie verdanken, besteht vor allem darin, daß man Reaktionen studieren kann, die für die optischen Untersuchungsmethoden zu langsam und für die klassischen chemischen Verfahren zu schnell sind, Reaktionen mit Geschwindigkeitskonstanten im Bereich von $k = 10^{-1}$–10^3 s^{-1}. Wie man die Geschwindigkeitskonstanten und die Aktivierungsparameter bestimmt, ist in den folgenden Abschnitten beschrieben.

11.2.1 Vollständige Linienformanalyse

In Kapitel 4 wurde gezeigt, daß NMR-Spektren berechenbar sind. Ihre Berechnung liefert uns Zahl, Breite und Intensitäten (Amplituden) der Signale, das heißt den gesamten Kurvenzug – die *Linienform*. Dabei versteht man unter Linienform den funktionalen Zusammenhang zwischen Intensitäten und Frequenzen. Bei dynamischen Vorgängen ist die Linienform zusätzlich von der Austauschgeschwindigkeit k, das heißt von der Verweildauer τ_1 der Kerne in einer bestimmten Umgebung, abhängig. Für eine Reaktion 1. Ordnung gilt:

$$k = \frac{1}{\tau_1} \quad \text{s}^{-1} \tag{11-1}$$

Eine vollständige Linienformanalyse (CLA; *Complete Lineshape Analysis*) liefert uns diese k- und τ_1-Werte.

In besonders einfachen Fällen – wenn zum Beispiel die austauschenden Kerne nicht miteinander koppeln – lassen sich die Linienformen noch auf klassische Weise mit den modifizierten Bloch-Gleichungen beschreiben [3, 5]. Kompliziertere Fälle sind nur noch quantenmechanisch lösbar [6]. Im folgenden wird am Beispiel einer Reaktion erster Ordnung der Gang einer Analyse kurz skizziert, wobei der Austausch wie bei der Rotation um die C,N-Bindung in Dimethylfomamid (**1**) zwischen zwei magnetisch unterschiedlich abgeschirmten Positionen erfolgt.

Gang einer Analyse

- Zunächst müssen die Spektren bei verschiedenen Temperaturen aufgenommen werden. Für eine vollständige Linienformanalyse sind dies etwa drei Spektren bei Temperaturen, bei denen der dynamische Prozeß noch sehr langsam abläuft – davon eines möglichst ohne Austausch –, dann fünf bis zehn im Bereich der Koaleszenztemperatur, das heißt bei mittleren Austauschgeschwindigkeiten und schließlich noch etwa drei Spektren im Temperaturbereich des schnellen Austauschs.

- Als zweites analysiert man das Spektrum ohne Austausch, um die chemischen Verschiebungen, die Kopplungskonstanten und die Linienbreiten (Halbwertsbreiten $b_{1/2}$) zu erhalten. Besteht das Spektrum wie beim Dimethylformamid (**1**) nur aus zwei Linien (für die Methylprotonen, denn das Signal des Formylprotons interessiert nicht) oder wie beim 1,2-Diphenyl-diazetidinon (**2**) aus den vier Linien eines AB-Spektrums (H^A und H^B), sind diese Parameter einfach zu bekommen. Bei Benzofuroxan (**3**) jedoch ist die Analyse des Spektrums vom Typ ABCD nur noch mit einem der in Kapitel 4 angegebenen Programme (LAOCOON, DAVSYM, DAVCYM) möglich.

- Im dritten Schritt berechnet man die Spektren für den Koaleszenzbereich, in dem die typischen, verbreiterten Signale auftreten. Dabei verwendet man die vorher bestimmten chemischen Verschiebungen, Kopplungskonstanten und Linienbreiten und variiert die Geschwindigkeitskonstanten k. Stimmen beim optischen Vergleich das berechnete und das gemessene Spektrum überein, hat man die Geschwindigkeitskonstante k für *die* Temperatur, bei der das Spektrum aufgenommen wurde. Aus n Spektren erhält man so n verschiedene k-Werte mit den zugehörigen Temperaturen. Für derartige Berechnungen ist im allgemeinen ein Großrechner mit den entsprechenden Programmen erforderlich.

- Im vierten und letzten Teil der Analyse werden die Spektren für große Austauschgeschwindigkeiten berechnet. Dieser Schritt erübrigt sich häufig. Bei den bisher behandelten Beispielen wäre er nur für die Analyse des Spektrums von Benzofuroxan (**3**) notwendig.

Das hier beschriebene, auf dem optischen Vergleich von berechneten und gemessenen Spektren beruhende Verfahren ist sehr langwierig. Binsch et al. entwickelten daher das DNMR5-Programm, mit dem nicht nur das Spektrum für fest vorgegebene chemische Verschiebungen, Kopplungskonstanten und Geschwindigkeitskonstanten berechnet werden kann, sondern das auch eine automatische iterative Anpassung des berechneten an das gemessene Spektrum erlaubt. Einzelheiten über dieses Verfahren sind der Spezialliteratur zu entnehmen [6, 7].

Die Analyse komplexer Spektren, wie der von Benzofuroxan, ist zwar schwieriger als die von einfachen, doch hat sie den großen Vorteil, von höherer Genauigkeit zu sein. Es müssen beim direkten optischen Vergleich oder auch bei der automatischen Iteration viele Linien in ihrer Lage, Breite und Intensität übereinstimmen. Dies erreicht man aber nur mit gut angepaßten Parametern, und daher können die Geschwindigkeitskonstanten in diesen Fällen – unabhängig von allen anderen Meßfehlern – sehr genau bestimmt werden.

Abschließend sei vermerkt, daß auch dynamische Prozesse behandelt werden können, bei denen die Kerne zwischen mehreren Positionen austauschen, die Linienform also von mehreren Geschwindigkeitskonstanten abhängt [3].

11.2.2 Koaleszenztemperatur T_C und Geschwindigkeitskonstante k_C

Zur Klärung eines Austauschprozesses ist nicht immer der große Aufwand einer vollständigen Linienformanalyse notwendig oder gar sinnvoll. Häufig genügt es, nur die Größenordnung der Geschwindigkeitskonstanten bei Raumtemperatur zu kennen. Zum Beispiel dann, wenn sich die Frage stellt, ob die Trennung zweier sich umwandelnder Isomerer bei Raumtemperatur möglich ist, oder ob sie bei tiefen Temperaturen durchgeführt werden muß. Für solche Fälle gibt es einfachere Lösungsmöglichkeiten!

Betrachten wir dafür wieder die Spektren von **1** in Abbildung 11-1: Bei 22,5° C finden wir zwei Methylsignale, bei 150° C nur eines. Wichtig ist jetzt das bei ungefähr 120° C aufgenommene Spektrum, in dem die beiden Signale gerade koaleszieren. Für diese Temperatur, die *Koaleszenztemperatur* T_C (coalescence temperature), erhält man die Geschwindigkeitskonstante k_C nach Gleichung (11-2):

$$k_C = 2{,}22 \, \Delta\nu \qquad (11\text{-}2)$$

$\Delta\nu$ entspricht dem Abstand der beiden Signale in Hz.

Gleichung (11-2) gilt nur unter folgenden Voraussetzungen:
- Der ablaufende dynamische Prozeß ist kinetisch erster Ordnung
- die beiden Singuletts sind gleich intensiv
- die austauschenden Kerne koppeln nicht miteinander.

Auch wenn diese Voraussetzungen nicht genau erfüllt sind, stellt Gleichung (11-2) oft eine gute Näherung dar, um k_C zu überschlagen.

$\Delta\nu$ bestimmt man experimentell aus den Spektren, die möglichst weit unterhalb der Koaleszenztemperatur aufgenommen wurden. Ist dies nicht möglich, zum Beispiel wenn man die erforderlichen tiefen Temperaturen nicht erreicht, schätzt man Δv ab.

Beispiel:

○ Für Dimethylformamid (**1**) gilt:
  $\Delta v = 9{,}5$ Hz (Meßfrequenz 60 MHz); $T_C = 393$ K (120°C); damit wird

$$k_{393} = 21 \text{ s}^{-1}$$

Hier muß auf die wichtige Tatsache hingewiesen werden, daß k_C durch die Größe von Δv bestimmt wird, und Δv ist wiederum proportional zur Meßfrequenz (magnetischen Flußdichte). Daher ist k_C bei höheren Meßfrequenzen größer als bei niedrigeren; das heißt aber, die Koaleszenz wird erst bei höheren Temperaturen erreicht. T_C ist also keine Konstante, sondern eine von der Meßfrequenz abhängige Größe. Zwei Faustregeln dazu:

Je höher die Meßfrequenz des Spektrometers, desto höher die Koaleszenztemperatur T_C. Oder: Bei doppelter Meßfrequenz liegt T_C um etwa 10°C höher.

Eine ähnliche Gleichung wie (11-2) gilt für den Austauschprozeß zweier koppelnder Kerne A und B mit der Kopplungskonstante J_{AB}. Bei der Koaleszenztemperatur T_C ist dann die Geschwindigkeitskonstante k_C gegeben durch:

$$k_C = 2{,}22 \sqrt{\Delta v^2 + 6 J_{AB}^2} \tag{11-3}$$

Beispiel:

○ Für **2** (Abbildung 11-2) ist $\Delta v = 41$ Hz (Meßfrequenz 60 MHz), $T_C = 272$ K; damit wird

$$k_{272} = 119 \text{ s}^{-1}$$

11.2.3 Aktivierungsparameter

11.2.3.1 Arrheniussche Aktivierungsenergie E_A

Mit Hilfe der Arrhenius-Gleichung (11-4) läßt sich die Aktivierungsenergie E_A für den untersuchten dynamischen Prozeß graphisch ermitteln. Durch Auftragen von $\ln k$ gegen $1/T$ erhält man eine Gerade mit der Steigung E_A.

$$k = k_0 \, e^{-E_A/RT} \tag{11-4}$$

$$\ln k = \ln k_0 - \frac{E_A}{RT}$$

T = Temperatur in K
k_0 = Frequenzfaktor
R = allgemeine Gaskonstante
  = 1,9872 cal K^{-1} mol^{-1}
  = 8,3144 J K^{-1} mol^{-1}

E_A nach diesem Verfahren zu bestimmen, ist mit erheblichem Aufwand verbunden, denn
- man muß möglichst viele Spektren über einen weiten Temperaturbereich messen, und
- man muß aus den gemessenen Spektren die Geschwindigkeitskonstanten k durch eine vollständige Linienformanalyse berechnen (Abschn. 11.2.1).

11.2.3.2 Freie Aktivierungsenthalpie $\Delta G^{\ddagger}$

Mit Hilfe der Eyring-Gleichung (11-5) läßt sich die freie Aktivierungsenthalpie $\Delta G^{\ddagger}$ bestimmen:

$$k = \varkappa \frac{k_B T}{h} \, e^{-\Delta G^{\ddagger}/RT} \tag{11-5}$$

$$\Delta G_C^{\ddagger} = 4{,}58 \, T_C \left(10{,}32 + \log \frac{T_C}{k_C}\right) \text{ cal mol}^{-1} \tag{11-5 a}$$

$$= 19{,}14 \, T_C \left(10{,}32 + \log \frac{T_C}{k_C}\right) \text{ J mol}^{-1}$$

k_B = Boltzmann-Faktor = $3{,}2995 \cdot 10^{-24}$ cal K^{-1}
                        = $1{,}3805 \cdot 10^{-23}$ J K^{-1}
$\varkappa$ = Transmissionskoeffizient
    ($\varkappa$ = wird im allgemeinen gleich 1 gesetzt)
h = Plancksches Wirkungsquantum = $1{,}5836 \cdot 10^{-34}$ cal s
                                  = $6{,}6256 \cdot 10^{-34}$ J s

Um nach Gleichung (11-5 a) die freie Aktivierungsenthalpie $\Delta G_C^{\ddagger}$ zu berechnen, ist nur *ein* k-Wert für *eine* Temperatur notwendig. Dies ist das relativ einfach zu bestimmende Wertepaar k_C, T_C.

Beispiele:
○ Für Dimethylformamid (**1**) ist mit $T_C = 393$ K und $k_{393} = 21$ s^{-1}:

$\Delta G_{393}^{\ddagger} = 20{,}9 \pm 0{,}2$ kcal mol^{-1} ($87{,}5 \pm 0{,}8$ kJ mol^{-1})

○ Für 1,2-Diphenyldiazetidinon (**2**) ist mit $T_C = 272$ K und $k_{272} = 119$ s^{-1}:

$\Delta G_{272}^{\ddagger} = 13{,}3 \pm 0{,}2$ kcal mol^{-1} ($54{,}4 \pm 0{,}8$ kJ mol^{-1})

Gleichung (11-6) gibt den Zusammenhang zwischen der freien Aktivierungsenthalpie $\Delta G^{\ddagger}$, der Aktivierungsenthalpie $\Delta H^{\ddagger}$ und der Aktivierungsentropie $\Delta S^{\ddagger}$ an:

$$\Delta G^{\ddagger} = \Delta H^{\ddagger} - T\Delta S^{\ddagger} \qquad (11\text{-}6)$$

Setzt man Gleichung (11-6) in die Eyring-Gleichung (11-5) ein und logarithmiert, erhält man mit $\varkappa = 1$ Gleichung (11-7)

$$\log \frac{k}{T} = 10{,}32 - \frac{\Delta H^{\ddagger}}{19{,}14\,T} + \frac{\Delta S^{\ddagger}}{19{,}14} \qquad (11\text{-}7)$$

Durch Auftragen von $\log\,(k/T)$ gegen $1/T$ erhält man $\Delta H^{\ddagger}$ und $\Delta S^{\ddagger}$.

Aktivierungsenthalpie und Arrheniussche Aktivierungsenergie hängen für monomolekulare Reaktionen wie folgt zusammen:

$$\Delta H^{\ddagger} = E_{A} - RT \qquad (11\text{-}8)$$

Bis jetzt betrachteten wir die Umwandlung zweier energiegleicher Isomerer I und II ineinander. Ist dies nicht der Fall, so liegen sie im Gleichgewicht in unterschiedlicher Menge vor. Die Gleichgewichtskonstante K berechnet man dann nach Gleichung (11-9), wobei die Konzentrationen von [I] und [II] sich meistens einfach durch Intergration entsprechender Signale bestimmen lassen.

$$K = \frac{[I]}{[II]} \qquad (11\text{-}9)$$

Mit Gleichung (11-10) erhält man damit auch den Unterschied der freien Enthalpie ΔG_0 zwischen den beiden Isomeren:

$$\Delta G_0 = - RT\ln K \qquad (11\text{-}10)$$

11.2.3.3 Fehlerbetrachtung

Die Geschwindigkeitskonstanten und die Aktivierungsparameter $\Delta G^{\ddagger}$, $\Delta H^{\ddagger}$, $\Delta S^{\ddagger}$ und E_A sind wie alle aus Experimenten bestimmten Größen fehlerbehaftet. Als Fehlerquellen kommen die folgenden Meßgrößen in Frage:

● der Frequenzabstand $\Delta \nu$
● die Kopplungskonstanten J
● die Linienbreiten $b_{1/2}$
● die absoluten Temperaturen T und
● die Koaleszenztemperatur T_C.

Hierbei ist zu beachten, daß $\Delta \nu$ und $b_{1/2}$ – weniger die Kopplungskonstante J – temperatur- und lösungsmittelabhängige

Parameter sind. Die entscheidenden Fehler macht man aber bei der Temperaturmessung (T) und bei der Bestimmung der Koaleszenztemperatur T_C. So ist der Absolutwert von T nur selten genauer als auf $\pm 2°C$ zu bestimmen. Die Genauigkeit der T_C-Bestimmung hängt dagegen vom Spektrum ab, denn je komplexer das Spektrum, desto ungenauer wird T_C. Als untere Fehlergrenze muß man auch hier $\pm 2°C$ annehmen.

Auf eine ins einzelne gehende Fehlerdiskussion muß verzichtet werden; dieses Problem ist ausführlich in der Literatur behandelt [2, 3, 6]. Um aber einen Anhaltspunkt zu bekommen, ist im folgenden die Größenordnung der Fehler für die in diesem Kapitel verwendeten Parameter realistisch abgeschätzt worden.

k, k_C: $\pm 25\%$ (oder größer)

$\Delta G^{\ddagger}$: $\pm 0,2$ kcal mol^{-1}; $\pm 0,8$ kJ mol^{-1}

$\Delta H^{\ddagger}$, E_A: ± 1 kcal mol^{-1}; $\pm 4,2$ kJ mol^{-1}

$\Delta S^{\ddagger}$: ± 2 bis 5 cal mol^{-1} K^{-1}

Diese Angaben dürfen aber keine Fehlerbetrachtung im Einzelfall ersetzen.

11.2.4 Geschwindigkeitskonstanten für Reaktionen mit Zwischenstufen

Bei intramolekular ablaufenden dynamischen Prozessen werden häufig Zwischenstufen, andere Konformationen, durchlaufen. Wir diskutieren dies an einem klassischen Beispiel, der Ringinversion von Cyclohexan. Dabei betrachten wir aber nicht C_6H_{12}, an dem Jensen et al. 1960 [8] erstmals die Ringinversion beobachteten, sondern deuteriertes Cyclohexan $C_6D_{11}H$ (**4**) [9, 10], da dessen NMR-Spektren einfacher zu analysieren sind. Bei Raumtemperatur findet man ein Signal, bei Temperaturen unter $-60°C$ zwei. Die Spektren (abgebildet in [11]) sind also analog denen in Abbildung 11-1, vorausgesetzt sie werden bei gleichzeitiger Deuterium-Entkopplung aufgenommen. Man findet $T_C = 212$ K und $\Delta\nu = 28,9$ Hz (Meßfrequenz 60 MHz). Damit erhält man für die Gesamtreaktion die Geschwindigkeitskonstante $k_C = k_{212} = 64$ s^{-1}.

Die Interpretation der experimentellen Ergebnisse scheint einfach. Bei Raumtemperatur wandeln sich die Moleküle rasch von einer Sesselkonformation in die andere um. Dabei wird das eine im [D_{11}]-Cyclohexan verbliebene Proton von der äquatorialen in die axiale Position gebracht und umgekehrt, was zu einem gemittelten Signal führt. Beim Abkühlen der Probe wird die Ringinversion eingefroren, die Protonen in den beiden Positionen sind jetzt NMR-spektroskopisch unterscheidbar.

Modellbetrachtungen und -rechnungen sagen aus, daß bei der Ringinversion die Moleküle eine Twistkonformation (schiefe Wanne) als Zwischenkonformation durchlaufen sollten.

Formelschema IV

In dieser Zwischenkonformation – ihre Energie entspricht einem lokalen Minimum auf der Potentialkurve – ist für die Cyclohexanmoleküle die Wahrscheinlichkeit gleich groß, in die Ausgangssesselkonformation zurückzukehren oder sich zum invertierten Sessel umzuwandeln. Diese Überlegung führt dazu, daß die Geschwindigkeitskonstante für die Umwandlung Sessel-Twistform k_{ST} doppelt so groß ist wie die gemessene Geschwindigkeitskonstante k_C:

$$k_{ST} = 2\,k_C = 128\ \text{s}^{-1}$$

Mit Gleichung (11-5) wird dann $\Delta G^{\ddagger}_{212} = 10{,}2 \pm 0{,}2$ kcal mol^{-1} ($42{,}6 \pm 0{,}8$ kJ mol^{-1}). Dieser Wert entspricht dem Unterschied der freien Enthalpien von $C_6D_{11}H$-Molekülen in der Sesselkonformation und dem auf dem Weg zur Twistkonformation durchlaufenen Übergangszustand.

11.2.5 Intermolekulare Austauschprozesse

Typische Beispiele für intermolekulare Austauschprozesse sind – wie in Abschnitt 11.1 erwähnt – der Protonenaustausch in Säuren, Alkoholen und Aminen. Stets findet man für alle austauschbaren Protonen nur ein gemeinsames Signal. Diese Spektren quantitativ auszuwerten, also die Geschwindigkeitskonstanten zu ermitteln, bereitet in den meisten Fällen Schwierigkeiten, denn Reaktionen dieser Art sind immer von zweiter oder höherer Ordnung. Das bedeutet aber, die Geschwindigkeitskonstanten sind nicht nur von der Temperatur, sondern auch von den Konzentrationen der Reaktionspartner abhängig. Die quantitative Auswertung der Spektren scheitert oft auch noch daran, daß man den Mechanismus der Austauschreaktionen nicht kennt.

Trotz der Schwierigkeiten finden sich in der Literatur viele quantitativ analysierte Systeme [12].

296

11.3 Anwendungen

Zwei Gründe sind für die schon in der Anfangszeit der NMR-Spektroskopie so stürmische Entwicklung der dynamischen NMR-Spektroskopie verantwortlich:
- Ausgangs- und Endprodukte sind sehr gut, ja oft nur im NMR-Spektrum unterscheidbar, und
- in den Spektren lassen sich die Änderungen für Reaktionen feststellen, die mit Geschwindigkeitskonstanten zwischen ungefähr $k = 10^{-1}$ bis $10^3\,s^{-1}$ ablaufen, was $\Delta G^{\ddagger}$-Werten zwischen 5 und 25 kcal mol^{-1} (20–100 kJ mol^{-1}) entspricht. Die hier angegebenen Grenzen sind durch den für die Messungen experimentell zugänglichen Temperaturbereich und durch die Löslichkeit der Substanzen bei Tieftemperaturmessungen vorgegeben.

Bei den meisten Geräten läßt sich die Temperatur von $+200°C$ bis $-100°C$ variieren, in Ausnahmefällen auch bis $-150°C$ oder noch tiefer. Trotz unverkennbarer Verbesserungen in den letzten Jahrzehnten sind aber Tieftemperaturmessungen unter $-80°C$ noch immer nicht zur Routine geworden.

Im folgenden sollen einige Beispiele einen Ausschnitt aus dem breiten Spektrum der Anwendungsmöglichkeiten zeigen. Weitere Anwendungen wie die Untersuchungen von Metallkomplexen oder Umlagerungsreaktionen, Protonen-Transfer-Prozesse und viele andere Reaktionen sind in den umfangreichen Zusammenfassungen von Jackman [1] und Oki [2] zu finden.

11.3.1 Rotation um C,C-Einfachbindungen
[13, 14]

Man unterscheidet drei Arten von Rotationen um die C,C-Einfachbindung:
- die beiden C-Atome sind sp^3-hybridisiert
- ein C-Atom ist sp^2-, das andere sp^3-hybridisiert
- beide C-Atome sind sp^2-hybridisiert.

11.3.1.1 $C(sp^3)-C(sp^3)$-Bindungen

Typische Beispiele für Rotationen um eine C,C-Einfachbindung mit zwei sp^3-hybridisierten C-Atomen sind Ethan und seine Derivate. In diesen Verbindungen ist die Rotation bei Raumtemperatur – selbst nach Substitution von H durch große Reste – noch so rasch, daß im Spektrum nur über die drei energetisch günstigsten Rotamere gemittelte Signale zu finden sind (Formelschema V). Während sich die Rotation in Ethan auch bei tiefen Temperaturen nicht einfrieren läßt, gelingt dies für viele Derivate. Aber außer bei sehr großer sterischer Hinderung liegen die Koaleszenztemperaturen immer noch weit unterhalb von $-50°C$.

Gut untersucht sind die halogenierten Ethanderivate sowie die *t*-Butylderivate. Je nach Substituent und Substitutionsgrad werden $\Delta G^{\ddagger}$-Werte zwischen 5 und 15 kcal mol^{-1} (20–60 kJ mol^{-1}) gefunden.

Formelschema V

11.3.1.2 $C(sp^2)-C(sp^3)$-Bindungen

Betrachten wir als Beispiel die Rotation der Methylgruppe im Toluol (**5**). Bis $-150°C$ ist diese Rotation nicht einzufrieren. Erst bei sperrigen Gruppen wie im Naphthalinderivat **6** kann man die Barriere für die Rotation um eine $C(sp^2)-C(sp^3)$-Bindung messen. Für **6** ist $T_C = 228$ K (Meßfrequenz 60 MHz) und $\Delta G_{228}^{\ddagger} = 12,7 \pm 0,2$ kcal mol^{-1} ($53,1 \pm 0,8$ kJ mol^{-1}) [13].

In diesen Fällen ist das sp^2-hybridisierte C-Atom Teil eines Arylrings. Die Rotation ist aber auch eingeschränkt, wenn das C-Atom in einer C,C-Doppelbindung oder in einer Carbonylgruppe gebunden ist.

Diese Untersuchungen geben häufig Aufschluß über die günstigste Konformation.

5

6

11.3.1.3 C (sp²) − C (sp²)-Bindungen

Für Biphenylderivate ist schon lange bewiesen, daß große Substituenten die Rotation um die C,C-Bindung zwischen den beiden Phenylringen hindern (Atropisomerie, Konformationsenantiomerie). Ein Vertreter dieses Typs ist das bereits in Abschnitt 2.4.2 (Abb. 2-16) erwähnte Biphenylderivat **7**. Neben den diskutierten sterischen Faktoren wird die Rotationsbarriere aber auch durch elektronische Effekte der Substituenten beeinflußt. $\Delta G^{\ddagger}$-Werte von 14 bis über 25 kcal mol^{-1} (60–100 kJ mol^{-1}) wurden gemessen [2].

Weitere Beispiele sind gehinderte Rotationen in chiralen Butadienderivaten [2], in aromatischen Aldehyden und Ketonen. Für Benzaldehyd (**8**) beispielsweise beträgt $\Delta G^{\ddagger} = 7{,}9 \pm 0{,}2$ kcal mol^{-1} (33 $\pm$ 0,8 kJ mol^{-1}) [14].

11.3.2 Rotation um partielle Doppelbindungen
[15, 16]

Die in der Einführung beschriebene Rotation um die C,N-Bindung in Amiden **9** ist zwar das bekannteste, aber bei weitem nicht das einzige Beispiel für gehinderte Rotationen um partielle Doppelbindungen. Thioamide **10**, Amidine **11**, Enamine **12** und Aminoborane **13** zeigen das gleiche Verhalten.

Amide **9**: Viele Arbeiten befaßten sich mit dem Problem, wie Substituenten die Rotationsbarriere in dieser Verbindungsklasse beeinflussen. Bei den Dimethylamiden, die vom NMR-spektroskopischen Standpunkt am besten für derartige Untersuchungen geeignet sind, fand man für Dimethylformamid (**1**) mit $20{,}9 \pm 0{,}2$ kcal mol^{-1} ($87{,}5 \pm 0{,}8$ kJ mol^{-1}; $T_C = 393$ K) die höchste freie Aktivierungsenthalpie. Substitution des Formylwasserstoffes durch beliebige Reste R erniedrigt die Barriere. Mit R=Phenyl mißt man eine freie Aktivierungsenthalpie $\Delta G^{\ddagger}_{298}$ von $15{,}0 \pm 0{,}2$ kcal mol^{-1} ($62{,}7 \pm 0{,}8$ kJ mol^{-1}). Für R = *t*-Butyl beträgt $\Delta G^{\ddagger}_{298}$ nur noch $12{,}2 \pm 0{,}2$ kcal mol^{-1} ($51{,}0 \pm 0{,}8$ kJ mol^{-1}).

Thioamide **10**: In Thioamiden liegen die $\Delta G^{\ddagger}$-Werte bei entsprechender Substitution um 2–4 kcal mol^{-1} (8–17 kJ mol^{-1}) höher als bei den Amiden. Man versucht, diese höhere Barriere durch eine dipolare Grenzstruktur (Formelschema VI) der Moleküle zu erklären. Die Überlappung zwischen den 2 p- und 3 p-Molekülorbitalen scheint weniger effektiv zu sein als die zwischen den beiden 2 p-Molekülorbitalen in den Amiden.

Formelschema VI

Amidine **11**: In Amidinen ist die Rotationsbarriere um die C−N(CH$_3$)$_2$-Bindung viel kleiner als in Amiden. Man findet $\Delta G^{\ddagger}$-Werte von 12–14 kcal mol^{-1} (50–60 kJ mol^{-1}). Offensichtlich ist eine geringere Stabilisation durch Mesomerie im Grundzustand die Ursache.

Enamine: In Enaminen ist die Mesomerie zwischen Stickstoff und Doppelbindung nicht so stark ausgeprägt, als daß man mit Hilfe der NMR-Spektroskopie die gehinderte Rotation um die C,N-Bindung nachweisen könnte. Dies ändert sich aber, wenn die Doppelbindung mit einer Carbonylgruppe – wie in Verbindung **12** – verbunden ist. Dadurch entsteht ein vinyloges Amid. Nach den mesomeren Grenzstrukturen zu urteilen (Formelschema VII), sollte die Rotation um die C,N-Bindung – wie bei den Amiden – gehindert sein. Dies wurde in der Tat auch gefunden, so ist für **12** $\Delta G^{\ddagger}_{267} = 13{,}5 \pm 0{,}2$ kcal mol^{-1} (56,5 ± 0,8 kJ mol^{-1}) [17].

Mehr als die Rotation um die C,N-Bindung interessiert uns bei dieser Substanzklasse die Rotation um die Bindung zwischen C-2 und C-3, denn auch sie sollte – betrachtet man die mesomeren Grenzstrukturen – gehindert sein. Dies wurde für **12** experimentell bestätigt [18], wobei in 1,1-Dichlorethylen als Lösungsmittel folgende Werte gefunden wurden:

$$\Delta G^{\ddagger}_{232}(s\text{-}cis \rightarrow s\text{-}trans) = 11{,}5 \pm 0{,}2 \text{ kcal mol}^{-1}$$
$$(48{,}1 \pm 0{,}8 \text{ kJ mol}^{-1})$$
$$\Delta G^{\ddagger}_{232}(s\text{-}trans \rightarrow s\text{-}cis) = 11{,}1 \pm 0{,}2 \text{ kcal mol}^{-1}$$
$$(46{,}4 \pm 0{,}8 \text{ kJ mol}^{-1})$$

Das Gleichgewicht zwischen *s-cis-* und *s-trans-*Konformeren ist stark temperatur- und lösungsmittelabhängig. In Verbindung **12** ist das *s-cis-*Konformere begünstigt. Es zeigt sich, daß Substituenten einen großen Einfluß auf die Höhe der Rotationsbarriere haben.

Aminoborane **13**: In Aminoboranen weist die N,B-Bindung einen hohen Doppelbindungsanteil auf. Man findet mit $\Delta G^{\ddagger} = 15$–23 kcal mol^{-1} (60–100 kJ mol^{-1}) vergleichbare oder sogar höhere Rotationsbarrieren als für Amide [19, 20].

C,C-Doppelbindungen: Die Rotation um eine C,C-Doppelbindung läßt sich im allgemeinen nicht mehr NMR-spektroskopisch nachweisen, da die Barriere zu hoch ist. Es sei denn, man hat geeignete Substituenten eingeführt wie in **14** [21]. Für die Rotation um die exocyclische Doppelbindung wurde ein $\Delta G^{\ddagger}$-Wert von nur 18–19 kcal mol^{-1} gemessen (75–80 kJ mol^{-1}), wobei T_C stark lösungsmittelabhängig ist – man findet Werte zwischen 339 und 387 K. (Weitere Beispiele sind in [13] zu finden.)

11

12

Formelschema VII

13

14

11.3.3 Inversion am Stickstoff und Phosphor

Stickstoff: Stickstoffverbindungen mit drei Substituenten sind pyramidal gebaut. Sind die Substituenten alle verschieden, gibt es zwei Enantiomere. Diese lassen sich jedoch normalerweise nicht trennen, da das Molekül rasch invertiert (Formelschema VIII).

Durch geeignete Substitution kann man jedoch die Barriere erhöhen und die Inversion NMR-spektroskopisch verfolgen. Zwar unterscheiden sich die Spektren der Enantiomere in achiralen Lösungsmitteln nicht, doch ist der Nachweis der Inversion mit Hilfe einer Benzyl- oder Isopropylgruppe als prochiraler Gruppe möglich (Abschn. 2.4). So wurde für Verbindung **15** (gelöst in *n*-Hexan) aus der Temperaturabhängigkeit der Resonanzen der Methylenprotonen eine Koaleszenztemperatur T_C von 257 K und ein $\Delta G^{\ddagger}_{257}$-Wert von 12,7 ± 0,2 kcal mol^{-1} (53,1 ± 0,8 kJ mol^{-1}) berechnet [22].

Ist das Stickstoffatom in einen Drei-, Vier- oder Sechsring eingebaut, verläuft die Inversion langsamer. Ein Beispiel lernten wir bereits in der Einführung zu diesem Kapitel kennen, die Inversion in 1,2-Diphenyl-diazetidinon (**2**) (Abb. 11-2; T_C = 272 K und $\Delta G^{\ddagger}_{272}$ = 13,3 ± 0,2 kcal mol^{-1} (55,7 ± 0,8 kJ mol^{-1})). Bei tiefen Temperaturen muß zumindest an einem der beiden Stickstoffatome die Inversion langsam erfolgen. Man nimmt an, daß dies für N-1 zutrifft [23]. Die ungewöhnlich hohe Inversionsbarriere des Stickstoffs könnte auf einen energetisch ungünstigen Übergangszustand zurückzuführen sein, in dem die beiden doppelt besetzten p-Orbitale parallel stehen.

Im N-Chloraziridin (**16**) ist die Inversion so stark gehindert, daß die Koaleszenztemperatur gar nicht erreicht werden kann, weil sich die Substanz schon vorher zersetzt (T_C > 180° C).

Phosphor: Dreibindiger Phosphor invertiert sehr viel langsamer als Stickstoff, ja die Inversion kann NMR-spektroskopisch gar nicht mehr nachgewiesen werden. Ist jedoch ein Chloratom an Phosphor gebunden wie in der chiralen Verbindung **17**, belegen die Hochtemperaturspektren eine Inversion, durch die sich die Enantiomeren ineinander umwandeln. Dabei handelt es sich aber nicht um ein Durchschwingen der Substituenten am Phosphor, sondern um einen Chloraustausch im Sinne einer Waldenschen Umkehrung [24].

Formelschema VIII

15

16

17

11.3.4 Ringinversion [25]

Durch die DNMR-Spektroskopie wurde ein neues Gebiet der Konformationsanalyse erschlossen: das Studium der konformativen Umwandlungen von gesättigten und ungesättigten, von ali- und heterocyclischen Ringverbindungen. Ausgangspunkt waren die Untersuchungen von Jensen et al. [8] über die Temperaturabhängigkeit der ^{1}H-Resonanzen von Cyclohexan. Diese Arbeit und die Spektren von [D$_{11}$]-Cyclohexan (**4**) wurden bereits in Abschnitt 11.2.4 diskutiert.

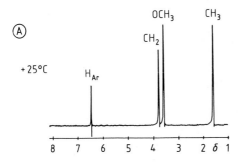

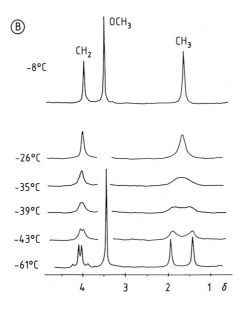

Abbildung 11-4.
100 MHz-^{1}H-NMR-Spektrum des 2,4-Benzodithiepin-Derivates **18**.
A: Spektrum bei 25°C in CS$_2$.
B: Spektren bei − 8, − 26, − 35, − 39, − 43 und − 61°C in CS$_2$/ Pyridin.

Ein weiteres Beispiel für eine Ringinversion zeigt Abbildung 11-4. Das bei + 25°C aufgenommene ^{1}H-NMR-Spektrum (Abb. 11-4 A) des 2,4-Benzodithiepin-Derivates **18** weist vier Signale auf, die sich ohne Schwierigkeiten durch ihre chemischen Verschiebungen und Intensitäten zuordnen lassen (Zuordnung siehe Spektrum). Dieses nur aus Singuletts bestehende Spektrum setzt für die Struktur des Moleküls entweder eine hohe Symmetrie oder eine Ringinversion des ungesättigten Siebenringes voraus, durch die die geminalständigen CH$_3$-Gruppen sowie die Methylenprotonen an C-1 und C-5 äquivalent werden. Modellbetrachtungen zeigen, daß es keine starre Konformation des Dithiepinringes gibt, bei der die vier Methylenprotonen ebenso wie die beiden CH_3-Gruppen in 3-Stellung äquivalent sind – es sei denn, durch Zufall. Daher kann man das Spektrum nur mit einer raschen konformativen Umwandlung des Siebenringes erklären.

Die abgebildete Serie von Tieftemperaturspektren (Abb. 11-4 B) gibt Aufschluß über die Art dieses dynamischen Prozesses. Beim Abkühlen der Probe erhält man bei $-61°C$ für die Protonen der beiden $CH_3(3)$-Gruppen zwei Signale bei $\delta \approx 1,4$ und $\approx 1,9$ und für die CH_2-Protonen vier Signale eines AB-Spektrums bei $\delta \approx 3,9$ bis $4,3$. Durch das Einfrieren des innermolekularen dynamischen Prozesses unterscheiden sich also die geminalen CH_3-Substituenten wie auch die geminalen Protonen. Doch welche Konformere wandeln sich um?

Grundsätzlich kommen als stabilste Konformationen Sessel-, Wannen- und Twistwannenformen in Frage (Formelschema IX). Von diesen läßt sich die Twistwannenkonformation sofort aufgrund der Tieftemperaturspektren ausschließen, denn sie hat C_2-Symmetrie, und demzufolge wären die beiden Methylgruppen an C-3 äquivalent.

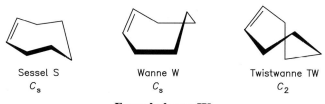

Sessel S   Wanne W   Twistwanne TW
C_s C_s C_2

Formelschema IX

Die abgeschätzte Verschiebungsdifferenz der beiden $CH_3(3)$-Resonanzen mit Hilfe des Ringstrommodells (Abschn. 2.1.2.2) ist nicht mit einer Wannenkonformation vereinbar. Die berechnete Differenz $\Delta\nu$ beträgt weit über 100 Hz und gemessen wurden nur 52 Hz (Meßfrequenz 100 MHz).

Alle experimentellen und theoretischen Befunde sprechen für einen Sessel als energetisch günstigster Konformation, das heißt, man beobachtet die Umwandlung zweier energiegleicher Sesselkonformerer ineinander durch Ringinversion (Formelschema X).

18

Formelschema X

Mit den Meßwerten $T_C = 236 \pm 2$ K und $\Delta\nu = 52$ Hz (Meß-frequenz 100 MHz) erhält man:

$$k_{236} = 116 \pm 30 \text{ s}^{-1} \quad \text{und} \quad \Delta G^{\ddagger}_{236} = 11,5 \pm 0,2 \text{ kcal mol}^{-1}$$
$$(48,1 \pm 0,8 \text{ kJ mol}^{-1}).$$

Wie schon am Beispiel des $[D_{11}]$-Cyclohexan gezeigt wurde (Abschn. 11.2.4), müssen bei der Diskussion der kinetischen Daten Zwischenkonformationen berücksichtigt werden. Diese sind selten experimentell nachweisbar, sie werden daher meist unzulässigerweise vernachlässigt. Besser und genauer ist es, die Reaktionswege und die günstigsten Konformationen zu be-rechnen und mit dem so gewonnenen Einblick in den Mecha-nismus des dynamischen Prozesses die Meßergebnisse zu inter-pretieren [25, 26].

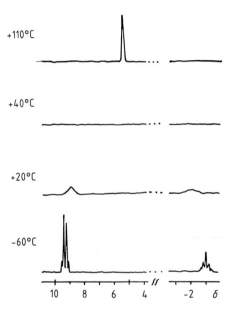

19

Abbildung 11-5.
60 MHz-^{1}H-NMR-Spektren (sche-matisch) von [18]-Annulen (**19**), aufgenommen bei + 110, + 40, + 20 und − 60° C in $[D_8]$-Tetrahydro-furan (Originalspektren siehe [27]).

Im Zusammenhang mit dem Ringstromeffekt diskutierten wir bereits das Spektrum von [18]-Annulen (**19**) (Abschn. 2.1.2.2). Die sechs inneren Protonen sind stark abgeschirmt ($\delta = -1,8$), die zwölf äußeren dagegen schwach ($\delta = 8,9$). Wir sind dort aber nicht auf die Linienbreite der Signale eingegan-gen. Abbildung 11-5 zeigt, daß die Signale in dem bei 20° C aufgenommenen Spektrum sehr breit sind. Diese Tatsache deutet auf einen Austauschprozeß hin. In der Tat verbreitern sich diese Signale beim leichten Anwärmen der Probe noch stärker und bei 40° C sind sie gar nicht mehr zu erkennen! Bei 110° C schließlich erhält man wieder ein scharfes Singulett bei $\delta = 5,29$.

Erniedrigt man dagegen die Meßtemperatur bis auf ca. $-60°C$, werden die beiden Signale bei $\delta = -3$ und $+9,3$ so scharf, daß sogar die Kopplungen zu den nichtäquivalenten Nachbarprotonen aufgelöst sind [2]. Bei tiefen Temperaturen ist offensichtlich das Molekül eben und besitzt aromatischen Charakter. Dagegen ändert bei hohen Temperaturen der Annulenring rasch seine Konformation, innere und äußere Protonen tauschen ihre Plätze, wodurch im Mittel alle 18 Protonen gleich abgeschirmt werden. Gleichzeitig beobachtet man eine Valenztautomerie.

11.3.5 Valenztautomerie

Das bekannteste Beispiel für den NMR-spektroskopischen Nachweis einer Valenztautomerie ist die Umlagerung im Bullvalen (**20**). Bei $+120°$ C besteht das ^{1}H-NMR-Spektrum von **20** aus einem scharfen Signal bei $\delta = 4,5$. Kühlt man die Probe auf Raumtemperatur ab, beträgt die Linienbreite mehrere hundert Hertz! Beim weiteren Abkühlen der Probe spaltet die breite Bande auf, und man findet bei $-59°$ C zwei Multipletts, eines bei $\delta \approx 2$ mit der Intensität 4, das andere bei $\delta \approx 5,6$ mit der Intensität 6 (Spektren siehe [28]). Man erklärt dieses Temperaturverhalten der ^{1}H-Resonanzen mit Cope-Umlagerungen (Formelschema XI), die bei hohen Temperaturen so rasch ablaufen, daß alle Protonen im Mittel gleich abgeschirmt sind und nur ein Signal im Spektrum zu sehen ist. Bei tiefen Temperaturen ist die Umwandlung dagegen langsam, und man erhält für die chemisch nicht-äquivalenten Protonen getrennte Signale.

Diese Valenztautomerie ist auch in den ^{13}C-NMR-Spektren zu beobachten [29]. Bei $141°$ C (Meßfrequenz 25 MHz) erhält man ein Signal bei $\delta = 86,4$, bei $-60°$ C dagegen vier: zwei für die olefinisch gebundenen C-Atome bei $\delta = 128,3$ und $128,5$, eines für die C-Atome des Dreiringes bei $\delta = 21,0$ und ein weiteres für C-4 bei $\delta = 31,0$. Im Koaleszenzbereich (ungefähr 40–50° C) beträgt die Linienbreite etwa 4000 Hz!

Weitere Beispiele für Valenztautomerie sind in der Literatur zu finden [2, 18], wobei das [18]-Annulen (**19**) bereits erwähnt wurde.

20

Formelschema XI

11.3.6 Keto-Enol-Tautomerie

β-Diketone bilden stabile Enole. Das klassische Beispiel, an dem die Keto-Enol-Tautomerie intensiv untersucht wurde, ist Acetylaceton (**21**).

In eleganter Weise kann man mit Hilfe des ¹H-NMR-Spektrums das Gleichgewicht studieren, denn die gegenseitige Umwandlung der Tautomeren erfolgt im Zeitmaßstab der ¹H-NMR-Spektroskopie langsam, und die Signale von Molekülen in der Enol- und Ketoform lassen sich nebeneinander nachweisen (Abb. 11-6). Ein Vergleich der Intensitäten der eindeutig zugeordneten Signale des olefinischen Protons im Enol bei $\delta = 5,5$ und der Methylenprotonen im Keton bei $\delta = 3,5$ zeigt, daß im Gleichgewicht mehr Moleküle in der Enol- als in der Ketoform vorliegen. Damit folgt zwangsläufig auch die Zuordnung der beiden Methylsignale im Bereich von $\delta \approx 2$: Das kleinere Signal entspricht dem Anteil in der Ketoform, das größere dem in der Enolform. Das Tautomerenverhältnis bestimmt man am besten anhand der Intergralkurven über die Methylsignale; es beträgt ungefähr 80 : 20 (s. Ausschnitt). Das Signal des stark sauren, über eine Wasserstoffbrücke verknüpften OH-Protons liegt bei $\delta = 15,5$. Temperaturerhöhung oder Zugabe von Basen beschleunigt die Umwandlung der Tautomeren, und man findet nur noch gemittelte Signale im Spektrum (siehe auch Abschn. 11.3.7).

Formelschema XII

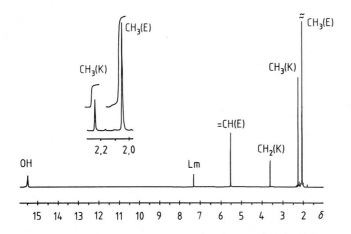

Abbildung 11-6.
250 MHz-¹H-NMR-Spektrum von Acetylaceton (**21**) in CDCl₃ bei ungefähr 22° C. Der Bereich der Methylsignale ist gespreizt und integriert. (E = Enol, K = Keton).

Im Gegensatz zu Acetylaceton überwiegt beim Acetessigester (**22**) im Gleichgewicht das Keton (ungefähr 90 % Keton neben 10 % Enol); offensichtlich ist die Enolform energetisch nicht so günstig wie bei Acetylaceton.

11.3.7 Intermolekularer Protonenaustausch

Der Kinetik des Protonenaustausches galt schon immer das Interesse der Chemiker, weil Säuren und Basen bei vielen Reaktionen eine wichtige Rolle spielen. Es war daher nahelie-

Formelschema XIII

gend, die ^{1}H-NMR-Spektroskopie einzusetzen, mit der man direkt die beteiligten Protonen beobachten kann.

Im Normalfall tauschen an Sauerstoff oder Stickstoff gebundene Protonen im Zeitmaßstab der NMR-Spektroskopie so schnell aus, daß der Austausch NMR-spektroskopisch nicht verfolgbar ist. Anders ist dies bei reinem Alkohol, wie das Spektrum von Ethanol (23) zeigt (Abb. 11-7 A). Bei Raumtemperatur ist die Lebensdauer τ_1 der Protonen am Sauerstoff so groß, daß man die Kopplung zwischen den OH- und CH$_2$-Protonen sieht. Das OH-Signal ist zum Triplett aufgespalten. (Auf den Zusammenhang zwischen Kopplung und Lebensdauer wurde schon in Abschnitt 3.6.3 eingegangen.) Die Signale sind jedoch verbreitert und zeigen damit den beginnenden Protonenaustausch an. Für die noch vorhandenen Wasserspuren findet man ein getrenntes Signal.

Der Austausch wird durch Zugabe von Wasser beschleunigt, wie die Spektren B bis D deutlich erkennen lassen. Bei einer Wasserkonzentration von 50 % tauschen die Protonen am Sauerstoff des Alkohols und des Wassers so rasch ihre Plätze, daß man nur ein gemeinsames Signal bei $\delta \approx 4,6$ sieht (Abb. 11-7 D). Gleichzeitig ist auch die Kopplung mit den

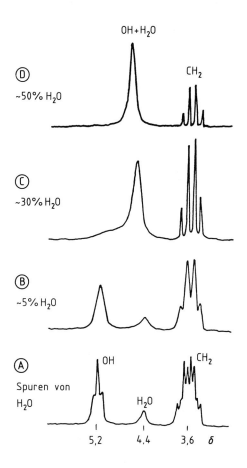

HO$-$CH$_2$CH$_3$

23

Abbildung 11-7.
Ausschnitte aus den 60 MHz-^{1}H-NMR-Spektren von CH$_3$CH$_2$OH (23) (A) und von drei verschiedenen CH$_3$CH$_2$OH/H$_2$O-Mischungen (B bis D). Meßtemperatur ungefähr + 25° C. Abgebildet sind die OH- und CH$_2$-Signale. Das Methylsignal bei $\delta = 1,2$ (Triplett) bleibt unverändert.

CH_2-Protonen nicht mehr beobachtbar. Genauso beschleunigt eine Temperaturerhöhung den Protonenaustausch.

Durch Ansäuern wird die Geschwindigkeitskonstante um viele Zehnerpotenzen erhöht:

$$CH_3CH_2OH + \overset{\oplus}{H}OH_2 \longrightarrow CH_3CH_2O\overset{\oplus}{\underset{H}{\overset{H}{<}}} + H_2O$$

Aus diesem Grund findet man in den Spektren von Säuren und Phenolen in wäßriger Lösung stets nur ein Signal für alle austauschbaren Protonen.

Erwähnenswert ist der Protonenaustausch im Dibenzyl-(methyl)ammonium-Ion (**24**) [30]. In konzentrierter HCl-Lösung beobachtet man bei 25°C zwischen dem Proton am Stickstoff und den Methylprotonen eine Kopplung, das heißt, der Austausch des NH-Protons ist langsam. Die Kopplung verschwindet dagegen, wenn man die HCl-Konzentration erniedrigt. Die NH-Protonen tauschen jetzt rasch ihre Plätze. Interessant an diesem Prozeß ist vor allem, daß der Protonenaustausch zu einer Waldenschen Umkehrung am Stickstoff führt (Formelschema XIV). Verfolgen läßt sich dieser Austausch wieder an den Signalen der Methylenprotonen (Abschnitt 11.3.3), denn das AB-Spektrum geht bei rascher Inversion in ein Singulett über. (Für weitere Reaktionen siehe [12].)

24

Formelschema XIV

11.3.8 Reaktionen und Äquilibrierungen

Eine Anwendungsmöglichkeit der dynamischen NMR-Spektroskopie soll abschließend erwähnt werden, obwohl sie eigentlich trivial erscheint: das Verfolgen von Reaktionen mit der Stoppuhr.

Alle bisher besprochenen kinetischen Vorgänge wurden im Gleichgewichtszustand untersucht. Chemische Reaktionen führen dagegen (langsam) zu einem Gleichgewicht oder auch zu einem vollständigen Umsatz. Dabei ändert sich in den NMR-Spektren nicht die Linienform, sondern nur die Zusammensetzung und die Intensitäten der Signale des Reaktionsgemisches. Durch Integration entsprechender Signale läßt sich die Reaktion auch quantitativ beobachten. Wir wollen ein Beispiel aus der Biochemie betrachten, die enzymatische

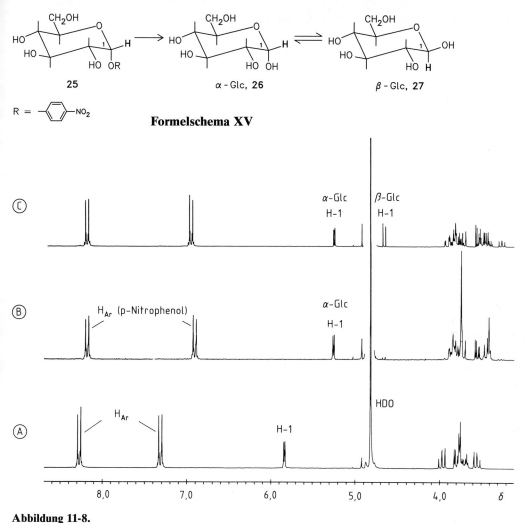

R = <NO_2-phenyl>

Formelschema XV

Abbildung 11-8.
250 MHz-^{1}H-NMR-Spektrum einer Inkubationslösung (D$_2$O) von 10 µmol 4-Nitrophenyl-α-D-gluco-
pyranosid (**25**) und 6 Einheiten (IU) [31] α-Glucosidase aus Bäckerhefe in 0,5 ml 50 mM KCl-Lösung,
pD 6,7; 22° C; 16 *K* Datenpunkte. A: reines Substrat **25**, 16 NS. B: Inkubationslösung nach ungefähr
5 min, 24 NS. Das Substrat **25** ist bereits quantitativ in α-Glucose (**26**) und *p*-Nitrophenol gespalten.
C: Inkubationslösung im Mutarotationsgleichgewicht, 24 NS.

Hydrolyse des synthetischen Substrates *p*-Nitrophenyl-α-glu-
cosid (**25**) durch α-Glucosidase aus Bäckerhefe (Formelschema XV).

Abbildung 11-8 A bis C zeigt die drei Spektren von der Ausgangsverbindung **25**, von der Inkubationslösung nach ungefähr
fünf Minuten und das nach etwa einer Stunde aufgenommene
Spektrum. Bei der Hydrolyse entsteht primär α-Glucose (**26**;
Abb. 11-8 B), die dann durch Mutarotation mit β-Glucose (**27**)
im Gleichgewicht ist (Abb. 11-8 C). Alle drei Verbindungen –
Ausgangsverbindung, α- und β-Glucose – sind im ^{1}H-NMR-

Spektrum durch die charakteristischen Signale der anomeren Protonen H-1 gut zu unterscheiden.

Der erste Schritt, die enzymatische Hydrolyse, entspricht einer irreversiblen Reaktion 1. Ordnung, der zweite einer Gleichgewichtsreaktion 1. Ordnung. Beide lassen sich durch Wahl geeigneter Bedingungen optimieren, und man kann die Reaktionen über die Veränderungen der Signalintensitäten quantitativ verfolgen.

Das Experiment ergab, daß die enzymatische Spaltung unter Retention der Konfiguration an C-1 der Glucose abläuft. (Dies nachzuweisen, war Ziel des Experimentes, nicht die Bestim-

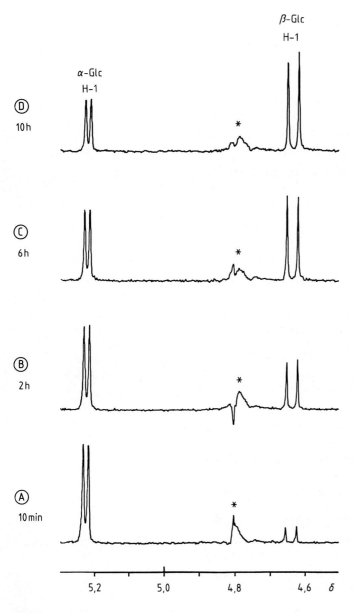

Abbildung 11-9.
Ausschnitte aus den 250 MHz-^{1}H-NMR-Spektren von α- und β-Glucose (**26** und **27**). Die Ausgangslösung enthielt 10 μmol α-Glucose in 0,5 ml 50 mM KCl-Lösung; pD 6,7; 20°C; 8 K Datenpunkte, jeweils 16 NS mit Unterdrückung des Lösungsmittelsignales [32]; ∗ HDO-Restsignale des Lösungsmittels. Die Spektren A bis D wurden nach 10 min, 2, 6 und 10 h aufgenommen. Die Integration der Signale im Spektrum D ergibt ein Verhältnis von 40 % α- und 60 % β-Glucose.

mung der Geschwindigkeitskonstanten.) Derartige stereochemische Fragestellungen sind praktisch nur mit der NMR-Spektroskopie lösbar.

Quantitativ auswertbare Spektren zeigt Abbildung 11-9. In
einem unabhängigen Experiment wurde die Mutarotation von
Glucose, ausgehend von α-Glucose (**26**), verfolgt. Die vier
Ausschnitte aus den 250 MHz-^{1}H-NMR-Spektren (A bis D)
geben den Bereich der H-1-Signale wieder. Das HDO-Signal
wurde fast vollständig unterdrückt [32], so daß die Integration
und damit die Ermittlung der Geschwindigkeitskonstanten
keinerlei Schwierigkeiten bereitet.

11.4 Literatur zu Kapitel 11

[1] L. M. Jackman and F. A. Cotton (eds.): *Dynamic Nuclear
Magnetic Resonance Spectroscopy.* Academic Press, New York 1975.

[2] M. Oki (ed.): *Applications of Dynamic NMR Spectroscopy to
Organic Chemistry.* VCH Publishers, Deerfield Beach 1985.

[3] J. Sandström: *Dynamic NMR Spectroscopy.* Academic Press,
New York 1982.

[4] G. Englert, *Z. Naturforsch. Teil B 16,* (1961) 413.

[5] H. S. Gutowsky: „Time-Dependent Magnetic Perturbations"
in: Lit. [1], Kap. 1.

[6] G. Binsch: „Band-Shape Analysis" in Lit. [1], Kap. 3.

[7] D. S. Stephenson and G. Binsch, *J. Magn. Reson. 30* (1978)
625 und *32* (1978) 145.

[8] F. R. Jensen, D. S. Noyce, C. H. Sederholm and A. J. Berlin,
J. Amer. Chem. Soc. 82 (1960) 1256 und *84* (1962) 386.

[9] F. A. L. Anet, M. Ahmed and L. D. Hall, *Proc. Chem. Soc.*
(1964) 145.

[10] F. A. Bovey, F. P. Hood, E. W. Anderson and R. L. Kornegay,
Proc. Chem. Soc. (1964) 146.

[11] F. A. Bovey: *Nuclear Magnetic Resonance Spectroscopy.*
Academic Press, New York (1969) S. 191.

[12] E. Grunewald and E. K. Ralph: „Proton Transfer Processes"
in Lit. [1] Kap. 15.

[13] A. Mannschreck und L. Ernst, *Chem. Ber. 104* (1971) 228.

[14] S. Sternhell: „Rotation about Single Bonds in Organic Molecules" in Lit. [1], Kap. 6.

[15] Lit. [2], Kap. 2 und 3.

[16] L. M. Jackman: „Rotation about Partial Double Bonds in
Organic Molecules" in Lit. [1], Kap. 7.

[17] J. Dabrowski and L. Kozerski, *Chem. Commun.* (1968) 586.

[18] J. Dabrowski and L. Kozerski, *J. Chem. Soc. B* (1971) 345.

[19] D. Imbery, A. Jaeschke und H. Friebolin, *Org. Magn. Reson.* 2 (1970) 271.

[20] H. Friebolin, R. Rensch und H. Wendel, *Org. Magn. Reson.* 8 (1976) 287.

[21] A. S. Kende, P. T. Izzo and W. Fulmor, *Tetrahedron Lett.* (1966) 3697.

[22] D. L. Griffith and J. D. Roberts, *J. Amer. Chem. Soc.* 87 (1965) 4098.

[23] E. Fahr, W. Rohlfing, R. Thiedemann, A. Mannschreck, G. Rissmann and W. Seitz, *Tetrahedron Lett.* (1970) 3605.

[24] D. Imbery und H. Friebolin, *Z. Naturforsch. Teil B 23* (1968) 759.

[25] F. A. L. Anet and R. Anet: „Conformational Processes in Rings" in Lit. [1], Kap. 14.

[26] Lit. [3], Kap. 10.

[27] F. Sondheimer, I. C. Calder, J. A. Elix, Y. Gaoni, P. J. Garratt, K. Grohmann, G. Di Maio, J. Mayer, M. V. Sargent and R. Wolovsky: „The Annulenes and Related Compounds" in *Aromaticity.* Spec. Publ. No. 21, The Chemical Society, London 1967, S. 75.

[28] G. Schröder, J. F. M. Oth und R. Merenyi, *Angew. Chem. 77* (1965) 774.

[29] J. F. M. Oth, K. Müllen, J.-M. Gilles and G. Schröder, *Helv. Chim. Acta 57* (1974) 1415.

[30] M. Saunders and F. Yamada, *J. Amer. Chem. Soc. 85* (1963) 1882.

[31] IU = Internationale Einheit; 1 IU entspricht der Enzymmenge, die aus dem Substrat **25** 1 µmol 4-Nitrophenol pro Minute bei 30° C freisetzt.

[32] Zur Unterdrückung des Wasser- und HDO-Signales verwendeten wir das Mikroprogramm „multiple solvent supression": *Aspect 2000 NMR Software-Manual 1,* Bruker, Karlsruhe-Rheinstetten.

Ergänzende und weiterführende Literatur

Lit. [1] bis [3].

G. Binsch: „The Study of Intramolecular Rate Processes by Dynamic Nuclear Magnetic Resonance" in E. L. Eliel and N. L. Allinger (eds.): *Topics in Stereochemistry 3* (1968) 97.

H. Kessler: „Nachweis gehinderter Rotationen und Inversionen durch NMR-Spektroskopie" in *Angew. Chem. 82* (1970) 237.

G. Binsch und H. Kessler: „Die kinetische und mechanistische Auswertung von NMR-Spektren" in *Angew. Chem. 92* (1980) 445.

12 Verschiebungsreagenzien

12.1 Lanthanoiden-Shift-Reagenzien (LSR)

12.1.1 Grundlagen

Verschiedentlich wurde bisher auf die störende Wirkung paramagnetischer Verunreinigungen hingewiesen, da sie die Relaxationszeiten verkürzen und damit die Linien verbreitern. Im Zusammenhang mit der Integration in der ^{13}C-NMR-Spektroskopie (Abschn. 1.6.3.2) nutzte man die Wechselwirkung mit paramagnetischen Chelat-Komplexen im positiven Sinne aus, um den Kern-Overhauser-Effekt (NOE) auszuschalten. Unerwähnt blieb, daß paramagnetische Substanzen zusätzlich die Signale verschieben. Da aber nicht alle Signale eines Moleküls gleichmäßig beeinflußt werden, läßt sich der Effekt gezielt bei der Spektrenanalyse einsetzen.

Zunächst verwendete man die paramagnetischen Ionen von Nickel und Kobalt, doch wurden bei diesen Versuchen die Linien stark verbreitert, der negative Effekt überwog den positiven Verschiebungseffekt. Erst als Hinckley 1969 [1] fand, daß mit den paramagnetischen Ionen der Lanthanoiden Verschiebungen ohne wesentliche Linienverbreiterungen zu erreichen sind, entwickelte sich daraus eine für den NMR-Spektroskopiker vielversprechende Methode. Ein Beispiel aus der ^{1}H-NMR-Spektroskopie ist in Abbildung 12-1 gegeben.

Spektrum A entspricht dem 90 MHz-^{1}H-NMR-Spektrum von Hexan-1-ol (1) in CCl$_4$. Spektrum B wurde nach Zugabe des Tris(dipivaloyl-methanato)-Eu(III)-Komplexes 2 (Eu(DPM)$_3$) aufgenommen. Zwei Tatsachen sind bemerkenswert, wobei wir die in Spektrum B angegebene Zuordnung ohne Diskussion als richtig voraussetzen:

- Durch Zugabe des Verschiebungsreagenzes sind alle Protonen schwächer abgeschirmt, alle Signale nach tiefem Feld verschoben; gleichzeitig sind alle CH$_2$-Signale getrennt, während man vorher nur für OH, OCH$_2$ und CH$_3$ isolierte Signale fand.

- Die Verschiebung ist um so größer, je geringer der Abstand der beobachteten Protonen zum Sauerstoff ist. Das Signal

$$HO-\overset{1}{CH_2}\overset{2}{CH_2}\overset{3}{CH_2}\overset{4}{CH_2}\overset{5}{CH_2}\overset{6}{CH_3}$$

1

Eu(DPM)$_3$

2

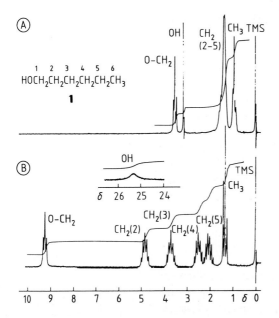

Abbildung 12-1.
A: 90 MHz-^{1}H-NMR-Spektrum
von Hexan-1-ol (**1**) in CCl$_4$.
B: **1** mit Zusatz des Verschiebungsreagenzes Eu(DPM)$_3$ (**2**)
(30 mg 1-Hexanol und 50 mg
Eu(DPM)$_3$).

des direkt an den Sauerstoff gebundenen Protons – OH –
wird um mehr als 20 ppm verschoben.

Wie lassen sich diese experimentellen Befunde theoretisch
erklären? Da der Effekt an die Gegenwart paramagnetischer
Ionen gebunden ist, kann man vermuten, daß es sich um eine
Wechselwirkung zwischen dem Spin des ungepaarten Elektrons und den Kernspins handelt. Zwei Arten der Wechselwirkung muß man unterscheiden, die beide zu Signalverschiebungen führen: die *Kontakt-* und die *Pseudokontaktwechselwir-
kung*. Beide setzen eine Komplexbildung zwischen dem Substrat S und dem paramagnetischen Metall-Ion L voraus, wobei
sich in Lösung ein Gleichgewicht zwischen freien Komponenten und Komplex einstellen wird:

$$L + S \rightleftharpoons LS \qquad \text{Beispiel:} \quad R-O \overset{\displaystyle H}{\diagdown} \ldots \ldots Eu(DPM)_3$$

Durch die Kontaktwechselwirkung wird im Komplex Spindichte des ungepaarten Elektrons auf das Substratmolekül
übertragen. Da die Spindichteverteilung am Ort der beobachteten Kerne sehr unterschiedlich ist, wird auch der Verschiebungseffekt nicht überall im Molekül gleich groß sein. In gesättigten Verbindungen werden vor allem die Resonanzlagen der
zum Komplexierungszentrum (O, N, S) α- und β-ständigen
^{13}C-Kerne beeinflußt, während in konjugierten Systemen
durch die größere Delokalisierung der Spindichte auch die
Resonanzen weiter entfernter ^{13}C-Kerne betroffen sind.
Außerdem sind Unterschiede für ^{1}H- und ^{13}C-Resonanzen zu
erwarten. Der *Kontakt-Term* ist im allgemeinen in der ^{1}H-

NMR-Spektroskopie vernachlässigbar, nicht dagegen in der ^{13}C-NMR-Spektroskopie.

Da wir uns im folgenden hauptsächlich auf die Effekte und die Anwendungen in der ^{1}H-NMR-Spektroskopie beschränken wollen, müssen wir uns mit dem für die Protonenresonanzen entscheidenden *Pseudokontakt-Term* auseinandersetzen. Unter Pseudokontakt-Wechselwirkung versteht man eine dipolare Wechselwirkung zwischen dem magnetischen Dipolfeld des ungepaarten Elektrons und dem des beobachteten Kernes. Diese Wechselwirkung geht durch den Raum. Gleichung (12-1) gibt den Zusammenhang zwischen Verschiebung durch Dipol-Dipol-Wechselwirkung und den geometrischen Daten des Komplexes wieder:

$$\Delta_{\text{Dip}} = K \frac{3\cos^2 \vartheta - 1}{r^3} \qquad (12\text{-}1)$$

r ist der Abstand des paramagnetischen Liganden L zum beobachteten Kern R (H oder ^{13}C) und ϑ der Winkel zwischen der Verbindungslinie LR und der Achse des Komplexes. K ist eine Konstante, die das magnetische Moment des paramagnetischen Metall-Ions berücksichtigt. Voraussetzung für die Gültigkeit von Gleichung (12-1) ist die Axialsymmetrie des Komplexes bezüglich der L−O-Achse.

Aus Gleichung (12-1) folgt:
- Der Verschiebungseffekt nimmt mit r^3 ab
- Δ_{Dip} ist für alle Kerne – hier ^{1}H oder ^{13}C – gleich groß
- Δ_{Dip} kann positiv oder negativ sein, je nachdem ob $(3\cos^2\vartheta - 1)$ größer oder kleiner Null ist.

Die gemessenen Verschiebungen ϑ_{exp} entsprechen Mittelwerten zwischen den chemischen Verschiebungen von freiem (ϑ_{S}) und komplex gebundenem Substrat (ϑ_{LS}), wobei die Konzentrationen (Molenbrüche) von L und S als Gewichte bei der Mittelwertbildung eingehen:

$$\vartheta_{\text{exp}} = x_{\text{S}}\, \delta_{\text{S}} + x_{\text{LS}}\, \delta_{\text{LS}} \quad \text{mit} \quad x_{\text{S}} = 1 - x_{\text{LS}} \qquad (12\text{-}2)$$

12.1.2 Anwendungen und Auswertung

Zwei Anwendungsbereiche zeichnen sich nach den bisherigen Ausführungen ab. Man kann
- komplizierte Spektren vereinfachen und
- genaue Strukturparameter des Komplexes und damit des interessierenden Moleküls bestimmen.

Vereinfacht ausgedrückt entspricht dies einer Unterteilung in qualitative und quantitative Untersuchungen. Die Strukturparameter über Gleichung (12-1) zu bestimmen, erfordert sehr sorgfältig durchgeführte Experimente. Außerdem ist der Aufwand für die Auswertung der experimentellen Daten groß, und dementsprechend selten werden quantitative Untersuchungen gemacht.

Bei der überwiegenden Zahl von Messungen beschränkt man sich auf den qualitativen Nachweis der Signalverschiebung. Ein Beispiel lernten wir in Abbildung 12-1 kennen. Die Vorteile der Methode liegen auf der Hand:

- überlappende Signale werden getrennt
- die Signale lassen sich zuordnen
- eine Integration wird möglich
- Entkopplungs-Experimente lassen sich durchführen.

3

Oft genügt eine einzige Messung mit einer nicht genau abgewogenen Menge an LSR, wofür das für Abbildung 12-1 verwendete Hexan-1-ol (**1**) ein Beispiel ist. In anderen Fällen müssen mehrere Messungen mit verschiedenen Konzentrationsverhältnissen von Substrat:LSR gemacht werden, denn nur so kann man den Gang der Verschiebung von jedem einzelnen Signal verfolgen.

In Abbildung 12-2 ist eine Meßreihe für das reine L-Enantiomere von 1-Phenylethylamin (**3**) gezeigt. Als LSR diente der chirale Eu-Komplex **4**. Die Chiralität der Verbindungen spielt hier keine Rolle, wir werden auf dieses Beispiel aber in Abschnitt 12.2 noch ausführlich eingehen.

Eu(TFC)$_3$

4

Abbildung 12-2 A zeigt das zugeordnete Spektrum von **3** ohne LSR, während für die Spektren B bis H die Konzentration an LSR kontinuierlich erhöht wurde. Man erkennt, daß alle Signale nach links verschoben werden, die Protonen also weniger abgeschirmt sind, und der Effekt beim NH$_2$-Signal am stärksten ist. Im Spektrum D ist das NH$_2$-Signal bereits nicht mehr zu sehen, es liegt außerhalb des abgebildeten Bereiches bei $\delta = 12,08$. Länger verfolgen läßt sich das Quartett des CH-Protons, doch bei äquimolaren Mengen von Substrat **3** und LSR **4** (Spektrum H) liegt dieses ebenfalls außerhalb des abgebildeten Bereiches.

Auch die Signale der *o*-, *m*- und *p*-Protonen werden unter dem Einfluß des LSR deutlich getrennt, wobei der Verschiebungseffekt für die *o*-Protonen am stärksten ist. Bei höheren Konzentrationen von LSR sind alle Signale verbreitert. Dies ist gut an den Signalen der CH- und der Methylgruppe zu erkennen. Außerdem erscheinen jetzt Signale vom Verschiebungsreagenz **4** (Spektrum H).

Es ist zweckmäßig, in einem Diagramm für jedes Signal die chemischen Verschiebungen gegen die Konzentration des zugegebenen Verschiebungsreagenzes aufzutragen. Da die Verschiebungen und die Menge an zugesetztem LSR einander proportional sind, liegen die Meßpunkte auf Geraden. Aus den

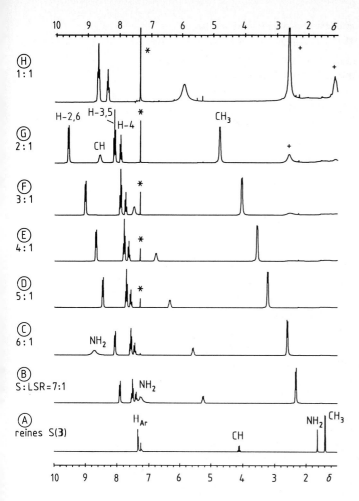

Abbildung 12-2.
A: 250 MHz-^{1}H-NMR-Spektrum von 1-Phenylethylamin (**3**) in CDCl$_3$. B bis H: Spektren verschiedener Mischungen von **3** und dem (chiralen) Verschiebungsreagenz **4**. Im Spektrum D liegt das NH$_2$-Signal bei $\delta = 12{,}08$, in Spektrum E bei 13,96 (+ Signale des LSR; ∗ Restsignal des Lösungsmittels).

Diagrammen kann man ablesen, ob sich bei steigender Zugabe von LSR Signale überkreuzen. Außerdem erhält man durch Extrapolation auf die Konzentration Null die Zuordnung und die chemische Verschiebung, falls man diese dem Spektrum ohne LSR nicht direkt entnehmen kann. (Bei Veröffentlichungen ist es üblich, die Verschiebungswerte für äquimolare Mengen von Substrat und LSR anzugeben. Diese Werte erhält man ebenfalls aus den gezeichneten Diagrammen.)

In der Praxis haben sich von den Lanthanoiden die dreiwertigen paramagnetischen Ionen des Europiums und des Praseodyms, Eu^{3+} und Pr^{3+}, durchgesetzt. Von diesen beiden verursachen Eu^{3+}-Ionen im allgemeinen eine geringere Abschirmung (Verschiebung zu höheren δ-Werten), Pr^{3+} dagegen eine höhere (Verschiebung zu kleineren δ-Werten).

Um die Ionen in organischen Lösungsmitteln löslich zu machen, verwendet man Chelate, wobei als Komplexkomponenten meistens die Anionen der β-Diketone 2,2,6,6-Tetramethyl-3,5-heptandion (**2**) (Dipivaloylmethan, DPM) und 1,1,1,2,2,3,3-Heptafluor-7,7-dimethyl-4,6-octandion (**5**) (FOD) dienen. Die Signale des Liganden stören meistens nicht, da die Protonen des Liganden durch die Metall-Ionen sehr stark abgeschirmt sind. Neben den beiden erwähnten Komplexkomponenten **2** und **5** sind viele andere beschrieben, darunter auch perdeuterierte oder perfluorierte Verbindungen. Einige dieser Verschiebungsreagenzien sind kommerziell erhältlich.

Außer vom Konzentrationsverhältnis Substrat : LSR hängt der Betrag der Verschiebung von der Komplexbildungsstärke der Substrate ab, das heißt, von deren Fähigkeit als Lewis-Base zu wirken. Für LSR mit Eu^{3+} und Pr^{3+} findet man eine Abnahme der Absolutbeträge der Verschiebungen in der Reihenfolge:

$$NH_2 > OH > C=O > COOR > C\equiv N$$

Auf die Frage, welche LSR man bei welchen Substraten einsetzen soll, kann keine allgemeingültige Antwort gegeben werden; die Vorgehensweise wird vom konkreten Problem diktiert. Schwierigkeiten bereiten beispielsweise starke Säuren und Phenole, da sie die Chelatkomplexe zersetzen. Gegenüber schwachen Säuren sind die LSR mit FOD (**5**) als Chelatbildner begrenzt stabil.

Keinen Verschiebungseffekt zeigen die ^{1}H-Resonanzen der Olefine und Aromaten, da sie mit Lanthanoiden-Ionen keine Komplexe bilden. Doch auch hierfür fand man inzwischen eine Lösung. Man weiß, Silber(I)-Ionen (Ag^+) komplexieren π-Bindungen. Gibt man daher zu einer Substrat-LSR-Lösung noch Ag^+-Ionen in Form von AgFOD, beobachtet man auch bei Olefinen und Aromaten Verschiebungen. Offensichtlich überträgt das gebundene Silber-Ion den Verschiebungseffekt. Eine Reihe von Anwendungen – vor allem mit chiralen Reagenzien – sind in der Literatur beschrieben [2] (Abschn. 12.2).

Recht unübersichtlich werden die beobachteten Effekte, wenn die Substrate mehrere funktionelle Gruppen enthalten, wie dies bei den Zuckern der Fall ist. Schöne Ergebnisse auf dem Gebiet der Stereochemie konnten dagegen in den letzten Jahren mit chiralen LSR erzielt werden. Dieses spezielle Anwendungsgebiet wird im nächsten Abschnitt behandelt.

12.2 Chirale Lanthanoiden-Shift-Reagenzien

Enantiomere lassen sich NMR-spektroskopisch nicht unterscheiden. Somit kann man auch nicht feststellen, ob ein reines Enantiomeres oder ein Racemat vorliegt. Ein aus der Chemie

wohlbekannter Trick hilft hier weiter: Man erzeugt Diastereomere mit einem chiralen Hilfsreagenz. Dabei ist es nicht unbedingt notwendig, zwischen den beiden Komponenten eine
kovalente Bindung zu knüpfen, wie zum Beispiel zwischen
einer optisch aktiven Säure und einem Alkohol, sondern es
genügt schon, wenn diastereomere Komplexe gebildet werden. Als Hilfsreagenz kann man entweder eine chirale diamagnetische Substanz (das Lösungsmittel; siehe Abschn. 12.3)
oder ein chirales paramagnetisches Lanthanoiden-Shift-Rea-
genz (chirales LSR) verwenden.

Angenommen, das Substrat S läge als Racemat S(+) und
S(−) vor, dann werden bei der Zugabe des reinen Enantiomeren eines chiralen LSR zwei diastereomere Komplexe gebildet, zum Beispiel mit L(−):

$$S(+) + L(-) \rightleftharpoons S(+)L(-)$$
$$S(-) + L(-) \rightleftharpoons S(-)L(-)$$

In diesen Komplexen unterscheiden sich die Resonanzen für
die beiden Enantiomere S(+) und S(−).

Ein Beispiel zeigt Abbildung 12-3. Als chirales Substrat
verwendeten wir 1-Phenylethylamin (**3**) und als chirales LSR
Tris(3-(2,2,2-trifluor-1-hydroxyethyliden)-*d*-campherato)Euro-
pium (**4**) (Eu(TFC)$_3$). (Die Spektren von **3** in der reinen L-Form
mit verschiedenen Konzentrationen desselben Verschiebungsreagenzes **4** sind bereits in Abbildung 12-2 gezeigt worden.
Dort ging es jedoch nur um den Nachweis, daß die Verschiebung von der Menge an zugesetztem LSR abhängig ist.)

Erwartungsgemäß finden wir im Spektrum des Racemates
von **3** ohne Zusatz des chiralen LSR (Abb. 12-3 A) keine
getrennten Signale für die beiden Enantiomeren. Anders,
wenn man das reine D-Enantiomere von Eu(TFC)$_3$ (**4**) zugibt.
Für das in **3** an das asymmetrische C-Atom gebundene Proton
erscheinen jetzt zwei Quartetts im Intensitätsverhältnis 1:1.
Die Signale sind leicht verbreitert (Abb. 12-3 B). Auch die
Methylresonanzen haben sich verändert. Wir erwarten zwei
Dubletts, finden aber nur ein Triplett. Offensichtlich überlagern sich in der Mitte je eine Linie von jedem Dublett.

Spektrum C in Abbildung 12-3 stammt von einer Probe, die
ungefähr 80 % L- und 20 % D-Enantiomeres von **3** enthielt.
Wieder unterscheiden sich für die beiden Enantiomere sowohl
die Signale der Methylprotonen als auch die der CH-Protonen.
Durch Integration entsprechender Signale läßt sich das Enan-
tiomerenverhältnis (die „optische" Reinheit) der Probe bestimmen, was in diesem Fall am besten durch Integration des Quartetts gelingt. Aus den bisher durchgeführten Untersuchungen
kann man keine allgemeingültige Regel erkennen, welches
Enantiomere – L oder D – die größeren Verschiebungen zeigt.

In eleganter Weise lassen sich chirale LSR auch auf chirale
Olefine und Aromaten als Substrate anwenden. Allerdings

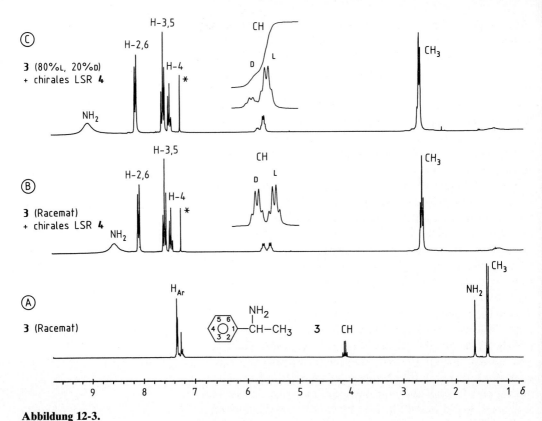

Abbildung 12-3.
A: 250 MHz-^{1}H-NMR-Spektrum von 1-Phenylethylamin (**3**) in CDCl$_3$. B: Spektrum des Racemats von **3** in Gegenwart des chiralen Verschiebungsreagenzes **4** (D-Form). C: Spektrum eines Gemisches von 80 % L-, 20 % D-Enantiomer von **3** in Gegenwart von **4**. In den Spektren B und C sind die CH-Multipletts gespreizt, in C zusätzlich integriert (∗ Restsignal des Lösungsmittels).

muß man – wie im vorigen Abschnitt schon berichtet – als zusätzliches Hilfsreagenz ein achirales Silbersalz beimischen. Die nach dieser Methode aufgenommenen Spektren von chiralen Allenen, Terpenen oder terpenartigen Kohlenwasserstoffen sowie Helicenen zeigen getrennte Signale für die Enantiomere. Durch die NMR-Spektroskopie wurde hier ein neues Anwendungsfeld erschlossen, denn bei diesen Verbindungen war es bisher nur sehr schwer möglich, die optische Reinheit über den spezifischen Drehwert zu messen [2].

12.3 Chirale Lösungsmittel

Auch Lösungsmittel zeigen häufig Verschiebungseffekte bei Substraten, wenn sie mit ihnen in Wechselwirkung treten (Abschn. 6.2.4). Man bezeichnet sie aber deswegen nicht als

Verschiebungsreagenzien. Trotzdem wollen wir hier den Einfluß chiraler Lösungsmittel (*Chiral Solvating Agents,* CSA) und chiraler Reagenzien in achiralen Lösungsmitteln auf die Spektren chiraler Substanzen behandeln, da die Experimente ähnliche Schlußfolgerungen zulassen wie die mit chiralen LSR.

Lösen wir das Racemat eines chiralen Substrates S, S(+) und S(−), in einem Enantiomeren des Lösungsmittels L(−), dann bilden sich die beiden *Solvatations-Diastereomere* S(+) L(−) und S(−) L(−). In günstigen Fällen führt dies zu getrennten Signalen für die enantiomeren Substrate.

Als CSA kommen chirale Säuren, Amine, Alkohole, Sulfoxide und cyclische Verbindungen in Frage. Oft verwendet werden fluorierte Alkohole, die relativ sauer sind und deshalb mit basischen Verbindungen wie Aminen Komplexe bilden. Amine ihrerseits benutzt man, um organische Säuren oder andere saure Verbindungen zu messen. Zwei wichtige Vertreter von CSA sind 2,2,2-Trifluor-1-phenylethanol (**6**) und 1-Phenylethylamin (**3**).

Den gleichen Verschiebungseffekt beobachtet man häufig auch schon in achiralen Lösungsmitteln, wenn man zum chiralen Substrat ein chirales Reagenz zugibt. In Abbildung 12-4 ist ein solches Beispiel angegeben: A zeigt das Spektrum des Racemats von 1-Phenylethylamin (**3**) in CDCl$_3$. Für Spektrum B wurde das Racemat, für Spektrum C ein Gemisch von ungefähr 75 % L- und 25 % D-Enantiomeren von **3** in CDCl$_3$/[D$_6$]-DMSO gelöst und (+)-2-Methoxy-2-(trifluormethyl)phenylessigsäure (**7**) zugegeben. Wie bei den chiralen LSR (Abb. 12-3) spalten die Methyl- und CH-Signale auf, und ihre Integration ergibt die optische Reinheit.

Die beobachteten, durch die Chiralität des Lösungsmittels oder des zugegebenen Reagenzes induzierten Verschiebungsunterschiede hängen vom Lösungsmittel, vom Substrat, von der Komplexierungsstärke, von der Temperatur und vom Konzentrationsverhältnis ab. Letzteres spielt dann eine Rolle, wenn das Lösungsmittel achiral ist und das chirale Reagenz nur – wie in unserem Beispiel – in kleiner Menge zugegeben wird.

Besonders erwähnt werden muß, daß der Verschiebungseffekt nur bei den Signalen des Substrates beobachtbar ist, nicht beim chiralen Lösungsmittel. Der Grund ist leicht einzusehen: Die Substratmoleküle S(+) oder S(−) sind in Lösung frei oder komplexiert, dies führt zu den beobachteten Verschiebungseffekten durch Mittelwertbildung. Die Moleküle des chiralen Lösungsmittels oder des chiralen Reagenzes L(−) sind aber einmal an S(+), dann wieder an S(−) gebunden, wodurch sich die Effekte genau zu Null mitteln.

6

7

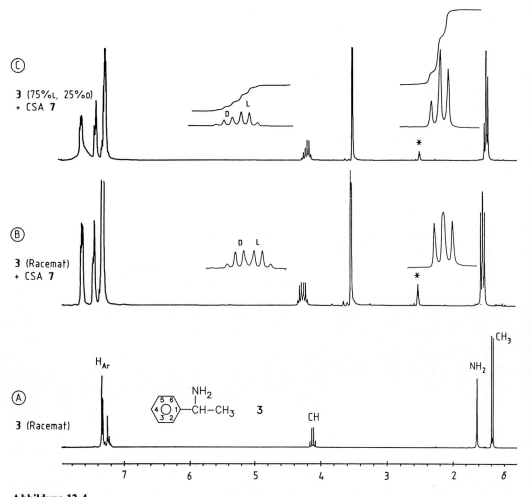

Abbildung 12-4.

A: 250 MHz-¹H-NMR-Spektrum von 1-Phenylethylamin (**3**) in CDCl₃. B: Spektrum des Racemates von **3** in Gegenwart der chiralen Verbindung **7** in CDCl₃/ [D₆]-DMSO. C: Spektrum eines Gemisches von ungefähr 75 % L- und 25 % D-Enantiomer von **3** in Gegenwart von **7** in CDCl₃/[D₆]-DMSO. In den Spektren B und C sind die Multipletts für die CH₃- und CH-Gruppen vergrößert, in C zusätzlich integriert (∗ Restsignal des Lösungsmittels).

12.4 Literatur zu Kapitel 12

[1]   C. C. Hinckley, *J. Amer. Chem. Soc. 91* (1969) 5160.

[2]   W. Offermann und A. Mannschreck, *Org. Magn. Reson. 22* (1984) 355.

Ergänzende und weiterführende Literatur

R. E. Sievers: *Nuclear Magnetic Resonance Shift Reagents.* Academic Press, New York 1973.

R. v. Ammon und R. D. Fischer: „Verschiebungsreagentien in der NMR-Spektroskopie" in *Angew. Chem. 84* (1972) 737.

O. Hofer: „The Lanthanide Induced Shift Technique: Applications in Conformational Analysis" in *Topics in Stereochemistry 9* (1976) 111.

G. R. Sullivan: „Chiral Lanthanide Shift Reagents" in *Topics in Stereochemistry 10* (1978) 287.

W. H. Pirkle and D. J. Hoover: „NMR Chiral Solvating Agents" in *Topics in Stereochemistry 13* (1982) 263.

T. C. Morrill (ed.): *Lanthanide Shift Reagents in Stereochemical Analysis.* VCH Publishers, New York 1986.

13 Makromoleküle

13.1 Einführung

Ein weites Feld für ^{1}H- und ^{13}C-NMR-Untersuchungen bieten die Makromoleküle. Die Probleme reichen von der Aufklärung der Zusammensetzung, der Sequenz, der Konfiguration, der Polymerketten-Konformation in synthetischen und natürlichen Polymeren bis hin zur Kinetik und zum Mechanismus der Polymerisation. Diese Messungen machen jedoch in den meisten Fällen den Einsatz von Hochfeldspektrometern erforderlich.

Erschwert wird die Aufgabe des NMR-Spektroskopikers dadurch, daß die Signale meistens sehr breit sind und deshalb weder kleine Unterschiede der chemischen Verschiebungen noch Aufspaltungen durch Kopplungen zu erkennen sind. Fast immer werden die Linien aber bei höheren Meßtemperaturen schärfer und die Auflösung besser, weil die Beweglichkeit der Ketten zu- und gleichzeitig die Viskosität der Lösungen abnimmt.

Wir werden uns im folgenden auf einen kleinen Ausschnitt, auf einige Aspekte der Strukturaufklärung synthetischer Polymerer beschränken. Wenngleich auf dem Gebiet der NMR-Spektroskopie an natürlichen Makromolekülen – den Proteinen, Peptiden, Glykoproteinen, Polysacchariden – in jüngster Zeit durch den Einsatz der zwei- und mehrdimensionalen NMR-Techniken große Fortschritte erzielt und wichtige Erkenntnisse gewonnen wurden, wollen wir jedoch diese speziellen Anwendungsmöglichkeiten hier ausklammern. Es sei auf die ergänzenden Literaturangaben hingewiesen.

Zu erwähnen ist, daß gerade die NMR-spektroskopischen Untersuchungen von Makromolekülen durch die stürmische Entwicklung im Bereich der Festkörper-NMR-Spektroskopie sehr an Bedeutung gewonnen haben.

13.2 Synthetische Polymere

13.2.1 Taktizität von Polymeren

Bei der Polymerisation von Alkenen entstehen Ketten, deren sterischer Aufbau von der Art des Monomeren, dem Polymerisationsverfahren und den Reaktionsbedingungen abhängt. Im einfachsten Fall der Polymerisation von Ethylen (**1**) entsteht eine Kette von CH_2-Gruppen mit äquivalenten Protonen und C-Atomen. Sowohl im ^{1}H- wie im ^{13}C-NMR-Spektrum erscheint nur ein Signal.

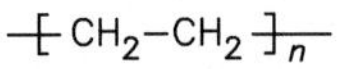

Ähnlich einfach lassen sich die Spektren von Polyisobutylen (**2**) analysieren – vorausgesetzt, es findet eine Kopf-Schwanz-Polymerisation statt, denn dann sind alle Methylgruppen und alle Methylenprotonen äquivalent. Im ^{1}H-NMR-Spektrum findet man zwei Signale im Intensitätsverhältnis von $3:1$, im ^{13}C-NMR-Spektrum drei. Signale der endständigen Einheiten, die sich in ihrer magnetischen Abschirmung von den mittelständigen unterscheiden, sind im allgemeinen schon bei einer Kettenlänge von ungefähr 20 Monomereinheiten nicht mehr nachweisbar.

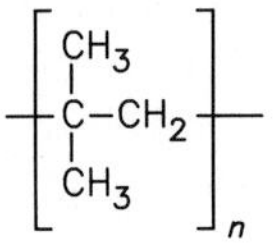

Komplizierter sind die Strukturen und die Spektren von Polymeren, bei denen während der Polymerisation pseudo-asymmetrische C-Atome gebildet werden. Beispiele für solche Polymere sind Polypropylen (**3**), Polyvinylchlorid (**4**) und Polystyrol (**5**).

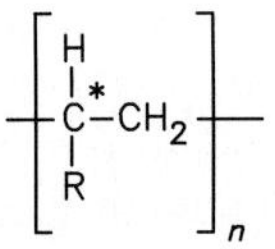

$$\mathrm{\!-\!\!\left[\,CH_2\!-\!CH_2\,\right]_{\!n}\!-}$$

1

$$\left[\begin{array}{c} CH_3 \\ | \\ C\!-\!CH_2 \\ | \\ CH_3 \end{array}\right]_n$$

2

$$\left[\begin{array}{c} H \\ | \\ \overset{*}{C}\!-\!CH_2 \\ | \\ R \end{array}\right]_n$$

3: R = CH_3
4: R = Cl
5: R = Ph

isotaktisch

syndiotaktisch

ataktisch

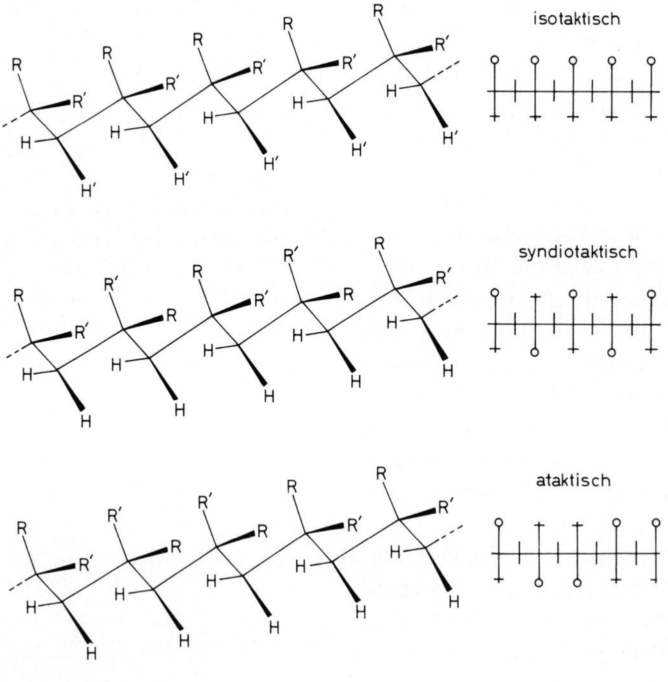

Abbildung 13-1.
Projektionsformeln von iso-, syndio- und ataktischen Polymerketten.

Bei diesen Polymeren gibt es drei verschiedene Möglichkeiten des sterischen Aufbaus: Die aufeinanderfolgenden Monomereinheiten können mit der gleichen Konfiguration *(isotaktisch)* oder mit regelmäßigem Wechsel der Konfiguration *(syndiotaktisch)* oder regellos, statistisch *(ataktisch)* eingebaut sein. Anhand der Formelbilder in Abbildung 13-1 erkennt man, daß sich die NMR-Spektren in charakteristischer Weise unterscheiden müssen.

Dies soll am Beispiel des Poly-α-methylacrylsäuremethylesters (**6**) (PMMA) gezeigt werden, bei dem in den Formeln von Abbildung 13-1 für R = CH_3 und für R' = $COOCH_3$ einzusetzen ist. In Abbildung 13-2 sind die 220 MHz-^{1}H-NMR-Spektren von iso-, syndio- und ataktischem PMMA wiedergegeben. Eine grobe Zuordnung ist in allen drei Fällen einfach zu treffen. Bei $\delta \approx 3,6$ liegen die OCH_3-Signale, zwischen $\delta = 1,5$ und $2,5$ die CH_2-Signale und zwischen $\delta = 1$ und $1,4$ die C$-CH_3$-Signale. Die Intensitätsverteilung ist $3:2:3$. Für die exakte Deutung der einzelnen Spektren betrachtet man am besten die Projektionsformeln der Abbildung 13-1 oder noch besser Modelle.

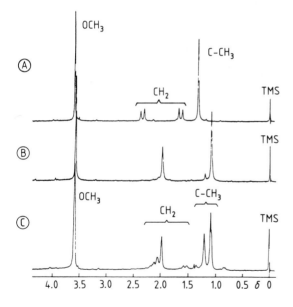

6

Abbildung 13-2.
220 MHz-^{1}H-NMR-Spektren von Poly-α-methylacrylsäuremethylester (**6**) (PMMA) in *o*-Dichlorbenzol bei 100°C. A: iso-, B: syndio- und C: ataktisches PMMA.

Isotaktisches PMMA (Abb. 13-2 A): Alle O–CH_3-Gruppen sind äquivalent wie auch alle C$-CH_3$-Gruppen und ergeben jeweils ein Signal. Die beiden Methylenprotonen sind diastereotop (Abschn. 2.4.2); für sie findet man ein Spektrum vom AX-Typ (Abschn. 4.3).

Syndiotaktisches PMMA (Abb. 13-2 B): Die OCH_3-, die C$-CH_3$-Gruppen und – im Gegensatz zum isotaktischen PMMA – auch die Methylenprotonen sind jeweils äquivalent. Das Spektrum weist folglich nur drei Signale auf.

In den Spektren von iso- und syndiotaktischem PMMA unterscheiden sich die OCH_3-Signale kaum in ihrer Lage, die der CH_2- und $C-CH_3$-Gruppen dagegen stark. Für die Resonanzlage der CH_2-Protonen sind die CRR'-Gruppen direkt benachbarter Monomereinheiten entscheidend, das heißt Zweiersequenzen oder Diaden. Für die $C-CH_3$-Gruppen, die selbst an ein pseudoasymmetrisches C-Atom gebunden sind, müssen Dreiersequenzen betrachtet werden. Dies ist aus Abbildung 13-3 ersichtlich.

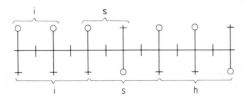

Abbildung 13-3.
Projektionsformeln von ataktischem Poly-α-methylacrylsäuremethylester (PMMA, **6**) zur Erklärung der Diaden und Triaden (+ CH_3; $\circ$ $COOCH_3$). i = isotaktische Di- bzw. Triade. s = syndiotaktische Di- bzw. Triade. h = heterotaktische Triade.

Ataktisches PMMA (Abb. 13-2 C): Das Spektrum von ataktischem PMMA ist komplizierter. Zwar erhält man für die OCH_3-Protonen nur ein Signal, die CH_2-Signale sind jedoch nicht mehr eindeutig analysierbar. Berücksichtigt man nur Diaden, dann sollten sich im Spektrum die Signale der CH_2-Protonen in iso- und syndiotaktischen Diaden entsprechend ihrer Häufigkeit überlagern. Da dies nicht der Fall ist, müssen wir unsere Betrachtungsweise verfeinern, das heißt, wir dürfen nicht nur die nächsten, sondern wir müssen auch die übernächsten Nachbarn, also Tetraden, in die Diskussion einbeziehen. Wir wollen uns hier jedoch auf diese qualitative Feststellung beschränken, denn die gewünschte Information erhält man einfacher über die Resonanzen der $C-CH_3$-Gruppen. Für diese erscheinen bei $\delta = 1$ bis 1,4 drei Signale recht unterschiedlicher Intensität: Zwei Signale liegen dort, wo die entsprechenden CH_3-Signale der iso- und syndiotaktischen Probe liegen. Sie können wir dementsprechend den Resonanzen von CH_3-Gruppen in iso- und syndiotaktischen Triaden zuordnen. Dazwischen liegt ein drittes Signal, das von Methylgruppen an Nahtstellen herrühren muß. Die entsprechenden Triaden heißen heterotaktisch (Abb. 13-3).

Die Integration der drei Methylsignale ergibt die Triadenhäufigkeit und damit den statistischen Aufbau des Polymers. Eine Spektrenanalyse mit Hilfe von Triaden ist in diesem Fall gerechtfertigt, wenn auch bei einzelnen Signalen eine Feinstruktur angedeutet ist, die auf Pentadeneffekte hinweist. Diese Feinstruktur erkennt man noch deutlicher, wenn man das Spektrum bei höheren Meßfrequenzen aufnimmt.

Die ^{13}C-NMR-Spektroskopie ist für die Untersuchung der Taktizität von Polymeren in vielen Fällen der ^{1}H-NMR-Spektroskopie überlegen, weil

- die Spektren bei ^{1}H-Breitband-Entkopplung nur aus Singuletts bestehen und
- in der ^{13}C-NMR-Spektroskopie weitreichende sterische Effekte eine noch größere Rolle spielen als in der ^{1}H-NMR-Spektroskopie; Tetraden- und Pentadeneffekte sind daher immer zu beobachten.

Stereo-Block-Polymere: Ist die Kette aus größeren Abschnitten gleicher Taktizität aufgebaut, spricht man von Stereo-Block-Polymeren. Das NMR-Spektrum sieht in diesem Fall so aus, als läge ein Gemisch von Polymerketten mit jeweils einheitlicher Konstitution vor.

13.2.2 Polymerisation von Dienen

Die besprochenen Polymere entstanden durch 1,2-Verknüpfungen, wobei nach den bisherigen Erfahrungen eine Kopf-Schwanz-Verknüpfung am wahrscheinlichsten ist. Bei Dienen – im einfachsten Fall bei Butadien – können 1,2- sowie *cis*- und *trans*-1,4-Polymerisationen miteinander konkurrieren (Formelschema I). Auf diese Weise entstehen Polymere mit völlig anderen Strukturen und physikalischen Eigenschaften.

7

Formelschema I

Für die Sequenzanalyse eines Polybutadiens (**7**), das von der Polymerisation her sowohl 1,2- wie 1,4-Verknüpfungen enthält, erwies sich die ^{13}C-NMR-Spektroskopie als besonders leistungsfähig.

In Abbildung 13-4 A sind die ^{13}C-Resonanzen der olefinischen C-Atome eines Gemisches von reinem *cis*- und *trans*-1,4-Polybutadien wiedergegeben. Für jede Komponente beobachtet man ein Signal.

Spektrum B entspricht dem von *cis*-1,4-Polybutadien mit etwa 20 % *trans*-1,4-Verknüpfungen. Im Polymeren, dessen Spektrum in C abgebildet ist, liegen etwa gleichviel *cis*- wie *trans*-1,4-Verknüpfungen vor. Die Signale lassen sich leicht mit Hilfe der aus Spektrum A bekannten Signallagen zuordnen.

Zusätzlich erscheinen in den Spektren B und C noch zwei mit Sternchen versehene Signale, die von C-Atomen der Vinylgruppen an den Nahtstellen zwischen *cis*- und *trans*-Verknüpfung herrühren [1].

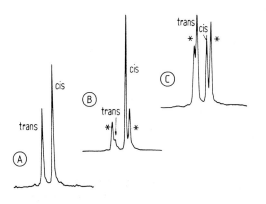

Abbildung 13-4.
Ausschnitte aus den 67,88 MHz-
^{13}C-NMR-Spektren von 1,4-Polybutadien (**7**) (Resonanzen der olefinischen C-Atome) [1].
A: Gemisch von ungefähr 60 % reinem *cis*- und 40 % reinem *trans*-1,4-Polybutadien. B: *cis*-1,4-Polybutadien mit etwa 20 % *trans*-1,4-Verknüpfungen.
C: 1,4- Polybutadien mit ungefähr 50 % *cis*- und 50 % *trans*-Verknüpfungen. (∗ Signale von C-Atomen der Vinylgruppen an den Nahtstellen zwischen *cis* und *trans*.).

13.2.3 Copolymere

Bei den Stereo-Block-Polymeren haben wir im weiteren Sinne schon ein Copolymeres kennengelernt. Man versteht jedoch im allgemeinen unter Copolymeren solche Polymere, bei denen die Kette aus mindestens zwei chemisch verschiedenen Monomeren A und B besteht.

Im einfachsten Fall bilden A und B Blöcke einheitlicher Zusammensetzung: −AAAAA−BBBBB−. Die ^{1}H- und ^{13}C-NMR-Spektren entstehen durch einfache Überlagerung der Spektren der einzelnen Blöcke. Signale der A−B-Nahtstellen sind bei genügend großer Kettenlänge der Blöcke nicht mehr nachweisbar.

Bilden A und B statistische Copolymere –AABBABBAAAB–, werden die Spektren sehr kompliziert. Verantwortlich dafür sind sogenannte *kompositive* Einflüsse. So unterscheiden sich zum Beispiel die Signallagen zentraler A-Einheiten in den drei verschiedenen Triaden A**A**A, B**A**A und B**A**B. Berücksichtigt man außerdem noch, daß sich diese chemisch verschieden zusammengesetzten Triaden auch noch in ihrer Konfiguration unterscheiden können – iso-, syndio-, heterotaktisch –, dann gibt es 20 verschiedene Triaden.

Als zusätzliche Schwierigkeit kommt noch hinzu, daß die Triaden in unterschiedlicher Anzahl in der Kette vorkommen. Die Analyse der ^{13}C-NMR-Spektren ist auch hier am aussichtsreichsten.

Während die Sequenzanalyse schwierig durchzuführen ist, läßt sich die chemische Zusammensetzung des Copolymeren oft einfach durch Integration bestimmen. Hierbei bietet sich vor allem die ^{1}H-NMR-Spektroskopie an. Abbildung 13-5 zeigt das wenig aufgelöste 220 MHz-^{1}H-NMR-Spektrum eines statistischen Copolymeren aus Butadien und α-Methylstyrol. Aus dem Flächenverhältnis der Signale der aromatischen und olefinischen Protonen erhält man direkt die molare Zusammensetzung.

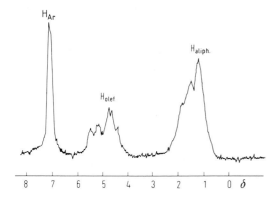

Abbildung 13-5.
220 MHz-^{1}H-NMR-Spektrum eines statistischen Copolymeren aus Butadien und α-Methylstyrol.

13.3 Literatur zu Kapitel 13

[1] K. F. Elgert: „Kunststoffe, Analyse" in *Ullmanns Enzyklopädie der technischen Chemie,* Band 15, S. 392, Verlag Chemie, Weinheim 1978.

Ergänzende und weiterführende Literatur:

J. Schaefer: „The Carbon-13 NMR Analysis of Synthetic High Polymers" in G. C. Levy (ed.): *Topics in Carbon-13 NMR Spectroscopy,* Vol. 1, Kap. 4. Wiley & Sons, New York 1974.

F. A. Bovey: *High Resolution NMR of Macromolecules.* Academic Press, New York 1972.

E. Klesper und G. Sielaff: „High Resolution Nuclear Magnetic Resonance Spectroscopy" in D. O. Hummel (ed.): *Polymer Spectroscopy,* Vol. 6, Kap. 3. Verlag Chemie, Weinheim 1974.

„Natural and Synthetic High Polymers" in P. Diehl, E. Fluck, R. Kosfeld (eds.): *NMR, Basic Principles and Progress,* Vol. 4, Springer-Verlag, Berlin 1971.

R. A. Komoroski (ed.): *High Resolution NMR Spectroscopy of Synthetic Polymers in Bulk.* VCH Publishers, New York 1986.

K. Wüthrich: *NMR of Proteins and Nucleic Acids.* J. Wiley & Sons, New York 1986.

O. Jardetzky and G.C.K. Roberts: *NMR in Molecular Biology.* Academic Press, New York 1981.

A. E. Tonelli: *NMR Spectroscopy and Polymer Microstructure. The Conformational Connection.* VCH Publishers, New York 1989.

14 NMR-Spektroskopie in Biochemie und Medizin

14.1 Einführung

Im Laufe der letzten Jahrzehnte hat die NMR-Spektroskopie zur Klärung vieler biochemischer Fragen beigetragen, vor allem durch die Untersuchungen von *in vitro*-Modellreaktionen. Dabei war die ^{13}C-NMR-Spektroskopie wegen der großen chemischen Verschiebungen gegenüber der ^{1}H-NMR-Spektroskopie häufig im Vorteil. Ihr großer Nachteil besteht aber – wie schon so oft erwähnt – in der geringen Nachweisempfindlichkeit. Bei den *in vitro*-Experimenten löste man dieses Empfindlichkeitsproblem vielfach durch ^{13}C-Anreicherung.

Nach den bisherigen Kapiteln sind Chemiker und Biochemiker Hauptnutznießer der NMR-Spektroskopie. In den letzten Jahren zeichneten sich jedoch neue Anwendungsmöglichkeiten ab, die zu einer stürmischen Entwicklung sowohl auf dem methodischen als auch dem apparativen Sektor führten. Gemeint sind die NMR-Untersuchungen an lebenden Organismen, von der einzelnen Zelle bis hin zu Ganzkörperuntersuchungen am Menschen. Damit ist die Methode auch für Biologen und Mediziner interessant geworden.

Welche neuen Erkenntnisse gewinnt man durch NMR-spektroskopische Untersuchungen an lebenden Organismen? Liegt nicht, nach allem was wir bisher gelernt haben, die Stärke der NMR-Spektroskopie in der Analyse reiner Substanzen? Wie kann man so große „Proben" wie etwa den Menschen messen? Wie aus der unendlichen Vielfalt der in den lebenden Zellen vorkommenden Substanzen gezielt die interessierenden Verbindungen herausfinden?

Bevor wir auf die *in vivo*-Experimente eingehen, wollen wir zunächst die Aussagemöglichkeiten von ^{13}C-Markierungen in der Biochemie an einigen Beispielen der klassischen NMR-Spektroskopie aufzeigen, wobei es speziell um die Aufklärung von biochemischen Synthesewegen geht.

Danach folgt der Abschnitt über hochauflösende *in vivo*-NMR-Spektroskopie. Dabei werden wir neben den Resonanzen der Kerne ^{1}H und ^{13}C auch die von ^{31}P besprechen, denn für den größten Teil der *in vivo*-Experimente wurden bisher Phosphorkerne als Sonden verwendet.

Den Schluß bildet dann die *Magnetische Resonanz-Tomo-graphie* mit dem faszinierenden Ausblick auf die medizinischen Fragestellungen.

14.2 Aufklärung von Reaktionswegen in der Biochemie

Eine grundlegende Frage in der Biochemie lautet: Wie wird in einem Organismus eine definierte Verbindung synthetisiert? Beispielsweise eine Verbindung, deren Struktur aufgeklärt ist, von der man vielleicht sogar weiß, welche Ausgangsmaterialien, welche Vorläufer (Precursor) die Bakterien, Pilze oder andere Mikroorganismen zur Synthese verwenden.

So ist dem Biochemiker bekannt, daß Pilzkulturen von Cephalosporium acremonium zur Biosynthese von Cephalosporin Acetat und Valin einbauen. Ungeklärt bleibt aber, wo diese Verbindungen im Molekül eingebaut werden, ob die Synthese stereoselektiv ist, und ob während der Synthese Umlagerungen ablaufen. Diese Fragestellungen ließen sich mit der ^{13}C-NMR-Spektroskopie klären, indem man den Mikroorganismen mit dem Nährmedium ^{13}C-markierte Verbindungen anbot. Die Aufgabe des Biochemikers war es, die markierten Verbindungen in ausreichenden Mengen aus den Pilzkulturen zu isolieren, um die ^{13}C-NMR-Spektren messen zu können. Welche Schlüsse aus derartigen Spektren gezogen werden können, hängt davon ab,

- welche Vorläufer markiert waren
- an welchen Stellen sie markiert waren
- ob einfach- oder doppelt-markierte Verbindungen verwendet wurden.

Diese Fragen sollen in den folgenden Abschnitten beantwortet werden.

14.2.1 Synthesen mit einfach ^{13}C-markierten Vorläufern

14.2.1.1 Schwache ^{13}C-Anreicherung

Bereits die ^{13}C-Anreicherung um wenige Prozent an bestimmten Positionen eines Moleküles hebt die entsprechenden

Signale im ^{13}C-NMR-Spektrum deutlich durch höhere Intensität hervor. Diesen Effekt lernten wir bereits in Kapitel 6 als Zuordnungshilfe kennen (Abschn. 6.3.6). Den gleichen Effekt beobachtet man auch bei Substanzen, die von Mikroorganismen mit ^{13}C-markierten Vorläufern synthetisiert wurden. Cephalosporin (**1**) ist hierfür ein Beispiel. Wie erwähnt, sind Acetat und Valin Vorläufer.

Voneinander unabhängige Experimente mit den Vorläufern ^{13}CH$_3$COO$^-$, CH$_3$^{13}COO$^-$ und den beiden in 1- bzw. 2-Position markierten Valinen ergaben das in Abbildung 14-1 angegebene markierte Cephalosporin (**1**). Offen blieb aber noch die Frage, aus welcher Methylgruppe des Valins die C-Atome 2 und 17 stammen. Um dieses Problem zu lösen, wurde eine Methylgruppe des Valins gezielt mit ^{13}C markiert. Dadurch entsteht ein zweites Asymmetriezentrum mit der Folge, daß zwei Diastereomere (**2** und **3** in Abb. 14-1) entstehen, wobei es in unserem Beispiel nur auf die *R*- oder *S*-Konfiguration an C-3 ankommt. Die Analyse der ^{13}C-NMR-Spektren der Cephalosporine, die aus den so markierten Valinen synthetisiert wurden, ergab eindeutig, wie der Einbau erfolgt (Abb. 14-1, [1]).

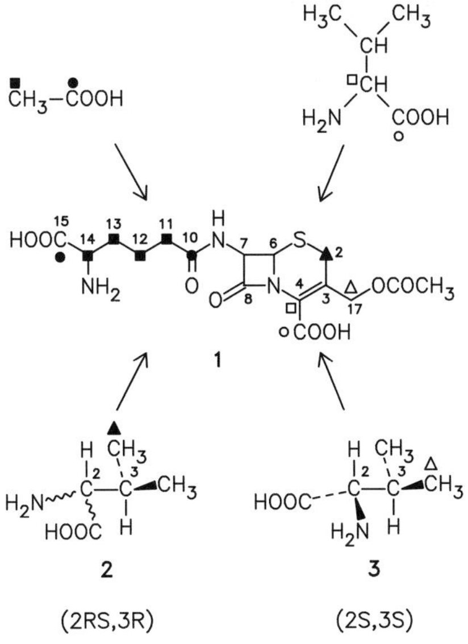

Abbildung 14-1.
Formelschema zur Biosynthese von Cephalosporin (**1**). Die mit ausgefüllten und leeren Dreiecken, Quadraten und Kreisen bezeichneten Positionen der Ausgangsverbindungen und von **1** sind ^{13}C-markiert.

Auf ähnliche Weise wurden auch die Synthesewege von Penicillin, Chlorophyll, Vitamin B$_{12}$ sowie von vielen anderen Verbindungen aufgeklärt [1].

Ausdrücklich sei darauf hingewiesen: Bei diesen und allen folgenden Experimenten muß in den ^{13}C-NMR-Spektren jedes Signal zugeordnet sein, nur so kann man die genaue Position des Einbaus erkennen.

14.2.1.2 Starke ^{13}C-Anreicherung

Bei den in Abschnitt 14.2.1.1 betrachteten Beispielen betrug die Anreicherung an ^{13}C nur wenige Prozent. Mehr war gar nicht notwendig und auch nicht erwünscht, es sollten nur gezielt einzelne Signale im ^{13}C-NMR-Spektrum hervorgehoben werden. Durch eine entsprechende Versuchsführung lassen sich die Verbindungen stärker anreichern, doch führt dies wegen der C,C-Kopplungen zu Komplikationen. Ein Vorteil ist damit aber verbunden: Man erhält über die C,C-Kopplungen wichtige zusätzliche Informationen. Welche, dazu wollen wir ein Gedankenexperiment machen. Nehmen wir an, zwei in der Methylgruppe ^{13}C-markierte Natriumacetat-Moleküle (^{13}CH$_3$COONa) reagieren miteinander. Die vier möglichen Reaktionsprodukte sind in Abbildung 14-2 aufgezeichnet, wobei ein geschlossener Kreis ^{13}C, ein offener ^{12}C bedeutet. Wir sehen, nur beim ersten Syntheseweg sind zwei ^{13}C-Kerne direkt miteinander verbunden und werden daher miteinander koppeln. Bei den drei anderen Verknüpfungsarten sind die ^{13}C-Kerne durch mindestens einen weiteren ^{12}C-Kern getrennt.

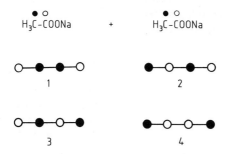

Abbildung 14-2.
Schematische Darstellung der vier möglichen Reaktionsprodukte zweier Acetat-Moleküle, die in der Methylgruppe ^{13}C-markiert sind (●). Nur beim Syntheseweg 1 sind zwei ^{13}C-Kerne einander benachbart, so daß im ^{13}C-NMR-Spektrum die ^1J(C,C)-Kopplung zu sehen ist.

Übertragen wir diese Erkenntnis auf die Biosynthese von Cephalosporin (Abb. 14-1). Würde man hochangereichertes ^{13}CH$_3$COONa als Vorläufer verwenden, erhielte man ein ^{13}C-NMR-Spektrum von der synthetisierten Verbindung, in dem C,C-Kopplungen zwischen den C-Atomen 11 und 12, 12 und 13 sowie zwischen 13 und 14 festzustellen wären, da nur diese C-Atome aus den Methylgruppen der Acetatreste stammen.

Aus Abbildung 14-2 können wir zwei Regeln ableiten:
- Für endständige C-Atome wird man nie eine C,C-Kopplung beobachten, sie ergeben im Spektrum stets ein Singulett und
- die koppelnden ^{13}C-Kerne kommen immer von verschiedenen Acetatgruppen.

14.2.2 Synthesen mit doppelt ^{13}C-markierten Vorläufern

Ausgangsverbindung für Experimente mit doppelter ^{13}C-Markierung ist im allgemeinen Natriumacetat $^{13}CH_3{}^{13}COONa$, da diese Verbindung ein Vorläufer bei vielen biochemischen Reaktionen ist. Unter anderem bilden sich aus Acetat Polycarbonylverbindungen, deren große Bedeutung als Zwischenverbindungen bei der Biosynthese schon lange erkannt ist.

Bei der Synthese durch Mikroorganismen entstehen mit hochangereichertem Acetat Verbindungen, deren ^{13}C-NMR-Spektren sehr kompliziert sein können. Alle ^{13}C-Kerne, mit Ausnahme der endständigen, können mit zwei, drei oder gar vier weiteren ^{13}C-Kernen koppeln, vorausgesetzt das Molekül wird, wie die Polycarbonylverbindungen, nur aus markierten Acetatresten aufgebaut. Diese Schwierigkeit läßt sich durch Verdünnen mit normalem $^{12}CH_3{}^{12}COONa$ umgehen. Entsprechend der Verdünnung verringert sich die Wahrscheinlichkeit, zwei oder mehr doppelt markierte Acetatreste direkt aneinander gebunden vorzufinden; die nicht-markierten Reste schieben sich bei der Synthese zwischen die markierten. In der Praxis hat sich gezeigt, daß schon eine Verdünnung im Verhältnis von 1:2,5 ausreicht, und man sieht keine Kopplungen mehr zwischen ^{13}C-Kernen, die zu zwei verschiedenen Acetatresten gehörten (Abb. 14-3).

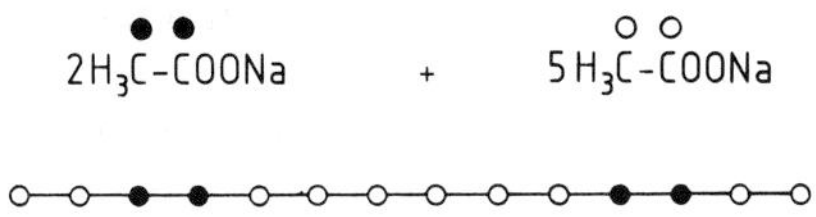

Abbildung 14-3.
Verteilung von Acetatresten im Molekül, wenn ein Gemisch von doppelt- und nicht-markiertem Acetat im Mengenverhältnis von 1:2,5 für die Synthese verwendet wird.

Stets sind aber die C,C-Kopplungen zu sehen, wenn die $^{13}C-^{13}C$-Einheit als Ganzes eingebaut wird! Singuletts im Spektrum weisen auf einen C,C-Bindungsbruch hin.

Mit dieser Methode zeigten Holker und Simpson [2], daß Mellein (**4**), ein Gärungsprodukt von Aspergillus melleus, aus fünf intakten $^{13}C_2$-Acetatbausteinen aufgebaut wird (Abb. 14-4).

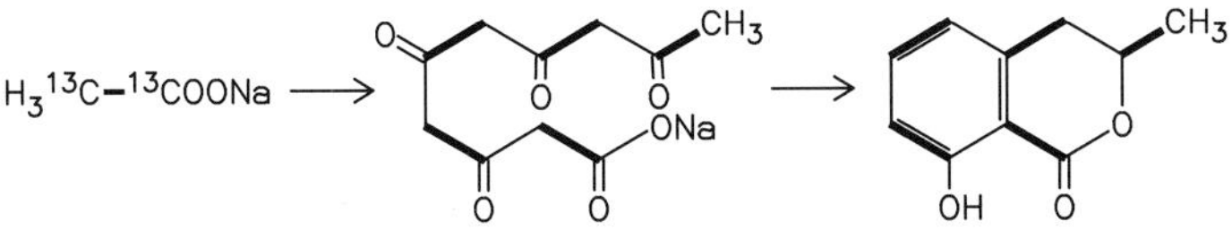

Abbildung 14-4.
Biosynthese von Mellein (**4**), einem Gärungsprodukt von Aspergillus melleus, aus fünf intakten $^{13}C_2$-Bausteinen [2].

Die Biosynthese von Bikaverin (**5**), einem weinroten Pigment, das aus dem Gärungsprodukt von Gibberella fujikuroi isoliert wurde, soll ebenfalls über eine Polycarbonylverbindung laufen. In Abbildung 14-5 sind zwei Konformationen der Kette angegeben, aus denen sich das endgültige Molekül bilden könnte.

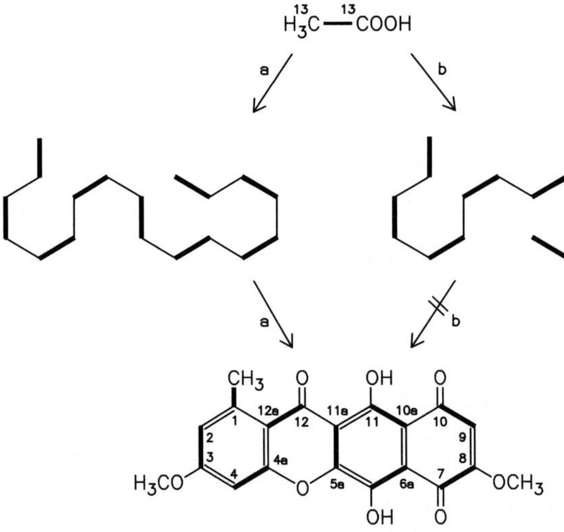

Abbildung 14-5.
Biosynthese von Bikaverin (**5**), dem Gärungsprodukt von Gibberella fujikuroi, aus neun intakten $^{13}C_2$-Einheiten. Da im ^{13}C-NMR-Spektrum eine C,C-Kopplung zwischen den C-Atomen 5a und 11a gefunden wird, kann Weg b ausgeschlossen werden [1].

Laut Markierungsversuchen mit doppelt markiertem Acetat werden neun $^{13}C_2$-Einheiten eingebaut (Spektrum siehe [1]). Damit ist die Frage, ob eine Polycarbonylverbindung Zwischenstufe sei, positiv beantwortet. Wie ein unabhängig durchgeführtes ^{13}C-Markierungsexperiment ergab, stammen die OCH$_3$-Gruppen von Methionin.

Bleibt die zweite Frage, ob Bikaverin auf Weg a oder b synthetisiert wird (Abb. 14-5). Den Schlüssel zur Lösung bieten die Spin-Spin-Kopplungen zwischen den beiden C-Atomen 5a und 11a. Koppeln diese beiden C-Atome miteinander, ist Weg a richtig, anderenfalls Weg b! Aus dem Spektrum folgte eindeutig die Kopplung von C-Atom 5a mit 11a, die damit aus dem gleichen Acetatrest stammen müssen. Weg b kann also ausgeschlossen werden!

Man erkennt an diesem Beispiel, wie wichtig die richtige Zuordnung der Signale ist. Beim Bikaverin waren hierzu viele Entkopplungsexperimente notwendig, sogar weitreichende C,H-Kopplungen mußten ausgewertet werden. Durch ^{13}C-Homo-Entkopplungsexperimente schließlich fand man die Paare koppelnder C-Atome. (Weitere Beispiele siehe [1, 3].)

14.3 Hochauflösende *in vivo*-NMR-Spektroskopie

14.3.1 Problemstellung

Mit *in vivo*-NMR-Experimenten will man chemische Reaktionen in der lebenden Zelle von außen, ohne Eingriff, studieren. Eine Reihe schwerwiegender Probleme verhinderte lange Zeit die praktische Durchführung solcher Experimente. Die größten Probleme sind weniger apparativer, technischer Art, vielmehr sind sie in den zu untersuchenden Systemen selbst begründet. Ein lebender Organismus – und sei es nur eine einzelne Zelle – ist eine heterogene Probe, die eine Vielzahl verschiedener Moleküle in verschwindend geringen Konzentrationen enthält.

Um in den Bereich des molekularen Geschehens vorzustoßen, muß die Auflösung und die Empfindlichkeit der Geräte so groß sein wie in der normalen NMR-Spektroskopie, in der man es aber im allgemeinen mit homogenen, kleinen Probenvolumen zu tun hat. In der *in vivo*-Spektroskopie kann das Probenvolumen im Extremfall einem ganzen Menschen entsprechen. Technisch verwirklichen lassen sich solche Untersuchungen nur mit Magneten, die eine entsprechend große Bohrung haben. Der Bau solcher Magnete ist heute technisch weitgehend gelöst.

Bei großen, heterogenen Proben stellen sich sofort die Fragen: Was und wo mißt man? Lassen sich die Signale definierten Molekülen zuordnen? Welches sind die Metaboliten des Stoffwechsels in der Zelle, im Herz, im Gehirn oder einem anderen Organ? Wie ist eine Volumenselektion ohne direkten Eingriff möglich?

Im Augenblick wird diese Aufgabe noch mit Oberflächenspulen gelöst. Diese bestehen aus nur einer Drahtwindung, die auf die zu untersuchende Stelle angepaßt und von außen aufgelegt wird. Sie wirken als Sender für die Hochfrequenz-Meßimpulse und gleichzeitig als Empfänger des NMR-Signales. Die Spulengröße bestimmt das zu beobachtende Volumen. Die Eindringtiefe läßt sich in bestimmten Grenzen über die Impulslänge steuern, so daß auch tieferliegende Organe selektiv erreicht werden können. Eine derartige Selektion ist wichtig, denn es soll vermieden werden, daß zu viel von dem zwischen Spule und Organ liegenden Gewebe erfaßt wird, da dies zu einem störenden Untergrundrauschen im Spektrum führt. Die übrigen elektronischen Bauteile und der Rechner entsprechen der normalen Ausstattung eines hochauflösenden NMR-Spektrometers.

Welche Informationen liefern die Spektren? In erster Linie sind es die chemischen Verschiebungen und Intensitäten. Kopplungskonstanten erhält man selten, weil die apparativ bedingte Auflösung meistens nicht für die Aufspaltung der Signale in die Multipletts ausreicht.

Wir wollen im folgenden zunächst einige Ergebnisse aus der ^{31}P-NMR-Spektroskopie besprechen, dann kurz auf Messungen in der ^{1}H- und ^{13}C-NMR-Spektroskopie eingehen.

14.3.2 ^{31}P-NMR-Untersuchungen

Die ^{31}P-NMR-Spektroskopie bietet sich in mehrfacher Hinsicht für *in vivo*-Experimente an, denn

- organische Phosphorverbindungen nehmen im Energiehaushalt lebender Organismen eine zentrale Funktion ein
- die Zahl der in größerer Menge vorkommenden phosphororganischen Verbindungen ist begrenzt
- ^{31}P-Resonanzen lassen sich gut messen. Der Phosphorkern hat ein großes magnetisches Moment und seine natürliche Häufigkeit beträgt 100 %, er gehört damit zu den empfindlichen Kernen. Außerdem ist in vielen Organen die Konzentration der organischen Phosphorverbindungen relativ hoch, so daß in wenigen Sekunden auswertbare Spektren erhalten werden können.

Ein großer Teil der *in vivo*-Untersuchungen gilt dem Energiestoffwechsel des Muskels und – aus medizinisch naheliegenden Gründen – speziell dem Herz. Derartige Untersuchungen werden aber durch die Bewegung des Herzens erschwert. Man muß daher entweder eine Linienverbreiterung in Kauf nehmen oder aber bei der Messung den Zeitpunkt für das Einschalten des Beobachtungsimpulses auf die Herzfrequenz abstimmen (triggern). Wir wollen ein einfacheres Beispiel betrachten, das ^{31}P-NMR-Spektrum eines menschlichen Unterarms (Abb. 14-6), aufgenommen in ungefähr 1,5 min Meßzeit mit einer Oberflächenspule von 4 cm Durchmesser.

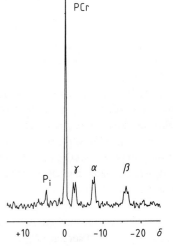

Abbildung 14-6.
40 MHz-^{31}P-NMR-Spektrum des menschlichen Unterarms, aufgenommen mit einer Oberflächenspule von 4 cm Durchmesser. Zuordung der Signale: P_i: freie Phosphationen (anorganisches Phosphat); PCr: Kreatinphosphat (**6**); α, β, γ: Phosphorkerne in α-, β- und γ-Position des Adenosintriphosphats ATP (**7**). Die Signale der α- und γ-ständigen ^{31}P-Atome sind durch P,P-Kopplung zu Dubletts, das Signal des β-ständigen zum Triplett aufgespalten. Die δ-Skala ist auf PCr bezogen: δ (PCr) = 0.

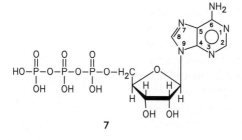

340

Vor der Zuordnung ist zu klären, welche Verbindungen grundsätzlich in der Zelle vorkommen können. Dies läßt sich schnell beantworten, denn der biochemische Ablauf des Energiestoffwechsels im Muskel ist intensiv untersucht. Phosphat wird von Kreatinphosphat (6) (PCr) auf Adenosindiphosphat (ADP) übertragen, wobei Adenosintriphosphat (7) (ATP) und Kreatin (Cr) gebildet werden:

$$PCr + ADP \rightleftharpoons ATP + Cr$$

Im Spektrum sehen wir in der Tat die Signale für PCr, ein Singulett, und für ATP drei Signale entsprechend den drei verschieden gebundenen Phosphatresten in α-, β- und γ-Stellung. Ihr Aufspaltungsmuster zeigt die P,P-Kopplung an: P_α und P_γ koppeln mit P_β und liefern daher Dubletts. Für P_β findet man wegen der Kopplung mit zwei Nachbarn ein Triplett. Die Zuordnung ist Abbildung 14-6 zu entnehmen, wobei die δ-Skala auf das Signal von PCr bezogen ist. Die Signale von ADP liegen unter denen von P_α und P_γ des ATP. Zusätzlich ist ein kleines Signal von freien Phosphationen, von anorganischem Phosphat P_i, zu erkennen. Die Signale anderer phosphororganischer Verbindungen verschwinden im Rauschen.

Im ^{31}P-NMR-Spektrum des Gehirns eines Kaninchens, Abbildung 14-7, sind dagegen neben den PCr- und ATP-Signalen auch die von Phosphorsäurediestern und Zuckerphosphaten nachweisbar.

Derartige grundlegende Experimente regten zu einer Vielzahl von Untersuchungen an: am intakten Tier und an isolierten oder perfundierten Organen wie Herz, Muskel, Gehirn, Leber, Niere, Auge usw.

Aus dem weiten Feld verschiedenster Experimente soll die in Abbildung 14-8 abgebildete Spektrenfolge zeigen, wie sich die Konzentrationen der energiereichen Phosphorverbindungen im Unterarmmuskel eines Menschen nach einer längeren intensiven Belastung gegenüber dem Normalzustand verändert haben, und wie schnell sich der Muskel wieder erholt.

Als erstes wurde ein Kontrollspektrum aufgenommen (Abb. 14-8 A). Für die Aufnahme wurden zehn Durchgänge akkumuliert, genau soviele wie beim anschließenden Experiment. Zwischen den aufeinanderfolgenden Impulsen konnte das Spinsystem jeweils ca. 2 s relaxieren; die Gesamtmeßzeit betrug für die zehn Durchgänge 22 s. Im Anschluß an die Aufnahme des Kontrollspektrums mußte die Testperson außerhalb des Magneten die Hand öffnen und schließen und dabei bis zur Erschöpfung einen Ball zusammendrücken. Sofort nach dieser Arbeitsphase wurden die folgenden vier Spektren aufgenommen (Abb. 14-8 B–E). Jedes dieser Spektren stellt einen Mittelwert von zehn Durchgängen über die Meßzeit von 22 s dar. Man erkennt deutlich: Unmittelbar nach der Arbeit hat das Signal von PCr stark abgenommen, während das Signal des anorgani-

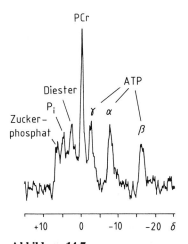

Abbildung 14-7.
40 MHz-^{31}P-NMR-Spektrum des Gehirns eines Kaninchens. Der Kopf lag während der Messung auf einer Oberflächenspule von 4 cm Durchmesser. Neben den Signalen von freiem Phosphat (P_i), Kreatinphosphat (PCr) und ATP (α, β, γ) beobachtet man die von Phosphorsäurediestern und Zuckerphosphaten. Die δ-Skala ist auf PCr bezogen: δ (PCr) = 0.

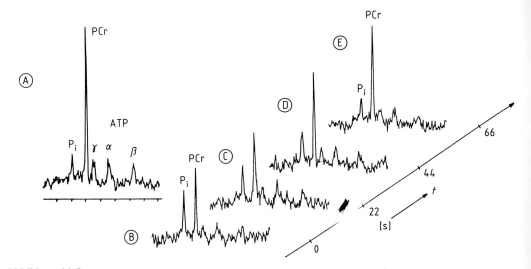

Abbildung 14-8.
40 MHz-^{31}P-NMR-Spektrum des menschlichen Unterarms vor und nach intensiver Arbeit (siehe Text), aufgenommen mit einer Oberflächenspule von 4 cm Durchmesser; 10 NS, Gesamtzeit 22 s pro Experiment, gleiche Verstärkung für alle Spektren. A: Kontrollspektrum vor der Übung. B–E: In der Erholungsphase aufgenommene Spektren. Aus den Signalintensitäten erkennt man, daß direkt nach der Übung das Signal von P_i stark zu- und das von PCr stark abgenommen hat.

schen Phosphats P_i stark zugenommen hat. Nach 66 s Erholung ist der Ausgangszustand nahezu wieder erreicht. Um diese Aussage machen zu können, dürfen wir nicht die Signalamplituden von End- und Kontrollspektrum vergleichen, sondern müssen die (nicht abgebildeten) Integralkurven verwenden, denn in den beiden Spektren sind die Linienbreiten nicht gleich. Während vor der Aufnahme des Kontrollspektrums die Feldhomogenität optimal eingestellt werden konnte, da kein Grund zur Eile bestand, war dies bei den Spektren nach der geleisteten Arbeit nicht möglich. Für ein Homogenisieren des Magnetfeldes war keine Zeit vorhanden, wollte man nicht die interessantesten Meßpunkte der Anfangsphase verlieren, denn wie das Experiment zeigt, erholt sich der Muskel sehr rasch.

Bei diesen Experimenten ändert sich zudem der Abstand zwischen den Signalen P_i und PCr. Diese wichtige Beobachtung konnte durch entsprechende *in vitro*-Experimente geklärt werden: Der Abstand ist pH-abhängig, und zwar nimmt er mit wachsendem pH zu! Damit zeigt die Lage des P_i-Signals relativ zum PCr-Signal an, daß, aber auch wie sich der pH-Wert in der Zelle ändert. In unserem Fall nimmt der pH-Wert ab, was vom biochemischen Standpunkt aus verständlich ist, denn bei der Muskelarbeit entsteht Milchsäure.

Das Verhältnis der organischen Phosphorverbindungen hat sich im ermüdeten Muskel gegenüber dem Normalzustand verändert. Noch drastischere Effekte findet man, wenn der Muskel über längere Zeit mit zu wenig Sauerstoff versorgt wird (Ischämie). Dies kann eintreten, wenn die Blutzufuhr durch eine Gefäßverengung reduziert oder gar durch einen Verschluß unterbunden wird. Das bekannteste Beispiel ist der Herzinfarkt. Viele *in vivo*-NMR-Experimente an Tieren ließen Abweichungen von der vollen Funktiontüchtigkeit einzelner Organe sofort erkennen. Der Nutzen solcher Beobachtungen für die praktische Medizin wird sich erst in der Zukunft erweisen.

14.3.3 ^{1}H- und ^{13}C-NMR-Untersuchungen

Wie lassen sich die ^{1}H- und ^{13}C-NMR-Spektroskopie einsetzen, um die gesamte Palette der am chemischen Geschehen eines lebenden Organismus beteiligten Verbindungen zu erfassen?

Noch stellen sich fast unüberwindliche Hindernisse einer Ausweitung der *in vivo*-Experimente auf diese beiden Kerne entgegen. Gründe dafür sind:
- Es liegen immer Gemische vor, zum Teil von sehr komplizierten Molekülen
- die äußerst geringen Konzentrationen einzelner Komponenten
- das Lösungsmittel Wasser
- die – besonders in der ^{1}H-NMR-Spektroskopie – kleinen Verschiebungsunterschiede
- die große Linienbreite infolge von Feldinhomogenitäten in heterogenen Proben.

Erfolgversprechende Anfänge sind jedoch gemacht. In Abbildung 14-9 ist das ^{1}H-NMR-Spektrum eines menschlichen Unterarmes gezeigt. Man erkennt immerhin schon getrennte Signale für Wasser (links) und die aliphatisch gebundenen Protonen im Fettgewebe.

Mehr Information über Einzelmoleküle verspricht die ^{13}C-NMR-Spektroskopie. Im Spektrum eines menschlichen Unterarmes (Abb. 14-10) lassen sich aufgrund der großen ^{13}C-chemischen Verschiebungen deutlich die Signale der Carboxygruppen ($\delta \approx 172$), der an der Doppelbindung beteiligten C-Atome ($\delta \approx 130$), der C-Atome des Glycerins ($\delta \approx 60$–75) und der aliphatischen Fettsäurekette ($\delta \approx 10$–35) unterscheiden. (In diesem Beispiel konnten sogar einige Signale verschiedenen C-Atomen der aliphatischen Kette zugeordnet werden.)

Für das abgebildete Spektrum waren bei natürlicher Häufigkeit an ^{13}C 500 Durchgänge (NS) notwendig, das heißt, die Meßzeit betrug ungefähr 10 min. Die Aufnahme wurde mit

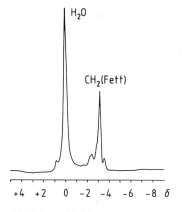

Abbildung 14-9.
100 MHz-^{1}H-NMR-Spektrum des menschlichen Unterarms. Die Hauptsignale sind den Protonen des Wassers und des Fettes zuzuordnen; die δ-Skala bezieht sich auf das Wassersignal. 2 NS; Gesamtmeßzeit ungefähr 5 s.

einer Oberflächenspule von 4 cm Durchmesser gemacht. Für den Nachweis spezieller Verbindungen und Reaktionen ist es sicherlich sinnvoll und notwendig, ^{13}C-markierte Verbindungen einzusetzen. Auch hier bleibt die weitere Entwicklung abzuwarten.

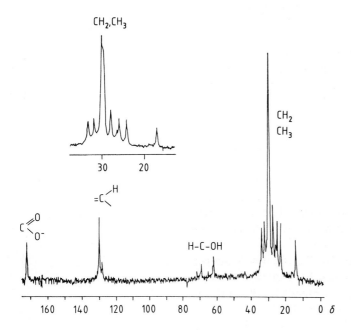

Abbildung 14-10.
25 MHz-^{1}H-Breitband-entkoppeltes-^{13}C-NMR-Spektrum des menschlichen Unterarms, aufgenommen mit einer Oberflächenspule von 4 cm Durchmesser; 500 NS; Gesamtmeßzeit ungefähr 10 min. Die Signale sind den C-Atomen der Fettsäuren und des Glycerinrestes zuzuordnen. Der Bereich der CH$_3$- und CH$_2$-Signale ($\delta = 10\text{--}40$) ist gespreizt.

14.4 Magnetische Resonanz-Tomographie

14.4.1 Grundlagen, experimentelle Aspekte

1973 begann Lauterbur, von größeren Objekten NMR-Bilder zu erzeugen [4]. Dabei verwendete er die Resonanzen der Protonen wegen ihrer hohen Nachweisempfindlichkeit. Da lebende Systeme immer an wäßriges Milieu gebunden sind, war es naheliegend, als erstes die Verteilung von Wasser im Organismus zu studieren. Für wasserreiche Volumenelemente des Körpers erwartet man intensive Signale, für wasserarme, wie die Knochen, schwache. Die Aufgabe bestand also darin, ein geeignetes Meßverfahren zu entwickeln, mit dem man über die ^{1}H-Resonanzen die Wasserverteilung im Körper messen und abbilden kann.

Drei große technische Probleme galt es zu lösen:

- Das erste Problem war die Größe des Magneten. Nehmen wir an, wir sollen das Bild eines menschlichen Schädels aufnehmen, so braucht man einen Magneten mit einer entsprechend großen Öffnung. (Bei den in der hochauflösenden NMR-Spektroskopie verwendeten Magneten ist diese nur wenige cm weit.) Dieses Problem ist heute gelöst. Bis zu einer magnetischen Flußdichte von ungefähr 0,3 T verwendet man im allgemeinen Elektromagnete, für höhere Felder bis etwa 3T und sogar darüber Kryomagnete.

- Das zweite Problem ist ebenfalls apparativer Natur, denn ein ^{1}H-NMR-Signal ist nur dann zu bekommen, wenn die Resonanzbedingung (Gl. (1-20))

$$\nu_1 = \frac{\gamma}{2\,\pi}\,(1 - \sigma)\,B_0$$

erfüllt ist. Und dies ist über ein größeres, so heterogenes Untersuchungsobjekt, wie es zum Beispiel ein menschlicher Schädel darstellt, nicht erfüllt! Man beobachtet daher in der MR-Tomographie immer nur kleine Volumenelemente des Gesamtobjektes und erzeugt in diesen das für die Resonanz der Protonen im Wasser notwendige Feld B_0. Für Protonen des Randbereiches soll die Resonanzbedingung nicht mehr erfüllt sein, da sonst auch sie zur Signalintensität beitragen würden, und das Bild unscharf würde. Für eine gute Auflösung der Konturen eines Objektes sollten die Volumenelemente, die sogenannten Voxel, möglichst klein sein. Mit der Verkleinerung ist leider ein wesentlicher Nachteil verbunden, denn die Zahl der beobachteten Protonen nimmt ab und damit auch die Signalintensität. Die Meßzeit wird also immer länger, je kleiner man die Volumenelemente wählt. Die im Augenblick an kleineren Objekten (Mäuse, Insekten, Polymere) höchste erzielte räumliche Auflösung liegt bei einem Volumenelement von 10 x 10 x 100 μm; dies entspricht 10^{-5} mm^3! Eine Bildgebung mit derartig hoher räumlicher Auflösung bezeichnet man als NMR-Mikroskopie, in Analogie zur optischen Mikroskopie, deren Auflösung aber noch nicht erreicht ist [5].

Die Volumenselektion erreicht man durch Anlegen variabler Gradientenfelder. Mit diesen wird das zu untersuchende Objekt zuerst in Scheiben unterteilt, dann weiter in kleinere Volumenelemente. Bei den Schädelaufnahmen, die in den Abbildungen 14-11 und 14-13 wiedergegeben sind, betrug die Dicke einer solchen Scheibe 7 mm, und das einzelne Volumenelement hatte die Form eines Stäbchens von etwa 1 mm Durchmesser und der Länge 7 mm. Um den gesamten Kopf abzubilden, braucht man mindestens acht derartige Scheiben. Das Meßergebnis für jedes Volumenelement muß registriert, abgespeichert und durch Fourier-Transformation in ein Signal verwandelt werden.

Da die Meßzeit für ein Untersuchungsobjekt Mensch nicht beliebig ausgedehnt werden kann, muß man einen Kompromiß zwischen Meßzeit und Bildschärfe schließen. Dies erklärt auch, warum als Sonde für dieses Verfahren zum gegenwärtigen Zeitpunkt nur die empfindlichen Protonen in Frage kommen, später vielleicht auch noch Fluor oder Phosphor.

- Das dritte Problem betrifft die Datenverarbeitung, genauer die Bildrekonstruktion, denn die abgespeicherten Ergebnisse der Einzelmessungen müssen in ein vom Mediziner auswertbares Bild umgewandelt werden. Bei der Lösung dieses Problems konnten die NMR-Spektroskopiker jedoch auf die Erfahrungen aus der Röntgen-Tomographie zurückgreifen. Heute liegen einige Sekunden nach beendeter Messung Bilder der Wasserverteilung von beliebigen Schnitten durch das Untersuchungsobjekt vor.

Vom medizinischen Standpunkt aus ist die Bestimmung der Wasserverteilung nicht allzu aufregend. Interessanter wurde die *Magnetische Resonanz-Tomographie* durch die Beobachtung, daß die Relaxationszeiten T_1 und T_2 der Protonen in Wasser in charakteristischer Weise davon abhängen, wie das Wasser im Gewebe gebunden ist. Man muß also Bilder erzeugen, die nicht nur die Wasserdichteverteilung, sondern auch noch die Unterschiede der Relaxationszeiten T_1 und T_2 wiedergeben. Um das Prinzip des Meßverfahrens zu verstehen, erinnern wir uns an die Ausführungen in Kapitel 7. Dort lernten wir: Ein Spinsystem relaxiert nach einem 180°-Impuls mit T_1, wobei genau nach $\tau_{null} = T_1 \ln 2$ s (Gl. (7-6)) die Intensität des Signals Null wird (Abb. 7-3). Für Kerne mit verschiedenen T_1-Zeiten unterscheiden sich die τ_{null}-Zeiten des Nulldurchganges. Das gleiche gilt für Protonen in Wasser, wenn die T_1-Zeiten aufgrund unterschiedlicher Aufenthaltsorte im Gewebe nicht mehr gleich sind. Zu jeder beliebigen Zeit t werden sich somit auch bei gleicher Wasserdichte die NMR-Bilder der verschiedenen Gewebearten unterscheiden, zum Beispiel durch Hell-Dunkel-Kontraste oder verschiedene Farben.

Eine analoge Ortsabhängigkeit wie für die Spin-Gitter-Relaxationszeit T_1 findet man auch für die Spin-Spin-Relaxationszeit T_2. Um diese T_2-Abhängigkeit der Wasserdichte abzubilden, macht man ein Spin-Echo-Experiment (Abschn. 7.3.2 und 14.4.2). Die Bildkontraste, die eine Verteilung der Relaxationszeiten wiedergeben, sind denen der Röntgen-Tomographie vergleichbar, ihnen in vielen Fällen sogar überlegen. Das NMR-Experiment hat aber gegenüber der Röntgen-Tomographie den großen Vorteil, den Patienten nicht mit schädigender Strahlung zu belasten, so daß auch Experimente gefahrlos

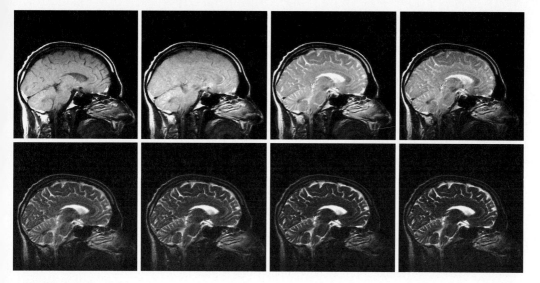

Abbildung 14-11.
Medio-Sagittalschnitt durch einen Schädel. Für das Experiment wurde eine Mehrfach-Echo-Sequenz verwendet, mit der man acht Echos aufzeichnen kann. Jedes Bild der Serie entspricht einem der acht Echos. Abgebildet ist in allen acht Bildern dieselbe Scheibe von 7 mm Dicke, die bei der Messung in 256×256 Matrixelemente unterteilt war. Pro Matrixelement wurden jeweils zwei Spektren (FID) akkumuliert. Gesamtmeßzeit für acht derartige Scheiben ungefähr 11 min. (Alle Messungen wurden an einem Tomographen der Firma Bruker, Karlsruhe-Rheinstetten, mit einem Kryomagneten ($B_0 = 1,5$ T) durchgeführt.).

wiederholt werden können. Gesundheitsrisiken, die auf die Magnetfelder und deren An- und Abschalten zurückzuführen wären, sind bisher nicht bekannt.

14.4.2 Anwendungen

Drei Beispiele veranschaulichen die Anwendungsmöglichkeiten der MR-Tomographie.

Abbildung 14-11 zeigt acht Bilder eines Medio-Sagittalschnittes durch einen Schädel. Aufgenommen wurde dabei eine Scheibe von 7 mm Dicke. Als Meßverfahren diente eine Impulsfolge, die das Aufzeichnen von acht Echos ermöglichte. (Mehrfach-Echo-Sequenz nach Carr-Purcell-Meiboom-Gill, Abb. 14-12).

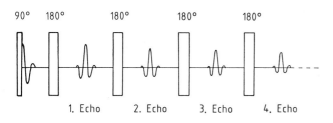

Abbildung 14-12.
Mehrfach-Echo-Sequenz nach Carr-Purcell-Meiboom-Gill. Der erste 90°-Impuls regt das Spinsystem an, die folgenden 180°-Impulse erzeugen die Echos. Für die Schädelaufnahmen wurden acht derartige Echos gemessen.

347

Jedes der acht Bilder in Abbildung 14-11 entspricht einem der acht Echos. Das erste Bild gibt nahezu die wahre Wasserdichteverteilung im Schädel wieder (hell heißt wasserreich, dunkel wasserarm). Man erkennt deutlich, wie sich von Echo zu Echo die Bildkontraste ändern und zum Teil die Konturen besser sichtbar werden. Dies ist eine Folge der unterschiedlichen Spin-Spin-Relaxationszeiten T_2 in den verschiedenen Gewebearten des Gehirns. Man sieht auch, wie insgesamt die Helligkeit der Bilder vom ersten zum achten Echo durch Relaxation abnimmt, denn zwischen Anregung und achtem Echo verstreichen immerhin nahezu 0,3 s. Die gesamte Meßzeit für die Schädelaufnahmen betrug 11 min.

In Abbildung 14-13 A sind die acht Echobilder aus Abbildung 14-11 aufsummiert. Diese Art der Darstellung gibt erfahrungsgemäß besonders kontrastreiche Bilder. Abbildung 14-13 B stellt das Negativ von A dar, was daran zu erkennen ist, daß jetzt die Knochen weiß erscheinen. Die Umkehrung wurde aber nicht phototechnisch erzeugt, sondern im Computer gerechnet.

In Abbildung 14-14 ist noch einmal das Bild der gleichen Scheibe gezeigt, wobei ein Matrixelement mit einem Fadenkreuz markiert ist. Für dieses Element wurde die Intensität von jedem der acht Echos gemessen und in einer Kurve gegen die Zeit aufgetragen. Aus dieser Kurve – die ebenfalls abgebildet ist – folgt ein T_2-Wert von 101 ms (Abschn. 7.3.2).

Abbildung 14-15 gibt einen Längsschnitt durch ein weibliches Becken wieder. Für dieses Bild wurden vier Echos auf-

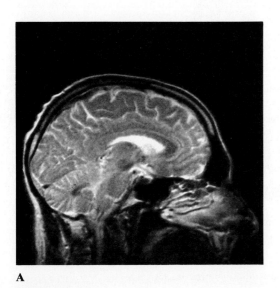
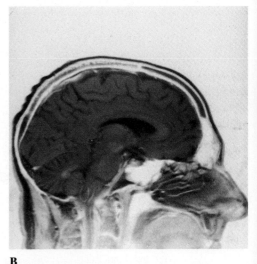

A   B

Abbildung 14-13.
Medio-Sagittalschnitt durch einen Schädel. In Bild A sind die acht Echobilder von Abbildung 14-11 aufsummiert. Bild B stellt das mit dem Computer erzeugte Negativ von A dar.

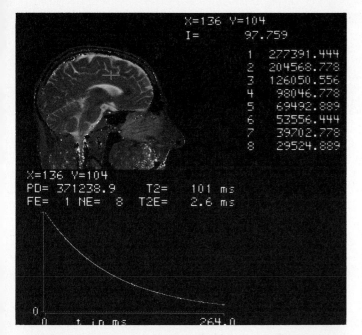

Abbildung 14-14.
Bestimmung der Spin-Spin-Relaxationszeit T_2. In dem Diagramm sind die Intensitäten (Signalamplituden) der acht Echos bzw. der acht in Abbildung 14-11 wiedergegebenen Bilder für die mit einem Fadenkreuz bezeichnete Position gegen die Zeit aufgetragen. Durch Verschieben des Fadenkreuzes kann man den T_2-Wert von beliebigen Punkten über den Computer abfragen.

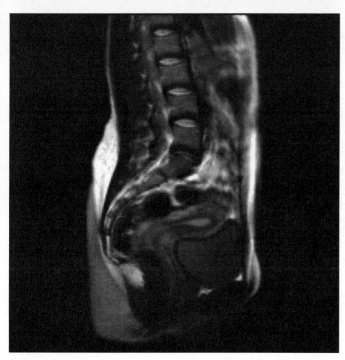

Abbildung 14-15.
Längsschnitt durch ein weibliches Becken. Für dieses Bild wurden 4 Echos aufsummiert. Die Gesamtmeßzeit betrug 6,8 min.

summiert. Die Meßzeit betrug 6,8 min. Deutlich zu erkennen sind Wirbelsäule, Rückenmuskulatur, Uterus und die gefüllte Blase.

Abbildung 14-16 zeigt einen in 4 s aufgenommenen Querschnitt durch den Rumpf in Höhe der Nieren. Die Nieren, Teile

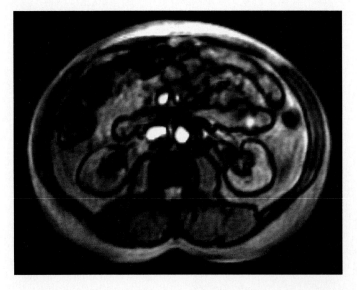

Abbildung 14-16.
Schnellbild von einem Querschnitt durch den Rumpf in Höhe der Nieren. Die Meßzeit betrug 4 s; Magnetfeldstärke 1,5 T.

des Dickdarmes, die Rückenmuskulatur und der Wirbelkörper mit Rückenmark zeichnen sich scharf ab. Besonders hell erscheint der Schnitt durch die etwa 2 cm dicke Aorta, die direkt vor der Wirbelsäule verläuft.

In den gezeigten Bildern sind keine krankhaften Veränderungen der Organe festzustellen. Für die klinische Anwendung ist von Bedeutung, daß sich die Relaxationszeiten T_1 und T_2 von gesundem und krankem Gewebe meist stark unterscheiden. Dadurch lassen sich Tumore, Gefäßerweiterungen und viele andere pathologische Veränderungen mit der MR-Tomographie erkennen und lokalisieren.

14.5 Literatur zu Kapitel 14

[1]   A. G. McInnes, J. A. Walter, J. L. C. Wright and L. C. Vining: „^{13}C NMR Biosynthetic Studies" in G. C. Levy (ed.): *Topics in Carbon-13 NMR Spectroscopy*, Vol. 2, Kap. 3, Wiley & Sons, New York 1976.

[2]   S. E. Holker and T. J. Simpson, *J. Chem. Soc. Perkin Trans. 1* (1981) 1397.

[3]   E. Breitmaier and W. Voelter: *^{13}C NMR Spectroscopy.* 3. Auflage, VCH Verlagsgesellschaft, Weinheim 1987.

[4]   P. C. Lauterbur, *Nature 242* (1973) 190.

[5]   W. Kuhn, *Angew. Chem. 102* (1990) 1.

Ergänzende und weiterführende Literatur

zum Thema Biochemie:

I. Bertini, H. Molinari and N. Niccolai (eds.): *NMR and Biomolecular Structure.* VCH Verlagsgesellschaft, Weinheim 1991.

O. Jardetzky and G. C. K. Roberts: *NMR in Molecular Biology.* Academic Press, New York 1981.

R. G. Shulman (ed): *Biological Applications of Magnetic Resonance.* Academic Press, New York 1979.

K. Wüthrich: *NMR of Proteins and Nucleic Acids.* J. Wiley & Sons, New York 1987.

zum Thema *in vivo*-NMR und MR-Tomographie:

R. Damadian (ed.): „NMR in Medicine" in P. Diehl, E. Fluck, R. Kosfeld (eds.): *NMR Basic Principles and Progress,* Vol. 19, Springer-Verlag, Berlin 1981.

D. G. Gadian: *Nuclear Magnetic Resonance and its Application to Living Systems.* Clarendon Press, Oxford 1982.

A. M. Gronenborn und K. Roth: „NMR-Spektroskopie in vivo" in *Chem. Unserer Zeit 16* (1982) 1.

R. A. Iles, A. N. Stevens and J. R. Griffiths: „NMR-Studies of Metabolites in Living Tissue" in *Prog. Nucl. Magn. Reson. Spectros. 15* (1983) 49.

P. G. Morris: „Nuclear Magnetic Resonance of Living Systems" in G. A. Webb (ed.): Nuclear Magnetic Resonance, A Specialist Periodical Report, Vol. 14, Kap. 10. The Royal Society of Chemistry, London 1985.

P. G. Morris: *NMR Imaging in Biomedicine.* Academic Press, New York 1982.

K. O'Neill and C. P. Richards: „Biological ^{31}P NMR Spectroscopy" in G. A. Webb (ed.): *Annual Reports on NMR Spectroscopy Vol. 10 A,* (1980) 133.

D. Shaw: „In Vivo Chemistry with NMR". *Nucl. Magn. Res. Imag. Med.* (1981) 147.

K. H. Hauser und H. R. Kalbitzer: *NMR für Mediziner und Biologen. Strukturbestimmung, Bildgebung, In-vivo-Spektroskopie.* Springer, Berlin 1989.

M. Reiser, W. Semmler: *Magnetische Resonanztomographie.* Springer, Berlin 1990.

B. Blümich and W. Kuhn (eds.): *Magnetic Resonance Microscopy. Methods and Applications to Materials Science, Plants and Biomedicine.* VCH, Weinheim 1992.

Sachregister

Substanzregister